AF501802

FRANÇOIS CARVILLE

AGRICULTURE

(LÉGISLATION NOUVELLE)

GUIDE PRATIQUE

POUR

FONDER ET METTRE EN MARCHE LES PRINCIPALES

INSTITUTIONS

ÉCONOMIQUES AGRICOLES FRANÇAISES

SYNDICATS PROFESSIONNELS
CRÉDIT AGRICOLE MUTUEL (Caisses locales et Caisses régionales)
CAISSES D'ASSURANCES MUTUELLES
Contre la mortalité des animaux de ferme
ASSURANCES DIVERSES (Grêle, Incendie, Accidents du travail, Maladies, Chômage, Constitution de rentes viagères et Capitaux en cas de vie, décès, etc.)

ET POUR L'EMPLOI DES WARRANTS AGRICOLES

PARIS
GUILLAUMIN ET Cie
ÉDITEURS DU *JOURNAL DES ÉCONOMISTES*
14, Rue de Richelieu, 14
1901

DIVISION GÉNÉRALE DU LIVRE :

1re PARTIE : Exposé. Discussion.
Formalités de constitution des sociétés (p. 13 à 186).
2me PARTIE : Législation (p. 189 à 239). — 3me PARTIE : Modèles (p. 243 à 366)
4me PARTIE : Supplément aux 1re et 2me parties (p. 367 à 384).

DIVISION PAR SOCIÉTÉS :

INTRODUCTION

NOTE DE L'AUTEUR

Qu'on nous permette, en guise de préface, ces quelques lignes qui seront, en quelque sorte, l'acte de naissance de ce livre et, nous l'espérons, sa justification.

Il y a un an environ, en septembre 1899, époque à laquelle nous avons commencé à rassembler les divers éléments qui constituent ce travail — du moins en majeure partie, car nous l'avons complété depuis, principalement en ce qui touche la législation — nous ne songions vraiment pas à publier ce livre.

Depuis un certain nombre d'années, depuis dix ou douze ans surtout, nous nous sommes occupé, il est vrai, dans la faible mesure de nos moyens — longtemps, à l'époque, en nous inspirant des conseils et de la haute expérience de notre regretté maître et ami, M. Hippolyte Maze, sénateur, qu'on nommait, à juste titre, « le père de la mutualité », et qu'on a peut-être trop oublié déjà ! — de la propagation de ces grandes idées de solidarité et de fraternité humaines qui, sous l'égide de l'*association*, de la *prévoyance* et de la *mutualité*, « ces grandes formules de l'avenir », transformeront le monde, ainsi que l'a dit, avec tant de vérité, un homme d'Etat, doublé d'un philanthrope.

Nous avons travaillé sans relâche, comme sans préoccupation en ce qui touche les sacrifices de toutes sortes que ces tâches imposent généralement, par la parole et par la plume, mais surtout par l'action, à la diffusion de ces salutaires principes, qui commencent à entrer dans nos lois, et qui entreront bientôt dans nos mœurs et dans nos habitudes, il faut l'espérer, et que nous avons nous-même mis en pratique dans diverses institutions que nous avons fondées ou aidé à créer, telles que : sociétés de secours mutuels, associations coopératives de consommation, de production et de crédit — ou banques populaires — œuvres d'instruction, syndicats professionnels, etc.

Mais en ce qui touche les questions agricoles, particulièrement, nous voulions borner là notre rôle et continuer, simplement, à donner dans les journaux bienveillants qui nous accordent l'hospitalité, quelques renseignements, quelques conseils — résultat d'une assez longue pratique — aux hommes d'initiative et d'action qui s'occupent de ces fondations, et, au besoin, à les expliquer, en réunions publiques ou privées ; enfin, à fournir les documents nécessaires à la constitution de ces œuvres, afin d'arriver le plus promptement possible, en un mot, à la réalisation de ce grand progrès économique et social qui doit, dans ses heureux effets, amener la solution de la désastreuse crise agricole qui nous étreint depuis tant d'années déjà et qui a motivé, en réalité, notre modeste intervention. Il a donc fallu, nous le disons en toute sincérité, d'impérieuses raisons et, nous pouvons l'ajouter, de pressantes instances, pour nous décider à faire paraître cet ouvrage.

***

En effet, après les remarquables travaux déjà publiés sur les mêmes questions par des plumes plus expertes que la nôtre, nous nous sommes demandé si notre entreprise n'allait pas paraître téméraire, notre œuvre caduque.

Le sujet ne semblait-il pas épuisé après tout ce qui a été écrit d'instructif, de complet, au point de vue théorique et pratique, comme au point de vue juridique, économique et social, sur ces matières par des hommes autorisés, qui se sont volontairement imposé une noble mission : celle de « bien faire en faisant le bien », mission qu'ils remplissent avec tant de dévouement, toujours d'accord sur le but, ne différant — s'il y a, parfois, divergences de vues — que sur les moyens.

Rien n'a été laissé dans l'ombre, on peut le dire, dans les intéressantes publications que nous devons à ces esprits éminents, qui font autorité dans ces importantes questions ; nous avons nommé :

M. Ch. Rayneri, directeur du *Bulletin du Crédit Populaire* ; M. le comte de Rocquigny, et ses érudits collaborateurs du *Musée Social* ; M. Louis Durand, président de l'*Union des caisses rurales et ouvrières* ; M. Emile Duport, président de l'*Union des syndicats agricoles du Sud-Est* ; M. Léon Riboud, vice-président de cette même Union, etc.

Nous citons uniquement les auteurs qui ont publié sur ces matières des brochures spéciales dont nous nous sommes souvent inspiré, dont les arguments, que nous avons souvent reproduits, nous ont frappé et auxquels nous pouvions, avec fruit, renvoyer ceux qui désiraient se mettre complètement au courant de ces questions ; mais il y en a bien d'autres encore, et, parmi eux des plus distingués, qui ont écrit et dit d'excellentes choses également sur le même sujet et dont tous connaissent la haute valeur : M. Ludovic de Besse, M. E. Rostand, M. Ch. Robert, M. E. Cheysson, M. A. Fougerousse, M. Martin, M. G. Maurin, M. Brouilhet, et M. J. Boullaire, et nous en oublions.

Et avec les travaux si importants de nos divers congrès agricoles, les études et les œuvres, aussi savantes qu'utiles, de nos grandes institutions agricoles — la Société nationale d'agriculture, la Société d'Encouragement à l'agriculture, la Société des Agriculteurs de France, la Commission du Conseil supérieur de l'Agriculture, etc. — de l'Académie des sciences morales et politiques, de la Société de statistique de Paris, etc., etc., combien n'existe-t-il pas d'excellentes publications spéciales, partant, soit de Paris, soit de la province, et dont plusieurs pénètrent jusqu'au fond du plus reculé de nos hameaux, apportant aussi chaque jour, un concours efficace à la solution du problème qui nous occupe.

Or, en l'état, voici donc les raisons, disons-nous, qui, seules ont pu lever nos hésitations :

Depuis que nous nous occupons des fondations qui ont fait l'objet de cet ouvrage, soit directement avec les agriculteurs, soit avec des fonctionnaires de l'Etat, et, principalement, dans les six derniers mois, de Mars à Octobre 1899, où nous sommes resté constamment en rapports avec eux, on nous a fait à peu près journellement cette demande:

— Mais, où pourrions-nous trouver un ouvrage complet, pour nous mettre au courant de ces questions, que nous ignorons à peu près complètement ? — ce qui est encore le cas aujourd'hui, on peut en être certain, non seulement dans la grande majorité des communes, mais encore chez un grand nombre de fonctionnaires de province (1)

— Nous serions très désireux, continuaient-ils, de mettre en pratique ces mesures, dont vous nous entretenez, puisqu'elles doivent améliorer la condition des agriculteurs, mais il faut bien, auparavant, que nous sachions ce qu'il y a à faire, que nous soyons renseignés, en un mot, car tout cela est absolument nouveau pour nous, personne ne nous en ayant jamais parlé.

Immédiatement, avec nos renseignements personnels, nous leur donnions la liste des documents qu'ils avaient à se procurer (2), les assurant qu'ils trouveraient auprès des auteurs, s'ils s'adressaient à eux directement, comme nous l'avions fait nous-même, autant d'obligeance que d'empressement.

(1) Depuis, d'excellentes instructions ministérielles ont été envoyées à ces fonctionnaires (V. 2me partie).

(2) Voici cette liste à laquelle nous avons ajouté les ouvrages publiés depuis par MM. G. Maurin, Ch. Brouilhet et Ch. Rayneri :

1° Les travaux spéciaux sur les syndicats professionnels, le Crédit agricole et les Assurances agricoles, dûs à la plume de M. le comte de Rocquigny ;— Les circulaires mensuelles du *Musée social*, traitant toutes ces questions, notamment, celle d'octobre 1899, qui a publié les importants travaux de MM. G. Maurin et Ch. Brouilhet, sur les Caisses régionales et le warrantage des produits agricoles. (S'adresser, soit à M. le comte de Rocquigny, délégué au service agricole du *Musée social*, 5, rue Las Cases, à Paris, soit à M. le Directeur de cette Institution);

2° Le Crédit agricole par l'association coopérative, Manuel à l'usage des fondateurs et administrateurs des sociétés de crédit agricole, par M. Ch. Rayneri ; — Le bulletin mensuel du Crédit populaire, sous la

Et nous nous quittions sur cet entretien convaincu, de notre côté, qu'ils allaient organiser quelque chose et heureux, enfin, de ce premier résultat.

*
* *

Mais quand, quelque temps après — car nous changions souvent de localité — nous les avons rencontrés, les pressant de nous dire où ils en étaient de leurs fondations, après beaucoup d'hésitation, en général, ils finissaient par nous avouer — plus ou moins... timidement, ouvertement — qu'ils n'avaient rien fait du tout ! !

— Eh ! pourquoi donc ? leur demandions-nous avec quelque surprise !

— Parce que, répondaient-ils, il n'était pas facile de se procurer tous ces livres, de s'adresser à tant d'endroits différents, d'écrire toutes ces lettres ; puis, enfin, ça doit coûter cher tout cela, nous y avons renoncé.

— Ah ! pourtant — c'est ainsi que se terminaient le plus souvent leurs explications —, s'il n'y avait eu qu'un livre, et *pas trop cher*, à se procurer, il est certain que nous n'aurions pas hésité... N'en connaîtriez-vous pas un dans ces conditions ?

Sur notre réponse, qui ne pouvait être que négative, car autrement nous leur aurions, dès le début, indiqué cet ouvrage, presque tous, — et les fonctionnaires principalement

direction de M. Ch. Rayneri ; enfin, tout récemment, le Manuel des Caisses régionales de crédit agricole mutuel, par le même auteur. (Librairie Guillaumin et Cie, 14, rue de Richelieu, à Paris, ou chez l'auteur, à Menton (Alpes-Mmes) ;

3° Le Manuel pratique à l'usage des fondateurs et administrateurs des caisses rurales, par M. Louis Durand;

Le Bulletin mensuel de l'Union des Caisses rurales, sous la direction de M. Louis Durand (à Lyon, 97, av. de Saxe);

4° Notes à propos de la création d'une Caisse rurale à responsabilité limitée, par M. Emile Duport (à Lyon, 9, rue du Garet);

5° La Prévoyance contre la mortalité du bétail dans l'Union des syndicats du Sud-Est, par M. Léon Riboud (à Lyon, 27, quai de Tilsitt);

6° Le Manuel pratique de Crédit agricole, par MM. G. Maurin et Ch. Brouilhet (chez Arthur Rousseau, 14, rue Soufflot, à Paris).

— insistaient — et quelques-uns d'une manière très-pressante même, — pour que nous prissions nous-même — présumant beaucoup trop de nos ressources — l'initiative de ce travail

Puis on est resté là...

Or, rien n'a été fait depuis dans ces régions à part quelques sociétés d'assurances mutuelles contre la mortalité du bétail qui ont pris naissance peu de temps après la campagne que nous avions entreprise, il y a environ deux ans et demi, dans la presse locale — ceci dit sans vouloir aucunement nous attribuer le mérite de ces créations

A partir de ce moment nous étions fixé. Le motif donné était évidemment des plus sérieux. Il n'y avait plus à en douter. Donc, convaincu que ce motif pouvait être un obstacle réel à la réalisation desdits projets ; que la publication *d'un ouvrage d'ensemble*, à des conditions accessibles à tout le monde, destiné aux campagnes, aux cultivateurs, pénétrant chez les maires et les instituteurs, si possible, pouvait être, en effet, comme moyen de bonne et saine propagande, de nature à atteindre le but poursuivi, nous avons réuni nos notes et ce travail, prêt il y a plusieurs mois, mais dont l'impression a été retardée afin qu'il puisse comprendre surtout les nouvelles lois votées, et alors seulement en projet, a vu le jour.

Ce n'est ni un traité juridique ni un travail scientifique d'économie rurale ou sociale, ni un cours de comptabilité — ces sujets exigeant des développements qui auraient dépassé notre cadre, déjà trop étendu — mais un simple résumé, aussi complet que possible, cependant, croyons-nous, de tout ce qui nous a paru, soit comme législation, soit comme pratique, de nature à mettre au courant de ces questions et à pouvoir servir à fonder les institutions qui en ont fait l'objet

C'est, en un mot, ainsi que l'indique son titre, un simple Guide que nous voudrions voir, principalement, aux mains des intéressés pour lesquels il a été plus spécialement écrit, c'est-à-dire des agriculteurs représentant, soit comme fermiers, soit comme propriétaires, la petite et la moyenne culture, et qui forment, en réalité, la grande majorité de nos vaillantes populations agricoles.

S'il pouvait leur être de quelque utilité, s'il peut contribuer, dans une mesure quelconque, à l'édification de quelques-unes de ces salutaires institutions, qui doivent améliorer la condition morale et matérielle de ces humbles travailleurs de la terre, tout en contribuant à notre prospérité nationale, notre but sera atteint.

Nous nous trouverons amplement récompensé de nos efforts.

FRANÇOIS CARVILLE.

PREMIÈRE PARTIE

EXPOSÉ DE LA LÉGISLATION NOUVELLE
DISCUSSION GÉNÉRALE

VOIES ET MOYENS A SUIVRE POUR LA MISE EN PRATIQUE DES PRINCIPALES MESURES LÉGISLATIVES PRISES EN FAVEUR DE L'AGRICULTURE

CHAPITRE PREMIER

Nouvelle législation économique agricole.

1. La nouvelle législation : Ses avantages généraux; 2. Ses avantages en ce qui touche les principaux produits agricoles de chaque département; 3, Ses avantages en ce qui touche les animaux de ferme et les produits warrantables. — 4. Situation générale agricole de la France. — 5. Causes de la dépréciation de la valeur de la propriété et des revenus fonciers. — 6. Mesures législatives prises et celles à prendre pour remédier à la crise. — 7. Institutions à fonder dans ce but. Le Syndicat agricole doit en être la base. — 8. Appel aux dévouements pour créer ces institutions. — 9. Utilité de les fonder en même temps.

1. On ne saurait trop appeler l'attention de nos populations rurales sur les avantages, réellement importants, que peut leur procurer la mise en pratique de la législation nouvelle créée pour favoriser l'agriculture et les agriculteurs et qui comprend :

Les lois des 5 novembre 1894 et 31 mars 1899 sur les **Caisses locales et régionales de Crédit agricole mutuel** ;

Celle du 18 juillet 1898 sur les **warrants agricoles** ;

Enfin, depuis trois ans, la loi budgétaire allouant un « **secours aux agriculteurs pour pertes matérielles et événements malheureux et des subventions aux sociétés d'assurances mutuelles agricoles contre la grêle et la mortalité du bétail** ».

Ces lois, qui complètent, en quelque sorte, celle du 21 mars 1884, créant les *Syndicats professionnels* — ces merveilleuses institutions qui ont déjà rendu tant de services et qui, mieux comprises et mieux appliquées, peuvent amener, à la longue, avec la pacification des esprits, la réconciliation de ces deux puissants facteurs de la fortune publique, toujours en lutte : le *capital* et le *travail* — ces lois, disons-nous, ont mis à la disposition des agriculteurs des sommes considérables dont il dépend uniquement d'eux de profiter s'ils veulent s'entendre, se grouper et constituer les associations nécessaires.

En effet, celle du 31 mars 1899 leur attribue, à titre de prêt, sans intérêts, l'avance de 40 millions de francs, plus une redevance annuelle de 3 millions environ (minimum 2 millions d'après cette loi) (1) pendant 24 ans — de 1897 à 1920 — soit 72 millions, ensemble 112 millions de francs, à verser par la Banque de France, pour le renouvellement de son privilège, en vertu de la convention du 31 octobre 1896, sanctionnée par la loi du 17 novembre 1897.

La loi budgétaire de 1900 (chapitre 41), comme celles de 1898 et 1899 (chapitres 38 et 41), leur alloue, à titre définitif, 2 millions 1/2 de francs, et peut-être y a-t-il lieu d'espérer mieux encore pour l'avenir?

Enfin, la loi du 18 juillet 1898 leur permet, à l'aide de ce nouvel instrument de crédit qu'elle a créé, le *warrant agricole*, de se procurer en banque, sur leurs produits agricoles, et ce, *sans s'en dessaisir*, c'est-à-dire sans frais de déplacement, les sommes qui peuvent leur être utiles soit pour augmenter le rendement de leurs terres — en leur facilitant, par exemple, l'achat en gros, et aux époques propices, de leurs engrais, semences, bestiaux, matériel, etc. — soit pour attendre le moment favorable de la réalisation de leurs produits.

Ces produits écoulés trop souvent précipitamment, surtout quand la production est abondante, et même, parfois, aussitôt récoltés, car, faute d'avances — et un trop grand nombre de cultivateurs sont, malheureusement, dans ce cas — on ne peut attendre longtemps, sont généralement mal vendus. La spéculation, qui guette ces circonstances, les exploite le plus qu'elle peut!

Les cultivateurs apportant, en effet, en même temps, leurs marchandises sur un marché surchargé déterminent la baisse qui, accentuée par les agissements des spéculateurs, pèse d'une manière si désastreuse sur les cours et les avilit autant peut-être que les combinaisons des accapareurs, et la concur

(1) Les trois premières années ont dépassé cette évaluation : elles ont donné, ensemble, 10.842.502 francs.

rence étrangère contre laquelle il est encore possible de se garantir, du moins en partie.

Or, à l'aide du warrantage l'agriculteur peut, quand il y a surproduction surtout, et que les cours sont mauvais, éviter les méventes et attendre avec une tranquillité d'esprit qui lui manquait auparavant — ayant pu payer ses frais de récolte, ses impôts, ses fermages etc ; — le relèvement des prix, déjouant, ainsi, les calculs des agioteurs et évitant de fournir à la baisse un nouvel élément de dépréciation.

***

2. On peut juger de l'importance des dites ressources pour les agriculteurs d'après les chiffres suivants tirés de la dernière statistique agricole.

Bien entendu, la répartition des fonds de la Banque de France étant réservée au Ministre de l'Agriculture, après avis de la Commission qui lui a été adjointe par la loi de 1899, et ayant lieu suivant les besoins et la situation des Sociétés de chaque région, les chiffres que nous donnons ci-après, comme prorata moyen des allocations à répartir, peuvent se trouver modifiés aussi bien en plus qu'en moins.

En prenant comme base — celle qui nous paraît être la plus logique — le montant des principaux produits agricoles du pays, qui est de 9,190,419,654 francs, il reviendrait à chaque département, dans la répartition des 112 millions de francs versés ou à verser par la Banque de France, comme il est dit ci-dessus, la somme suivante :

Classement par ordre d'importance		Montant des produits agricoles de chaque département	Part de chaque département dans les 112 millions
34.	Ain................Fr.	119.513.113	1.456.459
3.	Aisne.................	195.791.719	2.386.036
16.	Allier.................	158 870.842	1.936.096
82.	Alpes (Basses)........	27.661.842	337.104
83.	Alpes (Hautes).......	21.491.696	261.911
84.	Alpes-Maritimes......	17.221.680	209.874
61.	Ardèche..............	77.664.360	946.465
53.	Ardennes..............	91.013.666	1.109.148
77.	Ariège................	43.096.935	525.205
40.	Aube..................	108.661.829	1.324 219

45.	Aude.................	103.295.179	1.258.818
56.	Aveyron..............	86.433.490	1.053.331
71.	Bouches-du-Rhône....	62.184.247	757.815
8.	Calvados.............	174.577.775	2.127 510
72.	Cantal...............	60.822.873	741.224
48.	Charente.............	98.917.230	1.205.465
32.	Charente-Inférieure....	120.459.953	1.467.998
42.	Cher.................	105.624.734	1.287 207
62.	Corrèze..............	71.984.405	877.246
85.	Corse................	16.384.192	199.668
13.	Côte-d'Or............	163 634.313	1.994.146
7.	Côtes-du-Nord........	176.497.545	2.150.905
55.	Creuse...............	87.458.982	1.065.828
27.	Dordogne.............	128.890.246	1.570.734
64.	Doubs................	68.789.528	838.311
50.	Drôme................	93.777.740	1.142.830
31.	Eure.................	123.538.576	1.505.516
12.	Eure-et-Loir.........	164.396.989	2.003.441
28.	Finistère............	127.466.669	1.553.385
65.	Gard.................	68.549.615	835.387
35.	Garonne (Haute)......	117.165.581	1.427.851
63.	Gers.................	71.181.580	867.461
23.	Gironde..............	138.425.447	1.686.936
20.	Hérault..............	153.729.536	1.873.441
9.	Ille-et-Vilaine.......	170.159.304	2.073 664
43.	Indre................	104.444.529	1.272.824
25.	Indre-et-Loire........	136.378.935	1.661.996
22.	Isère................	139.219.196	1.696.609
69.	Jura.................	63.247.894	770.777
74.	Landes...............	53.156.614	647.798
37.	Loir-et-Cher..........	109.999.491	1.340.520
47.	Loire................	100.534.341	1.225.172
54.	Loire (Haute).........	88.592.966	1.079.648
19.	Loire-Inférieure.......	155.070.774	1.889.786
24.	Loiret...............	137.305.876	1.673.292
75.	Lot..................	50.456.683	614.895
44.	Lot-et-Garonne.......	106.237.047	1.294.669
81.	Lozère...............	29.344.840	357.614
14.	Maine-et-Loire........	159.077.350	1.938.613
5.	Manche...............	178.354.720	2.173.538
17.	Marne................	157.846.473	1.923.612
57.	Marne (Haute)........	85.035.799	1.036 298
33.	Mayenne..............	120.016.054	1.462.588
52.	Meurthe-et-Moselle....	92.680.611	1.129.462
51.	Meuse................	92.884.968	1.131.952
66.	Morbihan.............	66.269.139	807.596
41.	Nièvre...............	108.306.792	1.319.892
1.	Nord.................	261.239.870	3.183.626
15.	Oise.................	158.906 922	1.936.536
39.	Orne.................	108.911.215	1.327.258
2.	Pas-de-Calais.........	230.007.594	2.803.011
11.	Puy-de-Dôme.........	169.608 102	2.066.947
68.	Pyrénées (Basses).....	65.464.892	797.795
78.	Pyrénées (Hautes)....	40.920.017	498.676

79.	Pyrénées-Orientales...	40.428.680	492.688
87.	Rhin (Haut) (Belfort)..	14.079.971	171.587
46.	Rhône...............	102.771.962	1.252.441
59.	Saône (Haute)........	79.229.886	965.543
6.	Saône-et-Loire........	177.357.096	2.161.380
36.	Sarthe........... . ..	115.683.480	1.409.789
76.	Savoie..	46.219.279	563.256
70.	Savoie (Haute).	62.932.526	766.934
86.	Seine................	15.308.451	186.558
18.	Seine-Inférieure	156.006.786	1.901.193
4.	Seine-et-Marne.........	178.421.024	2.174.346
29.	Seine-et-Oise	125.211.700	1.525.905
38.	Sèvres (Deux)..	109.862.432	1.338.850
10.	Somme.......	169.664.564	2.067.635
60.	Tarn.............. ..	78.065.685	951.356
73.	Tarn-et-Garonne......	57.349.221	698.892
80.	Var..................	38.489.911	469.061
67.	Vaucluse	65.685.266	800.481
26.	Vendée........	130.380.033	1.588.890
30.	Vienne	124.617.024	1.518.658
58.	Vienne (Haute).......	82.284.834	1.002.773
43.	Vosges	94.080.480	1.146.522
21.	Yonne...............	141.436.244	1.723.627
	TOTAUX ÉGAUX.. .	9.190.419.654	112.000.000

*
* . *

3. En outre, en se basant sur la valeur des animaux de ferme — à laquelle nous aurions pu même ajouter celle des produits agricoles — et qui est, pour la France, de 5 milliards 88.185.612 francs, il reviendrait à chaque département, aussi au prorata, dans les 2 millions 1/2 de francs accordés annuellement, ainsi que nous l'avons dit plus haut « comme secours et subventions pour pertes matérielles de récoltes, bestiaux, etc. » la somme suivante :

Classement par ordre d'importance		Montant de la valeur des animaux de ferme	Part de chaque département dans les 2 millions 1/2
28.	Ain..............Fr.	66.835.074	32.838
13.	Aisne................	80.254.320	39.432
14.	Allier...............	82.890.364	40.727
82.	Alpes (Basses)......	17.512.168	8.604
83.	Alpes (Hautes).....	16.812.682	8.261
85.	Alpes-Maritimes	11.631.715	5.715
61.	Ardèche	45.147.168	22.182
49.	Ardennes...........	51.994.949	25.547
65.	Ariège..............	40.403.204	19.851
69.	Aube	36.968.963	18.164
74.	Aude	32.251.784	15.848

27.	Aveyron	66.929.250	32.888
73.	Bouches-du-Rhône	32 735.998	16.084
13.	Calvados	85.788.859	42.151
32.	Cantal	63.457.930	31.179
57.	Charente	48.065.400	23.616
30.	Charente-Inférieure	64.648.056	31.764
36.	Cher	61.302.678	30.120
31.	Corrèze	63.935.935	31.414
70.	Corse	36.881.066	18.121
33.	Côte-d'Or	62.811.200	30.861
2.	Côtes-du-Nord	118.678.950	58 314
23.	Creuse	75 225.884	36.961
24.	Dordogne	74.446.440	36.578
67.	Doubs	39.216.349	19.267
66.	Drôme	39.775.461	19.542
39.	Eure	58.915.582	28.947
54.	Eure-et-Loir	49.291.767	24.219
1.	Finistère	147.278.950	72.365
78.	Gard	28.275.754	13.892
44.	Garonne (Haute)	56.947.724	27.979
51.	Gers	49.957.939	24.546
34.	Gironde	62.035.017	30.470
79.	Hérault	24.749.652	12.160
3.	Ille-et-Vilaine	117.902.337	57.931
38.	Indre	60.661.683	29.805
47.	Indre-et-Loire	53.614.945	26.343
25.	Isère	68.049.047	33.435
64.	Jura	41.843.629	20.559
37.	Landes	60.784.760	29.865
63.	Loir-et-Cher	43.974.342	21.606
59.	Loire	47.013.220	23.099
40.	Loire (Haute)	58.738.198	28.860
10.	Loire-Inférieure	97.778.670	48.044
42.	Loiret	58.644.423	28.814
72.	Lot	32.843.391	16.137
22.	Lot-et-Garonne	75.493.942	37.093
77.	Lozère	28.376.563	13.942
12.	Maine-et-Loire	89.824.900	44.135
4.	Manche	111.526.115	54.798
45.	Marne	56.901.516	27.957
62.	Marne (Haute)	44.790.447	22.007
7.	Mayenne	102 520.515	50.374
56.	Meurthe-et-Moselle	48.890.531	24.022
52.	Meuse	49.742.629	24.440
26.	Morbihan	67.993.716	33.408
35.	Nièvre	61.354.322	30.146
6.	Nord	103.198 270	50.705
43.	Oise	57.865.263	28.431
21.	Orne	76.069.755	37.376
11.	Pas-de-Calais	95.416.571	46.882
17.	Puy-de-Dôme	82.367.291	40 470
29.	Pyrénées (Basses)	65.919.120	32.388
58.	Pyrénées (Hautes)	47.865.340	23.518
81.	Pyrénées-Orientales	18.526.686	9.103

87.	Rhin (Haut) (Belfort).	6.463.374	3.175
76.	Rhône..............	28.835.917	14.168
60.	Saône (Haute).......	46.754.214	22.972
5.	Saône-et-Loire	103.846.718	51.025
20.	Sarthe	78.244.513	38.445
71.	Savoie..............	33.581.420	16.499
68.	Savoie (Haute)	37 628.924	18.488
86.	Seine...............	10.059.393	4.942
9.	Seine-Inférieure	98.031.630	48.167
55.	Seine-et-Marne......	49.020 910	24.086
53.	Seine-et-Oise.......	49.609.608	24.375
19.	Sèvres (Deux).......	79.102.730	38.866
16.	Somme............	82.664.412	40.616
48.	Tarn	53.052.475	26.065
75.	Tarn-et-Garonne ...	30.980.166	15.221
84.	Var.................	14.336.430	7.044
80.	Vaucluse	20.775.894	10.208
8.	Vendée...	98.582.653	48.438
46.	Vienne	54.543.488	26.799
15.	Vienne (Haute). ...	82.671.379	40.620
50.	Vosges	50.188.269	24.659
41.	Yonne.............	58.661.726	28.822
	Totaux égaux...	5.088.185 612	2.500.000

De même que pour les fonds de la Banque de France, ces allocations peuvent varier suivant les pertes éprouvées et l'importance des Sociétés d'assurances organisées dans chaque région, le tout d'après l'appréciation du Ministre de l'Agriculture, ainsi que nous l'avons déjà dit.

* * *

Enfin, le montant des produits pouvant être warrantés — animaux de ferme exceptés, puisque, à la différence de ce qui existe à l'étranger, en France la loi ne les admet pas au warrantage — étant, nous l'avons vu ci-dessus, de 9 milliards 190,419,654 francs, en ne les warrantant que pour 50 °/₀ ou moitié, ce qui n'est pas exagéré si on considère que des Etablissements de crédit accordent les 2/3 de la valeur — et ce, sur les eaux-de-vie, par exemple — cela ferait, en chiffres ronds, 4 milliards 600 millions de ressources nouvelles que les agriculteurs pourraient utiliser, par l'intermédiaire des banques, si cela leur convenait, pour le double objet que nous avons expliqué en débutant.

Quelques détails touchant la situation générale du pays, comme valeur des propriétés et des revenus fonciers, nous paraissent nécessaires pour mieux démontrer la nécessité d'agir dans l'intérêt de l'agriculture.

* * *

4 Personne ne conteste — car cela est malheureusement trop vrai — que la France traverse depuis de nombreuses années une crise agricole des plus intenses.

Suivant la dernière statistique décennale du Ministère de l'Agriculture, dans les travaux duquel nous avons pleine confiance parceque nous savons avec quel soin ils sont établis et qu'il est, du reste, mieux placé que qui que ce soit pour en réunir les élements, la propriété foncière non bâtie (1) c'est-à-dire celle servant à la culture de la terre, a perdu en 10 ans, de 1882 à 1892, comme valeur vénale, *13 milliards 737 millions !* chiffre énorme, mais peut être encore au-dessous de la réalité.

Le produit brut annuel du sol s'est abaissé de 844 millons. Les charges de la culture ayant, toutefois, diminué de 515 millions, la perte réelle, nette, s'est trouvée réduite, en 1892. à 329 millions !

La prochaine statistique nous révèlera si la situation s'est réellement améliorée depuis – ce qu'on ne saurait trop souhaiter — mais, à cet égard, nous n'oserions nous prononcer.

Cependant, ce que nous pouvons dire, dès à présent, c'est que, en général, le fermier, comme le propriétaire sont toujours à plaindre, et aussi à plaindre l'un que l'autre — les récents débats à la Chambre des Députés, lors de la discussion du budget de l'agriculture, ne l'ont hélas ! que trop de-

(1) On sait que la propriété foncière se trouve répartie, en France, entre 14 millions de cotes foncières ainsi divisées : pour la très petite culture (moins d'un hectare) et la petite culture (de 1 à 10 hect.) 12 millions 1/2 ; pour la moyenne culture (10 à 40 hect.) et la grande culture (au-dessus de 40 hect.) un million 1/2.
On voit combien les intéressés sont nombreux, les petits surtout.

montré (1), car l'amélioration attendue ne s'est pas encore manifestée :

Le propriétaire ne trouve plus à louer ses terres, ou s'il les loue, c'est à des conditions de plus en plus désavantageuses, et il n'est pas toujours régulièrement payé. A chaque renouvellement de bail c'est une nouvelle diminution à subir.

S'il fait valoir lui-même - ce à quoi il est souvent obligé, car, s'il y a 20 ou 25 ans il se présentait 20 fermiers pour une ferme, aujourd'hui il y a vingt fermes pour un postulant — le propriétaire ajoute, généralement, à ses pertes. Il faut faire face à toutes les charges : frais d'exploitation, d'entretien, impôts, etc , et s'il n'a pas d'autres ressources, il se ruine !

S'il veut vendre il ne trouve pas d'amateurs. On n'achète plus de fermes dans une situation agricole aussi défavorable, aussi incertaine.

S'il se présente des amateurs — généralement des chercheurs d'occasions — c'est à des conditions désastreuses, comme dans le cas de vente forcée, par exemple, à moins que le propriétaire, n'ait la chance très rare — et une chance relative toujours — d'avoir des voisins en compétition auxquels la propriété convient.

Aujourd'hui, en effet, il n'y a pour ainsi dire plus de transactions immobilières dans nos campagnes : on nous a cité, dans plusieurs régions où, autrefois, les transactions étaient très actives, les achats de terrains suivis, comme placements de fonds, des notaires qui sont restés un long temps sans faire un acte de vente. Il est impossible, en réalité, quels que soient les avantages, le revenu normal même, d'une ferme, de lui assigner à l'avance, même approximativement, au point de vue de la vente, une valeur quelconque, tant les réalisations sont devenues difficiles.

Le fermier, de son côté, malgré l'activité qu'il déploie, l'é-

(1) Discours de MM. Lechevalier, Jourdan, Lasies, Fernand David, Suchetet, Julien Dumas, Martial Sicard, le comte Pozzo di Borgo, Devèze, députés. (Séances des 1, 2, 5, 6, 7 et 8 février 1900.)

conomie et souvent les privations qu'il s'impose, ne parvient pas à équilibrer son budget. Les frais généraux, les calamités : épidémies, troubles atmosphériques, etc., les pertes qu'entraînent les réalisations par suite de méventes résultant d'un surcroit de production, de concurrence étrangère, de difficultés d'écoulement, ou autres causes, en un mot, lui enlèvent souvent le bénéfice de l'année quand ce ne sont pas toutes ses économies.

L'état de choses actuel, en résumé, ne semble pas être, pour beaucoup, meilleur que par le passé. La crise reste donc toujours à l'état aigü !

Quelles en sont les causes ? Qu'a-t-on fait et que reste-t-il à faire pour y remédier ? Nous abordons ces graves questions.

Voyons, d'abord, les causes générales de la crise :

*
* *

5. En ce qui touche la dépréciation de la valeur vénale de la propriété foncière, si, comme nous allons l'expliquer, la baisse du revenu des fermes, par suite des charges écrasantes de l'Etat, des impôts, notamment, et de la difficulté de les louer, ont contribué à l'avilissement des prix, ce ne sont pas les seules causes du mal. Il y a bien d'autres raisons encore :

Une cause spéciale, qui a soulevé de vives alarmes, est venue aussi aggraver la situation. Il s'agit des effets, des ravages, causés par les expropriations !

Quand un propriétaire, n'ayant pas d'autres ressources que le produit de ses terres, s'étant trouvé sans fermier et obligé, quand même, de faire face aux impôts et aux dépenses indispensables d'entretien des bâtiments et autres frais, s'est vu dans la nécessité de recourir à un emprunt — toujours coûteux — ce qui a été et est fréquemment le cas depuis la crise — qu'est-il advenu, trop souvent, quand il n'a pu continuer le service des intérêts du prêt ? — un prêt hypothécaire, généralement — et encore moins rembourser le capital ?

L'expropriation de ses terres !

Ainsi que l'a dit, avec de trop justes et de trop nombreuses raisons, malheureusement, M. Lasies, député, à la séance de la Chambre du 2 février 1900 : « l'expropriation sévit avec une intensité déplorable. »

Or, l'expropriation, c'est la ruine du propriétaire, en même temps qu'une nouvelle cause de dépréciation de la valeur générale des propriétés car, dans ces conditions, les immeubles sont toujours vendus à vil prix ; et, bien qu'ils ne fassent que changer de mains, que les cours puissent se relever, qu'il n'y ait pas, en réalité « anéantissement de richesse », ainsi que l'a dit, avec quelque raison, M. Caillaux, ministre des Finances (séance du Sénat, du 30 mars 1900), leur valeur vénale s'est trouvée frappée dans les mains de ceux qui les possédaient et la fortune publique s'est trouvée atteinte et amoindrie.

Les pertes subies par ceux qui ont été obligés de vendre, ou qu'on a expropriés, ne sont, en effet, jamais réparées ; et, il en sera de même pour tous ceux qui se trouveront dans ce pénible cas, qui sont menacés, et cela, tant qu'on n'arrivera pas au relèvement des cours, ce qui paraît difficile, si on ne met, d'abord, un frein à ces saisies-exécutions si désastreuses et qui se multiplient d'une manière véritablement inquiétante.

Et on jugera s'il n'y a pas lieu de s'alarmer d'un tel état de choses, des funestes effets de ces expropriations, lorsque nous aurons rappelé que la dette hypothécaire, grévant les propriétés particulières, en France, dépasse *14 milliards* ! (1), chiffre effrayant qui représente, en réalité, plus de 11 % de la valeur totale de notre fortune immobilière évaluée, d'après la moyenne des diverses statistiques, à 120 milliards.

On pourra aussi se rendre compte de l'énorme capital

(1) Pour une seule année, 1898, le montant des créances inscrites, ayant donné lieu à la perception des droits hypothécaires, s'est elevé à 2 milliards 6 millions. Or en 10 ans, durée légale des inscriptions ordinaires (celles du Crédit foncier ont seules une durée illimitée), cela donne un chiffre dépassant 20 milliards !

que ces 14 milliards ont, d'abord, absorbé, au début, pour les frais d'obligations et accessoires, qu'on ne peut évaluer au-dessous de 5 °/₀, c'est-à-dire de 700 millions ; ensuite, pour le renouvellement, car les prêts ne sont généralement faits que pour 5 ans ; enfin, pour les intérêts.

En évaluant ces intérêts à une moyenne de 4.1/2 0/0 — la plupart des prêts ont été faits à 5 °/₀, le taux du Crédit foncier, le plus fort prêteur, est actuellement de 4.30 °/₀ — c'est, au moins, 630 millions qui sortent, chaque année, de la poche des emprunteurs.

En résumé, les emprunteurs ont eu à payer, la première année, en général, 10 0/0 du capital emprunté, dont 5 0/0 de suite ! n'était-ce pas déjà ruineux ?

*
* *

Nous venons de dire que le Crédit foncier était le principal prêteur :

En effet, sur les 14 milliards ci-dessus, il lui était dû au 31 décembre 1899, 1.905.926.336 fr. 02, dont le quart, environ, porte sur la propriété rurale, c'est-à-dire sur les terres et bâtiments servant à la culture, lesquels, ensemble, sont frappés des trois quarts de cette dette colossale.

Ce puissant Etablissement occupe une telle place dans notre mouvement général économique, son rôle est si important dans le placement de l'épargne française à laquelle il a demandé, en échange de ses obligations foncières et communales, environ 7 milliards 1/2, sur lesquels il reste aujourd'hui en circulation pour environ 3 milliards 250 millions de titres à rembourser, que nous avons jugé utile de donner ici, afin qu'on en puisse tirer les conclusions qui conviendront au triple point de vue de la situation générale hypothécaire, de la crise agricole, de l'emploi de la fortune publique mobilière, c'est-à-dire des capitaux qui recherchent ce placement, plus rémunérateur que la terre, et ce, pour des raisons que nous développerons plus loin, le résumé de ses opérations hypothécaires et, comme complément, de ses prêts communaux, avec la situation de ces deux catégories de prêts au 31 décembre 1899.

Nous avons extrait ces renseignements de son compte-rendu de la dernière assemblée générale.

Depuis son origine (1853), et depuis la loi du 6 juillet 1860 autorisant les prêts communaux, le Crédit foncier a prêté avec les fonds provenant de l'émission de ses obligations foncières et communales, avons-nous dit, 7.485.849.454 fr. 09, dont :

4.550.309.210 fr. 05 sur hypothèques;
et 2.935.540.244 fr. 04 aux communes, etc.

(*a*) Les prêts hypothécaires se subdivisent ainsi.

Comme nature d'immeubles :

3.583.382.504 fr.	31	sur propriétés urbaines;		
946.819.505	74	—	rurales ;	
20.107.200	00	—	mixtes.	
soit 2.531.384.844	62	—	situées à Paris;	
189.520.438	38	—	—	dans la Seine (banlieue) ;
1.703.402.497	39	—	—	dans les autres départem^{ts}
123.948.879	66	—	—	en Algérie ;
2.052.650	00	—	—	Lorraine et Als.-Lorraine ;

Comme durée :

Ceux au-dessous de 20 ans s'élevant à fr.		147.400.267.17
de 20 ans	—	79.565.785.45
21 à 30 ans	—	410.808.561.99
31 40 —	—	89.137.149.61
41 49 —	—	154.754.542.97
50 59 —	—	1.042.269.122.18
60 75 —	—	2.626.373.780.68

Comme importance :

Ceux de 5.000 et au-dessous s'élevant à fr.		91.172 325.43
5.001 à 10.000	—	187.113.909.43
10.001 50.000	—	1.104.153.425.29
50.001 100.000	—	818.830.412.01
100.001 500 000	—	1.552.392.474.74
500.001 et au-dessus	—	796.646.663.15

(*b*) Les prêts communaux se subdivisent ainsi :

Prêts aux Départements....................	321.498.477.69
— Communes....................	2.242.490.080.87
— Associations syndicales.........	122.029.949.44
— Chambres de Commerce........	213.357.331.41
— Fabriq. d'Eglises et consistoires.	15.546 477.27
— Hospices, asiles d'aliénés et autres établissements publics....	20.617.927.36

Au 31 décembre 1899, il restait dû au Crédit foncier, 3.385 673.011.38
dont 1.905.926.336.02 pour prêts hypothécaires ;
et 1.479.746.675.36 — — communaux.

La contre partie figure ainsi à son bilan :

Obligations foncières...............	1 841 076.748.66
— communales..	1.404.305.455 20

Dans ce colossal mouvement de fonds, concernant les prêts

hypothécaires qui, seuls, nous occupent ici, le Crédit foncier n'est resté possesseur, à ce jour, à la suite des expropriations qu'il a poursuivies, que pour 30.179.884 fr. 28 d'immeubles, chiffre représentant sa créance. Ce chiffre, qui, d'ailleurs, ne représente aucunement une perte, est insignifiant eu égard à l'énorme bénéfice qu'il a réalisé sur ces 4 milliards 1/2 de prêts hypothécaires, sans parler de celui donné par les prêts communaux.

On voit que son administration sage, prévoyante et énergique, a su protéger les intérêts de ses actionnaires ; et, s'il y a quelque désaccord sur la nature et l'importance des services rendus par les prêts hypothécaires, spécialement, jamais on n'a contesté les mérites de ses administrateurs.

Quelle part, en résumé, dans ce désastre immobilier, dans cette perte de *13 milliards 737 millions* subie en 10 ans, de 1882 à 1892, par les propriétés agricoles, ainsi que nous l'avons dit plus haut, doit-on mettre à la charge des expropriations ?

Le travail qui l'établirait serait instructif. Il pourrait être fait par les administrations de la justice et des finances qui nous ont donné, dans d'autres statistiques, la mesure d'une incontestable valeur. Il est à souhaiter que le gouvernement veuille bien l'entreprendre.

En tout cas, on est généralement convaincu que cette part est importante ; que ces exécutions ont contribué pour beaucoup à l'avilissement des cours ; et c'est pour cela qu'on désirerait savoir, aussi exactement que possible, afin d'apporter le remède voulu, ce qu'elles ont fait perdre : aux expropriés d'abord ; ensuite aux créanciers venant tardivement, c'est-à-dire en 2e, 3e rangs, etc., — à ce sujet nous avons quelques éléments que nous résumons plus loin — en se basant sur l'évaluation du prêteur — pour le grand Etablissement ci-dessus désigné, sur celle de ses inspecteurs ayant servi à fixer l'importance du prêt — puis, sur celle de l'exproprié, d'après son prix de revient, *ramené au revenu normal* ; et, enfin, en rapprochant ces évaluations du prix de vente des biens saisis.

On est d'accord à ce sujet, il faut apporter un tempérament à ces exécutions, en atténuer les effets, qui sont presque toujours funestes, et, dans certains cas, si rapides, qu'on ne peut parer leurs coups !

Il paraît qu'avec le principal prêteur hypothécaire susindiqué il y aurait moins d'accommodements qu'avec un créancier ordinaire : que ses exécutions étant presque immédiates étaient, par suite, plus terribles !

Bien que toujours le premier en rang hypothécaire — et pour 20 ou 25 o/o seulement de la valeur réelle des terres; car, avec son système de calcul des charges, qu'il déduit, et de capitalisation, il ne prête, en réalité, au maximum, sur les terres, guère plus de 30 o/o —; bien qu'il se trouve, ainsi généralement couvert de sa créance, en principal, intérêts et frais — et ces frais sont considérables surtout quand il s'agit de petites propriétés — et même, en plus, d'une commission de 1/2 o/o qu'il perçoit sur les remboursements anticipés, volontaires ou forcés, en résumé, lorsqu'il lui est dû plus de deux ou trois semestres, il agit !

Pour conserver « son privilège de deux années d'intérêts et la courante » sans tenir aucun compte des intérêts du débiteur et des autres créanciers, — il n'y est pas obligé, en réalité — il exécute impitoyablement son gage! C'est son droit, et même son devoir, dira-t-on peut-être ? Soit, parce qu'il est évident qu'il ne pourrait faire face au service des intérêts et au remboursement de ses obligations foncières si les annuités de ses prêts lui faisaient défaut.

Mais il y a une limite à tout. Or, avec les armes terribles que la législation spéciale de 1852-1853 notamment, établie pour son unique usage, lui a forgées, en *quelques jours*, car les délais de l'art. 32 de la loi du 28 février 1852, — celui de six semaines entre autres pour les insertions, après la transcription de la saisie — sont souvent abrégés, un malheureux débiteur, qui n'a pu se libérer à temps, voit sa ferme saisie, *mise en vente sur expropriation forcée* et vendue !...

On sait, en effet, que les délais de procédure pour les établissements de crédit foncier sont abrégés et qu'un simple commandement, signifié à leur requête devient, une fois transcrit au bureau des hypothèques, une véritable saisie sur laquelle ils peuvent, après le dépôt du cahier des charges au greffe, qui a généralement lieu de suite, et, sans d'autre procédure, afficher et vendre.

Tout ce que le pauvre débiteur saisi peut espérer — et cela quand on veut bien le lui accorder, car ce n'est pas pour lui un droit mais une faveur toute entière, d'après la loi, dans les mains du créancier — c'est la conversion de la saisie, qui en lui évitant sur l'affiche placardée à sa porte le mot cruel d'*expropriation* ! lui laisse quelques jours de plus pour essayer de trouver des amateurs. et traiter directement.

Mais, en réalité, comme ce délai est très court, et qu'en général on connaît de suite l'existence de la saisie, qui a mis en mouvement les huissiers et leur personnel, qui a été visée à la Mairie, qui est passée par les bureaux de l'enregistrement, des hypothèques, etc., les amateurs avisés ne se pressent plus ; ceux craintifs se retirent. Les premiers attendent le jour de la vente à laquelle il faut hélas ! bientôt arriver, pour acquérir à vil prix, laissant ainsi à l'infortuné débiteur une perte considérable atteignant souvent jusqu'aux 3/4, quelquefois plus même, de la valeur de sa propriété et le plongeant, ainsi, dans le désespoir et la ruine !

Nous connaissons, en effet, des familles entières — et combien y en a-t-il dans ce cas ! — qui possédaient en immeubles toute leur fortune, représentant un capital important, que ces exécutions hâtives ont plongées dans la plus profonde misère ! La vente de leurs biens, *à la date imposée*, n'a pas produit la moitié du prix qui leur avait été plusieurs fois offert, à l'amiable, avant la fatale saisie !

Les amateurs, en entendant parler d'expropriation, se sont sauvés, craignant, disaient-ils, des surprises et des ennuis ;

et, en effet, on a beau dire aux esprits inquiets qu'il n'y a rien à craindre dans ces cas, qu'ils ne paieront que leur prix avec les frais habituels, et les engager à voir un homme d'affaires, à se renseigner sur le cahier des charges, rien n'y fait. Ils sont effrayés et abandonnent complètement leurs projets, malgré le regret qu'ils en éprouvent, surtout quand la propriété leur convient. Ils ne veulent même pas se renseigner !

Qu'on consulte, à ce sujet, un officier ministériel, notaire, avoué ou huissier, il vous dira qu'il y a encore dans les campagnes, et même dans les villes, un grand nombre de personnes qui croient qu'en achetant des biens hypothéqués l'acquéreur est obligé, pour lever les hypothèques, de payer intégralement les créanciers et, cela, quand bien même son prix serait inférieur au montant des inscriptions. Il y en a même qui craignent d'être obligés de payer toutes les dettes du vendeur et il n'est pas toujours aisé, nous l'avons constaté nous-même, de les rassurer de ce côté.

En résumé, dans l'intérêt de tous, du créancier comme du débiteur, dans l'intérêt de la fortune publique, il est nécessaire, avons-nous dit, de tempérer ces exécutions. Pour cela, il faut reviser la législation, allonger les délais de procédure, *rendre la conversion obligatoire pour le créancier quand le débiteur la demande*, et ce, afin de laisser à ce dernier le temps de se retourner, soit pour trouver des fonds, soit pour trouver un acheteur à l'amiable. Au besoin, la loi augmentera la durée du privilège d'intérêts de deux années et la courante, accordé aux créanciers, et ce, pour qu'ils mettent moins d'empressement et de rigueur à exécuter leur gage.

Enfin — nous y arrivons — il faut diminuer les frais !

***

Non seulement la réforme du code de procédure et de la législation de 1852-53 s'impose, mais aussi celle des tarifs, notamment en ce qui touche les saisies immobilières et leurs suites, et toutes les ventes judiciaires en un mot.

Nous venons de parler de conversion sur saisies. Sait-on

combien, en 1897, sur 7752 expropriations il en a été accordé avec renvoi devant notaire? 1085 seulement, c'est-à-dire pas même 15 o/o.

Quant aux frais judiciaires, ceux concernant les ventes faites d'une manière obligatoire devant les tribunaux ou, avec l'autorisation de justice, devant notaire, par suite de saisies, surenchères, faillites, licitations et pour des biens de mineurs, d'interdits, des biens dotaux, de successions vacantes ou bénéficiaires, etc., ces frais, disons-nous, sont pour les petites adjudications absolument exorbitants et sans aucune proportion avec les prix de vente.

Voici, en effet, des chiffres puisés dans la dernière statistique dressée par les bureaux du Ministère de la Justice, qui ne le démontrent que trop, hélas!

En 1897, sur 23,988 ventes judiciaires faites devant les tribunaux ou devant notaires, 13,718, ou 57 o/o, ont eu un prix inférieur à 5,000 francs, et 4,325, ou 18 o/o, un prix inférieur à 1,001 fr,, dont environ une moitié au-dessous de 500 fr.

Or, la moyenne des frais, non compris ceux des incidents de procédure, les remises des avoués, etc., a été :

Pour les ventes de		500 fr. et au dessous,	de	*104 fr. 94* °/o!
—	—	501 à 1.000 fr.,	—	42,46 °/o.
—	—	1.001 à 2.000 fr.,	—	25,76 —
—	—	2.001 à 5.000 fr.,	—	15,64 —
—	—	5.001 à 10.000 fr.,	—	9,07 —
—	—	10.001 et au dessus,	—	2,21 —

Cette improportionnalité n'est-elle pas navrante!

La situation a, du reste, ému M. le Garde des Sceaux qui, dans son rapport au Président de la République sur l'administration de la justice, en 1897, a fait suivre les chiffres ci-dessus des réflexions suivantes :

« Pour les ventes dont le produit n'a pas excédé 500 fr., le montant moyen des frais par 100 fr. est encore de *104 fr. 94*, soit 1 fr. 59 de moins qu'en 1896. La moyenne annuelle avait été de 119 fr. 88 en 1886-1890, de 107 fr. 98 en 1891-1895, et de 106 fr. 53 en 1896.

» Ces chiffres sont de nature à faire ressortir l'énormité des charges qui grèvent, de ce chef, la petite propriété foncière. Il m'a paru nécessaire d'apporter un remède à une situation si nuisible aux intérêts des justiciables. Par une circulaire du 29 décembre 1899, j'ai prié MM. les Premiers Présidents de veiller à la stricte exécution de la loi du 24 octobre 1884. Cette surveillance s'exerce très efficacement grâce à l'organisation de commissions de contrôle, composées de membres des cours d'appel. Je ne doute pas que ces mesures n'aient pour effet d'apporter une sensible amélioration dans cette partie du service. »

Maintenant, complétons ce lamentable tableau par les chiffres suivants tirés du même Rapport.

Dans les Etats d'ordre et de distribution ouverts pour la répartition du prix des biens saisis, notamment, les frais ont été, en moyenne, savoir :

De 649 fr. pour les ordres judiciaires et de 313 fr. pour les ordres amiables ; et de 421 fr. pour les distributions par contribution.

Or, dans les ordres judiciaires, 50,87 o/o des créances n'ont rien reçu ;

Dans les ordres amiables, 45,18 o/o des créances n'ont rien reçu non plus ;

Et dans les distributions, 86,42 o/o des créances ont eu le même sort.

On voit le rôle que les frais d'expropriation et ceux ci-dessus, ont joué dans la diminution des prix de vente, surtout pour les petites adjudications.

Il y a là une réforme urgente, nécessaire à opérer ; nous ne saurions trop le répéter !

Il n'est pas douteux qu'en créant le crédit agricole et le warrantage agricole, les législateurs ont voulu sauver les agriculteurs des dangers que ces exécutions, entre autres, leur faisaient courir et que faisait pressentir M. Lourties, rapporteur de la loi du 31 mars 1899, sur les caisses régionales, dans son admirable rapport si précis et si documenté, dont nous citerons quelques lignes suffisamment explicites :

« Au surplus pour combien d'agriculteurs, pour les petits surtout, dit l'honorable sénateur, le crédit réel, le prêt sur hypothèque du Crédit foncier. en un mot, est il impraticable à cause des formalités et des dépenses qu'il exige ! *Et combien il est dangereux aussi pour l'emprunteur* !

» Qu'il manque au paiement des intérêts, le voilà réduit à la vente du terrain hypothéqué ! » C'est là,. en quelques mots, la dure vérité !

On ne pouvait mieux définir la situation !

Le crédit hypothécaire rend peut-être quelques services aux propriétaires urbains, surtout à ceux qui font construire, ou achètent, dans les villes des maisons neuves ou en bon état — et, il y a un certain nombre de très gros propriétaires dont la fortune, étayée sur cette combinaison, appartient pour un tiers, et même plus, souvent, au Crédit foncier — et qui paient les annuités, avec le revenu des maisons, dont ils deviennent propriétaires sans bourse délier pour ainsi dire.

Cela va bien — et ils réalisent, alors, un gros bénéfice —, quand ce revenu est toujours supérieur, ou au moins égal, à l'annuité due, mais il ne faudrait pas d'accidents, de non valeurs, de crise sur les loyers, car, avec l'intérêt actuel de 4,30 o/o l'an, ce qui est cher, il y aurait vite déficit et les conséquences pourraient être également redoutables, et elles le sont même parfois !

Mais, ce crédit est, au contraire, quel que soit le prêteur, absolument ruineux, c'est l'avis général, pour l'agriculteur, pour le propriétaire rural, et il faut l'en convaincre et l'amener, l'acheminer vers le crédit agricole qui, seul peut lui être réellement utile sans entraîner, ni les mêmes frais, ni les mêmes dangers !

***

D'autre part, en ce qui touche les transactions immobilières, les frais, qui restent beaucoup trop élevés encore, sont un obstacle à ces transactions. Ces frais pèsent toujours lourdement sur les petites propriétés surtout. Or, on a vu plus haut que sur les 8 millions 1/2 de propriétaires imposés aux 14 millions de cotes foncières, il y a, 6 millions de petits propriétaires.

Le Parlement a bien opéré par la loi dont nous allons parler, un dégrevement dans les charges fiscales hypothécaires, mais ce dégrevement est léger. La réforme des frais de justice, du tarif des conservateurs des hypothèques et des notaires, qui intéresse tant les petites propriétés, a été ajournée.

Nous résumerons, ci-après, ce qui a été fait, en comparant la situation dans le passé avec celle d'aujourd'hui.

La disproportion énorme existant entre les frais — les frais hypothécaires, notamment — frappant les petites ventes d'immeubles et les petits prêts hypothécaires, et ceux frappant les mêmes opérations d'une somme plus importante, préoccupait depuis longtemps nos législateurs qui ont proposé un remède à l'état de choses du moment.

Les droits perçus par le Trésor, sur les formalités hypothécaires, ci-après indiquées, révélaient, en effet, une inégalité choquante !

Pour la transcription des actes de vente ou adjudications, ces frais étaient de 7, 49 pour un prix de vente de 100 fr., et de 0,025 o/o seulement pour un prix de 100.000 fr.

Pour les emprunts hypothécaires, ils étaient de 2 fr. 46 pour un prêt de 100 fr., et de 0 fr. 13 o/o seulement pour un prêt de 100.000 fr.

Or, le 19 février 1900, M. Caillaux, ministre des finances, déposa à la Chambre un projet de loi tendant à supprimer tous les droits de timbre sur les formalités hypothécaires, les droits d'inscriptions, et les droits fixes de transcription, et à les remplacer par une taxe proportionnelle.

Deux autres propositions de loi, tendant au même but, et à une réforme plus large encore, avaient été déjà présentées : l'une par M. Bertrand, député ; l'autre par M. Klotz et plusieurs de ses collègues, députés.

La Commission chargée d'examiner ces projets — et qui, dans un remarquable rapport de M. Klotz a conclu à l'adoption de la loi actuelle —, comme les auteurs de ces projets, du reste, avaient en vue le résultat suivant :

En établissant la péréquation, la proportionnalité, dans les droits en question, dégrever les petites transactions et « les procédures édifiées sur la ruine » — suivant l'expression de M. Klotz — et cela « dans l'intérêt, surtout des petits propriétaires et des petits cultivateurs qui, par centaines de mille sont atteints chaque année » ; enfin faciliter le crédit agricole, tout en ouvrant la voie à un *degrèvement de la terre* plus étendu, notamment : en dégageant encore les mutations à titre onéreux et en facilitant la revision du cadastre, réformes « justes, nécessaires, démocratiques et impatiemment attendues » disait si justement M. Klotz.

Les conséquences de l'inégalité à laquelle on a voulu remédier, en partie, étaient parfois désastreuses, dans les petites opérations, surtout — et malheureusement, les intéressés ne sont pas encore à l'abri pour l'avenir. On en jugera aux renseignements déjà donnés ci-dessus et à ceux suivants, puisés dans les documents parlementaires que nous venons de citer.

En ce qui regarde les *ventes immobilières*, on sait que leur nombre s'élève, en moyenne, à 700.000 par année. Or, 640.000, ou 91 o/o, ont un prix inférieur à 5.000 fr. et 470.000, ou 67 o/o, à 1.000 fr.

Quant au prix des ventes ou adjudications soumises à la transcription, et ayant donné lieu à des inscriptions, il a été évalué en 1898 — année considérée, pour ces opérations, comme une année normale — pour la perception des droits hypothécaires, sur 505.113 ventes et 40.355 saisies et mentions, à 2 milliards 309 millions, chiffre sur lequel il a été perçu au profit du Trésor, seulement pour droits hypothécaires, 6 millions de francs ; en dehors, bien entendu, des droits d'enregistrement (40 millions environ), des salaires des conservateurs des hypothèques, des frais judiciaires et des notaires évalués ensemble à 7 o/o environ pour les petites propriétés.

En résumé le Trésor percevait, pour les formalités hypothécaires, 7.49 o/o, et pour l'enregistrement, 1.87 1/2 o/o, auxquels il faut ajouter les frais du conservateur, du notaire et les frais judiciaires, soit 5 o/o environ. Or ces frais — sauf les 7.49 — sont restés les mêmes.

On voit combien la charge était lourde pour les acquéreurs de petites propriétés et pour les expropriés, passibles des frais de saisie, etc. — combien elle reste lourde encore et enfin ce qu'elle a dû entraver, et ce qu'elle entrave toujours les transactions !

En ce qui touche les *emprunts hypothécaires*, nous voyons une situation plus mauvaise encore.

Sur une moyenne de 290.000 prêts, 134.000, ou 46 o/o, sont inférieurs à 1.000 fr., et 72.500, ou 25 o/o, inférieurs à 500 francs.

Le montant des prêts ou des inscriptions, en 1898, — au nombre de 770 494 — ayant donné lieu à la perception des droits hypothécaires en faveur du Trésor, a été de 2 milliards 6 millions (1) et le chiffre des droits perçus a dépassé 5 millions. Et ici rien, non plus, des frais du conservateur, du notaire, et des frais judiciaires.

Or, voici ce que coûtait un emprunt de 300 fr.

Droits perçus par le Trésor	Enregistrement 1.25 o/o	3.75	(maintenu)
	Hypothèques	10.22	(réd. à 0.75)
Salaire du conservateur des hypothèques.		3.20	(maintenu)
— — notaire		19.50	(maintenu)

soit, ensemble, 36 fr. 67 ou 12. 22 o/o.

Les prêts étant généralement faits à 5 o/o, et à courte échéance, l'emprunteur de 300 fr. avait, en réalité à payer par année, savoir : pour deux ans, 23 fr. 33 o/o ; pour trois ans, 17 fr. 22 ; pour quatre ans, 14 fr. 16, et pour cinq ans, 12 fr. 33 o/o. N'est-ce pas ruineux ?

Maintenant, la situation du créancier n'est guère enviable non plus, parfois.

(1) Nous avons déjà dit que si on prenait ce chiffre comme base, pour l'évaluation de la dette générale hypothécaire, on arriverait, pour 10 années, à 20 millards, mais avec les extinctions le chiffre se trouve réduit en réalité à 14 milliards, chiffre qui reste effrayant encore !

S'il désire rentrer dans ses fonds avant l'échéance, et parvient à trouver un cessionnaire, ce qui est loin d'être facile, il aura à supporter les frais de subrogation s'élevant à 37 fr. 79, dont 13 fr. 59 pour le Trésor, 0 fr. 70 pour le conservateur, et 23 fr. 50 pour le notaire, et il supportera, ainsi, une perte sèche de 12.59 o/o sur sa créance !

Et, chose plus grave encore, si à défaut de paiement, il exécute le malheureux débiteur qui n'a pu s'acquitter de sa dette, s'il l'exproprie, oh ! alors, ce sera un désastre pour les deux : le débiteur perdra tout, et le créancier sa créance, heureux encore s'il n'a pas à compléter la somme des frais.

Ces frais pour les ventes judiciaires de 500 fr. et au-dessous sont, en effet, nous l'avons vu ci-dessus, de 104 fr. 94 o/o ! ! Pour celles de 500 à 1.000 fr, ils sont de 42 fr. 46 o/o.

Et ici, nous passons sous silence, 20 o/o environ, de frais d'achat à payer par l'acquéreur ; et les frais de distribution du prix d'adjudication qui sont considérables, et prélevés sur ce prix.

Quelle situation pour les intéressés : pour le créancier, comme pour le débiteur !

***

Nous revenons à la réforme des frais hypothécaires. Les Chambres ont voté cette réforme et la loi, qui les a décidées, a été promulguée le 27 juillet 1900.

Cette loi a supprimé, suivant le projet de M. Caillaux, les droits de timbre, d'inscription et droits fixes de transcription et les a remplacés par une taxe uniforme et proportionnelle de :

0 10 o/o pour les mentions des subrogations et radiations, et de 0.25 o/o pour toutes les autres formalités — timbres, inscription, transcription et radiation — concernant les ventes immobilières et les prêts hypothécaires.

Toutefois, le taux de 0.25 est réduit de moitié pour la transcription des actes visés dans l'art. 12 de la loi du 23 mars 1855 et des actes de donation contenant partage faits entre-vifs, conformément aux art. 1075 et 1076 du Code civil; ainsi que pour l'inscription des hypothèques prises en vertu d'actes d'ouverture de crédit non réalisé; le complément de cette taxe de 0.25 0/0 deviendra exigible lors de la réalisation ultérieure du crédit.

Les résultats de cette réforme sont, en résumé, les suivants :

Le Trésor qui percevait autrefois sur les formalités hypothécaires savoir :

Pour les ventes : sur un prix de 100 fr., 7 fr. 49 1/2, et pour 100.000 fr., 23 fr. 69 ;

Pour les prêts hypothécaires : pour 300 fr., 10 fr. 22, et pour 100.000 fr., 130 fr. 04 ; perçoit, aujourd'hui, savoir :

Pour les ventes : sur un prix de 100 fr., — 0 fr. 25, et de 100.000 fr., 250 fr.

Pour les prêts hypothécaires, pour 300 fr. 0 fr. 75, et cent mille francs, 250 fr.

C'est toujours, au point de vue de l'équité, un progrès, mais si on considère que les anciens droits proportionnels de 1,87 1/2 0/0 sur la transcription des ventes, et de 1,25 0/0 sur les hypothèques subsistent encore, outre les autres frais, — déboursés et honoraires — des conservateurs, des notaires ou avoués et greffiers, on trouve que les transactions immobilières restent toujours extrêmement chargées, alors que les valeurs mobilières — (rentes, actions et obligations) dont le revenu imposé s'élève à près de 4 milliards et est le plus élevé de tous, puisque celui de l'agriculture imposé n'est que de 2 milliards 645 millions, celui de la propriété urbaine de 2 milliards et celui du commerce et de l'industrie de 2 milliards 740 millions — valeurs qu'on recherche de plus en plus comme placement de fonds, — n'imposent à l'acheteur aucuns droits si ce n'est le léger courtage de l'agent de change qui est généralement de 1/8 0/0, ou de 0 fr. 12 1/2 0/0, et souvent moins.

En ce qui touche la réforme des frais de justice, nous avouons que ce n'est pas chose simple : Il y a à tenir compte de nombreuses considérations : des exigences de l'État, d'abord, qui doit assurer l'équilibre d'un budget de 3 milliards 1/2 ; puis des intérêts sérieux, légitimes, des 20.000 fonctionnaires et officiers ministériels (1) dont le concours est nécessaire dans notre organisation judiciaire actuelle, qui ont adopté cette carrière pour s'y faire une position honorable, qui ont payé leurs charges de bons deniers, et souvent très cher! Ils comptent, à bon droit, sur ce produit de leurs offices pour faire face à leurs frais généraux, récupérer les intérêts du capital déboursé, et, enfin, comme rémunération de leurs services.

Leurs charges constituent, en un mot, un fonds, une propriété dont on ne peut les dépouiller par une réduction exagérée des tarifs, c'est-à-dire sans compensation aucune, ce qui équivaudrait à une expropriation, partielle si l'on veut, mais qui, en toute équité, exigerait une indemnité.

Il faut donc, avant tout, concilier tous les intérêts,

Or, cela est possible. On peut en revisant les formalités de procédure, en établissant un minimum raisonnable d'honoraires, en supprimant certains droits de timbre ou autres fixes, comme on l'a fait pour les formalités hypothécaires, et *en établissant des droits proportionnels*, basés sur l'importance des biens d'après le prix de vente, arriver à dégrever les petites opérations, les ventes judiciaires, celles par suite de saisies notamment, et de même les ventes amiables et les prêts hypothécaires.

Ainsi, en dégageant les petites opérations, sans surcharger d'une manière injuste les grosses et, en respectant les intérêts des officiers ministériels et ceux de l'Etat qui, en fait, ne perdront rien à cette transformation, on fera œuvre de justice et même d'humanité car ce sont surtout les humbles, les petits, déjà frappés par le malheur, qui souffrent le plus de cette inégalité.

(1) On compte, en effet, en France, auprès ou dans le ressort des Tribunaux, environ 3,600 greffiers (de paix, 1re Instance, appel, etc.), 2,700 avoués, 4,900 huissiers et 8,800 notaires, en dehors des avocats, au nombre de 7,000 environ.

Nous reviendrons, du reste, encore, sur cette grave question d'inégalité dans les charges, en ce qui touche les impôts.

Disons, dès à présent, que la révision des évaluations cadastrales absolument erronées et incomplètes aujourd'hui, s'impose également, certaines évaluations entraînent de lourds impôts, inégaux, qui sont souvent un obstacle à la vente des biens ainsi surchargés.

L'Etat devrait se décider à faire les sacrifices nécessaires, les communes n'ayant pas, en général, les ressources voulues pour cela, afin d'arriver à la réalisation, tant souhaitée, de l'une de nos plus importantes améliorations économiques intéressant les propriétaires ruraux, surtout, qui sont si nombreux.

* * *

En ce qui touche la dépréciaton du revenu des fermes, les causes sont nombreuses.

Nous parlerons, d'abord, des impôts. Or, ces impôts sont écrasants :

L'Etat prend toujours au minimum 25 o/o du revenu ; et nous sommes modéré en disant 25 o/o car, à la Chambre, plusieurs députés ont parlé de 37 o/o et même, pour certains départements , de 50 o/o (1) ! !

D'autres chiffres ont, en outre, été cités :

Au dernier congrès international, M. de Luçay, Vice-président de la Société des Agriculteurs de France, a présenté une étude sur les charges fiscales de la France, de laquelle il résulte que « les agriculteurs sont les gens les plus imposés du pays ».

En effet, ils paient 25 o/o sur la propriété rurale, et 7 o/o sur les impôts de consommation, ensemble 33 o/o environ !

Or, la propriété urbaine ne paie que 17 o/o; le commerce et l'industrie 13 o/o; les fonctionnaires et les ouvriers, comme impôts de consommation, 7 o/o ; enfin, la propriété mobilière 4 o/o. L'inégalité est criante !

(1) Discussion du budget de l'agriculture, séances des 1, 2, 5, 6, 7 et 8 février 1900.

M. de Luçay démontre, en même temps, que les charges du contribuable français sont, en moyenne, de 100 fr, par tête, dépassant de près de 50 o/o la moyenne de celles du contribuable étranger qui paie le plus après, c'est-à-dire de l'imposé allemand dont la moyenne est de 67 fr.

En Italie cette moyenne est de 60 fr.: en Angleterre de 57 fr.; en Autriche de 54 fr.; en Amérique de 50 fr.; et en Belgique de 46 fr. seulement.

Cette comparaison n'est elle pas stupéfiante !

Nous insisterons sur les déplorables conséquences de cette inégalité en ce qui touche particulièrement les impôts écrasant la terre et ceux effleurant à peine les valeurs mobilières en comparant le revenu de ces deux catégories de biens.

Le revenu net des valeurs mobilières (fonds d'Etat, actions et obligations) — dont le capital, pour celles négociables en France, a été évalué à 130 milliards (1) sur lesquels 125 milliards représentant les titres côtés à la Bourse de Paris — déduction faite des impôts (Taxe de 4 o/o sur le revenu et impôt de transmission de 0 fr. 20 o/o sur les titres au porteur. Nous négligeons l'impôt du timbre des titres, la plupart des Sociétés, etc, le prenant à leur charge Ajoutons encore que les fonds d'Etats sont affranchis de ces impôts), et en supposant un portefeuille composé comme suit :

75 o/o de valeurs françaises (soit 10 o/o en Rentes sur l'Etat et 65 o/o en diverses valeurs dont la moitié au porteur, et l'autre moitié nominatives, ces dernières ne supportant que la taxe de 4 o/o sur le revenu, ayant acquitté au début lors du transfert ou de la conversion, le droit fixe de transmission de 1/2 o/o) dont le rendement brut moyen a été estimé à 3.70 o/o ;

et 25 o/o de valeurs étrangères diverses, côtées à la Bourse, lesquelles ne supportent les impôts ci-dessus que sur une

(1) Sur ces 130 milliards 80 ou 85 milliards sont des valeurs françaises dont environ 20 milliards de titres des six grandes Compagnies de chemins de fer français.

L'ensemble représente 75 o/o de valeurs françaises et 25 o/o de valeurs étrangères.

quotité déterminée du capital, — quotité que nous évaluons à une moitié de ce capital — dont le rendement brut moyen a été aussi évalué à 4 1/2 0/0;

le revenu net des valeurs mobilières, disons-nous, est, sur ces bases, de **3.71 0/0**, comme moyenne générale.

Or, le rendement net de la terre, de sa culture, n'est pas même de 1 0/0, exactement de **0.93 0/0**, du capital engagé. En effet, d'après les résultats révélés par la dernière statistique, pour un capital engagé de 85 milliards 864 millions — dont 77 milliards 847 millions représentant la propriété foncière, et 8 milliards 17 millions le capital d'exploitation — le revenu brut de l'exploitation a été de 17 milliards 815 millions. En déduisant les charges, qui se sont élevées à 17 milliards 15 millions, ce revenu s'est trouvé réduit, net, à 800 millions, donnant le chétif rendement de 0 fr. 93 0/0 que nous venons d'indiquer.

Qu'on s'étonne donc encore, quand on connaît ces résultats, que les capitaux aillent en masse aux valeurs mobilières qu'on peut d'ailleurs acheter et revendre, rapidement et sans frais, en payant un minuscule courtage.

On délaisse, en effet, de plus en plus les immeubles, les fermes surtout qui réservent tant de déboires, parce que, outre que leur revenu est insignifiant, pour se les procurer il y a de longues et coûteuses formalités à remplir et quand on veut les revendre il faut aussi de longs délais, leur réalisation est difficile et il y a, trop souvent, de fortes pertes à subir.

Et quand on songe qu'il y a, de par le monde, quelque chose comme pour 500 milliards de titres, dont plus d'un quart a déjà envahi notre marché et garni les portefeuilles, eh bien! quoique nous ne disconvenions pas que ce mode d'utiliser, avec fruit, les capitaux favorise aussi bien le placement des petites épargnes que la réalisation des grandes entreprises, en présence de cet accroissement continuel des dites valeurs, car les émissions nouvelles dépassent toujours les extinctions, nous nous demandons si, par une plus juste répartition des charges, on ne rétablit pas « l'équilibre rompu » ce qu'il adviendra de la propriété immobilière, de la propriété rurale surtout; enfin, en présence de l'avilissement persistant des prix des principales denrées ce que deviendront nos malheureux paysans!

***

Les causes de la diminution du revenu des fermes sont, avons-nous dit, nombreuses, en effet, mais la principale a été la baisse considérable du prix de certaines denrées, des grains alimentaires surtout, qui a atteint en 1892 le chiffre fabuleux de *727 millions !*

Voyons ce qui a été fait pour remédier à cette dépréciation, à la crise en un mot.

***

6. L'adoption du régime douanier actuel, sans sauver complètement la situation, qu'on cherche toujours à améliorer, a, du moins, il est juste de le reconnaître, enrayé, paralysé le développement d'une partie du mal. C'est déjà là un résultat sérieux, certainement.

On recherche aux Chambres, dans nos grandes Institutions agricoles, dans nos Académies, dans les Congrès, comme dans la Presse, les moyens propres à relever l'agriculture, à remédier à cet avilissement des cours. On cherche à éviter les méventes, à assurer l'écoulement régulier et rémunérateur, dans les bonnes comme dans les mauvaises années, de nos produits agricoles, du blé surtout, qui est le principal produit, — puisque sur les 9 milliards qu'ils représentent il compte pour plus de 2 milliards 1/2 — et qui, avec les progrès de la science, l'emploi des engrais chimiques et de la mécanique, notamment, augmentent continuellement, comme rendement, en même temps que, relativement où cette science est mise en pratique, c'est-à-dire dans la grande culture principalement, les frais de revient diminuent.

Un fort courant s'est aussi dessiné — il en a été également question au Parlement — vers l'approvisionnement complet de l'armée, directement et exclusivement, si possible, dans nos campagnes, chez les cultivateurs, ce qui est, suivant nous, un devoir pour le gouvernement, surtout dans la situation actuelle des agriculteurs.

*
* *

Depuis, le Congrès de la vente des blés, qui a eu lieu à Versailles les 28, 29 et 30 juin 1900, a émis, à ce sujet le vœu suivant :

Que les adjudications de fournitures de céréales soient faites à des dates régulières dans chaque centre d'approvisionnement militaire;

Qu'elles soient autant que possible fractionnées, tant que l'extension des attributions des syndicats et associations agricoles ne leur permettra pas d'y prendre part;

Qu'enfin la détermination du poids spécifique, de la grosseur du grain et des autres qualités des céréales à fournir soit réglée, dans chaque centre et pour chaque adjudication, d'après les conditions des céréales dans la zone d'approvisionnement à l'époque des adjudications;

Que les résultats des adjudications militaires soient publiés au *Journal officiel* et au *Bulletin des communes* immédiatement après leurs conclusions, et résumés dans des tableaux récapitulatifs qui seront publiés périodiquement.

On a aussi demandé au gouvernement et aux Chambres, pour enrayer le mal que la spéculation fait aux agriculteurs qu'il soit exigé, en prenant, à ce sujet, les mesures voulues :

1° Que les blés qui entrent en France, à l'aide d'acquits à caution, sous le régime des admissions temporaires, ressortent en farine, et dérivés, par la frontière même où les blés sont entrés, sans quoi ils devront acquitter le droit douanier de 7 francs par quintal ;

2° Que les opérations qui se traitent sur les blés à la Bourse du Commerce soient l'objet d'une réglementation sévère, et qu'en tout cas les marchés à terme soient absolument interdits.

Le Congrès des blés, dont il est ci-dessus parlé, a émis un vœu tendant à peu près au même but en même temps qu'il demande qu'il soit nommé dans les centres importants une commission de trois membres, chargée, d'après les déclarations des vendeurs et des acheteurs, d'établir les cours des céréales et de les publier chaque semaine au *Journal Officiel*.

D'autre part, les Chambres sont saisies de différents projets de loi ayant pour but, notamment, d'accorder à tout exportateur de blé ou de farine, un bon dit d'exportation comportant une prime de 7 francs par quintal sorti — c'est-à-dire la même prime que pour l'importation — lequel bon ne sera pas payé en espèces, mais servira à acquitter, pour autant, en douane, les droits sur les blés, thés, cafés et cacaos importés. L'objet de cette mesure est de favoriser — on le pense du moins — dans les années de surproduction surtout, c'est-à-dire quand la récolte, en France, excède les besoins du pays, l'écoulement du blé ou de la farine de blé à l'étranger.

La Chambre a déjà voté, du reste, ce projet, le 7 juillet 1900 et le Sénat, qui en est saisi, l'a renvoyé à sa Commission des douanes.

Disons, cependant, que ce projet a de rudes adversaires qui le combattent énergiquement.

La Commission du Conseil supérieur de l'agriculture et la Société nationale d'agriculture, après un remarquable rapport de M. Sagnier, l'ont repoussé.

M. Méline, de son côté, estime avec raison qu'il vaudrait mieux encore organiser commercialement la vente du blé, ainsi que cela existe pour le commerce et les autres industries en créant, par exemple, à côté des syndicats agricoles des dépôts, des sociétés coopératives où les intéressés trouveraient en tous temps des ressources et une protection contre les méventes ; en même temps, tout en demandant la modification du régime de l'admission temporaire actuel, M. Méline conseille d'utiliser nos excellentes lois, celle sur les warrants agricoles, notamment, qui permet aux cultivateurs de se procurer à bon compte les fonds dont ils peuvent avoir besoin en attendant l'époque propice des réalisations, ainsi que nous l'avons dit plus haut.

Ces sages conseils peuvent être appliqués pour nos autres principaux produits, pour le vin, par exemple, victime également des méventes, de la crise agricole.

Le Congrès des blés demande la suppression de l'admission temporaire et son remplacement par un bon d'importation de 5 francs au lieu de 7 francs. Il est aussi pour la création de meuneries-boulangeries coopératives rurales.

La Commission permanente du Conseil supérieur de l'agriculture, après avoir constaté que la mévente des blés était due au régime de l'admission temporaire actuel, a résolu de proposer au fonctionnement de ce régime les modifications suivantes :

1° Obligation pour l'importateur d'acquitter au moment même de l'importation le droit de douane de 7 francs;

2° Suppression de la faculté de remise en entrepôt des blés importés en admission temporaire;

3° Obligation pour l'importateur de faire connaître, au moment même de l'endossement, le nom et le domicile du concessionnaire du titre de perception.

M. le Ministre de l'Agriculture a, de son côté, annoncé à la Chambre, à la séance du 7 juillet 1900, que, d'accord avec M. le Ministre du Commerce et M. le Ministre des Finances, il allait déposer un projet de loi dans le sens ci-dessus.

Voici le texte de ce projet :

Article premier. — Le régime d'admission temporaire organisé par les lois des 5 juillet 1886 et 11 janvier 1892 et par le décret du 3 août 1897 est modifié comme il suit :

Le montant intégral des droits de douane des blés présentés à l'admission temporaire devra être acquitté au moment de l'importation.

Il sera délivré au meunier importateur un titre de perception dont le montant sera remboursé par la douane lors de l'exportation des farines, des semoules et des sons.

Le meunier soumissionnaire pourra, par voie d'endossement, céder son titre de perception à un autre meunier qui aura droit au remboursement prévu au paragraphe précédent.

Cette cession ne pourra être opérée que pendant les dix jours qui suivront la délivrance du titre de perception.

L'importateur devra faire connaître à la douane le jour de l'endossement, les nom et domicile du meunier concessionnaire.

Faute de réexportation, par l'importateur ou par le cessionnaire dont le nom figurera sur le titre, dans les deux mois qui suivront la délivrance du titre de perception des farines, des semoules et des sons, le montant des droits restera acquis au Trésor.

La mise en entrepôt des farines, semoules et sons provenant de blés admis temporairement ne sera pas considérée comme exportation.

Art. 2. — Un règlement d'administration publique déterminera les conditions d'application de la présente loi.

Toutes les dispositions contraires sont abrogées.

Ce projet est précédé de motifs très sérieux, constatant les critiques formulées contre le régime de l'admission temporaire qu'on accuse, de divers cotés, « d'exercer une influence néfaste sur les cours des froments et l'équilibre du marché » — critiques qui ne sont pas toutes fondées mais dont il faut néanmoins tenir compte en ce qui touche la mise en vigueur stricte du tarif, qu'il serait périlleux de ne point atténuer ; et le fonctionnement actuel qui favorise la spéculation, au moyen des acquits-à-caution, notamment, dont on fait le trafic, inconvénients auxquels ce même projet a pour but de remédier, sans toucher au dit régime, qu'il faut maintenir.

Enfin, le Congrès des blés a décidé encore qu'il y avait lieu :

1° D'organiser la vente du blé de manière à assurer aux agriculteurs un prix rémunérateur et de créer à cet effet des sociétés coopératives ayant une existence distincte de celle des syndicats agricoles ou unions de syndicats, sous les auspices de ces syndicats ;

2° D'établir le mode de fonctionnement de ces sociétés, à leur choix, sur les bases suivantes :

A. — Achat contre paiement d'acomptes avec règlements définitifs des comptes au prix moyen annuel ;

B. — Achat ferme au cours du jour pour le compte des sociétés ;

C. — Vente en qualité d'intermédiaires pour le compte individuel de l'associé, moyennant une commission, avec facilité de faire des avances sur le prix et d'en garantir le paiement par voie de warrantage ;

3° De favoriser l'établissement par ces sociétés coopératives de greniers ruraux et de magasins régionaux destinés à emmagasiner, conserver, soigner, mélanger les blés et les classer suivant les types adoptés, notamment dans les gares de chemins de fer des centres de production et à proximité des canaux, également à proximité, s'il est possible, des magasins militaires ;

4° D'apporter à la législation des modifications nécessaires pour que les caisses régionales de crédit agricole établies en exécution de la loi du 31 mars 1899, et les caisses locales puissent avancer aux sociétés coopératives les fonds nécessaires pour établir ces greniers et magasins:

5° De faire fonctionner à côté de ces sociétés des caisses locales de crédit agricole;

6° De solliciter les mesures fiscales, s'il y a lieu, de nature à faciliter le fonctionnement des sociétés formées;

7° De solliciter également le gouvernement de publier périodiquement et en temps utile les statistiques et renseignements nécessaires pour éclairer les agriculteurs et les sociétés par eux constituées, relatifs à la production du blé, à l'état des récoltes, aux cours de vente, dans chaque région et dans chaque pays;

8° De nommer, en réunion générale, comme conclusion du congrès, une commission permanente élue par les membres français du congrès dont le siège serait à Paris, chargé d'étudier et de prendre les résolutions nécessaires pour l'organisation de la vente du blé, en s'inspirant des vœux adoptés par le congrès, et de se mettre en relations avec les organisations syndicales et coopératives de vente qui existent déjà.

***

Le remède à la crise viticole est aussi très sérieusement étudié! Cette crise a motivé, d'une part, une excellente circulaire de M. le Ministre de l'Agriculture aux professeurs d'agriculture, en date du 8 septembre 1900, ayant pour objet de signaler les cas où le *sucrage* des vins qui, en surchargeant la production, fait concurrence aux vins naturels et aggrave les crises, peut être légalement pratiqué ; et ceux où il devient une fraude qui doit être poursuivie, comme telle, dans les termes de la loi du 24 juillet 1894 « sur le *mouillage* des vins » et de celle du 6 avril 1897 sur les fraudes, en général.

D'autre part, M. Aymerich, vice-président du Syndicat agricole des Pyrénées-Orientales, très au courant des questions viticoles, propose comme remède à la mévente des vins la solution suivante adoptée, du reste, depuis un certain temps à l'étranger : en Allemagne, en Italie, et en Suisse, notamment, solution que nous croyons, comme lui, de nature à améliorer la situation actuelle :

Il faut rétablir le rapport entre l'offre et la demande, créer des bassins de retenue, ouvrir un nouveau robinet d'appel.

Dans sa forme pratique cette figure sera traduite par la formation dans *tous nos grands départements vinicoles*, de Sociétés anonymes à capital variable *fédérées entre elles* et dont l'objet sera bien précisé par la définition des trois services que voici : 1° Vente et achat; 2° Warrants agricoles; 3° Banque et crédit agricole; dont elles devront assurer le fonctionnement détaillé ci-dessous.

1° Vente et achat. — Acheter et vendre selon les usages commerciaux *les meilleurs vins*, encourager ainsi les producteurs intelligents et soigneux.

Sans négliger le marché national, où il est nécessaire de réhabiliter le vin de France, dont les fraudeurs ont compromis la bonne renommée, elles devront tenter un énergique effort et diriger l'opinion vers le commerce extérieur, hélas en pleine décadence, et tenter de reconquérir les marchés étrangers où les Italiens et les Espagnols sont en train de nous supplanter, tandis que la voix de nos consuls, qui nous jettent des appels réitérés, n'est même pas entendue sur le continent.

Ce service s'appliquera à acheter, selon ses moyens, les excédents, ainsi que les vins défectueux pour les soustraire au trafic, en les distillant, ce qui allégera d'autant le marché.

2° Les warrants, comme ce mot l'indique, feraient, aux plus pressés ou aux plus besoigneux, des avances sur leur production, diminuant ou ralentissant ainsi l'offre;

3° La banque et le crédit agricole feraient à leur tour des prêts de diverses sortes, et pourraient escompter le papier des agriculteurs faisant le commerce de leurs produits et que les établissements financiers ne veulent pas accepter.

Mais là ne s'arrêterait pas l'action bienfaisante de ces sociétés régionales ; par leur influence et au besoin avec leur concours, elles pourront favoriser la création de petites caisses agricoles, de sociétés coopératives communales de production ; elles seront enfin fondées, quand, sérieusement constituées avec leurs capitaux personnels, elles pourront offrir des garanties, à demander à l'Etat la répartition à leur profit des 40 millions mis à la disposition du crédit agricole.

Enfin, au moment ou nous mettons sous presse nous apprenons qu'une délégation du Bureau de la Société des Viticulteurs de France vient de présenter à M. le Ministre de l'Agriculture, — qui a promis de les examiner, en rappelant l'initiative qu'il avait prise en vue de donner satisfaction aux Viticulteurs — des vœux demandant entre autres choses :

Le vote des projets de loi sur la réforme des boissons ; la suppression de la détaxe des sucres de vendange ; l'application de la loi sur la réforme des octrois ; la modification des tarifs de chemins de fer en ce qui concerne les vins et les futailles ; enfin, la répression des fraudes sur les vins.

*
* *

Comme on le voit, les projets et les bonnes intentions ne manquent pas. Mais le problème est ardu. Il s'agit de relever les cours des céréales, du blé principalement, et de les maintenir rémunérateurs pour le producteur. Un tel résultat, dans une crise aussi longue et aussi grave, ne peut être obtenu, on le conçoit, sans de mûres et persévérantes recherches. Le tout est que le succès vienne un jour couronner tous ces efforts ! On ne saurait trop le souhaiter.

*
* *

On ne peut méconnaître, malgré ce qui reste à faire encore, que, depuis 1882, surtout, les pouvoirs publics, par différentes mesures législatives — lois, décrets, règlements, circulaires, etc. — ont travaillé sérieusement au relèvement de l'agriculture, en remédiant à de graves inconvénients et en apportant de réelles améliorations dans un grand nombre de cas et de questions intéressant cette industrie qui coûte, du reste, au pays de 25 à 30 millions par an !

On en pourra juger, d'ailleurs, au résumé suivant — déjà donné par nous dans d'autres publications, — dont les éléments ont été puisés, pour la plupart, dans les documents du Ministère de l'Agriculture (statistique décennale de 1892).

Principales mesures législatives prises en faveur de l'agriculture depuis 1882

Accidents du travail. — La loi du 9 avril 1898 — complétée par les décrets des 28 février et 5 mars 1899, la circulaire du 9 avril 1899 et divers arrêtés ministériels — a eu pour but de remédier aux accidents du travail dont sont victimes les ouvriers, notamment les ouvriers agricoles, accidents occasionnés, pour ces derniers: « par les machines mues par une force autre que celle de l'homme et des animaux. »

La loi du 30 juin 1899, qui a spécialement trait aux accidents agricoles, a déterminé l'étendue de ce risque professionnel et indiqué les personnes responsables et celles qui ont le droit d'être indemnisées.

Le Ministère du Commerce (division de l'assurance et de la prévoyance sociales) a publié, en septembre 1900, en deux volumes, les décisions rendues en exécution des dites lois et qui constituent la jurisprudence à la date du 11 avril 1900.

Une loi du 24 mai 1899 permet de s'assurer contre les dits risques, à une Caisse de l'Etat. (Voir Chap. V ci après, et Ch. IV 2e partie)

Alcools. — La loi du 16 décembre 1897 a modifié le régime fiscal des alcools dénaturés et introduit diverses mesures concernant les alcools.

Une loi du 9 juillet 1898 et deux décrets des 7 et 22 août 1900, ont rendu la dite loi applicable à l'Algérie de même que les décrets des 1er juin et 29 novembre 1898, pris pour son exécution.

Un arrêté du 18 janvier 1900 a institué une Commission d'études des emplois de l'alcool dénaturé.

Allocations à l'agriculture. — V. Subventions.

Améliorations agricoles et forestières. — Une Commission ayant ces améliorations pour objet a été instituée par arrêté du Ministre de l'agriculture du 21 novembre 1896; celles concernant les pâturages ont motivé une circulaire spéciale insérée à *l'Officiel* du 4 septembre 1899.

Enfin, le service des *améliorations pastorales*, créé sous la direction des forêts par le décret du 30 décembre 1897, a eu pour objet, notamment, de mettre en valeur tout le territoire français susceptible d'être cultivé.

Voir aussi Fruitières écoles.

Animaux nuisibles. — La destruction des animaux nuisibles a fait l'objet de la loi du 5 août 1884; celle du 3 août 1882, complétée par le décret du 28 novembre 1882 portant règlement d'administration publique, a visé plus spécialement les primes à décerner pour la destruction des loups. Les résultats ont été les suivants : de 1882 à 1896 il a été tué 8.273 loups ; les primes payées se sont élevées à 607 410 fr. En 1899, il a été tué 201 loups.

— *Maladies contagieuses.* La législation sur la police sanitaire des animaux domestiques comprend la loi du 21 juillet 1881 complétée par le décret du 22 juin 1882, les décrets des 12 novembre 1887 et 28 juillet 1888, ce dernier ajoutant à la liste des maladies contagieuses un certain nombre de maladies, notamment la tuberculose dans l'espèce bovine, puis par la loi du 31 juillet 1895, sur les ventes et échanges d'animaux, qui a augmenté la liste des vices rédhibitoires.

Le décret du 17 avril 1897 a organisé, en outre, un service d'inspection sanitaire du bétail à l'intérieur.

La loi et le décret du 24 juin 1889 sont relatifs à l'inspection des viandes froides à la frontière.

Les maladies contagieuses ont encore fait l'objet de plusieurs circulaires du Ministre de l'agriculture en date, notamment, des 4 février, 20 et 26 septembre 1899.

Enfin, les lois de finances des 13 avril 1898 et 30 mai 1899 ont réglementé la question d'indemnité en cas de saisie de viandes et d'abatage d'animaux pour cause de tuberculose.

Assainissement. — La loi du 4 avril 1889 a permis l'assainissement de la Seine et l'utilisation des eaux d'égout de Paris.

Associations syndicales. — Ces associations ont été réorganisées sur de nouvelles bases par les lois des 16 et 22 décembre 1888. V. aussi *Syndicats* et *Hydraulique agricole.*

Assurances mutuelles agricoles. — Voir *Caisses d'assurances.*

Bail à colonat partiaire. — Les conditions de ce bail ont été spécifiées dans la loi du 18 juillet 1889.

Beurres. — La répression des fraudes dans le commerce des

beurres a été visée par la loi du 15 mars 1887, par la loi du 4 février 1888 et le décret du 8 mai 1888, rendu pour son exécution, puis par la loi du 16 avril 1897, le décret du 9 novembre 1897 et la circulaire du 13 février 1898.

Des droits ont été créés, puis augmentés, sur les beurres par les lois de finances, et ce, depuis plusieurs années

V. aussi *Fraudes*; — *Douanes*.

Bières. — La loi de finances du 30 mai 1899 a modifié l'assiette et la quotité de l'impôt sur les bières. Cette loi, complétée par le décret du même jour, a changé le droit de fabrication et exempté de tous droits celles fabriquées par les propriétaires ou fermiers pour leur usage personnel ou celui de leur maison.

Blés et farines. — Voir *Douanes*.

Cadastre (Réfection du). — Une loi du 17 mars 1898, un décret du 9 juin 1898 et deux arrêtés du 23 mai 1899 ont trait à cette révision et tendent à la rendre plus rapide et plus économique.

Caisses d'assurances mutuelles agricoles. — Depuis 3 ans, la loi budgétaire (chap. 38 et 41) alloue annuellement 2 millions 1/2 de francs sur lesquels 500.000 sont prélevés pour encourager la formation de sociétés d'assurances mutuelles contre la mortalité du bétail, la grêle, l'incendie, les gelées et autres événements.

Une loi du 4 juillet 1900 permet à ces sociétés de se constituer sans frais, suivant la loi de 1884 sur les Syndicats professionnels.

Chevaux. — Des droits ont été créés, puis élevés, sur les chevaux. par les lois de finances, et ce, depuis plusieurs années. *V. Douanes*.

Champs de démonstration. — Les champs de démonstration ont été créés par la circulaire du 19 décembre 1885, tandis que ceux d'études et de recherches étaient réorganisés par celles des 24 et 30 décembre 1885.

Chanvre et lin. — La culture du chanvre et du lin a été encouragée par la création de primes dans la loi du 13 janvier 1892, complétée par des réglements d'administration publique (décrets des 13 avril 1892 et 28 mars 1893), et par la loi du 9 avril 1898, qui a décidé que ces primes seront allouées pendant 6 ans (maximum 2.500.000 fr. par an).

Un décret du 19 juillet 1898 a réglementé les détails d'exécution de cette dernière loi.

Un arrêté du 26 décembre 1899, pris en exécution de la loi du 9 avril 1898 et du décret de juillet 1898, fixe la quotité de la prime allouée aux cultivateurs de chanvre et de lin.

Chemins de fer. — Les lois des 2 juin et 26 décembre 1893 ont accordé des réductions sensibles sur les tarifs de transport, par chemin de fer, des denrées servant à l'alimentation du bétail.

Chemins vicinaux. — La construction et l'ouverture de nombreux chemins vicinaux ont été facilitées par les lois des 24 juillet 1888 et 2 mai 1889.

Code rural.— Diverses parties du Code rural ont été étudiées:

Les vices rédhibitoires, ventes et échanges d'animaux domestiques (loi du 2 août 1884, complétée par la loi du 31 juillet 1895) ;

Les échanges d'immeubles ruraux (loi du 3 novembre 1884) ;

La restriction du privilège du bailleur d'un fonds rural (loi du 19 février 1889) ;

Le titre VI, animaux employés à l'exploitation des propriétés rurales (loi du 4 avril 1889) ;

Les parcours, vaine pâture, ban de vendange, etc., (lois des 9 juillet 1889 et 22 juin 1890) ;

Contrat de louage (lois des 9 juillet 1889 et 27 décembre 1890) ;

Le partage des terres vaines et vagues en Bretagne (loi du 29 décembre 1890) ;

Les domaines congéables (loi du 8 février 1897) ;

La loi du 21 juin 1898 qui constitue le Livre III du Code rural, a fixé la législation relative à la police rurale administrative en ce qui regarde les personnes, les récoltes et les animaux, et a édicté de nombreuses mesures, et des plus utiles, touchant, notamment, la sécurité et la salubrité publiques.

Une note du Ministère de l'Agriculture, insérée à l'*Officiel* du 14 novembre 1898, résume très clairement cette importante question du nouveau code rural.

Colis postaux agricoles. — La vente directe du producteur au consommateur a été facilitée par la loi du 17 juillet 1897 et la création de colis postaux de 10 kilog.

Conseil supérieur de l'Agriculture. — Le conseil supérieur de l'Agriculture a été réorganisé par le décret du 4 mars 1893.

V. Enseignement agricole.

Conservation et restauration des terrains en montagne et des terrains communaux. — Ont fait l'objet de la loi du 4 avril et du décret du 11 juillet 1882, et des lois de finances du 28 avril 1893, et années postérieures.

La restauration des terrains dégradés et l'extinction des torrents font l'objet des travaux d'utilité publique prévus par la loi du 4 avril 1882.

Conserves de viandes.— La loi du 11 janvier 1896 a décidé que les conserves de viande seraient achetées sur le territoire français.

Contributions directes. — La loi du 21 juillet 1897 pour l'exercice 1898, porte remise de 25 millions aux petites cotes foncières.

Cette remise a été accordée chaque année depuis 1898.

Convention internationale de Berne. — Cette convention, pour arrêter la marche envahissante du phylloxéra, a été ratifiée par le décret du 15 mai 1882.

Crédit agricole. — Les sociétés de crédit agricole *locales* ont été organisées par la loi du 5 novembre 1894, et les *Caisses régionales* par la loi du 31 mars 1899, laquelle leur alloue, sans intérêts, l'avance de 40 millions de francs et la redevance annuelle (minimum 2 millions) à verser par la Banque de France en vertu de la loi du 17 novembre 1897.

Différentes circulaires ministérielles ont expliqué l'application de ces lois. *V. 2me partie. Législation.*

— ALGÉRIE. — La loi de 1894 est aussi applicable à l'Algérie. La loi du 5 juillet 1900 alloue à l'Algérie pour l'établissement du crédit agricole chez elle la redevance annuelle de 200.000 fr., puis 250 000 fr., et l'avance de 3 millions, sans intérêt, à verser à l'Etat, par la banque d'Algérie, et ce, jusqu'en 1912. (*V. 2me partie*).

Curage des cours d'eau. — *V. Eaux.*

Dégrèvement des petits cotes. — *V. Contributions.*

Dénaturation des mélasses. — La loi du 14 juillet 1897, et le décret du 3 novembre 1898, pris en exécution, visent cette opération pour les usages agricoles, notamment pour l'alimentation du bétail. *V. Alcools.*

Destruction des insectes. — La loi du 24 décembre 1888 a donné à l'Administration, les moyens de lutter pour entreprendre la destruction des insectes, cryptogames, etc., nuisibles à l'Agriculture.

Douanes. — Le tarif général des douanes, (loi des 7 et 8 mai 1881), a été remanié entièrement par la loi du 11 janvier 1892; les droits sur les céréales ont été élevés par la loi du 27 février 1894 ; la suspension des droits sur les fourrages, par suite de la sécheresse, a fait l'objet de la loi du 30 juin 1893, le remaniement des droits sur les mélasses étrangères de distillerie a été voté par la loi du 14 juillet 1897. Le régime des amidons et glucoses a été modifié par la loi du 31 mars 1896,

Plusieurs décrets ont modifié le régime de l'admission temporaire des produits agricoles, surtout celui des blés.

La loi du 13 décembre 1897 permet au Gouvernement de rendre provisoirement applicables par décret, les dispositions des projets de loi portant relèvement des droits de douane, dès que ces projets auront été déposés.

La loi du 9 avril 1898 a modifié les droits de douane suivants :

1° Ceux établis par la loi du 11 janvier 1892 (nos 1 et 2, tableau A) sur les chevaux;

2° Ceux sur la margarine et le beurre (Tableau A, 2e sect. art. 31 et 37);

3° Ceux sur les fruits confits ou conservés, établis par la loi du 11 janvier 1892 (n° 86, tabl. A.)

La loi du 23 décembre 1898 a ratifié les décrets des 3 et 4 mai 1898 qui avaient momentanément supprimé les droits d'entrée sur les blés.

Eaux. — La loi du 8 avril 1898 a réglementé le régime des eaux. Un décret du 14 novembre 1899 a complété cette loi.

Echanges d'immeubles ruraux. — La loi du 4 mai 1884 a voulu favoriser ces échanges en établissant des conditions de faveur.

L'Ecole des Haras a été réorganisée par la loi du 2 septembre 1885 et le décret du 20 juillet 1892.

L'Ecole nationale des industries agricoles a été créée à Douai par la loi du 23 août 1892.

L'Ecole nationale de l'industrie laitière a été fondée à Mamirolle par arrêté du 19 juin 1888.

Les Ecoles pratiques d'agriculture ont été organisées en vertu de la loi du 30 juillet 1875. De 1882 à 1897, 39 de ces établissements ont été ouverts dans les différentes régions.

Encouragements à l'agriculture. — V. *Subventions.*

Engrais. — Le Parlement a tenté d'enrayer les fraudes dans le commerce des engrais par la loi du 4 février 1888 que le décret du 10 mai 1889 est venu compléter.

Enseignement agricole. — Le Conseil supérieur de l'agriculture a été créé en juillet 1898. A cette époque il existait 82 écoles d'agriculture (pratiques, nationales ou agronomiques) 256 professeurs départementaux ou spéciaux et plus de 3,000 champs de démonstration.

Enseignement agricole et horticole. — Un arrêté du 16 janvier 1890 a institué des prix spéciaux pour les instituteurs et institutrices qui ont obtenu le plus de succès dans cet enseignement.

Un autre arrêté du 30 janvier 1891 a établi un roulement par département pour la répartition de ces prix qui sont distribués tous les ans.

Enseignement forestier. — L'école des Eaux et Forêts de Nancy créée en 1824, se recrute, et est réglementée, suivant les décrets des 15 avril 1873 et 9 janvier 1888, les arrêtés des 27 février 1882, 30 octobre 1893 et 30 novembre 1899, et le réglement du 16 mars 1897.

L'école des Barres (Loiret) fondée en 1873 a été organisée par les décrets des 16 juin 1882 et 14 janvier 1888, et les arrêtés des 10 février 1897, 27 juin et 15 décembre 1898.

Etalons. — La surveillance des étalons a fait l'objet de la loi du 14 août 1885, tandis que le nombre de ces animaux reproducteurs était augmenté dans les haras nationaux par la loi du 26 janvier 1892.

Fermes-écoles organisées en vertu de la loi du 3 octobre 1848; deux de ces étalissements ont été ouverts de 1882 à 1897

Fraudes. — La fabrication et l'importation des vins artificiels a été visée par la loi du 26 juillel 1890, complétée par les décrets des 7 octobre 1890 et 25 janvier 1892; cette législation a été modifiée par la loi du 6 avril 1897 qui a réglé les conditions de fabrication, de circulation et de vente de ces produits.

Les fraudes dans le commerce des vins ont fait l'objet des lois des 14 août 1889, 11 juillet 1891, 24 juillet 1894 et 6 août 1897.

Celles sur la vente des boissons, en général, sont réprimées par la loi du 3 mars 1895 visant celle du 27 mars 1851 sur les fraudes dans la vente des marchandises.

Celles sur les beurres et margarines ont motivé deux circulaires : l'une du Ministre de la Justice du 12 juin 1899, l'autre du Ministre de l'Agriculture du 3 février même année, et ayant trait à l'application de la loi du 16 avril 1897, du décret du 9 novembre même année et de la loi de finances du 13 avril 1898 réprimant la fraude dans le commerce des beurres et la fabrication de la margarine.

Une dernière circulaire du Ministre de l'Agriculture en date du 10 septembre 1900 indique le cas ou le sucrage des vendanges peut être légalement pratiqué et celui où il constitue au contraire le délit de mouillage prévu et puni par la loi du 24 juillet 1894.

Fruits confits ou conservés. — Ces fruits ont été frappés du droit d'entrée par la loi de Douanes du 11 janvier 1892 La loi du 9 avril 1898 a modifié ce droit. — V. Douanes

Fruitières écoles et fromageries écoles. — 12 de ces établissements ont été créés de 1882 à 1897. L'administration subventionne, dans les Pyrénées et dans les Alpes, seulement, 53 fruitières.

Formalités Hypothécaires. — V. Hypothèques.

Halles de Paris. — La réglementation du commerce des halles a été modifiée par la loi du 11 juin 1896 et le décret du 23 avril 1897.

Un décret du 27 juillet 1898 a modifié l'article 57 de ce dernier décret.

Hypothèques. — La loi du 27 juillet 1900 a transformé en une taxe proportionnelle les divers droits fixes perçus sur les formalités hypothécaires.

Hydraulique agricole (Associations Syndicales autorisées). — Depuis plusieurs années le budget de l'agriculture comprend une subvention — qui a varié entre 530.601 fr. et 680.608 — pour travaux de l'hydraulique agricole exécutés en vertu de la loi du 21 juin 1865 — 22 décembre 1888 et du règlement d'administration publique du 9 mars 1894, de la circulaire du Ministre des Travaux Publics du 13 décembre 1878.

Les circulaires du Ministre de l'Agriculture des 30 août et 22 novembre 1898, accompagnées de modèles de statuts et autres documents, et ses diverses notes insérées à *l'Officiel*, les 5 août, 5 septembre et 12 décembre 1898, ont indiqué aux Préfets la marche à suivre pour la constitution et le fonctionnement de ces Sociétés.

Importations du bétail. — L'importation et le transit sur le territoire français du bétail ont été réglementés par une série d'arrêtés ministériels et de décrets dans le but de protéger notre bétail indigène contre les maladies contagieuses.

Incendies des forêts. — La loi du 19 août 1893 a indiqué les mesures à prendre pour préserver des incendies les forêts de la région des Maures et de l'Esterel.

Indemnités aux familles des réservistes. — La loi du 13 avril 1898 alloue aux communes qui ont voté des fonds dans ce même but, et ce, sur le budget de l'Etat, des subventions aux familles nécessiteuses des réservistes territoriaux.

Les lois de finances des exercices 1899 et 1900 ont maintenu ce secours.

Indemnité pour abatage d'animaux. etc. — V. *Animaux* et *Subventions*.

Lin et Chanvre. — V. Chanvre.

Margarine. — La loi du 16 avril 1897, le règlement d'administration publique du 9 novembre 1897 et la circulaire ministérielle du 13 février 1898 ont eu pour objet, notamment, la repression des fraudes sur la margarine.

Des droits ont été créés, puis augmentés, sur la margarine par différentes lois de finances. — V. *Fraudes*.

Médailles d'honneur agricoles (des), pour les ouvriers agricoles ont été instituées par le décret du 17 juin 1890

Mérite agricole. — Cet ordre a été crée par les décrets des 7 juillet 1883 et 18 juin 1887.

Un décret du 3 août 1900 a créé le grade de Commandeur dans cet ordre.

Montagnes. — Un service pastoral a été organisé pour les montagnes par l'arrêté du 13 juin 1884.

Octrois. — La suppression des taxes d'octroi sur les boissons hygiéniques a été facilitée par la loi du 29 décembre 1897.

Phylloxéra. — La loi du 1er décembre 1887, complétée par les décrets des 2 mai 1888 et 21 juin 1892 a accordé des exonérations d'impôt foncier pour les terrains nouvellement plantés en vignes.

Les exonérations accordées de 1888 à 1896, à 9 715 communes, pour 1.365.273 parcelles d'une contenance de 425.154 hectares, se sont élevées à 19.334.023 fr. venant s'ajouter aux subventions pour la défense du vignoble complétant l'ensemble des mesures prises par le Parlement dans le but d'amener la reconstitution rapide de notre vignoble.

Un décret rendu chaque année indique les territoires phylloxérés.

Pisciculture, pêche, améliorations pastorales (service de la). — Ce service a été créé au Ministère de l'Agriculture par le décret du 30 décembre 1897.

Primes à l'Agriculture. — V. *Subventions.*

Prix culturaux et Primes d'honneur. — Deux arrêtés des 3 et 4 janvier 1899, complétés par une note insérée à l'*Officiel* du

2 avril suivant, ont trait à ces récompenses, à celles à décerner de 1899 à 1909 à la grande et à la petite culture.

Professeurs spéciaux d'agriculture —Ces fonctionnaires ont été institués par voie budgétaire à la suite de nombreux amendements portés à la Tribune du Parlement. Le nombre des chaires était en 1897 de 160, réparties dans 76 départements.

Professeurs d'agriculture. — Une circulaire générale du Ministre de l'Agriculture, du 4 février 1899 définit les rapports des inspecteurs et des professeurs d'agriculture et indique le rôle que ces derniers ont à remplir vis-à-vis des agriculteurs; l'action scientifique et économique qu'ils ont pour mission d'exercer auprès d'eux et des Etablissements d'enseignement public, et ce, à l'aide, surtout, de conférences et de démonstrations pratiques;

Enfin, le concours qu'ils ont à prêter au Ministère dans l'établissement des Statistiques agricoles.

Cette Circulaire a trait, également, aux archives, à l'envoi des documents administratifs, etc.

Nous en donnons un extrait à la 2me Partie (Chapitre 1er).

Raffineries. — Leur surveillance a fait l'objet du décret du 25 octobre 1890.

Reboisement. — Ce service a été créé par le décret du 23 octobre 1883.

Régime des eaux. — Un décret du 14 novembre 1899 complète la loi du 8 avril 1898 sur ce régime.

Restauration des terrains en montagne. — Voir *Conservation*, etc.

Retraites ouvrières. — La loi du 1er avril 1898, complétant celle du 26 mars 1852 sur les Sociétés de secours mutuels, en accordant aux associés les avantages suivants :

4 1/2 0/0 d'intérêts sur leurs fonds déposés à la Caisse des Dépôts et Consignations;

1/4 de leurs versements faits à leur fonds de retraites;

1 fr. par membre participant et 2 fr. pour ceux âgés de plus de 55 ans;

et, au prorata de tous les mutualistes, les 2/3 du solde des comptes trentenaires abandonnés dans les Caisses d'épargne;

a voulu faciliter aux ouvriers des champs, également, à l'aide d'associations mutuelles comme il en existe — mais trop peu encore — dans les campagnes, la constitution de retraites pour les vieux jours.

Secours aux agriculteurs pour pertes matérielles et Subventions aux Sociétés d'assurances contre la mortalité du bétail, la grêle, etc. — Depuis 3 ans les lois budgétaires (chap. 38 et 41) allouent, annuellement, dans ce double but, 2 millions 1/2 de francs.

Diverses circulaires ministérielles (V. 2me partie, Législation) ont expliqué l'emploi de ces fonds. En outre, une note du Ministère de l'Agriculture insérée à *l'Officiel* du 29 mai 1899, après avoir indiqué l'origine de ce secours, explique le cas où il peut être alloué, le mode de constatation des pertes et des besoins, et la quotité de l'allocation. V. *Séricicullure*.

Sériciculture. — Les encouragements à la sériciculture ont été institués par la loi du 13 janvier 1892.

Une loi du 2 avril 1898 a prorogé jusqu'au 31 décembre 1908 les encouragements accordés à la sériciculture par la loi du 13 janvier 1892. Suivant une circulaire du Ministre de l'Agriculture, en date du 13 février 1900, les sériciculteurs atteints dans leurs récoltes peuvent être indemnisés sur les fonds du Chapitre 41 du budget. (V. 2me partie, Législation).

Stations agronomiques et laboratoires agricoles. — De 1882 à 1897 l'administration de l'agriculture a fondé 31 établissements de ce genre.

Subventions, primes, secours, encouragements, etc. — Depuis un assez grand nombre d'années le budget de l'agriculture comprend de 15 à 18 millions, c'est-à-dire plus du tiers de son chiffre total, pour ces causes, et dont l'agriculture et les agriculteurs seuls profitent.

Sucrage des vendanges. — V. Fraudes.

Sucres. — Le régime des sucres a été modifié par les lois des 24 juillet 1884 (décret du 31 juillet 1884), 4 juillet 1887, 24 juillet 1888, 5 août 1890, 29 juin 1891 et 7 avril 1897.

Deux décrets des 18 juillet et 19 août 1898 ont trait à la taxe sur les sucres. Enfin, la loi du 13 juillet 1900 a ratifié et converti en loi le décret du 10 août 1899 fixant les primes d'exportation pour la campagne 1900.

Syndicats professionnels agricoles. — Ils ont été créés par la loi du 21 mars 1884. La loi du 15 décembre 1888 et le décret du 19 février 1890 ont organisé les syndicats pour la défense des vignes contre le phylloxera.

La loi du 1er avril 1898, sur les Sociétés de secours mutuels confère aux syndicats qui ont prévu dans leurs statuts les secours mutuels pour leurs membres adhérents — et se conforment aux dispositions de cette loi — les mêmes avantages que ceux accordés aux Sociétés de secours mutuels ordinaires créées suivant la loi du 26 mars 1852. V. *Hydraulique agricole*.

Vices rédhibitoires. — La loi du 2 août 1884 spécifie les cas où l'art. 1641 du Code civil est applicable, en matière de défauts cachés. Cette loi a été modifiée par la loi du 31 juillet 1895. Ces lois indiquent, en résumé, les défauts appelés vices rédhibitoires.

Vignes à complant. — La loi de 1897 a réglementé les conditions de reconstitution des vignes à complant détruites par le phylloxera.

Vignobles d'Algérie. — La loi du 23 mars 1899 et le décret du 3 août même année, pris pour son exécution, ont complété les lois des 21 mars 1883 et 28 juillet 1886 ayant trait aux mesures à prendre pour la protection des Vignobles d'Algérie.

Warrants agricoles. — La loi du 18 juillet 1898 a créé les warrants agricoles.

Une circulaire ministérielle du 16 août, un décret du 29 octobre 1898, enfin, une autre circulaire ministérielle du 18 janvier 1900, en ont expliqué l'usage. (Voir 2me partie, Législation).

Avec les améliorations ci-dessus résumées, et celles dont nous allons parler, lesquelles aboutiront un jour, il faut l'espérer, la solution de la crise, de ce qu'on a appelé la question agricole, aura fait un pas sérieux.

Il reste toujours à voter la loi sur les sociétés coopératives, qui se promène, depuis tant d'années, de la Chambre au Sénat et du Sénat à la Chambre, toujours amendée, par l'une ou par l'autre, mais jamais votée !! puis celle sur les successions.

Et aussi à dégrever de frais, les transactions touchant les petites propriétés surtout. On a vu plus haut qu'un projet de loi a été adopté dans ce but (1).

Le cadastre est à reviser; enfin, il reste à créer les Chambres consultatives d'agriculture suivant un projet de loi déposé, ou préparé du moins, par M. Méline.

En ce qui touche ce dernier projet (2), il y a lieu d'espérer que les Chambres ne tarderont pas à l'adopter. Alors, à l'égale du commerce et des autres industries, l'agriculture qui a une si grande importance, qui est, en réalité, la première de nos industries et intéresse plus de vingt millions d'habitants, qui n'a joui, jusqu'à présent, d'aucun des avantages accordés aux autres branches de notre activité nationale, soit comme crédit en banque, soit comme protection d'intérêts, l'agriculture, disons-nous, aura dans chaque région une Chambre représentative qui sera, on l'a dit, le « Grand Conseil des communes et leur défenseur autorisé. »

(1) Ce projet de loi a été voté par les Chambres les 28 et 30 juin 1900 et la loi a été promulguée le 27 juillet 1900. Elle concerne uniquement les frais hypothécaires fixes.

(2) Un projet de loi nouveau contenant, de plus, une proposition de réorganisation du Conseil supérieur de l'agriculture a été déposé à la Chambre des Députés, le 20 février 1900, par M. Jean Dupuy, Ministre de l'agriculture, puis renvoyé à la commission de l'agriculture.

*
* *

En résumé, par ce qui a été déjà fait on peut dire que les pouvoirs publics, en ce qui touche les questions économiques dont nous nous occupons tout spécialement dans ce travail, ont à peu près terminé leur tâche. Avec quelques circulaires explicatives et, surtout, formelles pour celles portant les instructions destinées aux fonctionnaires, et, particulièrement, à l'armée des professeurs d'agriculture, ces excellents auxiliaires, si bien placés pour porter la bonne parole, leur besogne, avec la surveillance nécessaire, sera bien près d'être achevée (1).

Le reste incombe, maintenant, aux intéressés, c'est-à dire aux agriculteurs : aux fermiers comme aux propriétaires qui, dans cette grave situation, doivent se prêter un mutuel appui.

Il importe donc, aujourd'hui, d'éclairer ces derniers, de leur faire comprendre qu'ils ont tout intérêt à agir, à s'aider s'ils veulent, enfin, sortir de la crise qui les enserre depuis si longtemps. C'est là l'œuvre qu'avec beaucoup d'autres nous avons, depuis une douzaine d'années surtout, sincèrement entreprise, et que nous aurions à cœur de voir arriver à bien.

Nous allons aborder les voies et moyens pratiques pour fonder et mettre en marche les Institutions destinées à remédier au mal qui nous occupe, c'est-à-dire à assurer aux agriculteurs le bénéfice des lois concernant le *crédit agricole*, les *assurances mutuelles* contre la mortalité des animaux de ferme et les *warrants agricoles* qui ont fait l'objet de ce travail; et ce, à l'aide, surtout, du *syndicat professionnel* qui doit en être, suivant nous, la base.

Auparavant, quelques mots d'explications nous paraissent nécessaires encore.

*
* *

7. S'il n'y a rien de perdu encore, jusqu'ici, pour prendre

(1) Plusieurs circulaires très intéressantes ont été expédiées depuis à ces agents par le Ministère de l'Agriculture (V. 2me partie. Législation).

rang à la répartition des fonds auxquels les départements, isolés ou groupés ont droit, soit dans les 112 millions de la Banque de France, soit dans les 2 millions 1/2 de l'État, ainsi que nous l'avons expliqué plus haut, il est pourtant temps de se hâter :

Les trois quarts, au moins, de nos départements — et même l'Algérie (1) et la Tunisie — ont déjà constitué leurs associations mutuelles, leurs Caisses de crédit agricole et vont bénéficier de ces fonds que le Ministère de l'Agriculture est prêt à leur verser, au moment où nous écrivons ces lignes, et ce qui sera, probablement, chose faite quand cet ouvrage paraîtra.

Il n'est pas admissible que les régions en retard puissent volontairement consentir à se laisser dépouiller de la part à laquelle elles peuvent prétendre, de même que les régions déjà organisées. Cependant, qu'on ne le perde pas de vue — nous ne saurions trop insister à ce sujet — une fois les fonds distribués il serait trop tard pour réclamer ; et, alors, les récriminations, qui ne seraient, d'ailleurs, pas justifiées, resteraient sans effet.

* * *

Le Syndicat professionnel agricole doit être, avons-nous déjà dit, la base de tout cet édifice de salut social, au point de vue agricole.

Il fondera, une fois établi, les Caisses locales et régionales de crédit agricole mutuel, et les Caisses d'assurances mutuelles contre la mortalité des animaux de ferme, la grêle, etc. ;

(1) En ce qui touche l'Algérie, particulièrement, la loi du 5 juillet 1900 (V. 2e Partie-Législation) alloue pour l'établissement du Crédit agricole dans cette contrée la redevance annuelle de 200.000 fr. jusqu'en 1905 et de 250.000 fr. de 1906 à 1912, ainsi que l'avance de 3 millions, sans intérêts, à verser à l'Etat par la Banque d'Algérie, en renouvellement de son privilège, et ce, jusqu'en 1912.

Ajoutons que la loi du 5 novembre 1894 (V. 2e partie) est aussi applicable à l'Algérie et aux colonies, et que si la proposition de loi déposée à la Chambre par M. Morinaud, député, le 29 juin 1900, était adoptée la loi du 31 mars 1899 (V. aussi 2e partie) le deviendrait également. En ce cas, l'Algérie participerait, en outre, aux fonds de la Banque de France ce qui lui procurerait un double avantage.

puis il facilitera l'escompte, par les dites Caisses locales de crédit agricole, des warrants agricoles.

Toutes ces institutions, qui se complètent mutuellement, qui doivent marcher de pair, peuvent être, du reste, établies le même jour, en même temps, et sans frais.

Donc, si le Syndicat agricole existe il pourra les fonder simultanément.

S'il n'y a pas de Syndicat, alors, tout naturellement, c'est par là qu'il faudra commencer. Il faut absolument en créer dans toutes les communes qui en sont dépourvues.

Toutefois, comme le concours de toutes les bonnes volontés n'est pas seulement nécessaire mais indispensable pour fonder les Syndicats, de même que les autres associations, nous nous permettrons de faire, dans ce but, un pressant appel aux dévouements.

*
* *

8. Dans un grand nombre de communes les agriculteurs auront besoin d'être guidés, cela est certain, pour la constitution des dites institutions.

Il sera nécessaire, auparavant même, souvent, sinon toujours, de les éclairer sur les avantages qu'offrent ces fondations qui doivent être créées, non par l'administration, mais par l'initiative privée

C'est là la tâche des hommes désintéressés qui, aimant leur pays, veulent se consacrer à l'amélioration de la condition du malheureux cultivateur, et, en même temps, travailler au relèvement de l'agriculture.

Il suffit d'un homme convaincu et dévoué dans chaque commune pour faire triompher, dans ces œuvres, ces grandes idées d'*association* et de *solidarité mutuelles* qui, bien comprises et largement appliquées, peuvent sauver la situation !

C'est, en effet, par la *mutualité*, « cette grande formule de l'avenir », comme l'a appelée, avec une si profonde clairvoyance, un esprit éminent, que sera résolu le problème social; et — nous permettrons-nous d'ajouter — par les institutions dont nous conseillons la fondation que sera sûrement résolue, en grande partie du moins, la question agricole; et, avec elle, la crise si désastreuse que nous subissons !

Nous faisons donc appel à tous les dévouements, sur un terrain exclusivement agricole — disons-le bien haut! — d'où toute question d'intérêts privés, politiques ou confessionnels, est absolument bannie, sur un terrain d'intérêt public, en un mot, où le sort des agriculteurs et l'avenir agricole du pays sont seuls en jeu !

Le champ est assez vaste pour qu'il y ait lieu d'espérer que toutes les bonnes volontés pourront s'y rencontrer; le but est suffisamment élevé, enfin, pour qu'il y ait lieu d'attendre que tous, dans un commun amour de la solidarité et de la fraternité humaines, marcheront d'accord pour le bien de la Patrie et du plus grand nombre de ses enfants.

*
* *

S'il appartient particulièrement aux syndicats professionnels agricoles de fonder les sociétés que nous avons en vue et de faciliter l'usage des warrants, il appartient, également, aux comices agricoles et aux sociétés d'agriculture et d'horticulture de fonder les syndicats. C'est ainsi, du reste, que la plupart des dites institutions ont été fondées.

De leur côté, les conseils généraux et les communes peuvent, sur leurs reliquats disponibles et même, au besoin, à l'aide d'une allocation spéciale inscrite à leur budget — ce qui a été fait, déjà, dans un assez grand nombre de régions — encourager par des subventions — ne fussent-elles qu'initiales — la formation et la mise en marche de ces utiles créations.

Chaque jour, d'ailleurs, en ce qui touche le concours de l'Etat, le Ministre de l'Agriculture accorde aux nombreuses sociétés d'assurances mutuelles contre la mortalité des animaux de ferme qui se fondent, et même aux anciennes qui ont besoin d'être aidées, des allocations de 500 fr., 1000 fr., etc., qu'il prélève sur les 2 millions 1/2 de francs du Chapitre 41, ainsi qu'il est dit plus haut, somme en pleine et active distribution dans ceux de nos départements qui suivent nos progrès économiques et fondent, sans interruption, pour le plus grand bien de leurs cultivateurs, qui en apprécient de plus en plus les avantages, ces excellentes associations.

D'autre part, par sa circulaire du 15 avril 1898, concernant la dite subvention de 2 millions 1/2 votée, pour la 1re année, en 1898 (Chap. 38), M. le Ministre de l'Agriculture a insisté auprès de MM. les Préfets « pour qu'ils éclairent leurs administrés et les incitent à faire partie des mutualités déjà créées et à former des groupements là où il n'en existe pas encore » ajoutant que « dans cette tâche ils seront activement et utilement secondés par M. le Professeur départemental et MM. les Professeurs spéciaux d'agriculture. »

Nul doute que ces utiles instructions ont été suivies, et continueront à l'être, par les dévoués fonctionnaires auxquels elles s'adressent et qui sont toujours prêts à entrer en campagne pour la bonne cause (1).

M. le Ministre fait encore appel, dans la circulaire que nous venons de citer « à ceux qui, par leur situation et leur compétence sont le mieux placés pour connaître les ressources et les besoins de chaque région, pour montrer aux agriculteurs l'avantage des mutualités. »

Or, MM. les sénateurs, députés, conseillers généraux et conseillers d'arrondissement, MM. les maires, présidents des syndicats et comices agricoles et des sociétés d'agriculture, ne sont-ils pas, dans l'esprit de la dite circulaire, comme dans l'opinion de tous, tout naturellement désignés pour prendre la direction de ce grand mouvement salutaire et lui imprimer « l'impulsion féconde » sur laquelle compte le pays.

C'est qu'en effet on ne peut s'intéresser à d'œuvres plus utiles et plus importantes :

L'avenir de notre vaillante démocratie rurale et la fortune publique y sont intéressés. Or, nous le répéterons

(1). Diverses circulaires très intéressantes ont été envoyées depuis à ces fonctionnaires (V. 2me partie).

encore, en terminant cet appel, tous doivent apporter à la réalisation de ce grand progrès économique, de cette œuvre de salut social, un concours efficace ainsi que le jour du danger, quand il s'agit de notre chère France, tous ses enfants, tous les citoyens, égaux et unis, sans distinction d'opinions ou de croyances, et animés du même patriotisme, marchent la main dans la main à l'ennemi !

Au double point de vue de l'humanité et de la prospérité nationale il y a là, avons-nous dit, une noble tâche à remplir. Ceux qui s'y consacreront dans leur région auront bien mérité de leurs concitoyens et du pays !

*
* *

Nous arrivons aux voies et moyens à utiliser pour mettre en mouvement les Institutions qui nous occupent, c'est-à-dire :

des Syndicats professionnels agricoles ;

des Caisses de crédit agricole mutuel locales et régionales;

et des Caisses d'assurances mutuelles contre la mortalité des animaux de ferme.

Le tout complété par des **Unions** qui, en groupant ces associations, leur donnent plus de cohésion et de force dans l'action.

Les **Warrants agricoles** feront l'objet d'un chapitre spécial prenant rang à la suite de ceux ci-dessus.

Or, toutes ces Institutions, aussi bien au point de vue économique qu'au point de vue social, se complétant l'une l'autre, avons-nous dit, il est, à notre avis, utile, sinon indispensable, de les fonder en même temps quand, bien entendu, tout est à faire.

En effet, procéder par demi-mesure est, suivant nous, faire une besogne incomplète et qui peut être stérile !

Fonder isolément ou un syndicat ou une Caisse locale de crédit agricole mutuel, ou une Caisse d'assurance contre la mortalité des animaux de ferme, n'est réaliser qu'une partie du programme ; c'est multiplier, sans raison ni profit, les formalités, les déplacements et les frais, car il faudra, inévitablement, tôt ou tard, revenir aux mesures négligées.

Et de même, organiser les dites caisses, ou l'une d'elles seulement, sans créer le syndicat professionnel qui doit être la base législative et effective de tout cet édifice économique c'est, peut-être, s'exposer à l'insuccès et à quelques-uns des désagréments qu'entraînent, fatalement, les conceptions mal assises.

Comme ce sont, en définitive, les mêmes membres qui doivent profiter de ces créations, qu'elles peuvent être fondées le même jour, et qu'enfin, rien n'est plus aisé d'opérer ainsi, nous pensons qu'en général les fondateurs procéderont de cette manière. Nous ne voyons même pas les raisons qui pourraient conseiller de procéder autrement.

CHAPITRE II

Les Syndicats professionnels agricoles.

Section Ire : Syndicats. — Section II : Unions de Syndicats.

SECTION Ire. — *Syndicats.*

1. Les syndicats agricoles doivent être fondés, autant que possible, par commune parce qu'il est nécessaire que les syndiqués se connaissent bien.

La *Solidarité morale*, comme la *Mutualité* — qui sont le principe même de ces institutions — ne peuvent être réellement bien assises que lorsque tous les associés sont fixés sur leur valeur morale et pécuniaire réciproque. Quand le rayon est trop étendu, les associés ne se connaissent pas et les opérations s'effectuent plus difficilement. Il en résulte des hésitations et des abstentions nuisibles au développement des sociétés. Il n'est pas rare même de voir des sociétaires quitter, plus tard, leur syndicat parce que : soit pour prendre livraison des engrais, soit pour d'autres motifs, son centre est trop éloigné.

S'il existe ou s'il se forme un syndicat plus près, ils s'y font alors inscrire.

Le syndicat professionnel se prête à une foule de créations intéressant au plus haut degré l'agriculteur. On en compte, en effet, plus de cinquante différentes sortes, formant près de 4.000 institutions, comprenant, notamment :

Des Caisses de crédit mutuel agricole, locales et régionales ; des Caisses d'assurances mutuelles contre la mortalité du bétail, la grêle, les accidents du travail, l'incendie ; des sociétés de secours mutuels ; des caisses de retraites ; des sociétés coopératives de production, de consommation et de crédit ; des écoles professionnelles agricoles, champs d'expériences, laboratoires, publications agricoles, bibliothèques, services de contentieux, conseils d'arbitrage, concours d'apprentissage et autres ; caisses de prévoyance et d'épargne ; orphelinats, expositions, pépinières, garderie de propriétés, bureaux de placement, offices de renseignements ; secours en nature, dons d'effets aux nécessiteux ; sociétés d'assistance manuelle ; services de prêts d'outils et d'instruments aratoires, etc., etc.

Leur champ d'opérations est, comme on le voit, très étendu.

Restreindre l'action d'un syndicat uniquement à des achats d'engrais chimiques, par exemple, comme c'est souvent le cas, et ce, au bénéfice de quelques privilégiés de la grande culture, aisés pour la plupart, n'est pas répondre au vœu des législateurs, ni travailler au relèvement de la valeur de la propriété et à la solution de la crise agricole.

L'objet est plus vaste !

Il faut élargir les rangs du syndicat, étendre ses services, et, plus spécialement, par une caisse d'assurances mutuelles contre la mortalité du bétail et, si possible, contre l'incendie — qui consolide le gage aussi bien pour le propriétaire que pour le prêteur — et une caisse de crédit mutuel agricole locale — qui escompte les effets et les warrants agricoles des syndiqués et peut, alors, opérer avec plus de sécurité quand ce gage est assuré — mettre le dit syndicat à même, en couronnant ces créations d'une caisse régionale de crédit agricol mutuel, qui escomptera le papier des caisses locales, d'être réellement utile à ses associés.

Il n'est pas sans intérêt, enfin, d'ajouter que les syndicats jouissent, en vertu de lois et de décisions ministérielles, d'importants avantages, notamment pour les sociétés de secours mutuels qu'ils fondent : ceux accordés aux sociétés de secours mutuels ordinaires.

Ils peuvent, en outre, déposer leurs fonds disponibles, jusqu'à concurrence de 15.000 francs, à toutes les caisses d'épargne — nationale ou ordinaires —, et ce, au taux d'intérêt que ces caisses servent à leurs déposants ; et, en outre, à la Caisse des dépôts et consignations, au taux de 2 o/o.

Ils jouissent, de plus, des franchises postales pour tout ce qui leur est envoyé à l'adresse de leurs présidents, administrateurs, directeurs et secrétaires, sous le contre-seing du Ministre du commerce et de l'industrie ; de même que leurs correspondances peuvent être adressées non affranchies au Président de la République, aux présidents du Sénat et de la

Chambre des députés, aux Ministres et aux Sous-secrétaires d'Etat. (V. 2me partie, chap. 1er)

Il reste beaucoup à faire encore, on va le voir, pour doter la France entière de ces si utiles institutions.

Voici un résumé, tiré du dernier Annuaire (1900) publié par la Direction du Travail, au Ministère du Commerce, qui fera connaître le chemin parcouru au 31 décembre 1899. On pourra juger, à ces données, de ce qui reste à faire encore, dans notre pays, comme création de syndicats.

Les départements sont classés, dans le résumé ci après, par ordre d'importance : comme nombre de syndicats, d'abord; puis, ensuite, comme nombre de syndiqués.

1° NOMBRE DE SYNDICATS DANS CHAQUE DÉPARTEMENT

N° 1. Doubs, 132 *syndicats* ; 2. Indre-et-Loire, 107 ; 3. Isère, 98 ; 4. Yonne, 62 ; 5. Marne, 57 , 6. Meuse, 57; 7. Saône (Hte), 55 ; 8. Côte-d'Or, 54 ; 9. Morbihan, 47; 10. Seine-et-Oise, 45 ; 11. Charente, 41 ; 12. Pyrénées (Basses), 41 ; 13. Drôme, 41 ; 14. Aube, 41 ; 15. Bouches-du-Rhône, 40 ; 16. Marne (Hte), 38 ; 17. Var, 38 ; 18. Nièvre, 37 ; 19. Ain, 36 ; 20. Savoie, 35 ; 21. Vaucluse, 34 ; 22. Côtes-du-Nord, 31 ; 23. Alpes-Maritimes, 30 ; 24. Saône-et Loire, 29 ; 25. Gers, 29 : 26. Sèvres (Deux), 28 ; 27. Loire, 28 ; 28. Loiret, 26 ; 29. Pas-de-Calais, 26 ; 30. Indre, 25 ; 31. Loir-et-Cher, 25 ; 32. Sarthe, 24 ; 33. Meurthe-et-Moselle, 24; 34. Maine-et-Loire, 23 ; 35. Rhône, 22 ; 36. Vosges, 22 ; 37. Jura, 22 ; 38. Alpes (Hautes), 21 ; 39. Finistère, 20 ; 40. Seine, 19 ; 41. Somme, 19 ; 42. Ardèche, 18 ; 43. Alpes (Basses), 17 ; 44. Seine-et-Marne, 17 ; 45. Hérault, 17 ; 46. Pyrénées (Hautes), 16 ; 47. Mayenne, 15 ; 48. Creuse, 15 ; 49. Gironde, 14 ; 50. Eure, 14 ; 51. Vendée, 14 ; 52. Cher, 14 ; 53. Lozère, 14 ; 54. Vienne, 13 ; 55. Lot-et-Garonne, 13 ; 56. Nord, 13 ; 57. Orne, 12 ; 58. Landes, 12 ; 59. Loire-Inférieure, 11 ; 60. Manche, 10 ; 61. Oise, 10 ; 62. Lot, 10 ; 63. Aisne, 10 ; 64. Charente-Inférieure, 9 ; 65. Dordogne, 9 ; 66. Tarn, 9 ; 67. Eure-et-Loir, 8 ; 68. Ille et-Vilaine, 8 ; 69. Aude, 8 ; 70. Seine-Inférieure, 8 ; 71. Garonne (Haute), 7 ; 72, Allier, 6 ; 73. Tarn-et-Garonne, 6 ; 74 Aveyron, 5 ; 75. Gard, 5 ; 76. Vienne (Haute), 5 ; 77. Calvados, 4 ; 78. Corrèze, 4 ; 79. Cantal, 4 ; 80 Ardennes, 3 ; 81. Loire (Haute), 3 ; 82. Ariège, 3 ; 83. Puy-de-Dôme, 2 ; 84. Savoie (Haute), 2 ; 85. Pyrénées-Orientales, 2 ; 86. Rhin (Haut), 2 ; 87. Corse, 1.

2° NOMBRE DE SYNDIQUÉS PAR DÉPARTEMENT

N° 1. Sarthe, 20.480 *membres* ; 2. Seine, 20.341 ; 3. Charente-Inférieure, 14.787 ; 4. Rhône, 14.164 ; 5. Marne, 13.613 ; 6. Indre-et Loire, 13.484 ; 7. Saône-et-Loire, 11.66 ; 8. Vienne, 11.427 ; 9.

Charente, 11.359 ; 10. Sèvres (Deux), 11.192 ; 11. Loiret, 10.526 ; 12. Isère, 10.343 ; 13. Maine-et-Loire, 10.034 ; 14. Doubs, 10.020 ; 15. Vosges, 9.862 ; 16. Gironde, 9.550 ; 17. Pyrénées (Basses), 9.403 ; 18. Yonne, 9.386 ; 19. Loir-et-Cher, 9.197 ; 20. Ain, 9.154 ; 21. Drôme, 8 710 ; 22. Indre, 8.443 ; 23. Côte-d'Or, 8 395 ; 24. Loire-Inférieure, 8 180 ; 25. Orne, 8.174 ; 26. Vaucluse, 8.047 ; 27. Puy-de Dôme, 7.532 ; 28. Saône (Haute), 6.680 ; 29. Aube, 6.306 ; 30. Seine-et-Oise, 6.109 ; 31. Eure-et-Loir, 6 085 ; 32. Bouches-du-Rhône, 6 037 ; 33. Meuse, 5.914 ; 34 Aveyron, 5.823 ; 35. Nièvre, 5.813 ; 36. Alpes (Basses), 5 785 ; 37. Pas-de-Calais, 5.551 ; 38. Haute Marne, 5.529 ; 39. Ille-et-Vilaine, 5.512 ; 40. Morbihan, 5.280 ; 41. Eure, 5.248 ; 42. Ardennes, 5.158 ; 43. Alpes-Maritimes, 4.964 ; 44. Garonne (Haute), 4.676 ; 45. Jura, 4.663 ; 46. Vendée, 4.597 ; 47. Seine-et Marne, 4.587 ; 48. Meurthe-et-Moselle, 4.579 ; 49. Ardèche, 4.412 ; 50. Savoie, 4.375 ; 51. Mayenne, 4.375 ; 52. Manche, 4.141 ; 53. Gers, 3.988 ; 54. Loire, 3 821 ; 55. Landes, 3.717 ; 56. Oise, 3 629 ; 57. Somme, 3.391 ; 58. Loire (Haute), 3.375 ; 59. Lot-et-Garonne, 3.287 ; 60. Gard, 3.276 ; 61. Finistère, 3.264 ; 62. Cher, 3.204 ; 63. Côtes-du-Nord, 3.159 ; 64. Var, 2.931 ; 65. Pyrénées (Hautes), 2.795 ; 66. Calvados, 2.667 ; 67. Lot, 2.577 ; 68. Aude, 2.411 ; 69. Seine-Inférieure, 2.359 ; 70. Savoie (Haute), 2.308 ; 71. Dordogne, 2.300 ; 72. Pyrénées-Orientales, 2.258 ; 73. Ariège, 2.037 ; 74. Allier, 1.985 ; 75. Creuse, 1.969 ; 76. Nord, 1.715 ; 77. Rhin (Haut), 1.675 ; 78. Aisne, 1.608 ; 79. Vienne (Hte), 1.604 ; 80. Alpes (Hautes), 1.578 ; 81. Tarn-et-Garonne, 1.487 ; 82. Lozère, 1.486 ; 83. Tarn, 1.314 ; 84. Corrèze, 1.153 ; 85. Hérault, 871 ; 86. Cantal, 703 ; 87. Corse, 11.

Soit, au total, avec l'Algérie, qui possède 17 syndicats comprenant 1175 membres, et la Martinique qui compte un syndicat et 54 membres, *2069* syndicats mixtes, composés de propriétaires et journaliers, au nombre de *512.794*.

Mais, si on y ajoute tous « les syndicats se rattachant à l'agriculture, ceux formés par les ouvriers agricoles : bûcherons, jardiniers, etc., et par les patrons : jardiniers, horticulteurs, marchands de bois, pépiniéristes, sylviculteurs, laitiers, éleveurs, etc. », qui figurent dans les syndicats patronaux et ouvriers, ainsi que le fait justement remarquer M. Fontaine, directeur du Travail, dans l'Annuaire de 1900 ; et, en outre, les Caisses d'assurances mutuelles contre la mortalité du bétail, fondées comme syndicats mais non encore inscrites au dit Annuaire, on arrive à un nombre certainement supérieur. On a dit qu'il y avait, en octobre 1900,

2700 syndicats, comptant près d'un million d'adhérents, mais ces chiffres sont sûrement exagérés.

Néanmoins, malgré cette augmentation toujours croissante, les chiffres cités plus haut, rapprochés du nombre des agriculteurs *imposés*, nous démontrent que les syndicats ne comprennent encore qu'un agriculteur sur dix-sept imposés, et si on prend l'ensemble des travailleurs de la terre, on constate qu'un seul sur quarante est syndiqué.

Tous les agriculteurs, on le voit, sont loin d'être syndiqués.

*
* *

2. Les syndicats agricoles sont régis par la loi du 21 mars 1884, qui a créé les syndicats sans limiter le nombre des associés ni le rayon de l'association (V. 2e partie, chap. 1er).

Nous conseillons de les fonder par commune, à moins que la commune ait moins de 600 habitants, auquel cas on pourrait réunir deux ou trois communes.

On peut fonder un syndicat avec un nombre quelconque de membres, mais, en général, on commence avec un nombre à peu près égal à celui des conseillers municipaux de la commune, plus un ou deux membres.

Voici les formalités à remplir pour constituer un syndicat:

Les termes des statuts sont d'abord arrêtés.

Nous proposons, comme statuts, ceux de syndicats en plein fonctionnement, statuts dont nous avons donné le modèle 3me Partie, Chapitre 1er, formule N° 1.

Une fois les statuts arrêtés, les fondateurs y apposent leur signature, puis se réunissent en Assemblée générale constitutive pour nommer leur Bureau qui est, en même temps, une Chambre syndicale.

Le nombre des membres du Bureau peut varier, comme nous l'avons dit plus haut, mais on peut prendre, comme base, le nombre des conseillers municipaux.

Un procès-verbal de la dite Assemblée générale est dressé (3me Partie, formule N° 3).

Le Bureau nommé, le président et le secrétaire signent et déposent à la mairie du siège du syndicat, contre reçu :

1° Deux exemplaires des statuts;

2° Deux listes des membres du Bureau.

Le tout établi sur papier non timbré.

A partir de ce dépôt, le syndicat est légalement formé et peut fonctionner.

Comme on le voit, les formalités sont des plus simples et n'entraînent dans aucuns frais.

Le jour même de la constitution du syndicat, dans une 2e et 3e séances, on peut constituer une Caisse locale de crédit agricole mutuel et une Caisse d'assurances mutuelles contre la mortalité des animaux de ferme.

Nous indiquerons plus loin, sous ces titres (Chap. III et IV), les formalités à remplir, lesquelles sont aussi des plus simples (Voir 3me Partie, formule N° 3).

Section 2. — *Unions de Syndicats.*

Plusieurs syndicats peuvent, pour donner plus de force à leur action et obtenir de meilleurs résultats dans l'exécution de leur tâche, fonder une Union par canton, arrondissement ou département, ou même pour plusieurs départements.

Ils établissent d'abord les statuts. Nous proposons, comme modèle, ceux donnés à la 3e Partie, Chapitre 1er, N° 4.

Les statuts arrêtés, les présidents des syndicats, ou leurs délégués, se réunissent en Assemblée générale constitutive pour nommer le Bureau ou la Chambre syndicale

Un procès-verbal de la dite assemblée est dressé (V. 3me Partie, formule N° 5). Puis on dépose à la mairie du siège de l'Union, contre reçu :

1° Deux exemplaires des statuts;

2° Deux listes des membres du Bureau.

Le tout sur papier non timbré, signé du président et du secrétaire.

A partir de ce dépôt, l'Union est fondée et peut marcher.

L'Union peut, alors, facilement, créer une Caisse régionale de crédit agricole mutuel suivant la marche que nous indiquons ci-après (Chap III, Sect 3).

L'Annuaire ci-dessus cité donne, au 1er janvier 1900, 35 Unions de Syndicats agricoles groupant 1326 syndicats comptant ensemble 487.145 membres Les voici, par département, classées par ordre d'importance comme nombre de membres:

1. Seine, 250.000 membres; 2. Rhône, 70.034; 3. Gironde, 22.335; 4. Côte-d'Or, 18.214; 5. Loiret, 17.878; 6. Bouches-du-Rhône, 14.380; 7. Garonne (Haute), 10.881; 8. Saône-et-Loire, 10.554; 9. Ille-et-Vilaine, 10.386; 10. Calvados, 10.257; 11. Isère, 8.981; 12. Vaucluse, 7.650; 13. Drôme, 7.384; 14. Pas-de Calais, 5.864; 15. Doubs, 3.645; 16. Jura, 3.319; 17. Ardèche, 3.052; 18. Morbihan, 2.639; 19. Charente-Inférieure, 1.860; 20. Côtes-du-Nord, 1.735; 21. Mayenne, 1.408; 22. Alpes (Htes), 1.141; 23. Loire-Inférieure, 1.050; 24. Meuse, 942; 25. Hérault, 778; 26. Vienne, 348; 27. Savoie, 242; 28. Loire, 188.

La plus importante est l'Union des Syndicats des Agriculteurs de France, dont le siège est à Paris, qui comprend 537 syndicats, répartis dans 81 départements et comptant 250.000 membres.

CHAPITRE III

Le Crédit agricole mutuel.

CAISSES LOCALES ET CAISSES RÉGIONALES

Caisses locales, ou rurales, et Caisses régionales de Crédit mutuel agricole
Historique. — Considérations et Renseignements généraux.

1. La question si importante du crédit agricole n'est pas une question nouvelle.

Depuis un demi-siècle elle préoccupe un grand nombre de philanthropes et d'économistes.

Des hommes de généreuse initiative, d'un dévouement sincère et désintéressé, désirant contribuer à l'amélioration du sort moral et matériel des agriculteurs « ces humbles travailleurs de la terre, qui sont les premiers artisans de la richesse nationale et fournissent à la patrie ses plus robustes défenseurs », comme on l'a dit à juste titre, soucieux de l'avenir de l'agriculture, se sont consacrés à l'étude de ce grand problème social et une heureuse solution, disons-le avec plaisir, peut être envisagée, aujourd'hui, avec de sérieuses espérances de succès.

Les nobles efforts tentés ont, en effet, porté leurs fruits, et, il n'est pas téméraire d'affirmer que, dans un avenir prochain, cette sérieuse amélioration économique sera un fait accompli en France.

On ne saurait trop le souhaiter, d'ailleurs, non seulement dans l'intérêt de nos populations rurales mais aussi pour la prospérité générale du pays, car elle intéresse, on le sait, plus de la moitié de ses habitants.

L'agriculture n'est-elle pas, comme on l'a dit avec raison, « l'une des mamelles de la France »? Quand elle va tout va!

La propriété rurale, où s'exerce l'agriculture, est l'une des principales richesses du pays ;

D'après la dernière statistique décennale, dont nous avons parlé plus haut, elle représente un capital de *77 milliards 847 millions*.

Le capital employé à son exploitation s'élève à *8 milliards 17 millions* et la production *brute* annuelle du sol atteint *17 milliards 815 millions*.

Mais ces chiffres, par suite de la crise intense qui, depuis plus de 20 ans, frappe, d'une manière si désastreuse, la propriété rurale, représentent, suivant la même statistique, sur une période de 10 années, une perte de *13 milliards 737 millions* sur la propriété foncière et, nous l'avons déjà dit, de 329 millions sur le produit net annuel du sol !

Depuis, malheureusement, cette dépréciation, on le craint fort du moins, n'aurait fait que s'accentuer.

Il importait donc de travailler à remédier au mal et c'est ce que de précieux dévouements, qui considèrent cette tâche comme « un devoir social » se sont appliqués à réaliser.

On a vu plus haut ce qui a été fait déjà dans ce but.

Lorsque les portes du Crédit, si largement ouvertes au commerce et aux autres industries, dont le papier passe si régulièrement en banque, et qui peuvent, ainsi, se mouvoir à leur aise, le seront également,—par le crédit agricole et les warrants agricoles — à l'agriculture, cette branche si importante de la fortune publique;

Lorsqu'elle possédera l'écoulement rémunérateur de ses produits, et enfin, des chambres électives, ce qui ne tardera pas, nous l'espérons, l'agriculture pourra se relever.

Avec les Caisses d'assurances contre la mortalité du bétail, qui, comme le crédit agricole, peuvent dès-à-présent fonctionner, la solution de la crise aura fait un grand pas.

*
* *

2. Nous venons de dire que le Crédit agricole est en mouvement depuis 50 ans.

En effet, dès 1847 on le voit apparaître en germe, mais dans un but purement humanitaire, en Allemagne où il ne tarde pas à s'organiser et à se développer, rapidement, sous la forme d'une véritable institution de crédit.

C'est dans ce pays — bizarre contradiction ! — où le socialisme d'Etat a pris de si vastes proportions qu'un simple sujet, M. Raiffeisen, de son initiative privée, sans le concours de l'Etat, a fondé les premières caisses rurales sur le principe de la solidarité illimitée des associés.

C'est aussi en Allemagne, on se le rappelle, que furent fondées, longtemps auparavant, et sur ce même principe de la solidarité illimitée, par Schultze-Délitzsch, seul et sans l'intervention de l'Etat, les premières banques populaires ou coopératives de crédit.

On peut juger, par les chiffres suivants, de l'importance des services que ces deux hommes dévoués aux améliorations populaires ont rendus à leur pays en le dotant de ces puissants instruments de crédit.

Sur 16.500 sociétés, ou associations agricoles, que possède l'Allemagne, il existe 9.208 caisses rurales de crédit dont 8.835 établies sur le principe de la solidarité illimitée et 373 seulement sur le principe de la responsabilité limitée. Leur mouvement d'affaires — pour 8978 de ces caisses groupées en Unions — a dépassé 5 milliards.

Est-il besoin d'ajouter que ces institutions, restées libres, prennent chaque jour un nouveau développement.

Les caisses Raiffeisen, dont nous nous occuperons plus spécialement, tendent à se propager dans tous les pays civilisés où la *mutualité* « ce puissant lévier qui transformera le monde », comme on l'a dit avec raison, porte ses rayons bienfaisants !

En effet, elles ont été introduites, successivement en

Italie, d'abord, par M. Wollemborg, ensuite en Autriche, en Russie, en Hongrie, en Serbie, en Belgique, etc. (1).

Depuis quelques années il en existe un certain nombre en France, sur les 800 associations de Crédit agricole ou Caisses rurales qui fonctionnent actuellement, mais l'état de la législation, les exigences fiscales, les frais, etc., en avaient, jusqu'à présent, paralysé la diffusion, ce qui était extrêmement fâcheux car, suivant l'avis des publicistes, des membres autorisés de nos grandes associations populaires de Crédit et des Syndicats agricoles, qui ont étudié de près le fonctionnement de ces Caisses à solidarité illimitée, c'est, certainement, le meilleur de tous les systèmes utilisés.

Tous désirent — et nous le souhaitons avec eux — qu'elles se répandent partout en France sans, pourtant, exclure les autres systèmes, notamment celles à responsabilité limitée, basées sur la loi du 5 Novembre 1894 ou sur celle du 24 juillet 1867, par exemple, les intéressés, tout naturellement, étant libres de donner la préférence au mode d'association qui leur convient le mieux.

Nous reviendrons, du reste, plus loin, sur ces différents systèmes.

*
* *

Indépendamment des Caisses Raiffeisen on a expérimenté en France divers autres systèmes. Jusqu'à ces temps derniers, malheureusement, les essais n'avaient pas été encourageants. Les résultats avaient été, en général, défavorables et avaient révélé de nombreux inconvénients.

On se rappelle, notamment, le Crédit agricole *Centraliste*

(1) Voici, d'après les derniers renseignements recueillis, quelle serait la situation du crédit agricole à l'étranger :

En Angleterre, sous l'impulsion des sociétés d'agriculture, des caisses du système Raiffeisen, pour la plupart, commencent à s'organiser sous les noms de : « *Village Crédit societies* » ou « *Agricultural Crédit societies* » ou « *Agricultural banks* ».

L'Autriche possède environ 4.000 caisses dont moitié, à peu près, du système Schultze-Delitzsch, et moitié du système Raiffeisen — En Hongrie, on compte environ 700 caisses rurales et urbaines.

En Belgique, les « Comptoirs agricoles » et « Sociétés coopératives de 1860 qui, parti d'un principe mauvais, et étant sorti de son rôle, en faisant du crédit Egyptien et non du crédit agricole, a fatalement sombré !

Mais sa chute, prévue, a été un enseignement sérieux pour l'avenir !

L'insuccès de la plupart des essais tentés a eu d'autres causes encore ; notre législation a, pendant longtemps, fait obstacle à la fondation du crédit agricole. Eh ! pourtant, ce ne sont point les initiatives qui ont manqué :

On compte, en effet, plus de cent journaux périodiques, agricoles, et plusieurs associations de publicistes agricoles, toutes composées d'hommes compétents. La question du crédit agricole, seule, a suscité une foule d'écrits, de brochures, de publications, etc, où toutes les opinions, toutes les bonnes volontés, ont pu se produire librement et amplement.

Mais beaucoup de dévouements se sont trouvés paralysés — et, par suite, la marche du crédit agricole — en l'absence d'une législation précise, faisant défaut en France. On craignait des difficultés fiscales — et il y en a eu à surmonter ! — ou d'autres obstacles ; on reculait, aussi, devant des frais annuels importants : les impôts, la patente, etc., qui restaient à la charge des sociétés.

Et le crédit agricole n'a pu avancer, se propager qu'au fur et à mesure que la législation dont nous allons parler le lui a permis.

*
* *

4. La loi du 24 juillet 1867, en autorisant la création des sociétés à capital variable, c'est-à-dire des Sociétés coopéra-

locales de crédit », sont au nombre de 280 dont 270 du système Raiffeisen

En Danemark, ce sont les Caisses d'épargne, au nombre de 400 environ, qui font les prêts agricoles.

L'Alsace et la Lorraine annexées, comptent plusieurs centaines de caisses du système Raiffeisen, toutes en très bonne voie.

L'Italie possède environ 7.000 banques populaires et caisses Raiffeisen, en quantité à peu près égale, ces dernières introduites par Wollemborg.

Enfin, on compte en Russie 642 caisses, et en Serbie 264 caisses, la plupart du système Raiffeisen.

tives qu'elle visait, a pu, dans une certaine mesure, faciliter la formation des caisses rurales mais en ce qui touche le capital seulement ; pour le reste elle était insuffisante.

Celle du 21 mars 1884, sur les syndicats professionnels, en supprimant les obstacles s'opposant au groupement des cultivateurs, jusque-là isolés, et en leur permettant de fonder tant de si intéressantes institutions a seulement rappelé l'utilité du crédit agricole.

Ces lois n'ont, en effet, supprimé aucune des complications ni aucuns des frais dont nous venons de parler.

La loi sur les Sociétés coopératives, qui se promène depuis tant d'années déjà, de la Chambre au Sénat, et du Sénat à la Chambre, avons nous dit, contient bien des dispositions libérales, explicites, qui auraient pu favoriser l'éclosion du crédit agricole, mais elle n'est pas encore votée !... Des esprits extra pessimistes prétendent même — à tort suivant nous — qu'elle ne le sera jamais ! En attendant le fisc les impose à la patente et les Tribunaux lui donnent raison.

Enfin, plus de 200 projets de loi ont été présentés sur cette question mais, jusqu'en 1894, aucune loi n'avait encore réglementé, et, par suite, facilité la création du crédit agricole.

La loi du 5 novembre 1894 est venue, fort heureusement, déblayer le terrain des difficultés et des frais, lever les hésitations des fondateurs de Caisses rurales, et, enfin, ouvrir la voie à cette grande amélioration.

***

5. En ce qui touche l'objet des Caisses rurales, disons, en passant, qu'elles n'ont pas uniquement un rôle économique important à remplir, mais elles ont, aussi, un but moral élevé.

A ce sujet, nous citerons, d'après M. Charles Rayneri — qui fait autorité dans ces questions, et des écrits duquel nous nous sommes souvent inspiré, nous l'avons dit au début — les lignes suivantes, extraites d'un rapport de M. Wollemborg, présenté à la précédente exposition internationale, au sujet des résultats acquis à l'aide des caisses Raiffeisen :

« On va maintenant moins au cabaret, on travaille mieux et davantage.

» Les gens honorables étant seuls admis comme associés, on a vu des ivrognes promettre de ne plus mettre les pieds au cabaret et tenir parole.

» On a vu des ignorants de 50 ans et plus apprendre à écrire pour savoir signer leurs demandes d'emprunts et leurs billets.

» Tel individu, repoussé parce qu'il est inscrit au bureau de bienfaisance, a fait les démarches néces saires pour que son nom soit rayé de la liste de secours, et, désormais, au lieu de vivre d'aumône, il vit de son travail, avec l'aide du petit capital que la caisse rurale lui confie.

» Tel travailleur, qui ne pouvait pas se nourrir lui-même, a acheté une vache et a pu, avec le gain du lait et du fromage, payer sa dette à la société et conserver le veau de la bête, résultat qu'il n'aurait jamais obtenu sans ce concours.

» Des étables vides auparavant sont à présent remplies.

» On a davantage d'animaux, de lait, de fumier et de meilleures récoltes.

» J'ai ouï des sociétaires satisfaits, ayant, enfin, échappé à la cruelle usure qui les rongeait, bénir la caisse rurale et son fondateur. »

*
* *

6. En ce qui touche son rôle économique, le crédit agricole mutuel est le complément indispensable du syndicat professionnel parce qu'il lui procure les moyens de mettre en pratique son programme et ses théories. Ces institutions doivent donc marcher de pair et leur union en double la force et l'action, partout où elle existe.

Ce n'est pas seulement sur le terrain agricole, du reste, que cette union du capital et du travail est utile, est à désirer, mais dans toutes les branches de l'activité nationale.

Depuis l'existence des syndicats, nous demandons avec beaucoup d'autres, le développement de ces fécondes créations par le crédit mutuel, notamment, soit directement, soit par les banques populaires, et ce, pour tous les travailleurs, c'est-à-dire aussi bien pour ceux du commerce et de l'industrie que pour ceux de la terre.

En 1891, en effet, dans nos publications sur les *questions sociales pratiques*, visant l'amélioration du sort des deshérités de la fortune, nous répétions ceci :

« Les banques populaires — basées sur le crédit mutuel — ont pour objet de favoriser l'épargne, le crédit et l'escompte aux travailleurs, et, principalement, aux membres des associations syndicales professionnelles.

» En fondant ces banques on comblera une lacune existant dans l'organisation des syndicats professionnels et on complètera, ainsi, ces merveilleuses institutions.

» Nous avons toujours pensé que par l'association et la mutualité on pouvait mettre à la disposition de leurs membres, outre la facilité de placer avec fruit leurs épargnes, des moyens plus efficaces pour développer leur activité, leur outillage, leur production et qu'en ouvrant, ainsi, la voie au progrès ils pourraient obtenir de leur travail de meilleurs résultats.

» Et, aussi, qu'en faisant pénétrer plus profondément dans les masses, chez l'artisan comme chez l'employé, chez l'industriel comme chez le commerçant et le fermier, ces idées de solidarité et de mutualité et, surtout, l'esprit d'association « cet élément du progrès moral et intellectuel » comme on l'a justement appelé, il était possible de hâter la solution des grandes questions économiques, solution du plus haut intérêt pour notre commerce, notre industrie et notre agriculture, et ainsi, d'accroître la prospérité du pays.

» Et atteindre ce double but n'est-ce pas résoudre, en partie, le problème social ?

» En effet, le jour où tous les travailleurs, groupés en associations professionnelles, seront dotés de l'élément essentiel qui leur manque, où à la plupart d'entre eux, du moins, de ce facteur indispensable sans lequel les projets les plus vastes et les mieux étudiés, les idées les plus élevées, et qui, dans l'application, peuvent devenir les plus fécondes, doivent forcément rester stériles, ils pourront, au double point de vue moral et matériel, jouir d'inappréciables avantages.

» Or, cet élément sans lequel, nous le répétons, on ne peut, avec quelque efficacité, travailler et produire, c'est le *Crédit* ! »

Et c'est ce que, depuis, nous n'avons cessé de demander.

Le projet de loi sur les sociétés coopératives, dont nous avons déjà parlé, avait bien donné, dans une certaine mesure, satisfaction aux idées que nous venons d'exposer, mais, comme nous l'avons répété, il n'a pas encore été adopté.

La loi de 1894, seule, longtemps après, a facilité l'éclosion du crédit mutuel, mais pour l'agriculture seulement. C'est, néanmoins, toujours un premier pas de fait dans la voie des améliorations sociales.

*
* *

7. Le crédit agricole et le syndicat professionnel agricole ont, avons nous dit, le même but :

En effet, le syndicat se charge d'approvisionner les cultivateurs de toutes leurs matières premières : engrais, semences, machines, outils, animaux, etc., et ce, en produits de choix, aux époques propices et aux conditions les plus avantageuses possibles, afin d'augmenter le rendement de leurs terres, et d'améliorer, ainsi, leur condition.

Le crédit agricole, de son côté, fournit l'argent nécessaire, dans beaucoup de cas du moins. Les opérations se faisant généralement au comptant les petits cultivateurs qui, souvent, ne disposent pas des ressources suffisantes, ne pourraient, sans cette institution, profiter desdits avantages. En effet, sans le crédit agricole ils s'abstiendraient d'entrer dans les syndicats, et, alors, au seul point de vue de la production générale, il n'en résulterait aucun progrès pour le pays.

Et ces modestes travailleurs de la terre — la grande masse de nos populations rurales — ne verraient jamais apporter d'amélioration à leur état social, lequel doit cependant inspirer — et inspire heureusement, en effet — les plus vives et les plus unanimes sympathies !

*
* *

8. L'œuvre des syndicats et de leurs créations — assurances, crédit agricole, sociétés d'assurances mutuelles, etc., — a encore pour objet, en améliorant la situation du cultivateur, de l'attacher davantage, de le ramener à la ferme, qu'il déserte de plus en plus pour les villes.

Malgré un travail opiniâtre, incessant, la terre ne le récompense pas de ses efforts. Il ne peut plus « joindre les deux bouts. » C'est à peine même, souvent, s'il peut gagner le nécessaire à la vie.

Dans les villes, il gagne davantage et — outre les distractions qui y sont aussi plus nombreuses et plus faciles — le travail y est moins dur.

Il recherche les administrations, surtout celles qui offrent une perspective pour l'avenir : une pension de retraite, par exemple.

Aussi, le vide se fait-il chaque jour plus intense au hameau où le paysan ne trouve plus la rémunération de son labeur, et, encore moins, l'assurance du lendemain. Et pourtant, il aime les siens, il aime son village, il aime ses champs et son troupeau. Il ne perd pas le souvenir de ses amis, de son clocher. Il y resterait de préférence — et il y reviendrait s'il l'avait quitté — s'il y trouvait la certitude du lendemain : les moyens de pouvoir s'y établir, assurer l'existence des siens et de s'y faire, en un mot, une situation le mettant à l'abri du besoin pour ses vieux jours, c'est-à-dire quand il ne pourra plus travailler.

Or, les institutions dont nous nous occupons, complétant celles déjà fondées, le retiendraient sûrement au foyer, nous en sommes convaincu, parce qu'elles sont de nature à lui procurer cette assurance, cette tranquillité d'esprit dont il a besoin pour travailler avec courage et avec fruit ; et, enfin cette satisfaction qu'il préfère à toutes — même quand il a connu les villes — celle de vivre de la vie des siens, libre, au milieu des champs, où il respire l'air pur et vivifiant auquel il était accoutumé et qui lui manque dans les villes !

Le tout est de mettre ces institutions à sa portée, et c'est là la tâche des hommes dévoués — et il y en a partout heureusement — auxquels nous avons fait appel.

*
* *

9. S'il y a, ce qui est fâcheux, quelques divergences de vues entre les moralistes, les philanthropes, les économistes, qui ont pris la tête de ce grand mouvement d'émancipation sociale, aussi salutaire que pacifique, au sujet des moyens de propagande à employer pour atteindre le plus promptement et le plus sûrement possible, le but que nous poursuivons, il n'y en a heureusement pas en ce qui touche l'instrument qui doit les mettre en jeu.

Tous sont d'accord à ce sujet ; c'est le système des caisses

Raiffeisen, dont nous avons déjà parlé. Nous analysons plus loin les bases de ces sociétés.

En ce qui concerne les moyens de propagande sur lesquels il y a désaccord, nous ne ferons à personne le reproche qui est adressé, de l'une ou de l'autre part, mais toujours d'une manière courtoise, toutefois, de donner aux conférences, ou aux publications, une allure trop confessionnelle ou trop politique, suivant les uns, ou, au contraire, un sens trop dépourvu d'esprit religieux, suivant les autres.

Nous respectons toujours les convictions de chacun, quand elles sont sincères, bien entendu — ce qui est assurément le cas — et nous sommes trop partisan de la libre discussion « qui fait jaillir la lumière » pour intervenir dans le débat.

Nous nous bornerons simplement, dans l'intérêt de la cause que nous défendons tous, à souhaiter qu'on se fasse réciproquement des concessions, et, si possible, que tous restent dans le rôle exclusivement agricole que nous nous sommes tracé.

Toute question irritante étant écartée on poursuivra le même objectif : un but humanitaire, et, tous travailleront dans l'intérêt des agriculteurs et pour la prospérité nationale que nous devons placer au dessus de tout.

*
* *

10. Nous nous croyons obligé, cependant, de lever les craintes mal fondées qu'on manifeste à chaque instant au sujet des retards prolongés mis à réaliser les améliorations qui nous occupent à propos du socialisme, mot qu'on lance à tort et à travers, sans plus de définition, et comme un épouvantail, dans les campagnes.

Bien que nous soyons vivement désireux de voir fonctionner promptement ces salutaires créations — et d'éviter, absolument, toute discussion politique — nous devons dire, pourtant, que ces craintes sont exagérées et que les retards dont on se plaint ne peuvent engendrer les calamités dont on croit le pays menacé.

On dit redouter les conséquences de l'abandon dans lequel on a laissé, jusqu'ici, au point de vue des amélioration économiques, les populations agricoles :

On a craint, et on craint encore, de ce même coté, qu'en laissant les cultivateurs plus longtemps dans la situation précaire où ils se trouvent, pour la plupart, et où ils souffrent réellement — cela est vrai — les *socialistes,* qui les guettent, ne profitent de leur mécontentement pour les mieux capter et fomenter, ensuite, des désordres, une révolution peut-être.

Nous avons trop confiance dans la sagesse et dans la clairvoyance des paysans pour croire qu'ils se laissent jamais égarer, entraîner par les exaltés et les violents.

Ils réprouvent le socialisme révolutionnaire parce qu'ils savent que c'est le désordre et l'anarchie et qu'ils ne pourraient rien recueillir de bon, d'un bouleversement quelconque de la société qui pourrait amener, dans l'ordre économique, notamment, peut-être la plus grave des crises.

Nous ne croyons pas, non plus, qu'ils attendent de grands effets du socialisme mystique et sentimental de M. de Mun et des cercles catholiques, et ils savent que le socialisme d'Etat est la négation absolue de tout esprit d'initiative, de l'effort individuel, que l'Etat-Providence n'est, en réalité, qu'un rêve utopique, irréalisable.

Ils ont une opinion faite sur tout cela : l'instruction s'est développée dans les campagnes (1), les organes politiques y ont pénétré et les cultivateurs sont, aujourd'hui, au courant de toutes ces questions. Ils n'attendent d'amélioration réelle que celle qu'ils peuvent obtenir pacifiquement, par leurs

(1) A ce sujet les statistiques du Ministère de l'Instruction publique contiennent d'intéressants renseignements. Depuis la loi du 1er juin 1881, qui a décidé la gratuité scolaire, et celle du 31 octobre 1886, qui a rendu l'école obligatoire, le nombre des élèves fréquentant les classes s'est considérablement accru. On peut assurer aujourd'hui que presque tous les conscrits savent lire. D'ailleurs, le pays a fait, dans ce but, d'énormes sacrifices. Depuis 20 ou 25 ans, le nombre des écoles a augmenté de près de 40 o/o et le chiffre du budget de l'instruction publique de plus de 140 o/o. En effet, la dépense est, pour l'exercice 1900, de 227 millions 600 fr., alors qu'elle n'était que de 94 millions 400 en 1877.

efforts combinés, par l'association et sous l'égide de la mutualité qu'ils pratiquent de plus en plus.

Ils n'attendent plus qu'une direction de la part de ceux qui peuvent les organiser et les conduire dans cette voie c'est-à-dire des hommes dévoués auxquels nous nous adressons.

Or, cette union constitue ce que nous appelons le *socialisme pratique*.

Celui-là n'est ni révolutionnaire ni utopique. Il ne s'égare pas dans les rêveries, ni dans les théories impossibles. Il ne veut pas refaire la société par la base. Il l'accepte telle qu'elle existe et en utilise les éléments qu'il perfectionne, autant que cela est possible, par d'utiles réformes pour améliorer le sort du plus grand nombre. Il ne cherche, en un mot, la solution des problèmes sociaux que dans les réalités contingentes.

Ce socialisme, qui a notre approbation n'a, comme on le voit rien d'effrayant. Nous avons la certitude qu'il est le seul, aussi, ayant l'approbation de la grande majorité des campagnes, et qu'on peut compter sur le bons sens et l'énergie des paysans pour repousser les idées subversives qu'on essaierait — et qu'on essaie à l'aide de la mutualité et de la coopération déguisées ! — d'introduire chez eux.

Mais sortons, pour n'y plus revenir, de ce terrain où nous sommes entré malgré nous, pour calmer des alarmes que nous jugions exagérées. Ainsi que nous l'avons dit, nous ne voulons absolument pas faire de politique ici.

*
* *

11. Revenons aux avantages que le Crédit agricole et les nombreuses institutions qui marchent parallèlement avec cette fondation doivent procurer aux cultivateurs, et précisons-les bien, au risque de nous répéter.

Nous avons dit que nous ne séparions pas ces créations parce qu'elles se complètent mutuellement.

En effet, le syndicat procure au Crédit agricole ses adhérents qui sont des clients sérieux, de choix, ayant une bonne moralité et de bons antécédents.

De son côté, le Crédit agricole fournit aux membres du syndicat les fonds dont ils peuvent avoir besoin pour leurs exploitations.

De même que les assurances contre la mortalité des animaux, la grêle, l'incendie, etc., sont la garantie du Crédit agricole, dont elles consolident le gage, mobilier ou immobilier, en le protégeant contre les risques qui peuvent, en totalité ou en partie, en atteindre ou diminuer la valeur.

Quant aux warrants agricoles, représentatifs d'un gage assuré, ils constitueront un puissant élément de crédit dans les mains des cultivateurs qui trouverent non seulement toutes les Caisses de Crédit agricole ouvertes à leur escompte mais, souvent, la Banque de France, les Institutions de crédit, toutes les banques, en un mot.

12. Si le Crédit agricole est utile aux petits cultivateurs, surtout, il peut l'être, également, dans certains cas, aux cultivateurs plus aisés.

En effet, à la suite de pertes d'animaux, de matériel, de produits culturaux, non assurés, de mauvaises récoltes, — accidents plus ou moins répétés — ou pour d'autres causes, il peut survenir dans les ménages, jusque là à leur aise, des moments difficiles.

Si le disponible est momentanément insuffisant, le syndiqué ne peut plus faire ses achats au comptant, et il se trouve forcé d'abandonner le syndicat précisément au moment où il lui serait le plus utile ; et, alors, de son côté, le syndicat qui n'a pas organisé de Caisse de Crédit mutuel perd ses membres.

Il est certain que réduit à ses membres originaires, tout syndicat qui n'a pas organisé une Caisse de Crédit ne se développe plus et finit par s'éteindre. Cela a été constaté déjà pour un grand nombre de syndicats.

Disons, pour lever toute hésitation, que le cultivateur, quelle que soit sa situation de fortune, n'a, d'ailleurs, pas à se gêner pour recourir à la caisse. Cette caisse, qui est commune, est la sienne. Ce sont des cultivateurs comme lui qui l'ont fondée et l'administrent, et il est à souhaiter qu'il y puise pour faire des achats avantageux, développer ses cultures, augmenter son rendement, etc.

Et cet argent qu'il prend à sa propre caisse pour le prêter à la terre — qu'il faut ensemencer, comme il faut garnir les pâturages de bestiaux — peut lui rapporter de grands bénéfices « bénéfices qui, dans certains temps et dans certains cas, sont allés jusqu'à cent pour cent » ainsi que l'a dit à la Chambre, le 17 juin 1897, un ministre des plus dévoués aux intérêts agricoles, M. Méline, dont la haute compétence, reconnue du monde entier, vient d'être de nouveau consacrée, du reste, au dernier congrès international.

La plus grande discrétion règne, d'ailleurs, dans les Conseils d'administration des Sociétés au sujet des prêts faits aux associés qui ne sont point, du reste, nominativement désignés dans les comptes-rendus officiels. Le prêt y est, en définitive, considéré comme une preuve de confiance et de solvabilité et non comme une preuve de gêne.

*
* *

13. D'un autre côté, en payant ses achats au comptant, ou à 30 jours au lieu de 90 jours, dans certains syndicats le cultivateur profite d'un escompte de 2 o/o pour deux mois, ce qui lui fait, pour une année, 12 o/o d'économie.

Et il profite, en outre, du bénéfice du groupement de tous les achats qu'on peut évaluer, en moyenne, à 15 ou 20 o/o (1).

D'autre part, la caisse lui avance les fonds à un taux réduit qui, au grand maximum, ne dépasse pas 4 ou 4 1/2 o/o par an ; et, encore, sur ce taux elle a prélevé de 1 à 1 1/2 o/o pour la réserve qui reste sa propriété et celle de ses co-associés.

Or, si un petit cultivateur qui a réellement besoin d'argent s'adresse à des particuliers, il ne trouve souvent rien ou, s'il est accueilli, ce n'est que pour un court temps, 90 jours au plus, et, moyennant un intérêt et une commission qui

(1) On a évalué les achats effectués en commun par les syndicats, en 1899, à 300 millions.

varieront de 6 à 12 0/0 par an, suivant les exigences du prêteur, car on n'ignore pas que l'usure n'a pas complètement disparu des campagnes où elle enlève encore, aujourd'hui, aux travailleurs la meilleure part de leurs bénéfices.

Le paysan, qui ne raconte ses affaires à personne, se cache, bien entendu, de recourir à l'usurier, mais il y va quand même. Il ne peut laisser ses champs incultes, ses pâturages déserts. Il lui faut des semences, des bœufs, des chevaux et des charrues pour labourer, comme il lui faut des moutons, du bétail, etc., pour dépouiller son herbe.

S'il ne les a pas, il ira chez l'usurier, et il ne se ruinera pas pour cela. Il aura des récoltes qui lui permettront de satisfaire la rapacité du prêteur ! et, il trouvera, encore, dans ce marché que la morale réprouve, quelques avantages pécuniaires.

Il aura, en tout cas, cultivé ses terres, et son crédit n'aura pas souffert.

*
* *

Il n'y a pas, du reste, que les petits cultivateurs qui ont recours à l'usurier. Voici, à ce sujet, le témoignage autorisé du fondateur de la plus grande partie des Caisses rurales, système Raiffeisen, existant en France, caisses qui ont groupé des milliers d'adhérents « auxquels, a dit un ministre des plus dévoués aux intérêts agricoles, elles ont rendu et rendent de véritables services » qui jouit, dans ces questions, d'une juste notoriété et que nous avons maintes fois cité dans le cours de ce travail.

« Quand, dit M. Durand, le fondateur de ces Caisses, on parle à un grand propriétaire d'organiser le crédit agricole dans sa commune il répond toujours (on nous fait, à nous, cette réponse tous les jours) : « Les paysans ont tout l'argent qui leur est nécessaire.

» Nous avons dit de même autrefois :

» Mais, en cherchant bien, en nous informant soigneusement, nous avons fini par apprendre que les meilleurs de nos fermiers, et les plus riches cultivateurs de notre commune, empruntent, chaque année, des sommes plus ou moins importantes **au taux de 10 0/0.** »

Le crédit agricol était donc devenu utile dans cette commune — comme dans toutes, ou à peu près, on n'en peut douter — et il y a été établi ! Et il a affranchi les cultivateurs, pauvres ou riches, des serres de l'usurier, ce qui leur a permis, enfin, de profiter du produit entier de leur travail !

C'est là le principal objet, le résultat certain, de cette utile institution.

*
* *

14. La Caisse rurale accorde toujours à l'associé un crédit qui dépend de ses besoins, de sa solvabilité, et de son honorabilité ; car l'honnêteté est, à juste titre, toujours considérée comme une garantie de premier ordre.

Les associés n'ont pas à se cacher d'aller à la Caisse qui est, nous le répétons encore, leur propre caisse ; et jamais, en y puisant, leur crédit ne se trouvera atteint. N'est ce pas, en effet, à l'exploitation à la terre, qui l'a rendu au centuple parfois, on l'a vu, que le prêt est fait.

Quant aux délais de remboursement la caisse accorde tout le temps nécessaire : une ou plusieurs années, s'il le faut. Le cultivateur fixe lui-même les échéances et les sommes, pour chacune d'elles, sommes qui peuvent varier, suivant l'importance des rentrées prévues, faisant coïncider le tout avec la réalisation de ses produits :

S'il s'agit de grains, retrouvant ses semences à la récolte il pourra fixer une échéance au mois de septembre ou d'octobre, par exemple, quand les battaisons seront terminées et les grains vendus.

S'il s'agit d'animaux, d'élèves ou de bétail à l'engraissement, notamment, il prendra les époques ou ces bêtes, arrivées à l'état vendable, pourront être soit aux foires, soit aux marchés, ou ailleurs, avantageusement réalisées.

Et de même pour ses autres produits : pailles, fourrages, pommes, cidre, bois, etc., etc.

Et si, à ce moment, les cours étaient défavorables — ce qui arrive quand le marché surchargé n'absorbe plus le trop plein — il aura la double ressource du renouvellement que la caisse ne lui refusera pas, ou de l'escompte de warrants agricoles, qu'elle lui prendra certainement, et, qu'en tous cas, il pourra facilement faire passer en banque lorsqu'elle en connaîtra la valeur.

Ainsi, il évitera une perte certaine et pourra attendre, en toute tranquillité d'esprit, l'époque propice de la vente.

*
* *

15. Le crédit agricole offre, encore, un autre avantage, et des plus importants :

Il n'est pas seulement une caisse de crédit avançant des fonds aux cultivateurs, il est, aussi, un Bureau d'épargne pour ses membres.

Il encourage chez tous les économies qu'il reçoit, petites ou grandes, sous forme de dépôt à vue ou à terme, en leur bonifiant un intérêt qui égale, généralement, celui des Caisses d'épargne.

Ainsi, il essaie de retenir dans la commune, le disponible, les épargnes, afin d'en faire bénéficier les habitants, secondant, de cette manière, les efforts de l'intelligence, du travail et de la prévoyance.

*
* *

16. Nous arrivons à la forme de l'instrument ou des instruments qui s'adaptent le mieux à l'organisation du Crédit agricole.

En ce qui touche les Caisses locales de crédit agricole, mutuel nous avons dit que depuis 1860 on a expérimenté en France plusieurs systèmes. Depuis quelques années, et actuellement, il n'existe plus que deux formes d'association en pratique.

L'une basée sur le principe de la solidarité limitée des associés ; l'autre basée sur le principe de la solidarité illimitée.

Nous avons déjà dit que ce dernier système, qui est celui des Caisses Raiffeisen, a rallié toutes les opinions ; que les philanthropes et les économistes qui se sont consacrés, et travaillent chaque jour à la diffusion du Crédit Agricole, conseillent d'adopter cette forme qui a fait ses preuves dans l'Europe entière et qui est considérée avec raison, comme étant la meilleure de toutes.

Les Caisses Raiffeisen inspirent, en effet, une sécurité et une confiance absolues, choses nécessaires pour asseoir solidement le crédit.

Elles jouissent d'un crédit illimité. Pourquoi ? — parce que depuis un demi-siècle qu'elles fonctionnent en nombre considérable dans tous les pays, où elles ont fait un chiffre d'affaires fabuleux, il n'y en a pas une qui ait fait perdre un centime à personne : ni à ceux qui lui ont déposé des fonds ni à aucun de ses Sociétaires.

Le crédit des caisses rurales avec solidarité est tel, en un mot, que les Caisses d'épargne, elles-mêmes, n'hésitent pas à leur prêter des fonds.

En effet, dans les Bouches-du-Rhône, notamment, elles ont eu l'appui précieux de la Caisse d'épargne de Marseille.

La Caisse d'épargne de Lyon, après celle de Marseille — les deux premières en France qui soient entrées résolument dans la voie de ce grand progrès qui peut avoir de si importants effets — a patronné la formation de plusieurs Caisses Agricoles auxquelles elles a accordé des prêts représentant le double de leur capital, et ce, à 2 0/0 d'intérêts par an seulement.

La Caisse d'épargne de Chaumont a également accordé à la Société Agricole de la Haute-Marne un prêt de 3.000 fr. pour aider à son fonctionnement :

Et cet exemple est et sera suivi par toutes les caisses d'épargne, près desquelles le crédit agricole est installé, ou s'établira, sur les bases de la solidarité.

On sait que la loi du 20 juillet 1895 (art. 10) a accordé aux Caisses d'épargne, autonomes ou municipales, le libre emploi du cinquième de leur capital et de la totalité de leur revenu. Elles ne peuvent disposer de cette partie disponible d'une manière plus utile, tant dans l'intérêt de l'agriculture que de l'agriculteur et elles le feront, d'ailleurs, nous en sommes certain, quand elles en seront priées. Les Caisses agricoles n'ont donc qu'à réclamer ce concours qui ne peut leur faire défaut.

Ce système est, du reste, appliqué couramment en Italie et en Allemagne où toutes les Caisses d'épargne sont en rapports avec les caisses agricoles. En Danemark, ce sont même les caisses d'épargne qui prêtent directement à l'agriculture.

La Caisse d'épargne de Parme met à leur disposition, pour les agriculteurs de cette province, à elle seule, plus de 6 millions par an.

En résumé, la confiance dans ces institutions est tellement grande, qu'elles trouvent de l'argent à meilleur compte qu'aucun autre établissement. Au moment des crises terribles, dit M. Durand, pendant les guerres de 1866 et de 1870, les banques et le commerce allemands ne trouvaient plus d'argent, alors que les Caisses Raiffeisen étaient obligées de refuser les dépôts qu'on leur offrait, qu'on les suppliait même de prendre **sans intérêts !**

Jamais on n'a constaté un sinistre ni une faillite parmi ces caisses.

*
* *

Quand l'expérience, — qui est un grand maître ! — révèle de tels résultats, démontre que la solidarité, qui a fait la force et le crédit de cette puissante forme d'institution depuis 59 ans, est absolument sans danger peut-on hésiter encore à l'adopter ?

Avec beaucoup d'autres, nous conseillons donc de donner la préférence à cette forme à laquelle nous n'apportons d'autres modifications que celles ayant pour but de faire profiter l'institution des bénéfices de la loi du 5 novembre 1894, sous le régime de laquelle nous la plaçons.

Cette loi simplifie, on le sait, les formalités et diminue les frais d'organisation des sociétés, en même temps qu'elle les exempte du droit de patente et de l'impôt sur les valeurs mobilières, avantages qui ont leur importance.

D'autre part, en vue des rapports des dites Caisses locales

avec les Caisses régionales, dont nous allons parler, il est utile de suivre la législation qui sert de base à ces rapports.

SECTION Ire. — *Caisses locales de crédit agricole mutuel à responsabilité illimitée.*

I. STATUTS. — ***Leurs principes généraux.*** — Nous donnons à la 3me PARTIE, *formule n° 7*, les Statuts que nous proposons, comme modèle, suivant le système Raiffeisen-Rayneri mis d'accord avec la loi du 5 novembre 1894 (1).

Voici quelques explications sur les principes régissant les dites Sociétés à responsabilité illimitée.

I. — « La Caisse locale, ou rurale, n'opère qu'avec ses membres, faisant partie du même Syndicat, avec le Syndicat lui-même et avec des membres de ce Syndicat » conformément à la loi de 1894 qui a institué le Crédit agricole pour faciliter les opérations agricoles des associés, c'est à-dire pour leur fournir les fonds dont ils peuvent avoir besoin pour leurs exploitations.

Elle peut également faire leurs recouvrements et leurs paiements.

Pour les emprunts que la Caisse contracte, elle peut, toutefois, traiter avec tout le monde, c'est-à-dire avec les tiers également, et recevoir de n'importe qui des dépôts de fonds en compte-courant, avec ou sans intérêts, et contracter les emprunts nécessaires pour constituer ou augmenter son fonds de roulement.

II. — « La caisse fonctionne dans un rayon très limité. » — comme pour les Caisses d'assurance contre la mortalité des animaux de ferme, parce qu'il est indispensable que les sociétaires se connaissent bien, afin, notamment, que les administrateurs puissent apprécier la situation morale et ma-

(1) Nous donnons également à la 3e partie, formules n°s 12 et 13, les Statuts des Caisses rurales Raiffeisen-Durand et de l'Union de ces Caisses; et formule n° 17, les Statuts d'une Caisse régionale, même système, avec deux notes indiquant les formalités à remplir pour la constitution de ces diverses associations, suivant les propres indications de leur créateur, M. Louis Durand.

térielle des emprunteurs, contrôler les besoins et l'emploi des fonds prêtés, et ne faire d'avances, en un mot, qu'à des personnes offrant les garanties nécessaires.

Cependant, le rayon doit être encore assez étendu pour que les affaires puissent donner des bénéfices suffisants pour couvrir les frais et fournir une réserve.

De là l'utilité de réunir les petites communes, pour former au moins 600 habitants, quand la commune ne possède pas ce nombre.

III. — « Il existe entre les associés une solidarité illimitée », afin d'ouvrir à l'association, dès l'origine, les portes du crédit ; c'est ainsi que toutes les caisses fondées sur ce principe sont arrivées à jouir d'une confiance et d'un crédit illimités.

Nous avons dit que cette solidarité qui, en apparence, peut effrayer, n'avait depuis un demi-siècle qu'elle sert de base au crédit agricole dans un nombre considérable de sociétés, *jamais* engagé effectivement ni entamé la fortune d'aucun associé.

Il serait facile de démontrer qu'avec l'organisation de la Caisse il est matériellement impossible qu'il en soit autrement, mais nous le jugeons inutile en présence d'une aussi longue expérience dans l'Europe entière, et, spécialement, de celle acquise chez nous, en France, dans 50 départements où, depuis plusieurs années, il a été fondé par M. Louis Durand, avec le concours de tous, des riches comme des pauvres s'engageant solidairement, sans hésitation et sans crainte, près de 800 Caisses — en dehors des 100 Caisses, environ, fondées sur le modèle de la loi de 1894 — lesquelles ont rendu et rendent chaque jour de grands services à leurs membres.

Jamais, nous le répétons une dernière fois, aucun des associés n'a été mis à contribution par cette solidarité qui n'est, en réalité, qu'une garantie nominale.

IV. — « Il n'y a pas de capital social », pour ainsi dire, les dépôts suffisant largement pour les besoins des prêts et la solidarité le remplaçant efficacement.

En effet, les caisses aussitôt en marche ont plus d'argent qu'il leur en faut. Les économies des associés, les fonds disponibles dans la commune — et qu'il est bon d'y retenir avons-nous dit — qui leur sont offerts, suffisent à tout.

Elles sont même obligées d'ajourner les déposants jusqu'au jour où elles ont des demandes de prêt de la part des sociétaires.

En ce cas, elles établissent une liste des offres afin de les admettre dans leur ordre de date.

Comme elles bonifient des intérêts aux déposants elles ne reçoivent, cela se comprend, comme dépôts, que ce qui leur est nécessaire pour les dites demandes.

Elles ne doivent pas avoir, ou le moins possible, de fonds en caisse afin de ne pas perdre d'intérêts et conserver, ainsi, le bénéfice comprenant uniquement la différence d'intérêts entre le taux qu'elles paient pour les dépôts et celui qu'elles prennent pour leurs prêts.

Toutefois, pour se conformer à la loi de 1894, et se mettre en marche, il est utile — ainsi, du reste, que cela existe dans le système Raiffeisen que nous proposons ici — de former un petit capital de 500 à 1.000 fr., par exemple, à l'aide de parts de 20 fr. produisant 2 1/2 o/o d'intérêts, sur lesquelles on ne verse que le 1/4, soit 5 fr., capital qu'on rembourse aussitôt que la réserve est suffisante pour faire face aux besoins : aux prêts demandés.

V. — « Les fonctions des administrateurs sont gratuites » ce qui se comprend dans une association ayant un but philanthropique où il est fait appel aux dévouements.

Le personnel seul, suivant le travail et le temps qui lui sont demandés, peut être rémunéré.

VI. — « Tous les bénéfices vont à la réserve qui reste indivisible pour assurer les opérations et garantir les risques ».

75 o/o, au moins, desdits bénéfices sont, en effet, attribués à la réserve, quand ce n'est pas la totalité, ce que le Conseil d'administration est maître de décider, s'il le juge bon.

Avec la réserve les opérations ne tardent pas à être

assurées et les risques couverts. Par suite, la responsabilité des sociétaires se trouve complètement dégagée.

A ce moment, la Société décide de l'emploi du surplus des bénéfices qui peuvent servir au remboursement des parts, à des œuvres d'utilité agricole ou être répartis entre les sociétaires au prorata de leurs opérations.

*
* *

2. *Réglement.* — Un Réglement détermine les conditions applicables aux fonds déposés et à ceux prêtés, en ce qui touche, notamment, leur importance, les délais de remboursement, et le taux des intérêts.

Pour les prêts faits par la Société, ce taux ne doit pas dépasser de plus de 2 o/o, au maximum, celui de l'escompte à la Banque de France. Or, si ce taux est à 2 o/o, comme il l'a été longtemps, la Société ne peut prêter à ses membres à plus de 4 o/o.

Si la Société paie elle-même à ses déposants 2 1/2 elle prêtera, — ce qui se fait en général, — à 3 1/2 ou à 4 o/o, profitant ainsi de 1 à 1 1/2 o/o attribués à la réserve, après prélèvement de ses frais généraux.

*
* *

Fonctionnement de la Société. — Afin de faciliter l'organisation et la mise en marche de la Société, et, notamment, de lever les hésitations qui se produisent, parfois, aux débuts, dans les conseils d'administration, nous croyons utile de donner quelques renseignements basés sur la pratique.

3. *Administrateurs.* — Il n'est pas nécessaire, pour bien administrer une caisse locale, que les membres du Bureau soient familiarisés avec les opérations de Banque. Tout cultivateur sérieux, intelligent, expérimenté, qui connait bien sa commune, et sait faire les quatre règles arithmétiques — de l'addition à la division — fera un excellent administrateur.

Pour le poste de secrétaire-comptable — l'agent qui tient la caisse, rédige les procès-verbaux, fait la correspondance, en un mot toutes les écritures.— on ne peut faire un meilleur choix que l'instituteur ou le secrétaire de la Mairie.

Les fondateurs de la majeure partie des 900 Caisses rurales créées en France, sur le même principe, sont à peu près d'accord sur le choix des administrateurs : suivant eux, ce sont les hommes les plus en vue de la commune qui doivent être recherchés.

Pensant faire œuvre d'union sur un domaine exclusivement agricole, ils estiment que, pour réussir à les créer et à les faire prospérer, le concours « du maire, du curé et de l'instituteur » est à désirer.

L'un deux, M. Charles Rayneri, Directeur de la Banque populaire de Menton qui, dès 1896, avait déjà fondé, dans ce seul arrondissement, et sur le principe de la solidarité illimitée, une quinzaine de Caisses, toutes prospères groupant, alors, plus de 1.400 personnes et retenant, pour les y féconder sur place, 2 millions et demi d'épargnes locales, M. Rayneri, disons nous, s'est exprimé ainsi à ce sujet :

« Ecartant rigoureusement de notre programme toute arrière pensée politique ou confessionnelle nous tenons à ce que notre œuvre soit, en même temps qu'un instrument de progrès économique, un moyen d'union et de progrès social ;

« Lorsqu'il s'est agi d'introduire en France la forme la plus délicate de la coopération, celle qui a pour assise la « Solidarité indéfinie », nous avons de suite pensé que ce fécond principe de la solidarité devrait être, en même temps, appliqué à servir la cause des rapprochements locaux et de la pacification des esprits.

» C'est alors que j'ai présenté cette formule appelée depuis la *trinité rurale* qui se résume dans l'entente initiale de trois éléments, quelquefois divergeant de vues, se méfiant l'un de l'autre, plutôt par prévention que par conviction, « le maire, l'instituteur, le curé. »

» Ce rapprochement donne, dans la commune, l'exemple touchant de l'union dans une pensée supérieure : l'amélioration matérielle et morale du sort des humbles ! »

De son côté, M. Louis Durand s'appuie également sur les influences locales : sur les instituteurs, mais plus spécialement, peut-être, sur les influences ecclésiastiques, et souvent sur les plus marquantes.

Mais, dans cette importante réforme économique, où il s'agit du salut de la première de nos industries, de l'agriculture, il ne peut être question de forme de gouvernement pas plus que des rapports des Eglises avec l'État ; on ne doit, voir que son but humanitaire et l'intérêt supérieur du pays !

C'est, du reste, ce qu'ont compris, et, ce que comprendront nos agriculteurs qui ont su et sauront choisir eux-mêmes, comme administrateurs, mieux que personne ne saurait le faire pour eux, les hommes éclairés et désintéressés, capables de les organiser et dignes de les conduire dans la voie de ce progrès démocratique où sont en jeu de si grands intérêts !

*
* *

4. *Prêts aux Sociétaires.* — La principale préoccupation des Administrateurs, au début, sera de trouver les fonds nécessaires pour donner satisfaction aux premières demandes d'emprunt des associés.

Disons-le, de suite, il importe que ces premières demandes soient accueillies avec autant d'empressement que de bienveillance, et ce, à moins de motifs sérieux, pour répondre au but de la Société, d'abord, et ensuite, pour ouvrir la voie à de nouvelles demandes, afin de lever, ainsi, les hésitations qui se produisent, parfois, au début, personne n'osant — ce qui est un grand tort — faire les premières démarches.

Les Sociétaires n'ont pas à se gêner cependant, répétons-le de nouveau, pour aller à leur caisse. Il ne s'agit pas d'une aumône, ni d'une faveur quelconque, mais d'un droit dont ils auraient grand tort de ne pas user quand cela peut leur être utile.

*
* *

Les Administrateurs auront en caisse, à l'origine, le quart versé sur les parts de capital. — *Il faut bien se garder,* avons-nous dit, *d'appeler les 3/4 restants qui ne seront pas nécessaires.* Si ce 1/4 ne suffit pas on tâchera de se procurer le complément chez les Sociétaires disposant d'économies. Si le disponible fait défaut pour le moment on réescomptera l'effet ou les effets — toujours des billets à ordre — signés par les emprunteurs.

Les billets à ordre seront à 90 jours et stipulés payables dans une ville où la Banque de France a une succursale afin de pouvoir être admis, le cas échéant, à l'escompte par cet Etablissement.

Ils porteront la signature de l'emprunteur, et, si la somme est un peu élevée, celle d'une caution, si, toutefois, le Conseil en a décidé ainsi.

Bien que ce papier soit entièrement nouveau pour les banques de la région, avec la « solidarité illimitée » des sociétaires et l'endossement de la Société, qui formera, ainsi, une deuxième signature, au moins, il aura un caractère commercial et sera *bancable* pour l'Etablissement de crédit ou la maison qui l'escomptera. La Société n'aura donc aucune difficulté pour l'escompter à la Caisse régionale de Crédit agricole mutuel, s'il en existe, ce qui est à souhaiter, car c'est elle qui est leur banquier naturel, soit dans un Etablissement de crédit ou une banque quelconque, et ce, à un taux d'intérêts voisin de celui de la Banque de France

La Banque de Menton, dont M. Ch Rayneri, que nous avons plusieurs fois cité, est directeur, leur sert de Banque centrale pour sa région.

Elle prend leur papier, l'endosse et le passe aux grands Etablissements de crédit « avec lesquels, disait M. Rayneri dans son *Bulletin du Crédit populaire* de juin dernier, cette banque fait des opérations suivies ; car, les Caisses rurales et les Banques populaires ne font, ajoutait-il, aucune concurrence aux Banques mais s'appuient, au contraire, fréquemment sur elles. »

Et il en sera de même, très probablement, pour les Caisses régionales.

Avec une troisième signature, le papier devient *bancable*, c'est-à-dire que la Banque de France pourrait l'escompter directement, mais, pour que ce puissant Etablissement le prenne, il faut avoir été préalablement admis au bénéfice du compte courant chez elle ; et, pour cela, il faut fournir des parrains, des garanties en espèces, en titres, etc.; et, pour ces raisons, — que nous comprenons — il n'est pas toujours aisé d'y avoir accès, du moins promptement.

Il peut donc s'écouler un certain temps, à défaut de Caisse régionale, avant que ces petites sociétés locales, malgré la parfaite sécurité qu'elles offrent, puissent marcher avec la Banque de France. Elles sont donc obligées, pour le moment, de se passer de cette ressource incertaine et de s'adresser ailleurs.

Nous leur conseillons donc de procéder ainsi, par exemple :

Si le capital dont la Société dispose est, au début, de 1.000 francs, nous supposons, lorsqu'elle l'aura prêté elle pourra, le jour même ou le lendemain, au moyen du réescompte de l'effet reçu en représentation de ce prêt, ravoir ses fonds, les prêter de nouveau immédiatement et procéder, ainsi, chaque jour, jusqu'à la réalisation, par un emprunt ou le concours des dépôts, de nouveaux fonds, et ce, à des conditions d'intérêts plus réduites.

Suivant cette méthode, avec ce petit capital de 1.000 fr., la société peut, en 90 jours — ou 75 jours ouvrables — prêter à ses membres 75.000 francs.

Le Crédit agricole de l'Hérault, entre autres, avec un capital réalisé de 5.000 fr. seulement, a prêté de cette manière, en 1897, sur 998 effets, 737.065 fr. escomptés par un Etablissement de crédit de Montpellier.

Mais la société doit surtout viser à l'économie des intérêts, qui sont son bénéfice unique, lorsqu'elle trouve des fonds à un taux d'intérêt moins élevé que celui qui lui est pris pour l'escompte de ses effets.

Quand la rente française rapporte 3 o/o, quand la Caisse d'épargne postale donne 2 1/2 o/o et les Caisses d'épargne libres 2 3/4 o/o, généralement, les 13.000 ou 14.000 caisses rurales existant en Europe, avec la sécurité si grande qu'elles offrent — car le capital absolument garanti, comme les dépôts, par la « solidarité » n'est pas, comme celui de la rente, exposé aux fluctuations de la Bourse, et, alors qu'il s'agit d'une œuvre si intéressante, doivent trouver, et celles de notre pays trouvent, en effet, facilement des fonds au taux de la Caisse d'épargne postale, soit à 2 1/2 0/0.

Certaines caisses ont même fixé leur taux maximum à celui payé par la Caisse d'épargne libre de la ville la plus voisine.

5. *Intérêts des dépôts.* — Le Syndicat de Belleville-sur-Saône, notamment, dont est président un homme de valeur et de dévouement, un philanthrope et un organisateur, M. Emile Duport, des écrits duquel nous nous sommes souvent inspiré également, — Syndicat cité comme modèle et qui a obtenu, du reste, le premier grand prix au concours du « Musée social » — a, dans son Réglement concernant la Caisse de crédit agricole fondée pour ses 2.400 membres, décidé, comme règle absolue, que « le taux d'intérêt des dépôts qui lui seront confiés ne devra jamais dépasser celui servi par la Caisse d'épargne de Villefranche », voisine du dit Syndicat.

Ajoutons que les statuts de cette même société stipulent, par contre, que l'intérêt des fonds qu'elle prêtera à ses sociétaires ne devra pas dépasser de plus de 2 0/0 par an celui de l'escompte à la Banque de France.

Nous avons déjà dit, aussi, que les Caisses d'épargne ordinaires faisaient des conditions avantageuses aux Caisses de crédit agricole et que celle de Lyon, spécialement, avançait des fonds à celles de sa région à 2 0/0 d'intérêts seulement par an.

C'est, en résumé, vers le taux d'intérêt payé à leurs déposants par les Caisses d'épargne postales et par les Caisses d'épargne libres, au maximum, que les administrateurs doivent rechercher les capitaux, en réservant toujours la préférence aux prêteurs qui se contenteront de l'intérêt le plus réduit, et, avant tout, à leurs sociétaires : d'abord pour leurs dépôts d'épargne « à vue », surtout ; ensuite, pour leurs placements à terme, et ce, suivant le minimum et le maximum que le dit Conseil fixe pour chacun d'eux.

Si, pour le moment, la Société n'a pas l'emploi des fonds qui lui sont proposés, elle engagera les sociétaires à les placer, provisoirement, à la Caisse d'épargne la plus voisine, par exemple, en attendant qu'elle les leur demande, ce qu'elle fera dans l'ordre des offres, comme nous l'avons dit, et ce, afin de leur éviter une perte d'intérêts.

6, *Intérêts des prêts*. — Tout naturellement, moins la société paiera d'intérêts aux personnes qui lui déposeront des fonds, plus elle pourra favoriser les sociétaires auxquels elle prêtera ces fonds.

En effet, étant entendu qu'elle prendra sur chaque prêt qu'elle fera de 1 à 1 1/2 0/0 de plus qu'elle aura elle-même payé à ses déposants — nous préférerions un prélèvement de 1 1/2 0/0, au début, afin de former plus promptement une réserve sérieuse — si elle ne leur sert que 2 ou 2 1/2 0/0 elle pourra prêter à ses sociétaires à 3 1/2 ou 4 0/0.

Mais si la Caisse locale est en rapports — ce qui doit avoir lieu car elle est son banquier naturel direct — avec la Caisse régionale, qui a reçu, sans intérêts, sa part des 112 millions versés et à verser par la Banque de France, alors, elle sera à même de prêter à ses sociétaires à un taux moins élevé, qui pourrait fort bien ne pas dépasser 2 à 3 0/0.

En effet, ayant reçu de la Caisse régionale une partie de ses fonds à un faible intérêt, peut-être, à 1/2 ou 1 0/0, en majorant ce taux de 1 1/2 0/0 la caisse locale sera en état de prêter à 2 ou 3 0/0.

7. *Placement des fonds disponibles*.— Au début, comme à toute époque, d'ailleurs, les administrateurs feront bien, afin d'éviter toute perte d'intérêts sur les fonds sans emploi, et de diminuer les risques, de ne garder en caisse que le strict nécessaire pour les menues dépenses d'administration, les paiements immédiats, les prêts décidés, par exemple.

La société pourra verser ses fonds disponibles à la caisse

régionale ou à la caisse d'épargne la plus voisine ou dans un établissement de crédit, ou banque solvable, suivant l'intérêt qui lui sera bonifié, donnant la préférence, tout naturellement, au taux le plus rémunérateur.

On sait que les Syndicats agricoles et les Caisses rurales peuvent se faire ouvrir un compte aux Caisses d'épargne jusqu'à concurrence de 15.000 fr., et, en outre, chaque membre, individuellement, jusqu'à 1.500 fr.

Ainsi, le bénéfice d'intérêts reste acquis à la société qui a sû éviter l'immobilisation de son disponible.

8. *Réunions.* — Le local où re réunissent les administrateurs, et même les assemblées, est, généralement, la Mairie.

Les municipalités accordent volontiers leur autorisation à ces sociétés qu'elles considèrent, avec raison, comme intéressant tout le pays, et qu'elles traitent, par suite, à l'égal des sociétés de secours mutuels.

Quand il en est autrement, les réunions ont habituellement lieu chez le Président du conseil d'administration. Elles se tiennent, dans la plupart des sociétés, aux époques suivantes :

Celles du conseil d'administration tous les deux ou trois mois ; celles des assemblées générales une fois par an.

Une réunion particulière de un ou deux administrateurs et du secrétaire-comptable a lieu chaque Dimanche, à une heure déterminée, pour l'expédition des opérations.

A cette réunion, le secrétaire-comptable effectue les recettes et les paiements, reçoit les dépôts et verse le montant des prêts accordés.

Les reçus des dépôts sont signés par le ou les représentants de la société, suivant les Statuts. Un administrateur en prend note, de même que des sommes versées.

Les billets à ordre représentant les sommes prêtées par la société sont remis au conseil par l'emprunteur auquel il est délivré un décompte des intérêts.

Nous donnons plus loin (sect 1 *bis* et 2 *bis*) les modèles de ces reçus et billets.

Les demandes de prêts sont déposées à cette réunion et répondues le dimanche suivant. Dans la semaine, les Administrateurs prennent des renseignements puis se réunissent un soir fixé pour arrêter leur décision.

Les dites demandes indiquent le montant des sommes que le Sociétaire désire emprunter, les époques de remboursement et le détail par échéance.

9. *Prêts sur gages.* — L'importance totale des prêts sur gages consentis aux Sociétaires pourra ne pas être limitée, mais la Société fera bien de ne jamais dépasser la moitié de la valeur du gage.

Toutefois, la Société pourra, par exception, prêter sur les valeurs admises par la Banque de France, jusqu'à concurrence de la somme que celle-ci aurait elle-même avancée.

Quant aux warrants agricoles, dont nous parlerons plus loin, la Société pourra les prendre pour leur valeur intégrale et même, si le Sociétaire les a escomptés ailleurs, lui avancer, sur un billet à ordre, les fonds nécessaires à leur remboursement au tiers-porteur, si, à l'échéance du warrant, il juge l'époque non propice pour la réalisation du gage ou, au contraire, si, avant cette échéance, le moment est favorable pour vendre et il désire le retirer par anticipation. D'après la loi, on sait que l'emprunteur sur warrant ne peut disposer de ses marchandises qu'autant qu'il a intégralement remboursé le porteur dudit warrant.

Or, il importe de bien préciser dès à présent, bien que nous soyons obligés d'y revenir plus loin, la situation à ce sujet :

Le cultivateur, quoique resté nanti des marchandises warrantées, ne peut les vendre malgré son intention d'en affecter le produit à rembourser d'abord le warrant,

Il doit, avant d'y toucher, avant de les réaliser, de les sortir de la ferme, effectuer ce remboursement.

Donc, s'il n'a pas l'argent d'avance voulu, la Caisse locale dont il fait partie, et qui le connait, pourra lui prêter les fonds nécessaires et à ses conditions ordinaires.

C'est là, dans cette nouvelle création des warrants agricoles, le rôle vraiment utile — et qui, dans certains cas, peut être sauveur! — des Caisses locales de Crédit agricole mutuel.

* * *

Nous allons, maintenant, dire quelques mots des Caisses locales de Crédit mutuel agricole à responsabilité limitée, pour le cas où il serait impossible aux fondateurs — ce qu'on ne saurait trop regretter — de créer une caisse du système Raiffeisen d'après les bases que nous venons d'expliquer, ou d'après la méthode préconisée par M. Louis Durand, qui a aussi adopté le système Raiffeisen

Section 2. — *Caisses locales de crédit agricole mutuel à responsabilité limitée.*

Statuts. — *Principes généraux.* — Nous avons donné à la *3me partie, formule n° 7,* les Statuts d'une Caisse locale à responsabilité illimitée. Disons de suite que les principales dispositions de ces statuts et les explications qui précèdent au sujet des principes régissant les Caisses à responsabilité illimitée — système Raiffeisen — s'appliquent également aux Caisses à responsabilité limitée.

Il n'existe de différences que pour la formation du Capital, et sur la question de responsabilité : illimitée dans le premier système, et limitée dans le second,

Donc, conformément à la loi du 5 novembre 1894, sous l'empire de laquelle les Caisses à responsabilité limitée se placent également, et comme sociétés à capital variable, leurs statuts — sauf quelques modifications signalées au modèle n° 7 — peuvent être établis sur ladite formule n° 7.

Voici du reste, les principaux changements à opérer suivant nos indications, changements signalés sur ledit modèle.

Pour les Caisses à responsabilité limitée, les statuts stipulent formellement que « les Sociétaires ne sont responsables que jusqu'à concurrence du montant des parts souscrites par eux, ou pour une ou plusieurs fois ce montant. »

Ils varient, également en ce qui touche la durée de la Société, l'importance, le nombre et la division des parts, qui sont, en général, de 10, 20, 50 ou 100 francs, et sur l'intérêt à payer à ces parts qui varie de 2.50 à 3.50 o/o par an, avec un maximum de 5 o/o, taux légal. (Loi du 7 avril 1900)

Nous arrivons à la constitution desdites Caisses à responsabilité limitée ou illimitée. Disons, dès à présent, que les formalités sont les mêmes dans les deux cas.

SECTIONS 1 *bis* et 2 *bis*. — *Formalités à remplir pour la fondation d'une caisse locale de crédit agricole, à responsabilité limitée ou illimitée* (1).

1. Nous avons dit qu'il appartenait aussi aux syndicats agricoles de fonder ces Caisses. Il serait donc utile de fonder préalablement un syndicat s'il n'en existait pas. On a vu plus haut ce qu'il y avait à faire pour cela. Or, le jour même de la création du syndicat — c'est-à-dire en deuxième séance — on établira la caisse locale en procédant comme il va être expliqué ci-après :

Si le syndicat existe il procédera de la même manière :

Ceux des syndiqués qui désirent constituer une Caisse locale se réunissent, sous la présidence d'un membre de leur Bureau — assisté, généralement, des présidents ou membres des Comices agricoles et des Sociétés d'agriculture — et ils arrêtent, d'abord, les termes des statuts.

Il faut être, nous le répétons, membre d'un syndicat pour pouvoir faire partie de la Caisse mais le syndicat peut lui-même souscrire des parts.

Il faut sept sociétaires, au moins, pour constituer une Caisse mais on débute, souvent, avec 10 ou 15 membres.

(1) Il s'agit, bien entendu, de sociétés anonymes, fondées suivant la loi de 1894, et nom de Sociétés en nom collectif. Pour ces dernières, voir la note faisant suite à la formule n° 12 qui donne les Statuts d'une Caisse rurale système Raiffeisen-Durand.

Les premiers sociétaires signent les statuts, « qui ont été préalablement mis sur papier timbré à 0 fr. 60 la feuille ».

(Voir les modèles 3me partie, formules nos 7 et 8.)

On établit, ensuite, sur papier non timbré, la liste des souscripteurs indiquant leurs nom, prénoms, profession, domicile, le nombre des parts souscrites par chacun d'eux, le montant total de ces parts, aussi par membre, et le 1/4, au moins, des dites parts versé en espèces, suivant la loi.

Ce 1/4 étant versé, les dits membres se réunissent en *Assemblée générale constitutive* pour former la Caisse locale et là ils adoptent, définitivement, les statuts arrêtés et le Réglement : (voir 3me partie, formule n° 9, le modèle d'un Règlement).

Ils constatent que le 1/4 du capital souscrit a été versé ;

Nomment les membres du conseil d'administration et du conseil de surveillance ;

Fixent le maximum du Crédit qui peut-être fait à chaque sociétaire ;

Celui des sommes que la Société peut, dans l'exercice, recevoir en dépôt ou emprunter ;

Celui du taux de l'intérêt des prêts qu'elle consentira à ses sociétaires ou, ce qui est mieux, autorisent le bureau à le fixer; celui du taux de l'intérêt des fonds qu'elle recevra en dépôt, ou qu'elle empruntera.

Nous avons donné le modèle du procès-verbal de la dite assemblée générale, 3me partie, formule n° 10.

L'original des statuts, celui signé par les sociétaires fondateurs et mis sur papier timbré, est enregistré.

Le droit est de 2 fr. 50 par 1.000 fr. de capital.

2. La formalité d'enregistrement remplie, on dépose au greffe de la justice de paix du canton où la société a son siège :

1° Deux exemplaires des dits statuts ;

2° Deux exemplaires de la liste complète des administrateurs, des commissaires, du secrétaire-comptable et des sociétaires, avec les nom, prénoms, profession et domicile de chacun d'eux, et, pour les sociétaires, avec l'indication du montant de leurs parts.

Le tout imprimé ou copié — avec ou sans la signature du président et du secrétaire — et *sur papier non timbré.*

Le greffier délivre un reçu de ce dépôt, et, à partir de ce moment, la Société est légalement constituée et peut fonctionner.

3. *Conseil d'administration.* — Après l'assemblée constitutive ci-dessus les administrateurs qu'elle a nommés se réunissent et nomment leur Bureau composé d'un président, d'un vice-président et du secrétaire-comptable, puis les membres du comité d'escompte.

4. ***Formules de billets**, bons etc., **pour prêts, et emprunts.*** — En dehors des modèles de Statuts et autres que nous donnons plus loin (3me partie, chap. II), voici le *fac-simile* des documents à l'aide desquels les opérations peuvent se réaliser :

Le format du papier doit se rapprocher de celui des effets de commerce vendus par l'Etat. Pour les timbres, nous conseillons l'emploi de timbres-mobiles.

(*a*) PRÊTS ET ESCOMPTES AUX SOCIÉTAIRES

1° Billet à ordre pour prêt

, le 1901 B. P. F.

Le (*échéance en toutes lettres*), je paierai (*ou* nous paierons conjointement et solidairement, *s'il y a caution solidaire*) à l'ordre de la Caisse de Crédit agricole mutuel (*ou* de la Caisse rurale) de la somme de (*en toutes lettres*), valeur reçue comptant.

Payable à

Bon pour la somme de (*en toutes lettres*).

(*Signature de l'emprunteur*)

Et s'il y a caution { Bon pour caution de (*somme en toutes lettres*).

(*Signature de la caution*)

N° (*celui de la Caisse locale*).

Timbre mobile de 0f05 par 100f. Doit être annulé par l'emprunteur qui met le nom de la Ville et la date qui est en tête de l'effet, et signe au-dessous.

2° Warrant agricole escompté au Sociétaire

(V. formule n° 30, 3me partie, Ch. V)

3° **Traite tirée par le Sociétaire sur son client et escomptée, ou prise à l'encaissement, par la Société.**

, le 1901 B. P. F.

Accepté (*Signat. du tiré ou payeur*).

Au (*échéance en toutes lettres*) veuillez payer à mon ordre (*ou* à l'ordre de la Caisse de Crédit agricole mutuel, *ou* de la Caisse rurale de) la somme de (*en toutes lettres*), valeur reçue en marchandises (*ou* en compte).

A M. (*Signature du sociétaire*
à *ou tireur*).

N° (*de la Société*).

Timbre mobile de 0,05 %. A annuler par le sociétaire comme il est dit ci-dessus

Nota. -- Si la traite est stipulée « à mon ordre » le Sociétaire mettra au dos sa signature sous la mention suivante : Payez à l'ordre de la Caisse de..... etc., valeur reçue comptant (*ou* en compte).

A , le

(*b*) EMPRUNTS CONTRACTÉS, ET BONS ÉMIS PAR LA SOCIÉTÉ

1° **Billet à ordre pour emprunt.**

, le 1901 B. P. F.

Le (*échéance en toutes lettres*) la Caisse de Crédit agricole mutuel (*ou* Caisse rurale) de paiera à l'ordre de la somme de (*en toutes lettres*), valeur reçue comptant.

Payable à

(*Titre du ou des représentants de la Société*).
(*Signatures*).

N° (*de la Société*).

Timbre de 0,05 %, comme ci-dessus, à annuler par le représentant de la Société.

2° **Bon à échéance fixe.**

CAISSE DE (*mettre le titre complet de la Société*).

Le (*échéance en toutes lettres*), il sera remboursé à M. la somme de (*en toutes lettres*), productive d'intérêts, à raison de % par an, exigibles en même temps que le principal (*ou* chaque année *si l'échéance dépasse un an*), le tout payable à la Caisse sociale.

(*Titre du ou des représentants de la Société*).
(*Signatures*),

N° (*de la Société*).

Timbre de 0,05 %. A annuler par le représentant de la Société.

---

5. *Comptabilité. — Balance mensuelle. — Bilans. — Livres. — Courrier. — Pièces de Caisse.* — Suivant une circulaire de M. le Ministre de l'agriculture, en date du 17 mars 1900 (V. 2me partie, Ch. II), les préfets doivent recevoir

des instructions au sujet de la Comptabilité à tenir par les Caisses régionales, et cela sur un modèle uniforme, afin de faciliter les opérations de surveillance et de contrôle de l'Etat.

Nous engageons les Caisses locales à adopter aussi ce modèle par la raison qu'elles se trouveront, au point de vue du contrôle que les Caisses régionales exerceront sur elles, lorsqu'elles seront en rapports d'affaires ensemble, dans la même situation que ces dernières vis à-vis de l'Etat.

Toutefois, en attendant que le système adopté par l'Etat soit connu, pour compléter notre travail, nous donnons plus loin aux *Caisses régionales* (Section 3, § III, n° 5), avec les explications nécessaires touchant la tenue de ces documents :

1° Un modèle de Comptabilité, avec Balance mensuelle et Bilan ;

2° Un modèle des trois livres obligatoires : *Journal, Livre des inventaires* et *Livre copie de lettres* ;

3° Un modèle des livres auxiliaires généralement usités : Livre des titulaires de *comptes-courants*, livre des *sociétaires*, livre des *effets à recevoir*, des *effets à payer*, *Echéancier* pour ces effets, c'est-à-dire pour les bons, traites, billets à ordre, warrants, etc.

Nous y avons ajouté quelques renseignements pratiques pour passer les écritures relatives aux bons et effets réglés *au comptant*, pour enregistrer le courrier, c'est-à-dire les lettres reçues et celles expédiées, de même que pour leur classement et celui des pièces de caisse.

Toutes ces explications et documents s'appliquent également aux Caisses locales moins une seule opération, celle concernant l'Etat avec les Caisses régionales.

Les fondateurs de Caisses locales peuvent donc s'y reporter pour la mise en marche administrative de leurs créations en attendant, disons-nous, que le système de l'Etat soit indiqué. En tout cas, quel qu'il soit, nous ne croyons pas que le nôtre puisse s'en éloigner beaucoup car les principes généraux que nous y avons observés sont conformes à la loi et à la pratique et donnent satisfaction à l'Etat. S'il y a quelques différences cela ne peut donc être que sur la forme et les Caisses locales ne sont pas, après tout, rigoureusement tenues d'observer le modèle officiel. Notre modèle ne serait donc pas tout-à-fait inutile.

* * *

6. Les mesures ci-dessus organisent le Crédit agricole par « en bas » ainsi qu'il doit l'être quand les éléments — c'est-à-dire les syndicats agricoles — existent, parceque, les syndicats peuvent fonder les Caisses locales auxquelles les Caisses régionales, dont nous allons nous occuper, et qui en sont le complément, viendront prêter leur concours.

Mais comme il n'existe pas de syndicats partout et que beaucoup même de ceux existants ne prennent pas l'initiative de cette fondation, il devient quelquefois nécessaire de commencer « par en haut » et de fonder, d'abord, la Caisse régionale, ainsi que l'a si clairement expliqué M. Méline quand, allant toujours de l'avant dans nos améliorations agricoles, il a fondé la première Caisse régionale existant en France.

M. Méline l'a dit, en effet :

« Les banques régionales auront une autre mission à remplir — outre celle de prendre à un taux d'intérêt très bas le papier des Caisses locales et de faciliter les avances sur warrants agricoles — mission qui sera peut-être la plus importante encore, *surtout au début*, ce sera de provoquer partout, par leur action et leur propagande, la création de banques locales, de présider à leur formation, de leur servir de tuteurs et de les conduire, en quelque sorte, par la main. »

Pour ces raisons, absolument fondées, nous engageons les hommes dévoués à la fondation du Crédit agricole, tout en portant, en même temps, leurs efforts vers la création de nouveaux syndicats, et, par ceux-ci, de Caisses locales, à aborder immédiatement la constitution d'une Caisse régionale dans les départements qui en sont dépourvus.

Section 3. — *Caisses régionales de Crédit agricole mutuel*

I. PRINCIPES GÉNÉRAUX

1. Les Caisses régionales de Crédit agricole mutuel qui ont fait l'objet de la loi du 31 mars 1899 (V. 2me partie, Chap. II) sont le complément des Caisses locales dont nous venons de parler.

C'est à ces Caisses régionales, constituées d'après les principes de la loi de 1894, que le Ministre de l'Agriculture, après avoir consulté la Commission spéciale instituée par la dite loi de 1899, fera la répartition, à titre de prêt, sans intérêts, des 112 millions versés ou à verser à l'Etat par la Banque de France, et comprenant, comme nous l'avons dit :

1° A titre de prêt, sans intérêts, l'avance de 40 millions de francs qu'elle doit lui faire en vertu de la convention approuvée par la loi du 17 novembre 1897 ;

2° La redevance annuelle qu'elle lui doit, à titre définitif, en vertu de la dite loi, redevance représentant le huitième du taux de l'escompte multiplié par la moyenne de la circulation — minimum deux millions — mais qui a été évaluée, lors de la discussion de la loi au Sénat, par M. Milliès-Lacroix, à 3 millions, ce qui représente, jusqu'en 1920, terme final de la dite convention, 72 millions de francs environ.

Voici les règles générales applicables à ces caisses :

2. *Objet.* — Aux termes de la dite loi de 1899 (Art. 2) « les Caisses régionales ont pour but de faciliter les opérations concernant l'industrie agricole effectuées par les membres des Sociétés locales de crédit agricole mutuel de leur circonscription et garanties par ces sociétés :

» A cet effet, elles escomptent les effets souscrits par les membres des sociétés locales et endossés par ces sociétés ;

» Elles peuvent faire à ces sociétés les avances nécessaires pour la constitution de leur fonds de roulement. »

En fait, suivant la loi de 1894 (V. 2me partie, Chap. II), les Caisses régionales peuvent en outre :

Consentir des avances sur warrants agricoles, endossés par les sociétés locales, conformément à la loi du 18 juillet 1898 ;

Emprunter les fonds nécessaires à leur fonctionnement, c'est-à-dire : recevoir en compte-courant, avec ou sans intérêts, des dépôts de fonds et émettre des bons à échéance fixe, à la condition, toutefois, que l'ensemble des dits dépôts et bons ne dépassera pas les 3/4 du montant des effets réellement en portefeuille. — Nous disons réellement en portefeuille, car il est bien entendu que les effets sortis par un réescompte et dont le montant est rentré en caisse, ne peuvent pas figurer en ligne de compte dans cette évaluation.

Les Caisses régionales peuvent faire réescompter tout ou partie de leur portefeuille, soit par la Banque de France, soit par d'autres Etablissements de crédit, soit par d'autres Caisses régionales de Crédit agricol mutuel, soit par des Caisses d'épargne et banques populaires, et se faire ouvrir un compte auprès de ces Institutions.

Elles peuvent aussi placer leurs fonds disponibles dans les Caisses publiques ou privées ci-dessus désignées, de même qu'en valeurs de l'Etat — rentes, bons du Trésor et autres par lui émises ou garanties — en obligations des départements et des communes, du Crédit foncier et de celles des compagnies de chemins de fer qui ont la garantie d'intérêt de l'Etat, de même qu'en actions de la Banque de France.

Mais toutes autres opérations leur semblent interdites.

3. Il résulte des explications fournies au Sénat, lors de la discussion de la dite loi de 1899, par le président de la Commission, d'accord avec le Ministre de l'Agriculture, qu'elle est applicable aussi bien aux sociétés locales fondées sous l'empire de la loi de 1867, qu'à celles créées en vertu de la loi de 1894. L'unique condition posée est que les sociétés « soient des mutuelles agricoles et aient un but exclusivement agricole. »

Les Caisses rurales fondées par M. Louis Durand, ou suivant son système, bénéficient donc des avantages de cette loi.

4. *Avances par l'Etat.* — L'article 3 de la dite loi porte que « le montant des avances faites aux Caisses régionales ne pourra excéder le montant du capital versé en espèces (1) ». Donc, plus le capital versé est élevé, plus l'avance peut être élevée.

5. *Membres des caisses régionales.* — L'art. 1er reférant, pour la constitution des caisses régionales, à la loi de 1894, les souscripteurs de parts ne peuvent être que des sociétés locales de crédit agricole mutuel, des syndicats professionnels agricoles, des adhérents des syndicats agricoles compris dans la circonscription territoriale de la caisse.

D'après, l'art. 5. « les deux tiers, au moins, des parts doivent être réservés, de préférence, aux sociétés locales » mais si elles ne les prennent pas, il va sans dire qu'il en peut être disposé en faveur des autres catégories de sociétaires.

6. *Parts.* — Le montant des parts peut être inférieur à 25 fr., comme il peut être d'une somme supérieure Les lois de 1894 et de 1899 n'ont, ni l'une ni l'autre, limité le chiffre des parts, pas plus que l'importance du capital.

En fait, la loi de 1899 resterait à l'état de lettre morte si on devait appliquer aux Caisses régionales, au point de vue du capital, les principes de la loi de 1867 sur les sociétés à capital variable. En effet, combien se fondera-t-il de Caisses régionales en tout ? Il y en a environ 25 en ce moment et, généralement, avec des parts inférieures à cent francs. Or, si ces caisses ne pouvaient porter leur capital qu'à 200.000 fr. la première année, comme le veut la loi de 1867, cela ferait en tout cinq millions.

Il faudrait, alors, en ce cas, avec une augmentation an-

(1) D'après le projet de loi ci-dessous présenté à la Chambre, le 8 novembre 1900, par M. Dupuy, ministre de l'Agriculture, cette avance serait portée au quadruple du capital versé :

« Article unique. — Modifier et rédiger, comme il suit, l'art. 3 de la loi du 31 mars 1899 :

« Le montant des avances faites aux Caisses régionales ne pourra excéder le quadruple du montant du capital versé en espèces... »

nuelle de 200.000 fr. par caisse, 23 ans pour arriver à épuiser les 112 millions de la Banque de France Dans ces conditions, quels services la loi de 1899 aurait-elle rendus ?

Il faut, au contraire, souhaiter que les 40 millions d'avances, de même que la redevance annuelle d'environ 3 millions, soient le plus promptement possible entièrement répartis et pour cela augmenter, car elle est véritablement trop faible, la quotité de l'avance de l'Etat, réduite, d'après la loi de 1899, au capital versé, afin de venir efficacement en aide à l'agriculture.

Pour cette raison, il faut laisser les caisses libres de constituer le capital qu'elles pourront réunir ; reconnaître aux lois de 1894 et de 1899, pour tout ce qu'elles ont prévu, leur caractère de complète autonomie, qu'elles possèdent réellement, et qui font de la caisse régionale une institution absolument nouvelle dégagée des étreintes de la loi de 1867.

Nous croyons, du reste, que c'est bien là la manière de voir du Ministre de l'Agriculture et de la Commission spéciale qui, envisageant, avec raison, le but à atteindre, n'apportent aucune entrave, aucune gêne dans l'organisation et la marche des sociétés, pourvu, bien entendu, qu'elles respectent les principes essentiels des dites lois de 1894 et de 1899.

L'intérêt alloué aux parts ne peut dépasser 5 o/o du capital versé.

7. *Circonscription de la caisse.* — La loi n'a pas limité le rayon dans lequel les Caisses régionales pourront opérer. Par conséquent, suivant les exigences des localités elles pourront limiter leur action à un département, comme elles pourront l'étendre à plusieurs, en totalité ou en partie.

De même, suivant une circulaire du Ministre de l'Agriculture, en date du 18 août 1899, plusieurs caisses régionales pourront fonctionner simultanément dans le même périmètre, les caisses locales étant libres de s'affilier à la caisse de leur région qui leur convient le mieux.

8. *Administration.* — Les prescriptions de la loi de 1894

concernant les caisses locales, sont toutes applicables aux caisses régionales.

8. *Dépôts et Bons.* — Les statuts doivent déterminer le maximum des dépôts à recevoir en comptes courants et le maximum des bons à émettre, lesquels, réunis, ne pourront excéder les 3/4 du montant des effets en portefeuille.

II. *L'organisation des caisses régionales déjà fondées ou en voie de formation.*

Dans le but de fournir aux fondateurs de caisses régionales quelques éléments d'appréciation pour leur faciliter la tâche, en ce qui touche surtout la rédaction des statuts, nous résumerons ci-après les principales dispositions de ceux des statuts des 25 Caisses fondées, ou en voie de formation, que nous avons pu nous procurer, caisses qui embrassent — outre la Tunisie et une partie de l'Algérie — 76 départements.

Voici, d'abord, la liste des dites Caisses avec celle des départements y rattachés :

(A) Caisses régionales fondées ou en formation.

(1) Banque régionale agricole de l'Est, à Épinal.
(2) Caisse — de Créd. agr. mutuel de l'Est, à Nancy.
(3) — — de Bourgogne et de Franche-Cté, à Besançon.
(4) — — du Pas de-Calais, à Arras.
(5) — — agr. des Alpes-Maritimes, à Menton.
(6) — — de cr. mut. agr., Beauce et Perche, à Chartres.
(7) — — agr. de Marne, Aisne et Ardennes, à Reims.
(8) — — de Crédit agr. mut. du Sud-Est, à Lyon.
(9) — agr. de cr. mut. de Gray et de la Haute-Saône, à Gray.
(10) Caisse régionale du Centre, à Bourges.
(11) — — de Cr. agr. de la Creuse, à Bourganeuf.
(12) — — de l'Isère, à Grenoble.
(13) — — de l'Aube, à Troyes.
(14) — — de Bordeaux, à Bordeaux.
(15) — — de la Loire-Inférieure, à Nantes.
(16) — rég. de cr. agr. mut., Alpes, Provence à Marseille (*c*).
(17) — régionale de la Charente, à Angoulême.
(18) — — du Nord, à Cambrai.
(19) — — du Midi, à Montpellier.
(20) — — de Seine et Seine-et-Oise, à Paris.
(21) — — de Seine-et-Marne, à Meaux.
(22) — — de la Dordogne et la Corrèze, à Périgueux
(23) — — du Var, à Draguignan.
(24) — — de Maine-et-Loire, à Angers.
(25) — — du Tarn, à Albi.

(*c*) L'Algérie et la Tunisie sont rattachées à la Caisse n° 16.

(B) **Départements rattachés aux Caisses régionales ci-dessus.**

NOTA. — Le numéro placé après chaque département correspond à celui de la Caisse ou des Caisses ci-dessus auxquelles il est rattaché.

Ain (8); Aisne (7); Alpes-Basses (16); Alpes-Hautes (8 et 16); Alpes-Maritimes (5 et 16); Ardèche (8 et 16), Ardennes (2 et 17); Ariège (19); Aube (13); Aude (19); Aveyron (19); Bouches-du-Rhône (16); Cantal (20); Charente (17); Charente-Inférieure (14); Cher (10); Corrèze (22); Corse (16); Côte-d'Or (3); Côtes-du-Nord (15); Creuse (11); Dordogne (14 et 22); Doubs (3); Drôme (8 et 16); Eure (6); Eure et-Loir (6 et 10); Finistère (15); Gard (16); Garonne (Haute) (19); Gers (14 et 19); Gironde (14); Hérault (19); Ille-et-Vilaine (15); Indre (10); Indre et-Loire (10); Isère (8 et 12); Jura (3); Landes (14); Loir-et-Cher (6 et 10); Loire (8); Loire-Haute (8); Loire-Inférieure (15); Loiret (6 et 10); Lot (19); Lot-et-Garonne (14 et 19); Maine-et Loire (15 et 24); Marne (7); Marne-Haute (1 et 3); Mayenne (15); Meurthe et-Moselle (2); Meuse (2); Morbihan (15); Nièvre (3 et 10); Nord (18); Orne (6); Pas-de-Calais (4); Pyrénées (Basses) (14); Pyrénées (Hautes)(14 et 19); Pyrénées-Orientales (19); Haut-Rhin (Belfort (1 et 3); Rhône (8); Saône (Haute) (1, 5 et 9); Saône-et-Loire (3 et 8); Sarthe (6); Savoie (8); Savoie-Haute (8); Seine (20); Seine et-Marne (21) Fontainebleau (10); Seine-et-Oise (6 et 20, Etampes 10); Tarn (19 et 25); Tarn-et Garonne (19); Var (16 et 23); Vaucluse (16); Vendée (15); Vosges (1); Yonne (3 et 10).

Caisses départementales spéciales.

Quelques départements, notamment : les Côtes-du-Nord (15), la Dordogne (14), les Landes (14), Maine-et-Loire (15), la Meuse (2), le Tarn (19), le Var (16), quoique déjà englobés dans le rayon des Caisses ci-dessus (A) — sous le numéro que nous venons de reproduire — ont créé, ou se proposent de fonder, une Caisse régionale pour leur département seul, à l'exemple de : l'Aube, la Charente, la Creuse, la Haute-Saône, l'Isère, le Nord, le Pas-de-Calais, la Seine-et-Marne, etc, qui possèdent ou doivent avoir une Caisse distincte.

*
* *

Jusqu'à présent nous étions restés sans renseignements touchant les départements suivants : Allier, Calvados, Lozère, Manche, Oise, Puy-de-Dôme, Seine-Inférieure, Deux-Sèvres, Somme, Vienne et Haute-Vienne, mais nous venons de lire dans l'*Agriculture nouvelle* et dans l'*Agriculture moderne* des 13 et 14 octobre 1900, en ce qui touche les départements normands, ce qui suit :

« Un congrès de propagande mutualiste pour la région normande aura lieu à Laigle (Orne), les 27 et 28 octobre, sous la présidence de M. Paul Deschanel, président de la Chambre des Députés, avec le concours de M. Mabilleau, directeur du Musée social et de M. Vermont, délégué au conseil supérieur de la mutualité.

» Ce congrès aura à étudier particulièrement la mutualité dans les campagnes et la mutualité scolaire. »

Souhaitons plein succès à ces hommes dévoués, succès qui aura un double mérite, car, en ce qui touche, notamment, les institutions économiques agricoles, dont nous nous occupons ici, malgré toutes les bonnes volontés qui se sont déjà employées dans cette même région, elle est restée, jusqu'ici, à peu près complétement dépourvue de ces sortes de créations.

Et, cependant, il y a là des besoins comme ailleurs, et peut-être plus qu'ailleurs si on en juge aux secours et subventions journellement demandés et accordés : et, en outre, aux expropriations qui, en 1897, notamment, ont dépassé de 14 o/o la moyenne générale des autres départements ; l'un des cinq départements normands l'a même dépassée de 70 o/o, un autre de 31 o/o ; le premier vient le 8e sur la liste des départements où il a été pratiqué le plus grand nombre de saisies. Et il en a été de même, du reste, en ce qui touche le commerce et l'industrie. Les faillites et liquidations judiciaires dans les dits départements, ont, en 1897, aussi dépassé de 14 o/o, exactement, la moyenne générale. La situation n'y est donc malheureusement pas aussi privilégiée qu'on le croyait généralement.

*
* *

1. Disons, d'abord, qu'il n'y a pas de modèle imposé, comme statuts, par l'État. Le Ministère de l'Agriculture, d'accord, croyons-nous, avec la Commission spéciale, a bien arrêté, recemment, des statuts-type (1) qu'il délivre, volontiers, quand on lui en fait la demande, mais c'est uniquement à titre de renseignements et, comme indications géné-

(1) Voir formule 14 bis, chapitre II, 3me partie, et la Circulaire explicative du 17 mars 1900, chapitre II, 2me partie.

rales, car il n'exige pas la transcription littérale de ce modèle, absolument conforme, d'ailleurs, aux prescriptions de la loi.

Les fondateurs ont donc toute latitude pour adopter l'organisation qui leur convient pourvu, bien entendu, qu'elle réponde aux exigences des lois de 1894 et de 1899, ce qui est l'un des principaux mérites des dits statuts-type.

2. *Régime des Caisses.* — Toutes les Caisses se placent sous le régime de la loi de 1899, ou des lois de 1894 et de 1899, et sont à capital variable.

Une seule Caisse — celle dont le siège est à Nantes (n° 15 de la liste ci-dessus) — est, en outre, à nom collectif et à responsabilité illimitée, comme les sociétés locales qui lui sont affiliées et qui sont, du reste, ses seuls sociétaires.

Rayon. — Neuf Caisses rayonnent sur un seul département ; une sur deux ; deux sur trois ; une sur quatre ; une sur sept ; deux sur huit ; une sur neuf ; deux sur dix — dont une sur l'Algérie et la Tunisie en plus, — une sur onze, et une sur treize départements.

3. *Durée.* — Une Caisse a une durée de 12 ans ; quatre de 20 ans ; une de 25 ; une de 30 ; une de 50 ; quatre de 99 ans et deux une durée illimitée.

Capital. — Le capital de fondation, variant de 100 fr. à un demi-million, est formé de parts qui sont généralement de 50 francs :

Une Caisse a des parts de 20 fr.; deux autres de 100 fr.; une autre de 500 fr., seulement ; Une Caisse a des parts de 25 et de 50 fr.; une autre de 50, 100 et 500 fr.

Le 1/4 est généralement exigé en souscrivant ; le surplus suivant les appels du Conseil d'administration. Dans quatre caisses, cependant, le capital entier est exigé à la fondation.

L'intérêt alloué aux parts est, en général, de 3 o/o, mais il varie, dans beaucoup de sociétés, entre 3, 3 1/2, 4 et 5 o/o, au maximum. Dans deux sociétés le Conseil fixe cet intérêt.

Toutes les Caissses réservent les 2/3 des parts aux sociétés locales, suivant la loi. La société en nom collectif leur réserve le tout. Elle n'admet, d'ailleurs, que des Caisses rurales, comme sociétaires, ainsi que nous l'avons dit.

Le nombre des parts qui peuvent être souscrites n'est limité que dans cinq Caisses : l'une n'accorde, au maximum, aux sociétés qu'une quotité de parts représentant 2.000 fr.; l'autre 5.000 fr.; et aux individualités : deux accordent au maximum 1.000 fr.; la société en nom collectif accorde 5 000 fr., par société.

Les augmentations ultérieures ont lieu dans les mêmes proportions ou à peu près.

Les parts sont nominatives pour toutes. Dans deux sociétés il n'est pas délivré de certificats mais de simples reçus; dans une troisième, le conseil détermine la forme des titres.

4. *Responsabilité.* — Dans toutes les Caisses, sauf une, les sociétaires ne sont responsables que jusqu'à concurrence du montant des parts souscrites par eux.

Dans la société en nom collectif, au contraire, les Caisses locales associées sont solidairement responsables, et d'une manière illimitée, comme le sont les membres des sociétés locales, d'ailleurs, suivant le principe Raiffeisen.

5. *Dépots faits aux Caisses et bons émis par elles.* — La majeure partie des Caisses ont stipulé, conformément à la loi de 1899, que le montant des dépôts qu'elles recevront en compte courant et des Bons à échéance qu'elles émettront, réunis, ne dépassera pas les 3/4 du montant des effets en portefeuille.

Une Caisse fixe ce montant d'après la moyenne — établie à la fin de l'exercice — dudit portefeuille pendant l'année écoulée.

Comme stipulation particulière, —sans parler de les limiter aux 3/4 des effets en portefeuille — une Caisse reçoit des dépots à vue ou à échéance jusqu'à concurrence de 10 fois son capital ; une autre « reçoit des dépôts à vue ou à échéance et émet des bons remboursables jusqu'à concurrence du quadruple du capital social »; deux autres reçoivent des bons à échéance jusqu'à concurrence du double du capital social et des fonds en compte courant jusqu'à concurrence de ce capital » Ces stipulations ne sont pas conseillées.

Tout en restant, comme maximum, limitées aux 3/4 des effets en portefeuille : une Caisse stipule que le total des dépôts et bons ne pourra excéder les 3/4 du capital souscrit; une autre limite les dépôts au capital versé et de même les bons ; une autre fixe l'ensemble des dépôts et bons à dix fois le capital souscrit; une autre limite les bons au capital souscrit ; enfin, une dernière ne reçoit que des dépôts en compte-courant; elle n'émet pas de bons; tout cela n'est pas à imiter.

Mentionnons aussi une Caisse qui ne stipule rien comme réception de dépôts et émission de bons.

La Caisse en nom collectif, sauf modification ultérieure, limite les dépôts en compte-courant à dix fois le capital social, et les bons à vingt fois ce capital.

6. *Prêts et escomptes faits par la Caisse.* — En général, c'est le conseil qui fixe le taux des intérêts à percevoir et les conditions. Pour les autres :

Dans une Caisse, « il ne peut dépasser de 1 1/2 0/0 le taux qu'elle servira aux dépôts et paiera pour ses emprunts et à ses parts. »

Dans une autre, « il ne peut dépasser 1 0/0 le taux le plus élevé servi aux bons à échéance fixe », et la durée du prêt ne peut excéder 2 ans.

Dans trois Caisses, « les effets sont normalement escomptés au taux de la Banque de France, avec faculté de relever ce taux jusqu'à 1 0/0 au dessus, ou de l'abaisser dans la même proportion, par simple décision du Conseil. Le taux de l'intérêt des prêts sera fixé d'après les mêmes proportions. »

La Caisse en nom collectif applique le taux moyen de l'escompte de la Banque de France, mais avec faculté d'élever ce taux de 1 0/0 au dessus et de l'abaisser de 1 0/0 au dessous, comme il vient d'être dit.

7. *Administration.* — Le Conseil d'administration comprend de 5 à 21 membres, suivant les Caisses Leurs fonctions sont gratuites.

Le Bureau est, généralement, composé : d'un président, d'un vice-président et d'un secrétaire Dans la Société en nom collectif, les cinq administrateurs composant le Conseil d'administration peuvent être pris en dehors des membres des caisses associées Ils élisent un directeur, qui est président du Conseil.

Un ou plusieurs administrateurs-délégués, ou le secrétaire-comptable, ou un directeur, peuvent représenter la société. Ils reçoivent, comme le personnel, des émoluments, ou des indemnités et des gratifications.

Dans une Caisse, outre les 9 membres du Conseil à nommer, il est admis, comme administrateurs, un délégué de chaque société affiliée.

Dans une autre, les fonctions d'administrateur sont réparties par département et d'une manière inégale. Les nouveaux départements adhérents ont droit à trois administrateurs. Tous les administrateurs sont tenus de posséder 10 parts de 50 francs, inaliénables pendant leur gestion.

Cette dernière condition est aussi imposée dans une deuxième société.

Dans deux autres sociétés, les administrateurs doivent posséder une part, aussi inaliénable.

Les réunions du Conseil ont lieu tous les trois mois, en général. Dans une société, elles ont lieu sur la convocation du directeur ; dans une autre, tous les deux mois, et dans trois autres, tous les mois.

8. *Commissaires.* — La plupart des Caisses nomment « un ou plusieurs commissaires » ; l'une en nomme deux ; et deux autres trois. — La Société en nom collectif nomme cinq membres qui doivent faire partie des caisses associées.

Dans une société ils peuvent être rétribués. Cela est un tort!

Dans la Société en nom collectif, ils peuvent supprimer ou réduire les crédits ouverts à une caisse locale ; dans les autres, en général, ils se bornent à vérifier les comptes et à faire un rapport aux assemblées générales.

9. *Assemblées générales.* — Les assemblées générales or-

dinaires n'ont, généralement, lieu qu'une fois par an, et dans les quatre premiers mois : au printemps ou du 1er février au 31 mars ou 30 avril.

Une Caisse a deux assemblées : au printemps et en automne,

Tous les porteurs de parts ont le droit d'y assister, et ont, comme voix, des nombres qui diffèrent presque dans toutes les caisses.

Ils ont : ou une voix par part de 25, de 50 ou de 500 fr.;

Ou : les personnes une voix ; les sociétés 1 voix par part ou fraction, maximum 5 voix ;

Ou autant de voix que de parts, maximum 5 voix ; mais, en plus, les sociétés ont une voix par 10 parts, sans maximum ;

Ou une voix par 10 parts, ou fraction de 10 parts, maximum 10, puis 20 voix ;

Ou : au-dessous de 500 fr. une voix ; au-dessus, une voix par 500 fr. ou fraction, maximum 10 voix ;

Ou autant de voix que de parts, maximum 5 voix.

Dans la Société en nom collectif les Caisses locales ont droit à une voix. Elles sont représentées par leur directeur ou un membre du Conseil qui peuvent se faire remplacer par un membre d'une autre caisse ayant la même qualité. Les réunions ont lieu en février ou le mardi de Pâques.

10. *Inventaire. — Produits.* — L'exercice est clos, pour toutes les sociétés, au 31 décembre.

Les bénéfices nets sont ainsi répartis par les caisses :

75 o/o au fonds de réserve jusqu'à ce qu'il ait atteint la moitié du capital social, pour la plupart des caisses ; ou la totalité pour les autres caisses ; et 25 o/o entre les sociétés adhérentes au prorata de leurs opérations.

Dans une caisse, ces 25 o/o vont moitié à ces derniers et moitié au directeur et au personnel. Cela n'est pas à imiter.

Trois caisses ont décidé que : « lorsque la réserve aura atteint la quotité ci-dessus déterminée, l'assemblée décidera de l'emploi du surplus, qui pourra être laissé à la réserve, en totalité ou en partie, ou attribué aux sociétés au prorata de leurs opérations ».

Une autre caisse a décidé que les fonds de la réserve seront employés en valeurs de placement *considérées* (? ce mot nous effraie !) comme d'une solidité absolue, notamment en rentes sur l'Etat et obligations de Chemins de fer français.

La Société en nom collectif a décidé que les fonds momentanément inutilisés pourront être employés en rentes sur l'Etat, en bons du Trésor, en obligations de Chemins de fer français ou toutes autres valeurs ayant la garantie d'intérêt de l'Etat.

En aucun cas, suivant les stipulations de toutes les caisses, le bénéfice ne peut être partagé sous forme de dividende entre les membres de la Société.

11. *Stipulations diverses. — Inspection et contrôle.* — Cinq Caisses, y compris la Société en nom collectif, se réservent un droit de contrôle ou d'inspection sur les sociétés affiliées ; deux exigent, pour l'admission, certaines pièces désignées, et régulièrement, les comptes, bilans, etc.

Membres honoraires. — Pour ne rien négliger, disons quelques mots d'une Caisse régionale départementale qui a essayé de se constituer d'une manière toute particulière et avec des membres honoraires :

Cette Caisse s'est placée sous le régime des lois de 1894 et 1899, mais ses statuts contiennent des dispositions qui lui donnent un caractère spécial la rapprochant plutôt des œuvres « d'intérêt public et d'utilité générale » comme elle le dit elle-même, du reste.

Les parts de fondation sont de 100 fr.

Elle admet, comme souscripteurs, des membres honoraires et des membres participants.

Les membres honoraires versent 10 ou 20 fr., annuellement, ou 500 fr. une fois donnés.

Les membres participants versent 5 fr. par an, jusqu'à concurrence de 100 fr., montant d'une part de fondation.

Après un stage d'un an, s'ils ont versé 50 fr., la Caisse escompte leurs valeurs à 3 1/2 o/o.

La Caisse compte, comme ressources : sur les cotisations et parts comme ci-dessus ; sur le prêt de l'Etat, suivant la loi de 1899 ; sur les dépôts et bons ; sur les subventions de l'Etat, du département ou des communes, et les dons et legs qui pourront lui être faits.

Elle se réserve d'émettre 5.000 parts de fondation de 100 fr. qui formeraient un capital de 500.000 fr., lequel lui donnerait droit à une somme égale dans la répartition de l'avance de l'Etat sur les fonds versés par la Banque de France Ces parts produiront un intérêt de 3 o/o et seront remboursables en 75 ans par voie de tirage au sort. Des lots de 25 à 900 fr., formés au moyen de 1 o/o du total des revenus du capital seront attribués aux premiers numéros sortants. S'il n'était pas possible à la Société de créer des lots, l'intérêt des parts serait alors élevé à 3 1/2 o/o.

Il est certain que l'admission de membres honoraires, qui est peut-être à souhaiter, pourrait aider à la formation du capital et au succès des caisses. Ainsi, beaucoup de propriétaires, notamment, qui ne peuvent être souscripteurs de parts, trouveraient là le moyen d'aider une association utile à leurs fermiers.

Mais cette admission est-elle légale ?

La loi de 1899 ne l'interdit pas, pas plus que l'acceptation de subventions, dons et legs. Les donateurs ne participent pas, d'ailleurs, à l'administration et ne jouissent pas des avantages de la Caisse Ils ne figurent pas parmi les sociétaires qui seuls ont le droit de souscrire des parts.

Dans ces conditions, ne peut-on pas conclure du silence de la loi, qui doit être prise dans son sens le plus large, que ces dons sont permis et peuvent entrer, pour partie, bien entendu, dans la constitution du capital ou de la réserve d'une société, de même que les bénéfices réalisés sur les opérations. On craint, nous a-t-on dit, des complications.

Il appartient, en tout cas, au Ministre de l'Agriculture et

à la Commission spéciale, appelés à se prononcer sur la régularité de ces statuts, de trancher la question.

Pour nous, qui voyons surtout le but, le développement de ces institutions, qu'il faut dégager de toutes entraves non justifiées par la loi, nous n'y verrions aucun inconvénient. Nous y verrions, au contraire, des avantages sérieux.

III. — *Formalités à remplir pour la fondation d'une Caisse régionale* (1).

1. Les formalités sont les mêmes que pour une caisse locale. Les fondateurs d'une caisse régionale, signataires des statuts, doivent être, ou des sociétés locales de crédit agricole mutuel ou des syndicats professionnels agricoles, ou des membres de ces syndicats, compris dans la circonscription territoriale de la caisse, qui seuls peuvent souscrire des parts, ainsi que nous l'avons dit plus haut.

Ils peuvent être aidés, dans cette tâche, tout naturellement, par d'autres dévouements :

Ils se réunissent et arrêtent, d'abord, les termes des statuts. (Voir 3me partie, formules nos 14 et 14 *bis*).

Il faut sept sociétaires, au moins, pour constituer une caisse. Les dits fondateurs signent les statuts, qui ont été préalablement mis sur papier timbré à 0 fr. 60 la feuille.

On établit, ensuite, sur papier non timbré, la liste des souscripteurs indiquant leurs nom, prénoms, profession, domicile ; le nombre des parts souscrites par chacun d'eux, le montant total de ces parts, aussi par membre, et le 1/4, au moins, des dites parts versé en espèces, suivant la loi.

Ce 1/4 étant versé, les dits membres se réunissent en assemblée générale constitutive pour former la caisse régionale et là ils adoptent définitivement les statuts arrêtés et, s'il y a lieu, suivant que ces statuts ont ou non réglé les questions d'administration, ils prennent les décisions vou-

(1) Il s'agit ici d'une société anonyme et non d'une société en nom collectif. — Pour une société en nom collectif, voir la formule n° 17, qui donne les statuts d'une caisse suivant le système Raiffeisen-Durand, puis la note en addition à la formule n° 12.

lues notamment : sur l'importance des crédits et des avances à faire aux sociétés affiliées et les termes du contrat régissant leurs rapports respectifs ; sur le maximum des fonds à recevoir en compte courant et des bons à échéance fixe à émettre ainsi que sur la durée de ces bons, de même que sur les conditions d'escompte, d'intérêts, d'échéance desdits prêts et emprunts, etc

Au besoin l'assemblée adopte un règlement traitant ces points, et d'autres qu'elle aurait à résoudre conformément aux statuts ou de sa propre autorité.

Puis l'assemblée constate que le 1/4 du capital souscrit a été versé ;

Et nomme les membres du conseil d'administration et du conseil de surveillance.

Un procès-verbal de la dite assemblée constitutive est dressé (V. le modèle 3me partie, formule n° 15).

L'original des statuts — celui signé par les fondateurs et mis sur papier timbré — est enregistré. Le droit est de 2 fr. 50 par 1.000 fr. de capital.

La formalité d'enregistrement remplie, et après, la constitution du Bureau dont il va être parlé ci-après, on dépose au greffe de la justice de paix du canton où la caisse a son siège :

1° Deux exemplaires des dits statuts ;

2e Deux exemplaires de la liste complète des administrateurs, des commissaires, du secrétaire-comptable ou du directeur et des sociétaires avec les nom, prénoms, profession et domicile de chacun d'eux, et, pour ces derniers, avec l'indication du montant de leurs parts.

Le tout imprimé ou copié — avec ou sans la signature du président et du secrétaire, — *mais sur papier non timbré*.

Le Greffier délivre un reçu de ce dépôt, et, à partir de ce moment, la société est légalement constituée et peut fonctionner.

Le dépôt de l'exemplaire des statuts destiné au Ministre de l'Agriculture peut n'être fait qu'au moment où la caisse régionale sollicite sa part des fonds versés par la Banque de France, ainsi qu'il est expliqué ci-dessus, en s'adressant audit Ministère dans les termes indiqués dans la circulaire du 17 mars 1900. (V. cette circulaire 2me partie, Chap. II.)

2. *Conseil d'administration.* — Aussitôt après l'assemblée constitutive dont il vient d'être parlé, les administrateurs par elle nommés se réunissent pour constituer leur bureau, lequel est généralement composé, quand les statuts n'en ont pas décidé autrement, d'un président, d'un vice-président et d'un secrétaire ou secrétaire-comptable.

A cette séance, le Conseil prend des décisions sur les points prévus, mais non résolus, par les statuts ou l'assemblée.

Il détermine, par exemple, s'ils ne les ont pas fixés, le maximum du crédit pouvant être accordé à une seule Caisse, le taux des emprunts, des dépôts et des prêts ; et, s'il y a lieu, le montant des commissions à percevoir et les cas où il pourrait être exigé des cautions.

En outre, si les statuts l'ont autorisé, le Conseil nomme un ou plusieurs administrateurs délégués, en fixant les indemnités s'il y a lieu.

Puis il nomme le directeur et les agents, qui sont généralement pris en dehors des sociétaires, et fixe leurs émoluments.

Le tout en se conformant aux dispositions des statuts.

3. *Formules de billets, bons, etc., pour prêts et emprunts.* — Nous avons donné ces formules au chapitre précédent (Chap. III, sect. 1 bis et 2 bis) pour les Caisses locales. Ces libellés sont les mêmes pour les Caisses régionales.

Les billets, traites ou warrants portent, en plus, l'endossement de la Caisse locale à la Caisse régionale. Pour les avances et prêts faits directement aux Caisses locales, celles-ci souscrivent des billets à l'ordre direct de la Caisse régionale, qui doit tenir à en avoir en portefeuille, en papier, la représentation, afin de pas perdre le bénéfice de la loi qui lui permet de recevoir des dépôts et d'émettre des bons jusqu'à concurrence des 3/4 de son portefeuille.

4. *Formule de demande d'avances à l'Etat.* — Une circulaire du Ministère de l'Agriculture, du 17 mars 1900, contient, au sujet de ces avances, les dispositions suivantes :

« Il appartient au Conseil d'administration de demander au nom des Caisses régionales des avances à l'Etat. Dans ce cas, le Conseil aura à souscrire un engagement dont le modèle est ci dessous :

» Une décision du Ministre de l'Agriculture en date du a accordé à la Caisse régionale de Crédit agricole d une avance de francs, remboursable dans les conditions ci-après indiquées (délai maximum 5 ans) à la date du à la date du à la date du

» Le président du Conseil d'administration de ladite Caisse, agissant au nom de la Société conformément (à une délibération spéciale en date du ou à l'art. des statuts) s'engage à effectuer le remboursement de l'avance dans les conditions ci-dessus indiquées.

» Il reconnaît, en outre, avoir pris connaissance de l'art. 3 de ladite loi du 31 mars 1899, en vertu duquel, nonobstant les délais stipulés, l'avance devient immédiatement remboursable en cas de violation des statuts ou de modification à ces statuts diminuant les garanties de remboursement.

» Fait à le

» Le Président du Conseil d'administration. Un administrateur. »

Voici, d'autre part, les documents à fournir à l'appui des demandes d'avances, le tout sur papier non timbré :

1° Deux exemplaires des Statuts ;

2° La liste des souscripteurs indiquant le montant du capital versé en espèce par chacun d'eux ;

3° Le nom des Sociétés locales de Crédit agricole mutuel adhérentes ;

4° Une note sur l'organisation financière et le fonctionnement de la Société ;

5° Une note sur le service de contrôle et de surveillance des Caisses locales affiliées ;

6° Une copie des délibérations de l'*Assemblée générale constitutive ;*

7° Une demande d'avances, sans intérêts, à M. le Ministre de l'Agriculture, indiquant les conditions dans lesquelles la Société désire l'obtenir.

5. *Comptabilité. — Balance mensuelle. — Bilans. — Livres. — Courrier. — Pièces de Caisse.* — Comme

Comptabilité et comme livres il en sera de même, probable ment, que pour les statuts : chaque Société aura son organisation particulière. On a vu, plus haut, en effet, que sur les statuts des Caisses déjà fondées ou en formation il n'y en a que deux qui se ressemblent. Les autres diffèrent presque tous, comme forme et parfois comme fond. Les fondateurs, après s'être renseignés, adoptent un système souvent nouveau.

D'ailleurs, ainsi que nous l'avons dit plus haut, l'Etat, pour son contrôle, va demander et, au besoin, imposer aux Caisses régionales une comptabilité uniforme. Dans tous les cas, elles doivent la tenir conformément au Code de commerce et avoir les trois livres réglementaires, c'est-à-dire un *livre-journal*, un *livre des inventaires*, — l'un et l'autre cotés et paraphés par un juge au Tribunal de commerce ou par le maire — puis un livre *copie de lettres* qui est, en général, le *décalque* des lettres sur feuilles légères ainsi que nous l'expliquons plus loin (V. Courrier).

Le livre des inventaires est un livre quelconque, en feuilles blanches, c'est-à-dire non réglées, sur lequel la Société copie tout simplement chaque bilan de fin d'exercice.

Quant au livre journal nous en parlons et en donnons le modèle plus loin. (V. le modèle 3e partie, formule 31).

Pour les Caisses locales chaque fondateur a aussi ses formules particulières.

Bien qu'il soit fort possible, pour ces raisons, que les modèles — le *Journal Grand-Livre* (1), notamment — que nous proposons ci-après, pour les Caisses locales et régionales ne servent pas, du moins à ces dernières, — il y en aura peu de nouvelles, maintenant, du reste, — nous les donnerons quand même et à tout événement, d'abord pour compléter notre travail, ensuite parce que le Ministère n'a pas encore, que nous sachions, fait connaître son modèle particulier.

(1). V. le modèle 3e partie, formule n° 31.

Chacun doit rester libre, bien entendu, d'adopter la méthode qu'il préfère. Nous ne recommanderons donc aucun système spécial, nous bornant à répéter cette vieille maxime administrative que *la comptabilité étant l'âme des Sociétés* elle est sûrement bonne quand elle permet d'éviter les erreurs, de voir clair dans les comptes et d'obtenir à tout instant et rapidement la situation véritable de l'établissement. C'est celle que tous voudront adopter.

Il est surtout essentiel pour les Caisses régionales, qui sont assujetties au contrôle de l'Etat, d'avoir une comptabilité qui, avec l'exactitude des chiffres, leur donne promptement et à n'importe quel moment, la situation de tous les comptes, et, particulièrement, pour se conformer à la loi de 1899, celle des Dépôts en Comptes courants et des bons émis, qui, réunis, ne doivent pas dépasser les 3/4 des effets en portefeuille, et, tout naturellement, la situation de ce dernier compte, c'est-à-dire des *Effets à recevoir*, dont la représentation doit se trouver réellement en portefeuille.

Livre-Journal. — La comptabilité en partie double est, entendons-nous dire depuis longtemps, la plus simple encore. C'est, du reste, la seule usitée dans les maisons de quelque importance. Les chiffres se contrôlant d'eux-mêmes, beaucoup d'erreurs se trouvent ainsi évitées ; puis les balances s'établissent bien plus facilement.

C'est celle que nous résumons dans le modèle de *Journal Grand-Livre* ci-après (1). Nous l'avons expérimentée pendant 40 années et nous nous en sommes toujours bien trouvé. C'est ce que nous pouvons dire de mieux en sa faveur. Elle n'est, d'ailleurs, pas difficile à apprendre : avec de la bonne volonté et un peu d'attention, c'est l'affaire de quelques heures. Il suffit de bien retenir ces deux termes, qui en sont la clé : *Débit*, *Crédit* qui doivent toujours marcher ensemble et dans cet ordre, puis se rappeler les noms des comptes généraux ouverts, une douzaine au plus.

(1). V. le modèle 3e partie, formule n° 31.

Ses principes généraux, invariables, se réduisent, disons-nous, à deux que voici expliqués suivant la pratique :

On *débite* toujours le compte qui reçoit par le *crédit* du compte qui donne.

— Quel est le compte qui reçoit, quel est celui qui donne? Voilà l'unique double question que le comptable doit se poser, et dans cet ordre, avant de passer l'écriture, c'est-à-dire l'opération, au journal.

Or, citons un exemple qui fera comprendre ce mécanisme, des plus simples.

La Caisse vient de recevoir de M. Hervieu, en compte-courant, 500 francs.

Qu'est-ce qui a reçu? La Caisse. Donc on *débitera* le compte général : *Caisse.*

Qu'est-ce qui a donné! — M. Hervieu, titulaire d'un compte courant. — Donc, on *créditera* le compte général : *Comptes courants* et M. Hervieu, à son compte spécial.

L'opération sera donc passée ainsi : *Caisse à Comptes-courants.*

D'ailleurs, aujourd'hui, tous les instituteurs connaissent la comptabilité :

L'instruction a fait son chemin, aussi en province, et il est bien peu de citoyens, surtout parmi ceux appartenant à la jeune génération, qui ne possèdent, en matière de comptabilité, des notions suffisantes pour tenir les livres d'une Caisse locale ou régionale.

Livres auxiliaires. — En dehors des trois livres exigés par la loi, la Société adoptera naturellement, comme livres auxiliaires, ceux qu'elle croira utiles à son fonctionnement en évitant le plus possible, bien entendu, les complications et les doubles emplois.

Le *Journal Grand-Livre*, que nous donnons comme modèle, dispense d'un livre de caisse.

Nécessairement, l'Etat, les titulaires de comptes courants et de parts, surtout si ces parts ne sont pas libérées, doivent avoir leur compte particulier, mais ces trois catégories peuvent tenir sur un seul livre, divisé en trois parties, avec table alphabétique à la première page renvoyant au folio du compte.

Il faut aussi *un livre pour l'Entrée et la Sortie des Sociétaires* contenant la date d'entrée, les noms, qualités, domicile et le nombre des parts des Sociétaires ; puis, pour la sortie, la date et le motif de la sortie : décès, démission ou exclusion.

Effets à recevoir. — Les billets à ordre, traites et warrants escomptés par la Société sont entrés au compte général : Effets à recevoir, dont nous donnons le modèle ci-après, et qui sera la représentation détaillée des effets entrés à ce compte (1).

Ce livre contient et doit contenir les éléments nécessaires pour suivre l'effet depuis son entrée jusqu'à son encaissement, afin, en cas de perte, par exemple, de pouvoir en obtenir un duplicata en recourant aux endosseurs : c'est-à-dire d'abord à celui qui a cédé l'effet à la Société, lequel s'adresse à son tour à son cédant, et, ainsi de suite, jusqu'au créateur de l'effet qui, tous, sont tenus de coopérer au rétablissement textuel de l'effet égaré.

L'addition de ce livre doit être continuée du premier au dernier jour du mois.

En outre, comme contrôle, ce livre doit mentionner, en regard de chaque effet, la date de sortie et la somme pour laquelle il est sorti — laquelle doit concorder avec celle de son entrée.

En additionnant les sommes des effets sortis, et en retranchant leur total du montant des effets entrés, on obtient le chiffre des effets en portefeuille donné par la balance mensuelle, et, à toute époque, par le compte général : *Effets à recevoir.*

Le relevé fait d'après les effets — classés par échéance et la plus rapprochée au-dessus — doit donner le même chiffre.

(1). V. le modèle de ce livre 3e partie, formule n° 32.

Effets à payer. — Les bons et billets à ordre émis ou souscrits par la Société, les traites par elle notées, et, en général, tous les engagements par elle pris par écrit, pour une échéance fixe — notamment pour les avances de l'État, en ce qui regarde les caisses régionales — seront entrés au compte : *Effets à payer* et feront l'objet d'un livre qui sera la représentation détaillée de ce compte et donnera pour des raisons de même nature, les mêmes éléments que le livre des Effets à recevoir et permettra le contrôle dont il est ci-dessus parlé.

Nous donnons ci-après le modèle de ce livre (1).

Remarque relative aux Bons et Effets réglés au comptant. — Lorsque la Caisse a délivré contre espèces un bon à échéance fixe, ou versé de suite le net d'un effet escompté, il est tout à fait inutile d'ouvrir — par *comptes-courants* — un compte spécial à la personne qui a pris le bon ou escompté l'effet. Le comptable, pour simplifier, passera directement ses écritures ainsi :

Pour le bon délivré : *Caisse* à *Effets à payer* — ce qui veut dire, suivant le mécanisme ci-dessus expliqué, par le *débit* de la Caisse, qui a reçu le montant du bon, au *crédit* du compte Effets à payer, qui a fourni le bon. Quand le bon reviendra à l'échéance, la Caisse qui le remboursera sera *créditée* par le débit du compte Effets à payer, qui rentrera en possession du bon. Ainsi, suivant le terme technique, l'opération se trouvera *balancée*.

Pour l'effet escompté : Le comptable fera exactement l'inverse. Il *débitera* le compte Effets à recevoir qui a reçu l'effet, par le *crédit* de la Caisse qui l'aura payé.

Échéancier. — 1° *Pour les Effets à recevoir* : — Si la Société conserve des effets en portefeuille pour les encaisser à l'échéance — c'est-à-dire si elle ne les réescompte pas tous à d'autres sociétés — afin d'éviter la péremption d'effets qui pourraient se trouver déclassés dans le portefeuille, ou être mal cotés, c'est-à-dire porter une échéance non conforme à

(1) V. le modèle de ce livre 3e partie, formule n° 33.

celle stipulée dans l'effet, et, par suite, ne pas être présentés à l'échéance, il serait utile d'avoir un carnet-agenda, qu'on appelle en banque *Échéancier*, où tous les effets à la même échéance sont inscrits par :

Date d'entrée — Numéro d'ordre — Sommes || Date de sortie — Sommes.

Quand vient l'échéance — la veille — on s'assure, d'après les effets rapprochés de cet agenda, que tous ceux qui ne sont pas sortis — dans la colonne à ce réservée — sont bien là.

C'est une précaution qui peut ne pas être inutile surtout quand le mouvement du portefeuille est important. D'ailleurs l'*échéancier* est aussi un contrôle pour les sommes quand la sortie est faite, comme l'entrée, d'après le journal. Si un effet sort pour une somme différente de celle de l'entrée, l'addition des deux colonnes, dont le total diffère également, révèle l'erreur.

2° *Pour les effets à payer :* — Il est non moins important d'avoir un second *échéancier* où les bons à échéance-fixe, les billets à ordre, traites, avances de l'État — pour les Caisses régionales — en un mot, tous les engagements à date fixe, pris par la Société, seront inscrits par échéance, comme :

Date de l'engagement — Nature — N° d'ordre — Sommes || Date de rentrée — Sommes.

Ainsi, la Société sait ce qu'elle a à payer et peut contrôler en même temps, comme il vient d'être dit, la concordance des sommes. Elle évite aussi toute surprise !

Courrier. — Les lettres expédiées doivent être, suivant la loi, copiées par ordre de date sur un livre spécial. Généralement, on se sert pour cela de feuilles légères reliées en un volume, et numérotées d'avance, avec une table aphabétique à la fin, dit : *Copie de lettres*. Les lettres sont décalquées dans ce volume puis réunies, sous le numéro du feuillet, à la table, au nom des destinataires.

Les lettres reçues sont généralement numérotées et classées dans un seul ordre par année. Elles portent, en outre, la date de réception, et, s'il y a réponse, celle de la réponse, qui s'indiquent comme suit : R. $\left\{\frac{\text{15 janvier}}{\text{16 janvier}}\right.$ La 1re date est celle de la réception ; la seconde celle de la réponse. En outre, une table alphabétique réunit au même nom les numéros des lettres reçues du même expéditeur ce qui permet de suivre toute la correspondance avec la même personne.

Pièces de Caisse. — Ces pièces sont classées par date de paiement, et dans l'ordre strict de leur inscription au journal, ce qui facilite le contrôle des opérations.

CHAPITRE IV

Caisses d'assurances mutuelles

CONTRE LA MORTALITÉ DES ANIMAUX DE FERME

Législation. — Fondations. — Nouvelle loi. — Objet. — Rayon des Caisses (nos 1 à 4).
Section 1re. — Caisses locales d'assurances. Réglement (nos 1 à 9).
— 2. — Union des dites Caisses. — Réassurances (nos 1 à 5).
— 1 bis et 2 bis. — Formation des Caisses et des Unions (nos 1 et 2).
— — — — Caisses (nos 1 à 5).
— — — — Unions.

Législation. — Fondations — Nouvelle loi. — But — Rayon des Caisses.

1. *Législation.* — Les syndicats professionnels agricoles tiennent de la loi du 21 mars 1884 (article 3) le privilège absolu de constituer pour leurs membres, sans demander d'autorisation, des caisses d'assurances mutuelles contre la mortalité des animaux de ferme, la grêle, etc.

Ils tiennent encore ce droit de la circulaire ministérielle du 25 août 1885, complétant l'article 3 de la dite loi, et de celle du 15 avril 1898.

C'était à tort, assurément, et par une fausse interprétation de la loi de 1884, qu'un assez grand nombre de mutuelles, sous le titre de :

Société d'assurances mutuelles ou Société de secours mutuels ou Association syndicale d'assurance mutuelle (etc)	}	Contre la mortalité des bestiaux, etc.

avaient cru pouvoir se fonder sans le concours d'un syndicat et comme de vrais syndicats pour cet unique objet : l'assurance contre la perte des animaux de ferme, contre la grêle, etc.

Les unes se sont placées sous le régime de l'article 3, d'autres de l'art. 6, § 4, de loi de 1884. Un certain nombre ne se référaient même à aucune législation.

Toutes avaient une situation juridique irrégulière.

Les mutuelles non créées par un syndicat professionnel avaient une législation spéciale qu'elles auraient dû, à la rigueur, suivre.

Celles s'intitulant : Société ou Caisse de secours mutuels, rentraient dans l'une des catégories des sociétés de secours mutuels et étaient, comme telles, assujetties à l'autorisation et au contrôle administratifs, d'après la loi du 17 juillet 1850, le décret du 26 mars 1852 et la loi du 1er avril 1898.

Les autres, celles ayant pour titre : Société — ou association syndicale — ou Caisse d'assurances mutuelles, et, pour seul objet, l'assurance, étaient de véritables sociétés soumises au régime de la loi du 24 juillet 1867, au règlement d'administration publique du 22 janvier 1868, c'est-à-dire à l'autorisation préalable, à l'obligation d'observer les formalités et de tenir les comptabilités compliquées imposées aux sociétés d'assurances mutuelles.

Les syndicats professionnels, au contraire, sont affranchis de toutes ces complications :

Par des Statuts spéciaux, ou mieux encore, par un simple Règlement, ils peuvent organiser une Caisse spéciale pour l'assurance du bétail ; c'est pourquoi nous leur conseillons, de même qu'à ceux qui s'intéressent à ces fondations, de procéder ainsi, et, quand il n'y a pas de syndicat, d'en fonder un préalablement.

Nous nous occuperons donc plus spécialement des caisses d'assurances fondées ou à fonder par les syndicats, sans pourtant déconseiller la création de caisses distinctes, n'ayant que l'assurance pour but — et il y en a en France environ 2.000, déjà, de cette nature — à la condition expresse, cependant, qu'elles s'organiseront — nous dirons les raisons plus loin — suivant les prescriptions de la loi du 21 mars 1884 sur les syndicats professionnels, et de la loi du 4 juillet 1900.

Au reste, en ce qui touche l'incertitude concernant la législation applicable aux dites sociétés, l'équivoque a été, enfin, dissipée par la nouvelle loi dont nous allons parler, celle du 4 juillet 1900.

Disons, dès à présent, que la Commission nommée par la

Chambre des députés pour l'examen du projet de la dite loi avait préalablement conclu à son adoption à la double condition, déjà posée par son auteur, M. Viger, que « la société soit une assurance mutuelle agricole et absolument étrangère à toute idée de lucre tant pour les administrateurs que pour les adhérents ».

*
* *

2 *Toutes les Caisses mutuelles placées sous le régime de la loi de 1884. — Nouvelle loi.* — M. Viger, ancien ministre de l'Agriculture, dans le but de donner une sanction aux nombreuses petites mutuelles qui se sont fondées en s'inspirant de la loi de 1884, et de les dégager des formalités prescrites par la loi de 1867, et par le décret du 22 janvier 1868 que, dans sa circulaire du 15 avril 1898 (V 2e partie, ch. III), son prédécesseur disait d'observer; et, comme conséquence, afin de les affranchir des difficultés fiscales et autres qu'elles rencontraient et que le gouvernement dont il faisait alors partie avait, à cette époque, heureusement levées, M. Viger, disons-nous, a déposé le 27 juin 1899, à la Chambre, qui l'a adopté le 30 mars 1900 (1), un projet de loi ainsi conçu :

« Article unique. — Les Sociétés ou Caisses d'assurances mutuelles agricoles qui sont gérées et administrées gratuitement, qui n'ont en vue et qui, en fait, ne réalisent aucun bénéfice, sont affranchies des formalités prescrites par la loi du 24 juillet 1867 et le décret du 22 janvier 1868, relatifs aux Sociétés d'assurances.

» Elles pourront se constituer en se soumettant aux prescriptions de la loi du 21 mars 1884 sur les Syndicats professionnels.

» Les Sociétés ou Caisses d'assurances mutuelles ainsi créées seront exemptes de tous droits de timbre et d'enregistrement autres que le droit de timbre de 10 centimes prévu par le paragraphe 1er de l'art. 18 de la loi des 23 et 25 août 1871. »

Les motifs — outre ceux sus-indiqués — sur lesquels s'est appuyé l'honorable député se résument ainsi :

(1). Le Sénat a aussi voté, le 26 juin, cette loi qui a été promulguée le 4 juillet 1900. Suivant les explications fournies par le Rapporteur au Sénat, lors du vote, cette loi s'applique à toutes les assurances mutuelles agricoles contre la mortalité du bétail, la grêle, les gelées, épizooties, l'incendie et autres évènements.

Les pouvoirs publics voulant encourager le développement de l'assurance mutuelle, qui répond à un des besoins les plus urgents, ont introduit dans le budget de l'agriculture une subvention de 2 millions 1/2 (1). (Chap. 38 du budget de 1898 et ch. 41 du budget de 1899 et de 1900. — Voir 2e partie, Chap. III.)

Grâce à cet encouragement, et à la propagande d'hommes dévoués, il s'est formé, depuis un an surtout, un nombre considérable de petites sociétés qui ont rendu de grands services aux agriculteurs.

Ceux qui ont pris l'initiative de ces créations ont vu leur tâche simplifiée par la loi de 1884, sous le régime de laquelle ils les ont placées, croyant agir légalement, parceque cette loi évite les formalités et les frais et favorise, ainsi, leur diffusion.

Cette solution pratique a eu, du reste, l'approbation entière du Ministère de l'Agriculture, qui l'avait préconisée et encouragée, dès le début, en subventionnant, indistinctement, toutes les sociétés ou caisses d'assurances, quel que fut leur mode de constitution.

Mais les prétentions fiscales, ou autres, basées sur la loi de 1867 et le décret de 1868, pouvaient non pas seulement arrêter la diffusion de ces mutuelles mais encore amener la disparition du plus grand nombre de celles existantes, résultat qui eut été absolument désastreux.

Il importait donc, pour laisser la voie ouverte à cette évolution déjà si féconde, d'exempter catégoriquement de toute entrave, de réglementation, de droits fiscaux, et de pénalités, ces petites mutuelles agricoles si utiles, étrangères à toute idée de bénéfice, et qui, empruntant le régime de la loi de

(1). D'après une circulaire ministérielle du 13 février 1900 (V. 2e partie, Chap. III), les pertes éprouvées par les sericiculteurs peuvent être indemnisées sur cette subvention.

Une autre circulaire du 20 février 1900 (2e partie, Ch III), réglemente d'une manière générale l'allocation des fonds de la dite subvention.

1884, se trouvaient alors — d'après le dit projet de M. Viger — à l'abri de toutes entraves administratives ou fiscales.

L'adoption par le Sénat (1) du projet de loi de M. Viger en régularisant la situation des mutuelles existantes a levé les hésitations en ce qui touche les nouvelles créations et en favorisera sûrement le développement.

Certain, du reste, que cette loi, qui introduit dans notre législation agricole une mesure qui s'imposait, serait favorablement accueillie aussi par le Sénat nous n'avions pas hésité, même alors qu'elle n'était encore qu'à l'état de projet, en présence du grand intérêt public qui s'y rattachait, à engager les initiateurs — Syndicats ou particuliers — à fonder le plus de mutuelles possibles en les plaçant, comme cette loi le faisait, bien entendu, sous le régime de la loi de 1884.

D'ailleurs, un certain nombre de ces mutuelles, récemment créées sous l'empire de cette loi, figuraient comme syndicats agricoles d'assurances dans les deux derniers Annuaires des Syndicats professionnels (1899 et 1900) publiés par le Ministère du Commerce, qui semblait, ainsi, en reconnaître la légalité.

Quoiqu'il en soit, nous revenons à la méthode que nous proposons aux syndicats agricoles.

*
* *

Après nous être pénétré des remarquables travaux de M. le comte de Rocquigny, membre du *Musée social*, qui, ainsi que nous l'avons déjà dit, fait autorité dans toutes nos grandes questions intéressant l'agriculture et les agriculteurs, et que nous consultons toujours avec autant d'intérêt que de profit, et, spécialement, de ses études sur les assurances et les petites mutuelles contre la mortalité des animaux de ferme ; sur les syndicats agricoles, etc.;

Après avoir étudié l'organisation et le fonctionnement d'un assez grand nombre de sociétés ou caisses d'assurances, nous croyons bien faire — tout en laissant, naturellement, chacun libre d'adopter le mode qui lui conviendra — en pro-

(1). Voir cette note page précédente (1).

posant, pour la formation de ces mutuelles, le système en usage dans les syndicats agricoles du *Sud-est* et adopté par l'*Union* de ces syndicats, qui embrasse onze départements et comprend un nombre considérable de syndicats.

Nous allons donc indiquer les bases du Règlement adopté par la dite Union, après avoir dit quelques mots de l'objet de l'assurance, reproduisant, en cela — comme dans plusieurs parties de ce travail, du reste —, les excellentes indications fournies par le Ministère de l'Agriculture, par M. le comte de Rocquigny, et par l'auteur de ce Règlement et de son Commentaire, M. Léon Riboud, qui, tous, ont traité à fond cette matière.

3. *But de l'assurance.* — La Caisse d'assurance a principalement pour but de venir en aide au petit cultivateur.

Dans les grandes exploitations, les animaux sont l'objet de soins hygiéniques qui diminuent les dangers de mortalité. D'ailleurs, les pertes sont, en général, au moins en temps normal, minimes eu égard à l'importance des étables qui comprennent, dans les pays d'élevage, par exemple, de vastes troupeaux.

« C'est le modeste possesseur de quelques bêtes qui a, en effet, le plus d'intérêt à être garanti contre des risques qui, dans la moyenne et la petite culture, sont d'autant plus mauvais que la perte d'une seule tête de bétail peut causer à l'exploitant un grave préjudice ; et, souvent même, apporter la gêne dans les petits ménages. » N'a-t-on pas dit souvent, d'ailleurs, que la petite culture était misérable, alors que la grande est prospère. L'effet de ces pertes ne peut donc être le même.

La société doit aussi lui apprendre la manière de tenir une étable et veiller à ce que toutes les précautions hygiéniques soient observées.

4. *Rayon.* — Pour ces raisons, de même que pour la sûreté de renseignements, la connaissance de la valeur morale des associés, de la valeur des étables, la constatation et le

règlement des sinistres, notamment, il est nécessaire de restreindre le rayon d'action de la caisse d'assurance, comme dans l'*Union du Sud-Est,* par exemple, où elle est établie par commune, ce que nous proposons, comme organisation, pour l'assurance, aux syndicats fondés, comme à ceux qui se fonderont, lorsqu'ils l'établiront.

Cela est d'autant plus facile, d'ailleurs, que, d'après ce même système, le syndicat tient ou fait tenir, un compte spécial d'assurance, aussi par commune, sauf à opérer un groupement, au point de vue de la Réassurance dont nous parlerons ci-après, pour les syndicats comprenant plusieurs communes, un canton, un arrondissement et même un plus grand rayon.

Nous arrivons aux bases du Règlement, tenant lieu de statuts, à l'aide duquel, avons-nous dit, les syndicats de l'*Union du Sud-Est* organisent l'assurance, sans formalités, pour ainsi dire, ainsi qu'on le verra plus loin. Nous avons dû, toutefois, modifier ce Réglement, en ce qui touche le personnel et l'administration des dites Caisses d'assurances afin de nous conformer à la jurisprudence suivie au Ministère de l'Agriculture qui n'accorde de subvention à ces Caisses, sur les fonds du chapitre 41 du budget, ainsi que nous l'avons expliqué plus haut, qu'à la double condition :

1° Qu'elles soient ouvertes non pas seulement aux syndiqués, mais à toute personne qui demandera à en faire partie en présentant, bien entendu, les qualités requises, en dehors du titre de syndiqué ;

2° Que l'administration et la Caisse soient entièrement distinctes de celles du syndicat, afin, surtout, que les fonds destinés à l'assurance, ceux de la dite subvention de l'Etat, notamment, ne puissent, en aucun cas, être affectés à un autre usage.

Nous donnons, du reste, le texte modifié du dit Règlement à la 3me partie, formule n° 18.

Il va sans dire que les Syndicats qui renonceraient, pour leurs Caisses d'assurances, à la subvention de l'Etat, ne seraient pas tenus d'observer la double condition ci-dessus et pourraient, alors, adopter la formule de l'*Union du Sud-Est*, qui n'admet comme bénéficiaires de la Caisse d'assurance, que des membres du Syndicat, mais nous doutons qu'il se trouve beaucoup de Syndicats, parmi ceux qui institueront ces sortes de Caisses, qui renoncent à cet avantage recherché, au contraire, par toutes les sociétés.

Section 1re. — *Caisses locales d'assurances.*

Règlement concernant le compte de prévoyance contre la mortalité des animaux de ferme.

Voici la substance de ce règlement, avec quelques explications complémentaires :

1. *Composition du personnel.* — Les membres d'un syndicat professionnel agricole et toute personne ayant des animaux dans le rayon du syndicat, et présentant les qualités requises pour être admise, si elle le demandait plus tard, comme membre du dit syndicat, peuvent, sur leur demande — car cela est facultatif — faire partie de cette fondation, et ce, soit comme membres honoraires, soit comme membres participants.

Si le syndicat est communal, il est ouvert un seul *compte de prévoyance*, divisé en deux parties : l'une pour l'espèce bovine ; l'autre pour l'espèce chevaline.

S'il s'étend sur plusieurs communes, on fera bien de n'ouvrir, également, qu'un seul compte par commune, ou pour deux ou trois communes — le moins possible — suivant la configuration du terrain et les agglomérations locales, car il importe, pour le fonctionnement, comme pour la surveillance, que le rayon soit aussi restreint que possible.

2. *Objet de cette création.* — Au moyen d'un versement spécial, et d'un engagement d'une année, renouvelable, les participants se précautionnent contre la mortalité possible de leurs animaux et obtiennent, par tête d'animal, une indemnité des 4/5es, ou 80 o/o — moyenne générale — quand ils subissent des pertes par suite de maladie, d'accidents ou

d'abatage obligatoire ordonné par l'administration ou sur l'avis d'un vétérinaire. Le participant se garantit lui-même du surplus afin qu'il reste intéressé à bien soigner ses bestiaux.

On déduit de l'indemnité la valeur qu'on peut retirer soit de la viande soit de la peau, ou autrement, de même que toute somme que le sinistré aurait reçue de l'Etat, du Département, ou d'ailleurs, notamment en cas d'abatage par ordre administratif ou de recours contre un tiers.

En cas de sinistres nombreux, d'épizootie, administrativement reconnue, les participants peuvent, en réunion générale, ou suspendre, ou ajourner à la fin du semestre, le règlement des indemnités afin qu'il ait lieu proportionnellement à l'importance des sinistres et des ressources.

3. *Patrimoine de la caisse.* — Le compte de prévoyance est alimenté, d'abord, par le produit des entrées et les cotisations des membres participants, et par les versements des membres honoraires indiqués ci-après.

Ensuite, par les dons et legs qui sont faits au syndicat pour être affectés spécialement à cet objet, et par les subventions ou avances qui peuvent être accordées, dans le même but, par l'État, le Département, la Commune, une Caisse de Crédit agricole, une Société d'agriculture, un Comice agricole, etc.

4. *Cotisations et Versements.*— Les membres honoraires versent une somme de (1) .. — Ainsi, les propriétaires non exploitants ont la facilité de seconder les efforts de leurs fermiers.

Ces membres ne supportent aucune des charges. Par contre, ils ne jouissent d'aucune des prérogatives réservées aux membres participants.

Les membres participants versent :

1° Un droit d'entrée, par animal, de (2) ..;

2° Une contribution par trimestre, et d'avance, sur la va-

(1 et 2). Voir la note page suivante.

leur de chaque bête estimée par la commission experte, laquelle est savoir :

Pour l'espèce bovine, de (1)..., par an, ou de... par trimestre.

Pour l'espèce chevaline, de (2), par an, ou de .. par trimestre.

(Les assurances sur les autres espèces : ovine, porcine, etc., ne sont pas ou sont très peu pratiquées.)

Il n'existe aucune solidarité entre les dits membres participants, qui ne sont tenus qu'à ces versements, demandés d'avance pour les raisons que nous indiquons plus loin ; et, disons-le, d'ailleurs, de suite, afin surtout de permettre le règlement immédiat des sinistres.

Toutefois, en cas d'insuffisance des cotisations ci-dessus il pourraît être fait un rappel supplémentaire, mais sans que le montant total de la contribution pour l'année puisse dépasser le double de ces cotisations (3).

Enfin, si ces ressources ne suffisaient pas encore — à défaut de Caisse de réassurance, bien entendu — la réserve serait mise à contribution mais pour une moitié, seulement, par semestre.

Par contre, si cette réserve reste importante à la fin de

(1 à 3). Les cotisations varient à l'infini, suivant l'âge, le sexe, le mode de nourriture, d'élevage et le travail des animaux ; et lorsque les pertes, à défaut de prime fixe, sont réparties au prorata de la valeur des animaux assurés, ce qui est le cas dans plusieurs sociétés, surtout parmi les anciennes ; enfin, elles sont fixées, parfois, par tête d'animal, par séries de prix (au-dessous de 200 fr., de 200 à 400 et au-dessus de 400, par exemple), ou avec majoration de la valeur réelle, etc.

Comme base, pour les mutuelles à cotisation fixe, et d'avance, avec un minimum et un maximum -- système qui a nos préférences et qui est, du reste, le plus répandu -- on peut s'inspirer des chiffres suivants qui représentent une moyenne générale :

Versements des membres honoraires	Minimum 10 fr. par an, ou 100 fr. une fois donnés (chiffres de l'Union du Sud-Est) ;
Cotisations des membres participants	1° Droit d'entrée, 0 fr 50 la 1re année et 1 fr. les années suivantes (comme à la dite Union) ; 2° Cotisations, pour l'espèce bovine 0,80 %, maximum 1,60 % par an ; --- pour l'espèce chevaline, 1,20 %, maximum 2,40 % par an.

l'exercice la contribution, pour l'année suivante, pourra être réduite dans une proportion à déterminer par le Bureau, par exemple à (o fr. 50 o/o par an, pour l'espèce bovine (comme à l'Union du Sud-Est); et à o fr. 70 o/o par an, pour l'espèce chevaline). (1).

5. *Administration de la Caisse.* — Le Bureau du syndicat contrôle cette fondation et la fait administrer comme suit :

(*a*) *Commission de prévoyance.* — Le Bureau nomme chaque année une Commission de prévoyance, composée d'un directeur, d'un trésorier et d'un secrétaire pris parmi les participants et en dehors des membres du Bureau du syndicat, laquelle est chargée de l'application du réglement. Il peut prendre l'un de ces membres parmi les membres honoraires, même en dehors de la circonscription de prévoyance.

Cette Commission reçoit les adhésions, démissions, effectue les recettes et paiements, procède au réglement des sinistres, etc. et rend compte de sa gestion au Bureau et à l'Assemblée.

(*b*) *Commissaires-experts.* — Trois commissaires-experts, pris parmi les participants, et nommés par eux en réunion générale, sont chargés de vérifier les déclarations et estimations, et, dans leur âme et conscience, de fixer définitivement la valeur de chaque animal.

Aussitôt qu'un participant a un animal malade il doit en avertir le commissaire qui, avec deux participants, les plus proches voisins de l'étable, estimera l'animal au cours du jour ; puis, si la bête vient à mourir le participant en préviendra de nouvean le même commissaire qui constatera la perte et ses causes et consignera le tout dans un certificat signé de lui.

L'expert pourra aviser au meilleur parti à tirer de la dépouille.

En cas d'accident il sera procédé de même.

(1). Ces chiffres sont donnés à titre de simple renseignement.

En cas de contestation sur le prix fixé par l'expert, assisté de deux voisins, les deux autres commissaires-experts sont appelés à se prononcer, avec leur collègue, et ce, en dernier ressort.

Les frais de vétérinaire et de médicaments sont pour moitié à la charge du participant, et moitié à la charge de la Caisse qui en fait l'avance.

6. *Réglement des sinistres.* — Le réglement des pertes a lieu aussitôt après leur constatation par les commissaires-experts.

Certaines mutuelles n'exigeaient le paiement des cotisations qu'au fur et à mesure des sinistres, mais il en est résulté un double inconvénient :

Les rentrées s'effectuaient difficilement et le réglement des pertes subissait des retards, ce qui entraînait, souvent, de fâcheuses conséquences.

Il est donc bon d'exiger la cotisation d'avance.

C'est là, assurément, le meilleur de tous les systèmes en pratique.

La Caisse doit toujours avoir les fonds, ou tout au moins une partie des fonds, nécessaires au paiement immédiat des indemnités, afin que le sinistré puisse remplacer, sans aucun retard, les animaux qui peuvent lui être indispensables dans son exploitation.

7. *Réserve.* — Un fonds de réserve est destiné à l'insuffisance des cotisations des membres participants.

Une partie de ce fonds peut être employée en faveur d'un participant pour exécuter les travaux de culture, ou transports qu'il ne pourrait faire à cause de la maladie d'un de ses animaux.

8 *Réassurances.* — Afin de mieux assurer le service des indemnités, sans recourir, ou le moins possible, au maximum de la cotisation et à la réserve; et, comme suite, afin d'abaisser au taux le plus réduit cette cotisation, les syndicats peuvent grouper en Union, par canton, arrondissement

et même par département, les comptes de prévoyance de toutes les communes ayant établi l'assurance.

Dans ce but, le compte de prévoyance prélève une quotité déterminée des cotisations de ses participants et les verse à la Caisse de l'Union qui, en ce cas, couvre une partie des risques de chaque commune.

Ainsi, la garantie contre ces risques est beaucoup plus étendue, et, comme conséquence, le taux de la cotisation se trouve, en général, sensiblement réduit.

Dans certaines régions de la Vendée, la perte moyenne, calculée sur cinq années, avant 1898, n'a pas dépassé 0 fr. 27 0/0, et, d'après les résultats constatés, en général, quand il n'y a pas eu d'épidémie, c'est-à-dire en temps normal, on peut évaluer à 1 fr. 10 0/0 le maximum des pertes.

***

9. Dans le cas où les fondateurs, autres que les syndicats, se basant sur cette double circonstance que le Ministère de l'Agriculture a subventionné, indistinctement, toutes les mutuelles administrées gratuitement et n'ayant en vue aucun bénéfice, et que la nouvelle loi du 4 juillet 1900, due à l'initiative de M. Viger, leur a donné une sanction légale, comme à toutes celles qui se fonderont sous l'empire de la loi du 21 mars 1884, voudraient se borner à créer isolément une Caisse d'assurances mutuelles il est très aisé de convertir le modèle de Réglement ci-dessus (formule n° 18) en statuts.

C'est, du reste, ce que nous avons fait en donnant un modèle spécial de statuts pour les sociétés n'organisant que l'assurance, sous forme de syndicat, suivant les lois de 1884 et du 4 juillet 1900 (V. formules n°s 22, 23 et 24, 3me partie).

De même que les fondateurs peuvent adopter toute autre formule et choisir, par exemple, parmi les nombreuses sociétés existantes, le modèle qui leur conviendra le mieux, en restant, bien entendu, dans les termes des dites lois.

Il ne faut pas que le développement de ces utiles créations puisse subir d'arrêt

Or, pour fonder une société spéciale dans ces conditions

il faut, dans tous les cas, procéder absolument comme s'il s'agissait de fonder un syndicat professionel agricole — et, en fait, elle devient bien un syndicat d'assurances — c'est-à-dire remplir les formalités que nous avons indiquées plus haut sous le titre : *Les Syndicats professionnels agricoles* (1re partie. — Chap. II.)

D'ailleurs, dans sa circulaire du 18 janvier 1900 (v. 2me partie, Chapitre III.) M. le Ministre de l'Agriculture laisse aux fondateurs une grande latitude au sujet de la forme à donner à ces sociétés. D'une manière générale, il recommande la gratuité des fonctions, le contrôle des associés sur chacun ; puis de n'allouer qu'une partie des pertes afin que le propriétaire donne à ses animaux les soins qu'ils réclament. Il conseille, en outre, la constitution d'un fonds de réserve qui peut permettre, à un moment donné, de diminuer les cotisations et de stipuler, dans les statuts, que les propriétaires qui ne se seront pas conformés aux prescriptions de la loi sur la police sanitaire des animaux, et, dans les pays sujets aux ravages du charbon, que ceux qui n'ont pas fait usage de la vaccination préventive n'auront droit à aucune indemnité.

Section 2. — *Unions de Caisses locales d'assurances. Réassurances.*

1. S'il est préférable, avons nous dit, pour le bon fonctionnement de l'assurance — bétail, afin d'obtenir une surveillance active, d'assurer la sincérité et le contrôle des évaluations de sinistres, pour les mesures d'hygiène à observer ; enfin, pour la rapidité des opérations, en un mot, d'établir une Caisse d'assurance par commune, ou pour deux ou trois communes, au plus, il n'en est point de même en ce qui touche les Caisses de Réassurance :

Au contraire, plus le rayon de ces caisses est étendu plus les risques sont divisés, et, par conséquent, moins importants.

La Caisse régionale d'assurances est un complément nécessaire des Caisses locales. C'est elle qui, dans les circonstances difficiles, dans les épidémies, surtout, comme le pays ou certaines régions, plus ou moins nombreuses, en ont trop souvent à traverser — ainsi que cela est malheureusement encore le cas actuellement — leur permet de donner satisfaction aux sinistrés, ce qu'elles ne peuvent faire, isolément, avec leurs seules ressources.

Il est donc indispensable de fonder cette Caisse dans chaque département, ou dans un plus grand rayon, suivant l'organisation syndicale de la région, sous la forme d'une Union des Caisses de prévoyance contre la mortalité des animaux de ferme, et en y rattachant le plus grand nombre possible de Caisses locales.

Cette Union peut embrasser un canton — il y a beaucoup de simples mutuelles cantonales — un arrondissement, ou un département, comme en Vendée, par exemple, et même un plus grand rayon, comme à l'*Union du Sud-Est* qui embrasse onze départements — Sociétés qui, à l'aide de leurs Unions, ou Coopératives agricoles, rendent de réels services à leurs membres.

Mais, nous le répétons, il faut, dans ce cas exceptionnel, donner aux groupements le plus d'extension possible.

Nous proposons, du reste, comme modèle, pour la création de ces Unions, les statuts ci-après analysés en usage dans plusieurs régions, statuts que nous donnons, en entier, à la 3e Partie, formule n° 25.

2. *Constitution de l'Union.* — L'Union comprend, comme sociétaires, des Syndicats agricoles et des Caisses d'assurances diverses — représentant vingt communes au moins — ayant organisé une Caisse locale de prévoyance mutuelle contre la mortalité des animaux de ferme.

Le siège de l'Union peut être établi au chef-lieu du département, si son rayon a cette étendue, ou au point le plus central de ce rayon quel qu'il soit.

Son objet est de parfaire, ou d'aider à parfaire, les déficits des caisses locales, de manière à assurer aux sinistrés, en toutes circonstances, le paiement des 80 o/o qu'elles leur ont promis.

Dans ce but, les Caisses locales adhérentes versent à l'Union, par année, sur la valeur estimative des animaux assurés, savoir :

o fr. 11 o/o pour l'espèce bovine;
et o fr. 17 o/o — — chevaline (1);
qui sont prélevés par les dites Caisses locales sur les cotisations de leurs membres dont le taux annuel est de (o fr. 80 o/o pour l'espèce bovine; et de 1 fr. 20 o/o pour l'espèce chevaline, comme il a été dit plus haut) (2).

Ainsi, les Caisses locales peuvent rester dans leur minimum — à elles — et, comme l'engagement avec l'Union n'est que d'une année, diminuer ce minimum l'année suivante, c'est-à-dire établir une base nouvelle si la cotisation n'a pas été épuisée.

3. *Ressources de l'Union.* — Elles se composent des cotisations ci-dessus de (o fr. 11 et o fr. 17 o/o) (3) des dons, legs, subventions et avances qui peuvent lui être faits par les particuliers, les syndicats et les Comices agricoles, les Sociétés d'Agriculture, etc., ou par l'Etat, le département, les communes; enfin, des intérêts des fonds, de ceux de la réserve notamment.

4. *Administration.* — L'Union est administrée par les présidents des syndicats professionnels et les présidents des Caisses locales, ou leurs délégués, constitués en comités-correspondants par canton, arrondissement et département, avec un Bureau central, chargé de la gestion, au chef-lieu du département ou au centre du rayon de l'Union.

Le Bureau central comprend vingt membres, savoir : un président, un vice-président, un secrétaire, un trésorier et seize administrateurs.

Leurs fonctions sont gratuites.

(1 à 3). Ces chiffres, qui représentent une moyenne, sont donnés à titre de renseignement.

5. *Réglement des Pertes.* — L'Union complète le réglement immédiat de l'indemnité promise par les Caisses locales — soit 80 o/o de la valeur des animaux assurés — si celles-ci ne sont pas en état de le faire.

Au besoin, l'Union fait l'avance du tout jusqu'au réglement des comptes, de la part contributive de l'Union et des Caisses adhérentes qui a lieu à la fin du semestre, et ce, moyennant un intérêt de 2 1/2 o/o, par an, calculé sur la partie à la charges des Caisses locales.

Sections 1 bis et 2 bis. — *Formation des Caisses locales et des Unions de ces Caisses.*

1. *Circulaire ministérielle du 15 avril 1898.* — Avant d'aborder la question des formalités à remplir pour la constitution des Caisses locales et des Unions il nous paraît nécessaire, pour mieux démontrer encore leur utilité, d'appeler l'attention des agriculteurs sur un point très important de ladite circulaire, le suivant :

« Désormais, porte-t-elle, les secours prélevés sur les 2 millions 1/2 du chapitre 38 du budget (Chap. 41 pour 1900) ne pourront être accordés qu'en cas d'impossibilité absolue d'assurer le bétail ou les récoltes. »

2. En outre, nous inspirant encore autant de l'esprit que de la lettre de cette même circulaire nous nous permettrons d'émettre, — avec beaucoup d'autres — un vœu dont la réalisation aiderait puissamment à la diffusion de ces utiles institutions :

C'est que — suivant le désir de M. le Ministre, qui priait MM. les Préfets d'éclairer leurs administrés sur les avantages qu'elles offrent et de les engager à faire partie des syndicats professionnels agricoles, s'il en existait, et à en fonder, s'il n'en existait pas, — il soit donné à MM. les Professeurs d'agriculture, soit par M. le Ministre de l'Agriculture directement, soit par MM. les Préfets, les instructions les plus précises pour qu'ils enseignent avant tout, jusqu'à ce que le résultat soit atteint — et en leur fournissant au besoin, des professeurs-adjoints car ils sont réellement débordés de travail — les nombreux avantages des dites institutions; et, en même temps, du crédit agricole et des warrants agricoles qui nous occupent également.

Partout où ces fonctionnaires expérimentés et dévoués portent la bonne parole à ce sujet les syndicats, d'abord, et les nombreuses créations qui en sont le complément, ensuite, naissent et se propagent pour le plus grand bien des intéressés et du pays (1).

Formalités à remplir pour la création de Caisses locales d'assurances mutuelles contre la mortalité des animaux de ferme et des Unions de ces Caisses.

Il appartient aux Syndicats agricoles, avons-nous dit, de fonder ces institutions. Or, ces formalités sont des plus simples quand le Syndicat existe. Les voici :

(a). Caisses locales d'assurances.

1. Le Syndicat arrête, d'abord, et adopte les termes du Règlement régissant ces Caisses, et ce, par une simple délibération de l'assemblée générale, de la Chambre Syndicale, ou du Bureau, suivant les dispositions des Statuts du Syndicat.

Notre modèle de Statuts, pour les Syndicats, donne ce pouvoir au Bureau (Voir formule n° 1, 3e partie).

Le Réglement établi, il est demandé aux membres du Syndicat, réunis pour cet objet, quels sont ceux d'entre eux qui désirent assurer leurs animaux.

Les adhérents ont, alors, à signer une feuille d'adhésion (formule n° 19, 3e partie) qu'ils remettent au président du Bureau lequel, séance tenante, les réunit, quelqu'en soit le nombre, dans le même local, en assemblée, sous sa présidence, pour nommer les trois Commissaires-experts chargés des évaluations conformément au Règlement (formule n° 20, 3e partie.)

(1). Plusieurs circulaires ministérielles très intéressantes, accompagnées d'importants documents -- le tout donné à la 2me partie -- ont été envoyés depuis que les lignes ci-dessus sont écrites, à MM les Préfets et à MM. les Professeurs d'agriculture.

Un procès-verbal de cette séance (formule n° 3, 3e partie) est rédigé dans les termes de celui concernant la formation d'un Syndicat.

Aussitôt après cette assemblée — s'il ne l'a pas fait avant — le Bureau du syndicat se réunit et nomme les trois membres de la Commission de prévoyance qui doivent opérer dans chaque localité (formule n° 21, 3me partie).

Un procès-verbal de cette nomination est rédigé (formule n° 21).

Tous les documents ci-dessus énoncés sont établis sur papier non timbré.

Le dépôt à la Mairie du Règlement, et de la liste des membres des deux Commissions, peut n'être pas rigoureusement nécessaire. Néanmoins, comme le syndicat admet à participer aux comptes de prévoyance des étrangers au syndicat, on pourra, pour plus de précaution, déposer à la Mairie deux exemplaires de chacun de ces documents, comme pour les syndicats, le tout, bien entendu, sur papier non timbré (V. 1re partie, Chap. II, sect. 1re, n° 2).

Ainsi, sans aucune complication et sans frais, l'assurance locale se trouve constituée.

2. Si le Syndicat veut constituer, en outre, le même jour, une Caisse locale de crédit agricole mutuel — ce qui lui est très facile — il tiendra deux séances distinctes, ainsi que nous l'avons expliqué sous ce titre (1re partie, chap. III, sect. 1 *bis* et 2 *bis*, n° 1). De même que s'il s'agissait de créer, d'abord, le Syndicat, les fondateurs pourraient le créer en première séance, et la Caisse d'assurance et la Caisse de crédit agricole, en deuxième et troisième séances, ainsi qu'il vient d'être dit.

3. Si le Syndicat existe — cas prévu ici — il pourrait, dans la lettre de convocation adressée à ses syndiqués, pour la création de ces deux institutions, ou l'une d'elles seulement, appeler leur attention sur les avantages de l'assurance et du crédit agricole, suivant le cas, insister pour que tous les membres soient présents à la réunion et joindre à

la dite lettre les projets élaborés du Règlement de la Caisse d'assurances et les statuts de la Caisse locale de crédit agricole, avec un bulletin d'adhésion pour chacune de ces créations.

4. S'il s'agit de fonder, sans le concours d'aucun syndicat, une Caisse d'assurance isolée, mais basée, néanmoins, sur les lois de 1884 et de 1900, nous répétons qu'il faudra la constituer absolument comme s'il s'agissait d'un syndicat. (V. 1re partie, chap. II, et 3me partie, formules 1, 3, 22 à 24 inclus).

5. *Réassurance.* — Si plus de vingt communes ou vingt caisses locales sont représentées lors de la création des caisses d'assurances locales — ou plus tard, bien entendu — on pourra constituer, immédiatement, une Union de ces caisses, ainsi qu'il va être ci-après expliqué.

(b) Unions de Caisses locales d'assurances (ou Réassurances)

Les syndicats professionnels établissent, d'abord, les Statuts de l'Union qui sont signés par leurs présidents.

Ensuite, les dits présidents et les directeurs des Commissions de prévoyance des sociétés locales signent une feuille d'adhésion et se réunissent en assemblée générale constitutive pour nommer les Comités qui doivent former le Bureau central.

Les dits présidents des syndicats sont, de droit, membres des Comités cantonaux.

Les Comités cantonaux sont formés au chef-lieu du canton avec les présidents des sociétés locales du même canton qui élisent un bureau composé d'un président, d'un secrétaire et d'un trésorier.

Les Comités d'arrondissement sont formés au chef-lieu d'arrondissement avec les présidents des Comités cantonaux qui élisent, également, un Bureau composé d'un président, d'un secrétaire et d'un trésorier.

Enfin, le Bureau central, chargé de l'administration, en

s'appuyant sur les dits Comités-correspondants, est formé au chef-lieu du département — ou du centre choisi, si le rayon est plus étendu — avec les présidents des Comités d'arrondissement et les présidents des autres syndicats professionnels, ces derniers pris par ordre d'importance, d'après le nombre des assurés dans le syndicat, et ce, jusqu'à concurrence de vingt membres en tout.

Toutefois, au début, l'Union pourra être constituée avec vingt sociétés locales par leurs présidents, qui se réuniront, à cet effet, et nommeront le Bureau.

Les Comités ci-dessus se formeront au fur et à mesure que le sociétés s'établiront.

Un procès-verbal de la constitution de l'Union sera dressé.

Tous les documents sont établis sur papier non timbré suivant les modèles que nous proposons à la 3e partie, formules Nos 25, 26 et 27.

Comme pour un syndicat ou une Union de syndicats — ce qui est le cas du reste — les statuts de l'Union, avec la liste des membres du Bureau central, sont établis sur papier libre, en double exemplaire, signés du président et du secrétaire et déposés, contre reçu, à la Mairie du siège de ladite Union (V. 1re partie, Chap. III).

A partir de ce dépôt l'Union est fondée et peut fonctionner.

On peut objecter que pour une Union de comptes de prévoyance, émanant de syndicats et fonctionnant en vertu d'un simple réglement établi par ces Syndicats, le dépôt des statuts, et de la liste des administrateurs, à la Mairie n'est pas rigoureusement nécessaire — cela peut être vrai — mais comme l'Union peut comprendre aussi d'autres Sociétés isolées, et que cette formalité n'entraine dans aucune complication, ni aucuns frais, nous n'avons pas hésité à conseiller de constituer toutes les Unions de la même manière, c'est-à-dire suivant la loi du 21 mars 1884, qui est la base de toutes les associations syndicales.

CHAPITRE V.

Assurances diverses

Assurances contre la grêle, l'incendie, les accidents du travail, la maladie, le chômage, et pour la constitution de rentes viagères et capitaux, en cas de vie, de décès, etc.

Renseignements généraux

Nous n'allons pas proposer de forme spéciale d'association pour couvrir *chacun* des risques, et pour chacun des cas indiqués en tête de ce chapitre, par la raison que « la *mutualité entre agriculteurs* qui, dans les assurances contre la mortalité des animaux de ferme, garantit les pertes à peu de frais, et sans aucunes complications, n'a pas paru, jusqu'ici du moins, facile à introduire, à appliquer, pour ces divers objets, dans une association syndicale ; surtout à des conditions offrant les mêmes avantages avec la même sécurité. »

Ici, encore, nous sommes entièrement de l'avis — ci-dessus résumé — de M. le comte de Rocquigny.

On ne compte, en effet, d'après l'Annuaire de 1900, dans les créations des Syndicats, que seize associations de cette nature, dont sept pour l'assurance contre la grèle et l'incendie, et neuf pour les accidents. Jusqu'à présent, du reste, elles n'ont pas été — celles contre la grêle et l'incendie principalement — ou ont été peu conseillées aux Syndicats.

Cependant — en émettant le vœu qu'une législation nouvelle vienne rendre l'assurance obligatoire pour tous les risques agricoles, comme elle l'est pour les accidents du travail, et ce, avec le concours de l'Etat, des départements et des communes, — nous fournirons les indications nécessaires pour se guider dans le choix des moyens propres à se garantir de ces divers risques, à s'assurer la sécurité du présent et celle du lendemain, résultat qui peut être obtenu soit par les Syndicats, directement ou comme intermédiaires, soit par les Sociétés de Secours Mutuels, soit par les Caisses de l'État, soit, enfin, par les Compagnies d'assurances, mutuelles ou à primes-fixes, régulièrement constituées, et offrant les garanties désirables. Voyons chacun de ces cas :

Assurances contre la grêle. (*Syndicats de défense.*)

En 1894, dans un très intéressant rapport destiné à la Société des Agriculteurs de France, si soucieuse, comme chacun sait, de nos grands intérêts agricoles, et qui avait provoqué des études sur les assurances agricoles — rapport dont elle a adopté les conclusions — M. Emile Salle engage les Syndicats à se borner, au regard de ceux de leurs membres qui désirent s'assurer contre la grêle, à servir d'intermédiaires désintéressés auprès des Compagnies soit mutuelles, soit à primes fixes, honorables et solvables, afin, notamment, d'obtenir pour leurs syndiqués : au moment du traité, un abaissement des tarifs; et, au moment des sinistres, s'il en survient, un plus prompt réglement.

Depuis, la situation s'est peut être un peu modifiée en ce sens que ce ne sera plus seulement contre la grêle que l'agriculteur s'assurera mais encore — et bientôt exclusivement sans doute — contre les dangers que peuvent faire courir à des vies humaines les moyens employés pour combattre et détruire ce terrible fléau ! C'est là un point noir dans ce nouvel horizon !

En effet, on a découvert — ou on est bien près de découvrir — le remède à cette calamité atmosphérique. Or, ce remède est un autre engin destructeur : le canon, les détonations d'artillerie — résultat d'observations météorologiques et d'essais dus à un autrichien, M. Stiger.

Il paraîtrait que les décharges d'artillerie, en ébranlant la colonne d'air, dissiperaient les nuages, les orages de grêle.

Cette question a déjà été étudiée de divers côtés, par des Congrès notamment, il y a un an environ, à Montferrat, et tout dernièrement à l'occasion de l'Exposition. Un 2e congrès doit se tenir, dans ce même but, le 25 novembre 1900, à Padoue (Italie), et un 3e à Lyon, l'année prochaine. Des délégués du Ministère de l'Agriculture et des Syndicats français, assisteront au Congrès du 25 novembre, ainsi que des délégations autrichienne et italienne.

D'autre part, différents *syndicats de défense* se sont déjà constitués pour ce même objet.

De nombreux essais sont actuellement tentés dans différents pays, et, spécialement, chez nous, en France, dans diverses régions, notamment dans le *Sud-Ouest*, sous la direction de M. Guinand, vice-président du syndicat de ce nom ; dans le Mâconnais et le Beaujolais sur l'initiative du Syndicat des vignerons ; dans les Alpes françaises, c'est-à-dire dans les départements des Hautes-Alpes, des Basses-Alpes, Alpes-Maritimes, Var et Vaucluse, sur l'initiative du Syndicat agricole de Berre.

On cite, comme étant les plus importantes, les stations de tir de Dénicé (Rhône), créée par le Syndicat de Villefranche, de Saint-Gengoux-le-National, de Sommeré-Saint-Sorbin (Saône-et-Loire), de Pommerol et Saint-Emilion (Gironde).

En Suisse, également, on fait les mêmes expériences.

L'Académie des Sciences a, elle même, prescrit des études à ce sujet, spécialement sur les meilleurs engins à employer.

De son côté, M. le Ministre de l'Agriculture a chargé M. Houdaille, professeur d'agriculture, d'aller en Italie, dans la Lombardie, le Piémont et la Vénétie, où ce tir est pratiqué depuis longtemps, — de même qu'en Autriche, du reste, où il a été expérimenté en premier lieu et où il a donné d'excellents résultats, — pour se rendre compte des effets obtenus.

Or, dans son rapport, déjà donné, M. Houdaille a constaté que les Italiens avaient confiance dans ce procédé qui avait amené la suppression du fléau et que, d'ailleurs, le nombre des stations de tir, qui était déjà de 12.000 environ, — on parle de 15.000 aujourd'hui — augmentait continuellement, ce qui était la meilleure des preuves justifiant cette confiance. La dépense annuelle, en Italie, serait de 5 fr. par hectare, y compris l'amortissement du matériel, la poudre, le salaire et l'assurance des artilleurs.

Les stations de tir sont distantes de 500 à 600 mètres. On

emploie, surtout, les canons à mortier qui offrent le plus de sécurité. La charge de poudre est 80 grammes. La poudre est fournie par le gouvernement italien (à o fr. 30 le kilog., dit-on). Les bombes, pour produire effet, doivent exploser à une hauteur de 800 à 1.200 mètres, qui est celle des nuages à grêle.

En France, dans un très instructif travail, M. V. Vermorel, président du Comice agricole du Beaujolais, qui a étudié à fond cette question, — travail intitulé : *Défense des récoltes par le tir au canon*, et dans lequel il engage les Syndicats à organiser cette défense, — M. Vermorel, disons-nous, estime que la dépense, comme installation matérielle, pour une station de tir, serait de 261 fr. pour 25 hectares, ce qui donne 10 fr. 44 par hectare.

Chaque station comprend un canon pour 25 hectares — minimum du groupement pour qu'il soit efficace : 6 à 7 canons — une cabane, 10 à 20 douilles, un bourroir, un chasse-capsules, une corne, une lanterne, etc.

Quant à la dépense annuelle, comprenant la poudre, qu'il évalue à o fr. 30 le kilog., les bourres et capsules, l'amortissement du matériel (10 o/o) et l'assurance des artilleurs (10 fr. pour un canon), cette dépense serait de 79 fr. 25, soit de 3 fr. 16 par hectare.

La poudre vaut actuellement 1 fr. 50 le kilog, mais l'Etat en a déjà livré à o fr. 30 le kilog. pour ces essais, qu'il encourage, et il n'est pas douteux qu'il fera cette concession d'une manière générale vu l'intérêt si important qui s'y rattache.

L'évaluation de 3 fr. 16 par hectare est basée sur 500 coups de canon, mais ce nombre peut, nécessairement, varier en plus comme en moins.

En ce qui touche l'assurance des artilleurs, qu'il a raison de conseiller, M. Vermorel donne les détails suivants :

« Les Compagnies ont déjà établi des tarifs spéciaux, qui sont les suivants, un peu variables pour chacune d'elles :

» Pour un canon, 10 fr. par an ; pour 25, par an et par canon, 9 fr.; et pour 50, 8 fr.

» En cas d'accidents, l'indemnité par canon ne peut dépasser 10.000 fr, ni, pour l'ensemble du contrat, 100 000 fr. par an. »

Enfin, l'auteur donne des détails complets sur le canon et accessoires à employer, le personnel, les approvisionnements, l'avertissement des orages, etc., après avoir traité les questions relatives à la formation de la grêle, aux théories des écrivains sur ce phénomène physique, aux effets du canon, aux résultats obtenus en Autriche, d'abord (où l'essai a été tenté, en 1896, par M. Stiger), en Italie ensuite. C'est un ouvrage dont la lecture s'impose, en un mot, à ceux qui s'occupent de cette sérieuse amélioration.

En ce qui touche l'assurance des artilleurs, nous donnons plus loin, sous le titre *Accidents du travail*, les indications nécessaires.

Disons, enfin, que les essais déjà tentés en France ont été satisfaisants. Si l'expérience, qui se continue, confirme l'efficacité de ce remède, ce qu'on ne saurait trop désirer, les agriculteurs auront tout intérêt à s'associer *préventivement*, par ce moyen, contre le fléau, surtout dans les régions où il porte le plus fréquemment ses ravages, et qui sont à peu près toujours les mêmes, en constituant, suivant les indications que nous donnons plus bas, les groupements nécessaires!

L'État, les départements et les communes encourageront, sans aucun doute, ces essais. Les sacrifices qu'ils feront, quelque minimes qu'ils soient ne seront pas perdus. Ils n'atteindront jamais, en effet, le chiffre des secours qu'il faut accorder en espèces, ou sous forme de réduction d'impôts, chaque année, pour réparer une partie du mal fait par la grêle, la perte étant, en moyenne, de 80 et quelques millions par an, et ayant même souvent dépassé 130 millions. Au reste, nous savons que, déjà, dans certaines régions, l'État et le département, et même des particuliers, non agriculteurs — qu'on ne saurait trop féliciter en souhaitant qu'ils aient beaucoup d'imitateurs — ont aidé les initiatives privées.

De son côté, M. le Ministre de l'Agriculture, qui encourage si amplement ces créations, qui a prescrit, on l'a vu, des études à ce sujet, ne refusera sûrement pas, sur les fonds du chapitre 41 du budget, des allocations aux syndicats qui organiseront, dans ce but, des Caisses de prévoyance spéciales, commme celles concernant la mortalité du bétail, c'est-à-dire tout à fait distinctes des leurs en y admettant indistinctement,—syndiqués ou non— tous les propriétaires de récoltes de la région, répondant aux garanties exigées par leurs statuts ; et, de même, aux nouveaux syndicats qui pourront se former pour cet objet.

*
* *

Voici comment on peut constituer l'assurance contre la grêle.

Que l'assurance soit établie par un syndicat, ou comme syndicat, on procédera comme s'il s'agissait d'une Caisse de prévoyance contre la mortalité du bétail, c'est-à-dire suivant les indications du chapitre IV qui précède.

Si c'est un syndicat qui créée une Caisse de prévoyance, un simple Réglement, voté par l'Assemblée générale, suffira. Nous avons donné, formule n° 28, 3me partie, le modèle du Réglement adopté par le syndicat agricole des Cantons de Villefranche et d'Anse (Rhône). Ce modèle, avec quelques modifications ayant pour but de se conformer à la jurisprudence établie au Ministère de l'Agriculture, au sujet des subventions du chapitre 41 du budget, nous paraît répondre aux besoins de cette création. Il suffit de créer une Caisse et une administration distinctes de celles du Syndicat et d'admettre tous les habitants de la région, syndiqués ou non, qui désireront s'assurer comme nous l'avons dit plus haut.

Si on forme un syndicat spécial, on le constituera dans les termes de la loi du 21 mars 1884, par des statuts. Nous avons donné, formule n° 29, 3me partie, un modèle de Statuts. Pour les formalités à remplir on procèdera, avons nous dit, suivant les indications du chapitre IV qui précède.

Assurance contre l'Incendie.

M. le comte de Rocquigny qui, en 1894, a traité à fond la question des assurances, notamment celle contre l'incendie, dans un remarquable travail dont les conclusions ont été entièrement approuvées par la Société des Agriculteurs de France, qui l'avait prié d'étudier ce risque et le remède, estime, et nous sommes entièrement de son avis, que l'association syndicale ne peut pas donner les résultats recherchés, et il conseille aux syndicats, ce que nous approuvons sans réserve, de se borner, comme M Emile Salle l'a, de son côté, également proposé pour la grêle, à servir d'intermédiaires obligeants à leurs membres afin d'obtenir des compagnies — mutuelles ou à primes fixes, honorables et solvables, — soit au moment de traiter, une modération des tarifs ; soit un réglement plus actif s'il survient un sinistre.

Assurance contre les accidents du travail.

La loi du 9 avril 1898 a couvert une partie des risques que courrent les ouvriers dans leur travail, en déterminant la responsabilité des accidents dont ils sont, de ce côté, trop souvent victimes !

Celle du 30 juin 1899, concernant spécialement les agriculteurs, a décidé, dans un article unique, que :

« Les accidents occasionnés par l'emploi de machines agricoles mues par des moteurs inanimés et dont sont victimes, par le fait ou à l'occasion du travail, les personnes, quelles qu'elles soient, occupées à la conduite ou au service de ces moteurs ou machines, sont à la charge de l'exploitant du dit moteur.

» Est considéré comme exploitant, l'individu ou la collectivité qui dirige le moteur ou le fait diriger par ses préposés.

» Si la victime n'est pas salariée ou n'a pas un salaire fixe, l'indemnité due est calculée, selon les tarifs de la loi du 9 avril 1898, d'après le salaire moyen des ouvriers agricoles de la commune.

» En dehors du cas ci-dessus déterminé la loi du 9 avril 1898 n'est pas applicable à l'agriculture. »

Nous donnons à la 2me Partie, Ch. IV, le résumé de la jurisprudence, sur des questions concernant les agriculteurs, à la date du 25 avril 1900. Nous avons, du reste, déjà dit quelques mots (1re Partie, Ch. 1er, *Accidents* etc.) de cette salutaire législation qui constitue une grande amélioration dans notre organisation sociale.

L'expérience la perfectionnera, comme toute chose, mais il est incontestable qu'elle réalise un progrès réel dans la voie des réformes pratiques telles que tout esprit sage, inspiré par l'amour de la justice et de l'humanité, doit les comprendre.

Voici comment cette assurance peut être pratiquée :

(a) *Assurance par les Syndicats.*

Avant ces mesures législatives, M. le comte de Rocquigny, dans un rapport très documenté, dressé en 1894, et également destiné à l'Institution dont nous avons déjà parlé, qui lui a accordé, à juste titre, son entière approbation, engageait, alors, les Syndicats, pour couvrir ce risque, à s'inspirer de l'essai tenté depuis 1891 par la *Société Orléanaise*, fondée par le *Syndicat des agriculteurs du Loiret*, — Société d'assurances mutuelles contre les accidents du travail — et, si les résultats acquis leur paraissaient satisfaisants, à imiter cette création, et, même, à s'y associer si cela était possible.

Dans le cas contraire, les syndicats devaient rester, comme pour l'incendie et la grêle, de simples intermédiaires désintéressés entre leurs membres et les Compagnies, dont nous parlons-ci après, dans le double but que nous avons indiqué plus haut.

Aujourd'hui, les Syndicats ont encore les mêmes ressources, et, en outre, celles dont nous allons parler.

(b) *Assurance par une Caisse de l'État.*

Il y a, d'abord, la *Caisse nationale d'assurances contre les accidents*, créée par la loi du 11 juillet 1868, placée sous la garantie de l'Etat et gérée par la Direction générale de la Caisse des dépôts et consignations, que la loi du 24 mai 1899 a autorisée à assurer les risques visés dans la loi du 9 avril 1898, et qui a son tarif spécial. Une circulaire du directeur de la dite Caisse des dépôts etc., en date du 25 juillet 1899, (donnée 2me Partie, Chap. IV) indique les conditions de son fonctionnement qui sont, du reste, ci-après résumées :

D'une manière générale, la Caisse couvre ainsi les risques et ce, moyennant une prime annuelle — sauf pour les exploitants de batteuses agricoles qui jouissent de conditions spéciales, — qui est basée sur 100 fr. de salaires, et varie suivant les industries :

I. En cas de mort, une pension est servie, à partir du décès : 1° au *conjoint*, non divorcé ni séparé de corps, et est égale à 20 o/o du salaire de la victime. Si le conjoint se remarie la pension cesse mais il reçoit une indemnité représentant trois fois la rente annuelle.

2° Aux *enfants* légitimes, ou naturels reconnus. La pension est basée sur le salaire de la victime et est proportionnée au nombre d'enfants. Elle varie de 15 à 60 o/o, suivant qu'ils sont orphelins de père et de mère ou de l'un seulement ;

3° Aux *ascendants* et *descendants* à la charge de la victime, quand elle n'a laissé ni conjoint ni enfants. Chacun d'eux a une rente représentant 10 o/o du salaire, maximum 30 o/o de ce salaire à répartir entre tous. Les ascendants touchent cette rente jusqu'à leur décès ; les descendants jusqu'à l'âge de 16 ans seulement.

II. En cas d'incapacité absolue et permanente, il est servi à la victime une rente égale aux deux tiers de son salaire annuel. Cette rente ne peut être inférieure à 200 fr. pour un versement de 5 fr., et de 150 fr. pour un versement de 3 fr.

III. Et en cas d'incapacité partielle permanente, la rente est ramenée à la moitié de la réduction que l'accident aura fait subir, sur son salaire, à la victime.

Les rentes sont payables par trimestre, les 1er mars, 1er juin, 1er septembre et 1er décembre : à Paris, à la Caisse des dépôts et consignations et chez les Receveurs-percepteurs, et, dans les départements, chez les Trésoriers-payeurs généraux, Receveurs des finances et Percepteurs. Elles sont, pour la totalité, incessibles et insaisissables.

Le service en est fait par la Caisse nationale des retraites pour la vieillesse.

La Caisse ne couvre pas le risque des accidents entraînant une *incapacité temporaire* de travail, par la raison que la Société de secours mutuels peut, en partie du moins, garantir ce risque.

Les *frais médicaux*, *pharmaceutiques*, *funéraires* même, sont, quand on le demande, couverts par la Caisse qui paie, aussi sur demande, des indemnités journalières jusqu'à la constitution de la rente.

(c) *Assurance par les Compagnies autorisées*

Ensuite, les « sociétés d'assurances mutuelles ou à primes fixes contre les accidents du travail » autorisées, également, à assurer ces risques en se soumettant à la surveillance et au contrôle de l'Etat, en fournissant les garanties et le cautionnement exigés non seulement par la dite loi de 1898, et les nombreux décrets pris pour son exécution, mais encore par la loi du 11 juillet 1868.

Or, ces sociétés, qui sont déjà nombreuses et dont l'*Officiel* publie les noms, ont un capital et des réserves qui, avec les garanties exigées par la loi, le contrôle de l'Etat, constituent, pour le bénéficiaire de l'assurance et celui qui assure, un ensemble de sécurités rassurant. Ces sociétés ont aussi leur tarif spécial.

En résumé, comme pour les risques cités plus haut, les syndicats n'engageront pas leur responsabilité — même morale — en restant de simples intermédiaires entre l'assureur et l'assuré.

***

Signalons à ceux — et ils sont nombreux — que cette nouvelle législation intéresse, les trois volumes que vient de publier la Division de l'assurance et de la prévoyance sociales, au Ministère du Commerce, résumant l'un, les lois, règlements et circulaires à la date du 15 juin 1900 et les deux autres la jurisprudence, à la date du 25 avril 1900, ayant trait à cette matière. Ces documents sont d'une incontestable utilité pour se mettre au courant de cette question.

Assurance contre la maladie, le chômage, etc. Pensions, etc.

L'assurance contre la maladie et le chômage qui peut atténuer, dans une certaine mesure du moins, les effets de ces risques si redoutables pour les ouvriers — car s'ils ont des ressources ils les épuisent, s'ils n'en ont pas ils s'endettent! — constitue une œuvre philanthropique d'assistance purement fraternelle, qui ne peut guère être pratiquée en dehors de la Société de secours mutuels. Les syndicats ont ajouté, en général, l'indemnité de chômage aux autres avantages qu'ils ont procurés à leurs membres dans les 400 sociétés de secours mutuels par eux fondées. Le chômage est une conséquence forcée de la maladie. Ces deux risques se produisent en même temps.

Or, moyennant une cotisation mensuelle, qui varie suivant les sociétés, et souvent suivant l'âge, le sociétaire a droit, en cas de maladie, aux frais médicaux et pharmaceutiques, et à une indemnité journalière le plus souvent, et ce, pendant un temps plus ou moins long suivant les sociétés et leurs ressources.

Il a aussi droit, dans beaucoup de sociétés, à un âge et après un nombre d'années de sociétariat déterminés, à une pension de retraite servie, généralement, par l'État et dont le chiffre varie suivant la fortune de la société.

Quelques sociétés accordent, parfois, des indemnités aux sociétaires sans emploi et leur cherchent même du travail. D'aucunes se chargent des frais funéraires et viennent, à ce moment, en aide aux familles, ce qui constitue une autre assurance en vue des derniers instants.

C'est donc, en résumé, à ces institutions de prévoyance qu'il faut recourir pour ces risques matériels. L'associé y trouve, en outre, la pratique de la vraie fraternité dans ce qu'elle a de plus humain et de plus élevé au point de vue moral !

Les Syndicats ne fonderont jamais trop d'institutions semblables, et il faut les féliciter d'en avoir déjà créé plusieurs centaines — l'Annuaire de 1900 porte 400 sociétés à leur actif — et les engager à persévérer dans cette voie car, nous ne saurions trop le répéter, on ne peut fonder d'œuvres plus saines et plus utiles.

Ces Sociétés sont constituées suivant la loi du 17 juillet 1850, le décret du 26 mars 1852 et la loi du 1er avril 1898, et, généralement, comme sociétés dites *autorisées*, ce qui leur assure les nombreux avantages conférés par cette législation.

Les fondateurs de ces œuvres obtiendront très aisément tous les documents nécessaires à leur création : modèles de statuts, instructions, etc. en s'adressant aux Préfets, aux Maires, ou bien encore directement au Ministère de l'Intérieur où l'on trouve toutes les facilités désirables à ce sujet.

Assurance de rentes viagères et capitaux en cas de vie, de décès, etc.

Les travailleurs prévoyants peuvent s'assurer la tranquillité des vieux jours en se constituant, à l'aide de leurs économies, des rentes viagères ou des capitaux, et même les deux, et procurer aussi ces avantages aux leurs : conjoint, ascendants, descendants, etc., en procédant comme suit :

(a) *Rentes viagères immédiates ou différées.*

1° Rentes constituées par une Caisse de l'État.

Par l'intermédiaire de la *Caisse Nationale des retraites pour la vieillesse* — créée, sous la garantie de l'État, par la loi du 18 juin 1850, réorganisée par la loi du 20 juillet 1886 et gérée par la Caisse des Dépôts et consignations — au moyen de versements successifs, maximum 500 fr. par année (comptée du 1er janvier au 31 décembre) minimum un franc, qu'on peut payer en timbres-poste — ce qui fait dire qu'on peut commencer l'épargne avec 5, 10, 15 centimes — quiconque peut se constituer, ou constituer pour autrui, une rente viagère de 2 à 1200 fr. (minimun et maximum).

Le bénéficiaire doit être âgé de 3 ans au moins.

Les versements sont reçus aux Caisses de l'État désignées plus haut (V. *Assurances contre les accidents*).

L'entrée en jouissance de la rente est fixée, au choix du déposant, à partir de chaque année d'âge accomplie de 50 à 65 ans. A l'échéance, le déposant peut reculer l'époque de l'entrée en jouissance à une autre année. En ce cas, le chiffre de la rente est augmenté.

Quand les versements — uniques ou successifs — sont faits à 50 ans, ou à un âge plus avancé, le déposant peut entrer immédiatement en jouissance de la rente ou différer cette entrée en jouissance afin d'avoir un chiffre plus élevé.

Les arrérages sont payés trimestriellement — à commencer du premier jour du trimestre qui suit celui où on a atteint l'âge de 50 ans — dans toute la France, chez les Receveurs des finances et chez les Percepteurs.

Les rentes sont incessibles et insaisissables jusqu'à concurrence de 360 francs.

Si, avant l'âge de 50 ans, le déposant se trouve dans l'impossibilité absolue de travailler, il peut obtenir la liquidation de sa rente, et même avec des bonifications dans certains cas prévus par la loi du 31 décembre 1895.

Capital aliéné ou réservé. — Le capital versé pour la constitution de la rente est dit *aliéné* ou *réservé*. Dans le premier cas, ayant été placé à *fonds perdu* par le déposant il profite, à son décès, à la Caisse des retraites : dans le second cas, à son décès, il est immédiatement remboursé, sans intérêts, à ses ayants-droit.

Tout capital *réservé* peut être abandonné plus tard dans le but d'obtenir une augmentation de rente, le chiffre de la rente étant nécessairement plus élevé quand le capital a été abandonné que lorsqu'il a été réservé.

Les déposants des Caisses d'épargne peuvent demander que leurs fonds soient, en tout ou en partie, dans le but ci-dessus, versés à la Caisse des retraites.

Nota. — Cette Caisse délivre, en outre, des promesses de livrets au porteur indiquant la somme versée, sans aucun nom de donateur ou bénéficiaire

2° Rentes constituées par les Compagnies d'assurances

En dehors de la Caisse des retraites, il existe plusieurs Compagnies d'assurances, régulièrement constituées, honorables et solvables, dont les ressources sont connues et qui ont, du reste, fait leurs preuves, offrant, également, les moyens de s'assurer, pour soi et les siens, la sécurité du lendemain, et ce, sans limite : soit comme versements, soit comme quotité de rente, soit comme âge.

Le chiffre de leurs opérations est considérable.

Ces compagnies servent des rentes viagères payables par trimestre, semestre ou par année, au choix du rentier, et, de même, constituent des capitaux aux conditions générales ci-après :

En ce qui touche les rentes viagères que servent ces compagnies, et qui s'élèvent aujourd'hui à un chiffre très élevé, ces rentes sont ou *immédiates* ou *différées* ou *de survie*.

La *rente immédiate* est celle dont on entre en jouissance le jour du contrat. Elle est créée moyennant le versement d'un capital déterminé, proportionné à l'âge du rentier le jour du versement. Plus le rentier est avancé en âge, plus la rente est élevée. A son décès le capital profite intégralement à la Compagnie qui cesse, en outre, le service des arrérages.

La rente peut être constituée sur deux têtes, et même plus, avec reversion de la totalité, ou d'une partie, sur la tête du survivant.

Cette opération convient, surtout, aux personnes dont le revenu est insuffisant : aux époux sans enfants, aux célibataires, etc.

La *rente différée* est celle dont la jouissance ne commencera qu'à une date ultérieure, fixée dans le contrat. Elle est constituée moyennant une prime unique, ou des primes annuelles, et servie à l'assuré s'il est vivant à la date fixée pour l'entrée en jouissance. S'il meurt auparavant la Compagnie est dégagée du capital. Plus l'entrée en jouissance est éloignée plus la rente est importante. Cette assurance convient surtout aux travailleurs qui, tout en ayant pour le moment et pour quelques années, suivant leur appréciation, des ressources suffisantes, prévoient, cependant, qu'à un âge plus avancé ces ressources manqueront ou seront insuffisantes.

Enfin, la *rente de survie* est celle constituée par une personne, — généralement un soutien de famille, — qui désire assurer à un ou à plusieurs bénéficiaires — souvent le père ou la mère, sinon les deux — une retraite pour le cas où ils lui survivraient. Si cette personne survit aux bénéficiaires, la Compagnie est dégagée et la prime cesse d'être due. Cette prime est toujours proportionnée à l'âge du bénéficiaire et à celui du contractant, lors de l'assurance.

En ce qui touche les *capitaux*, voici les renseignements relatifs à leur constitution :

(*b*). *Capitaux. — Assurance,* EN CAS DE VIE, *par les Compagnies.*

Il y a deux sortes d'assurances en cas de vie : celle concernant les rentes viagères — nous venons d'en parler — et celle concernant les capitaux dont nous allons nous occuper.

Les assurances de *capitaux*, qui sont aussi très répandues, et atteignent une grosse somme, se nomment : assurances de capitaux *différés*, *mixtes* et à *terme fixe*. Elles sont pratiquées par les Compagnies dont nous avons déjà parlé et fonctionnent ainsi :

Capitaux différés. — Moyennant une prime unique, ou des primes annuelles, les Compagnies s'engagent à payer à l'assuré, à une époque fixée, si, à ce moment, il est vivant, un capital déterminé. S'il meurt avant cette époque les primes restent acquises à l'assureur, à moins qu'il y ait une contre assurance. Dans ce cas, qui comporte un versement supplémentaire de primes, celles qu'il a payées depuis l'origine sont remboursées, aussitôt après son décès, mais sans intérêts, à ses ayants-droit.

Cette assurance est généralement pratiquée par un père de famille qui veut réaliser, pour une époque en vue, les fonds nécessaires à l'éducation, ou à l'établissement, dans le commerce ou par un mariage, de ses enfants; ou par quelqu'un qui veut augmenter, plus tard, son bien-être, ou faire un don à un enfant, un parent, un ami, etc.

Assurance mixte. — Cette assurance a un double but : constituer à l'assuré à une époque déterminée, s'il est vivant un capital, et l'assurer à ses ayants-droit s'il meurt avant l'époque fixée. Dans ce dernier cas, le capital est versé à ses ayants-droit à son décès.

Elle peut être établie sur deux têtes. Dans ce cas, si l'un des deux vient à mourir avant l'époque d'exigibilité, le capital est immédiatement payé au survivant.

La prime est proportionnée à l'âge des assurés. L'assuré peut cesser de la payer et même demander le rachat des primes versées.

D'autres combinaisons sont encore offertes par les Compagnies qui accordent certaines facilités dans beaucoup de cas spéciaux indiqués dans leurs notices.

Assurance à terme fixe. — Au moyen de primes proportionnées à l'âge de l'assuré et à l'échéance du capital, les Compagnies assurent le paiement, à une époque déterminée, soit à l'assuré, s'il est vivant, soit à ses ayants-droit, dans le cas contraire, d'un capital fixé au contrat. Au décès de l'assuré, avant l'époque d'exigibilité de ce capital, les primes cessent d'être dues, mais ses ayants-droit doivent attendre cette échéance pour toucher le dit capital.

Avec cette assurance, si l'assuré a voulu constituer une dot à un enfant, par exemple — ce qui est souvent le cas — son but sera atteint.

(c). *Capitaux. — Assurances en cas de décès.*

1° ASSURANCE PAR UNE CAISSE DE L'ÉTAT.

La *Caisse d'assurance en cas de décès*, gérée par la Caisse des dépôts et consignations, a pour objet de payer, au décès de l'assuré, à ses ayants-droit, une somme déterminée (maximum 3.000 fr.), et ce, moyennant une prime unique et des primes annuelles.

Elle assure une somme de 1.000 fr., maximum, payable au décès d'un membre d'une société de secours mutuels, si cette société a contracté une assurance collective.

Elle consent aussi des assurances temporaires reposant sur la tête d'acquéreurs de maisons à bon marché et passe des contrats d'assurance-mixte avec des tiers ou des chefs d'industries, pour leur personnel, et des sociétés de secours mutuels, au profit de leurs membres.

2° Assurance par les Compagnies

Les Compagnies citées plus haut font encore l'assurance de capitaux en cas de décès.

Voici comment fonctionne cette assurance, qui se subdivise en trois branches :

Assurance pour la vie entière. — Moyennant une prime unique, temporaire et viagère, annuelle, semestrielle ou trimestrielle, proportionnée à l'âge de celui qui contracte l'assurance et de celui qui en doit profiter, les Compagnies s'engagent à payer un capital déterminé au bénéficiaire au décès de la personne qui a contracté l'assurance. Cette assurance peut être faite sur une ou plusieurs têtes.

Assurance temporaire. — Moyennant une prime annuelle proportionnée à l'âge de celui qui contracte l'assurance, une Compagnie s'engage à verser au décès de ce dernier, s'il survient dans un intervalle fixé dans le contrat, un capital déterminé. Si l'assuré survit à l'époque convenue la Compagnie est dégagée.

Cette sorte d'assurance a généralement pour but de garantir le paiement d'une dette. Elle peut être contractée sur plusieurs têtes, avec différentes époques d'exigibilité du capital assuré.

Assurance de survie. — Sous cette forme l'assurance d'un capital a lieu dans les mêmes termes que celle d'une *rente viagère de survie* (V. ces mots plus haut).

* * *

En dehors des assurances que nous venons de résumer, il y a, avons-nous dit, d'autres combinaisons encore qui offrent aussi leurs avantages. Pour les connaître, il faudrait se procurer les notices de chaque Institution et de chaque Compagnie, lesquelles résument très clairement leurs opérations. Or, ces documents, avec les tarifs, sont délivrés gratuitement, sur simple demande, savoir :

Pour les opérations des Caisses de l'État, chez les Trésoriers-payeurs généraux, Receveurs particuliers des finances, Percepteurs des contributions directes et Receveurs des postes, ou envoyés sur demande, non affranchie, adressée au Directeur général de la Caisse des dépôts et consignations, rue de Lille, n° 56, à Paris, et pour celles des Compagnies, à leur siège social, dans leurs agences ou chez leurs correspondants.

*
* *

On ne saurait trop encourager l'épargne, développer les actes, individuels ou collectifs, de prévoyance, qui seuls peuvent amener chez les travailleurs, avec la sécurité du présent, la tranquillité des vieux jours, c'est pourquoi nous avons cru utile de donner ici ces renseignements, qui ne sont peut-être pas suffisamment connus des paysans, afin de faire connaître à ceux qui les ignorent les nombreux avantages qu'on peut retirer du placement des économies, quelque petites, quelque modestes qu'elles soient, et, ainsi, d'amener, si possible, chez ceux qui n'en ont pas encore fait, l'idée, la résolution, d'en faire.

CHAPITRE VI

Les Warrants agricoles

1. Leur objet général. — 2. Leur utilité pour les agriculteurs. 3. Produits warrantables. — 4. Rôle du crédit agricole et des banques dans l'escompte des warrants. — 5. Libellé. — 6. Délivrance des warrants. — 7. Frais. — 8. Formalités imposées aux fermiers en retard. — 9. Négociation des warrants. — 10. Obligations de l'emprunteur. — 11. Remboursement. — 12. Exécution du gage.

1. Le warrant agricole est un nouvel instrument de crédit, sur gages, dû à la loi du 18 juillet 1898, qui lui a créé une législation spéciale.

Il est établi pour les agriculteurs qui peuvent l'utiliser eux-mêmes en banque, par exemple, au moyen de l'escompte au même titre que le commerçant et l'industriel, utilisent le warrant commercial ou des effets tirés sur leurs clients.

L'agriculteur qui en fait usage a donc le choix ou de l'escompter directement à la Banque de France ou aux Etablissements de crédit, aux banques et même aux particuliers — s'ils l'acceptent bien entendu, car on ne peut les y obliger — ou de le passer à la Caisse locale de crédit agricole mutuel dont il peut faire partie dans sa région.

Le warrant représente l'avance faite sur les produits gagés mais non les produits eux-mêmes n'étant pas, comme le warrant commercial, accompagné du récépissé des marchandises à l'aide duquel on peut en transmettre la propriété.

Nous avons, au début et dans le cours de ce travail, fait ressortir les immenses avantages que leur offre ce papier nouveau, mis à leur disposition.

2. En effet, les produits qui peuvent être warrantés, c'est-à-dire sur ceux lesquels les agriculteurs pourraient, suivant les besoins de leurs exploitations, obtenir des avances, soit pour développer leurs cultures et augmenter le rendement de leurs terres, par exemple — et ce, sans aucuns frais de déplacement, et sans se dessaisir des dits produits donnés

en gage, lesquels restent sur leurs fermes, dans les greniers ou autres emplacements — atteignent le chiffre de 9 milliards 190 millions pour la France entière.

3. Voici, suivant la loi, quels sont ces produits :

Légumes secs, fruits séchés et fécules ;

Matières textiles animales ou végétales ;

Graines oléagineuses, graines à ensemencer ;

Vins, cidres, eaux-de-vie et alcools de nature diverse ;

Cocons secs et cocons ayant servi au grainage ;

Bois exploités, résines et écorces à tan ;

Fromages, miels et cires ; huiles végétales ; sel marin.

Comme on le voit le matériel agricole, les récoltes pendantes et les animaux de ferme, ne sont pas compris dans les choses qu'on peut warranter.

Sans vouloir discuter les motifs de l'abstention *voulue* de nos législateurs, à ce sujet, nous dirons simplement qu'en ce qui touche le bétail seulement c'est 5 milliards de ressources en moins pour les agriculteurs.

Néanmoins, ainsi que nous l'avons fait remarquer dès le début en ne warrantant que la moitié des produits warrantables, il reste encore 4 milliards 600 millions de ressources nouvelles que la loi de 1898 a mis à leur disposition.

4. Les Caisses locales et régionales de crédit agricole mutuel trouveront là une excellente occasion, et l'une des meilleures peut-être, d'être utiles aux cultivateurs.

La Banque de France, de son côté, pourra faciliter les opérations, et cela avec d'autant plus de raison que, pour ces warrants spécialement, elle est dispensée, par la loi du 18 juillet 1898, de la troisième signature exigée pour les effets de commerce.

Enfin, les Etablissements de Banque, quand ce précieux élément de crédit absolument nouveau, et qui peut être utilisé isolément, ne se rattachant à aucune institution particulière, sera mieux connu, n'hésiteront certainement pas à l'escompter, soit aux cultivateurs directement, soit aux Caisses de crédit agricole mutuel les représentant — Caisses dont un certain nombre sont déjà en rapports, du reste, avec ces Etablissements.

En présence de l'incontestable sécurité qu'offre le gage donné en garantie il n'est pas douteux que les portes du crédit ne s'ouvrent toutes grandes à l'escompte du warrant agricole, et cela à des conditions favorables, lorsqu'il sera mieux connu.

Les lignes ci-dessus étaient écrites lorsque nous avons lu — et avec une réelle satisfaction — dans l'*Agriculture moderne* du 31 décembre 1899 la note suivante justifiant déjà nos prévisions :

« La succursale de Saintes, d'un Etablissement de crédit de Paris, warrante les eaux-de-vie à domicile ; les fûts sont scellés en présence du greffier de justice de paix, et la Société avance au propriétaire les *deux tiers* de la valeur de l'eau-de-vie. Il ne peut y avoir d'aléa puisque la valeur du produit warranté augmente, dans ce cas, avec l'âge ; un autre Etablissement de crédit va suivre cet exemple. »

Comment pourrait-il en être autrement quand, sans être assurés, peut-être, d'une aussi complète sécurité les Institutions de crédit, tenant compte, sans aucun doute, de leur objet, et de l'intérêt général qui s'y rattache, pour le pays, font déjà aux Caisses de crédit agricole des conditions particulièrement avantageuses, favorisant, ainsi, cette puissante industrie.

En effet, l'une d'elles, notamment, prend le papier du Crédit agricole mutuel de l'Ariège au taux de la Banque de France (discours de M. Milliès-Lacroix, au Sénat, le 17 mars 1899) et celui du Crédit mutuel de l'Hérault à 3 1/2 ou 4 0/0, suivant qu'il s'agit ou non d'un renouvellement, et accorde jusqu'à trois renouvellements successifs, le tout sans frais ni commission (discours de M. Dufour, député, à la réunion des Syndicats agricoles de l'Isère, le 14 octobre 1899).

Le warrant agricole est appelé à rendre de grands services aux agriculteurs ; il pourra les protéger contre la dépression des cours en leur permettant de choisir l'époque propice de la réalisation de leurs produits. Il faut donc travailler à le faire connaître et apprécier du cultivateur et des Banques, c'est à-dire à le faire entrer le plus promptement et le plus complètement possible dans la pratique.

Il ne faut pas s'étonner, et, encore moins s'inquiéter, s'il n'entre pas de suite, d'une manière très développée, dans les habitudes des campagnes. Le chèque, lui-même, qui a un si grand et si légitime succès aujourd'hui, après 35 années d'existence légale, a mis de longues années à s'acclimater sérieusement en France.

Il en sera de même du warrant — malgré les complications qu'on reproche à son fonctionnement, et qui pourraient, du reste, être supprimées ou simplifiées — quand il sera bien connu, son succès, nous en sommes certain, ne trompera pas les espérances qu'il a fait concevoir aux législateurs quand ils l'ont créé. Il les dépassera !

Nous abordons le mécanisme pratique de sa mise en mouvement.

5. Voici, d'abord, le libellé du warrant dont nous avons donné, du reste, le modèle officiel aux formules (n° 30). Il est extrait d'un livre à souches :

(a) *Warrant.*

Le Warrant porte, au *recto* : M[1] a déclaré vouloir emprunter la somme de[2] sur[3]

M[4] a reçu l'avis prescrit par l'art. 2 de la loi du 18 juillet 1898. Il n'a pas formé d'opposition.

La marchandise qui fait l'objet du présent warrant a été assurée par M[5]

A , le . Le greffier de la justice de paix,
(Signature et timbre du greffier).

Au *verso* : 1er endossement. — Bon pour transfert du présent warrant à l'ordre de M , demeurant à , sur garantie de la somme de , payable le , intérêts compris. — Le

(b) *Souche*, restant au greffe.

La souche porte, au *recto* : (1) Les nom, prénoms, domicile et qualité de l'emprunteur;

(2) Le montant des sommes à emprunter;

(3) Les nature, valeur, quantité et situation du produit warranté;

(4) Les nom et adresse du propriétaire, de l'usufruitier ou de leur mandataire légal; — la date à laquelle l'avis de l'emprunteur lui a été envoyé; la date de la réception du consentement du propriétaire, de l'usufruitier ou de leur mandataire légal ou mention de l'absence d'opposition dans les douze jours de l'envoi de l'avis; — la mention de l'assurance ou de la non assurance du produit warranté;

(5) Les nom et adresse de l'assureur.

A , le . (Signature du greffier).

Puis, au-dessous, la date du remboursement de l'emprunt et de la radiation de l'inscription.

La souche porte au *verso* : Transcription des endossements ultérieurs au warrant :

Désignation du warrant	Date de la transcription	Noms et domicile des cessionnaires

6. *Délivrance du warrant.* — C'est le greffier de la justice de paix du canton où sont les produits qui, seul, peut délivrer un warrant, et ce, sur la demande du propriétaire de ces produits.

Le Greffier conserve à la souche la partie gauche du warrant et délivre la partie droite à l'intéressé.

Donc, lorsque ce dernier veut faire usage du warrant il se présente devant cet officier ministériel et lui donne les renseignements nécessaires pour son établissement, suivant les indications qui y sont, d'ailleurs, imprimées.

Avec la valeur réelle maximum des produits sur lesquels il désire emprunter, le propriétaire doit indiquer la somme qu'il désire se procurer.

Il doit, aussi, déclarer si la marchandise est ou non assurée contre l'incendie et si elle l'est — ce qui devrait être toujours exigé par le prêteur — indiquer l'assureur.

Le greffier se borne à transcrire toutes ces indications sur le warant, et ce, sur la déclaration de l'emprunteur. Pour cette raison, il n'encourt au sujet de cette déclaration

(1 à 5). Ces numéros sont ceux, correspondants, de la souche et du warrant.

aucune responsabilité personnelle. — Il appartient au prêteur de vérifier la marchandise warrantée, s'il le juge utile.

Pour faciliter la négociation du warrant en banque il nous paraît utile de ne pas l'établir à plus de 90 jours d'échéance — sauf renouvellement, bien entendu, suivant accord avec le premier prêteur — et, en outre, de le *domicilier* payable dans la ville la plus voisine où la Banque de France a une succursale

7. *Frais.*—Les honoraires des greffiers, pour la délivrance du warrant, ont été fixés par le décret du 29 octobre 1898 à dix centimes par cent francs de la somme que le porteur désire emprunter.

Le même décret accorde, en outre, aux greffiers :

o fr. 25 pour toute mention sommaire sur le registre, autre que le registre à souches;

o fr. 10 pour la mention à inscrire au verso de la souche du warrant après l'escompte ou le réescompte dudit warrant;

o fr. 50 pour toute communication par lettre recommandée, non compris les débours ;

1 fr. pour la délivrance de la copie des inscriptions;

o fr. 50 pour la délivrance du certificat négatif;

1 fr. pour mention du remboursement avec délivrance du certificat de radiation ;

o fr. 25 pour le renouvellement du warrant.

Comme les effets de commerce, le warrant est passible d'un droit de timbre de cinq centimes par cent francs acquitté au moyen de timbres mobiles annulés au moment de sa délivrance.

Il est exempt de tout droit d'enregistrement. En cas de protêt, cependant, il serait assujetti, au droit de o fr. 50 o/o.

Tous les autres documents ci-dessus énumérés sont affranchis du timbre et de l'enregistrement.

8. ***Formalités devant, dans certains cas, précéder*** *l'emprunt.* — Si celui qui désire warranter des produits est fermier, et doit à son propriétaire des fermages échus il sera

tenu de demander le consentement de ce dernier pour pouvoir obtenir un warrant.

A cet effet, il lui enverra, sous pli recommandé, par l'intermédiaire du greffier chargé de la délivrance du warrant la copie de ce warrant avec une lettre lui demandant « s'il consent à la délivrance du dit warrant »

Si le propriétaire a répondu Oui — ou s'il n'a pas répondu dans le délai de douze jours francs — le warrant peut être délivré.

S'il a répondu Non — ce qu'il doit faire, en ce cas, par lettre recommandée — son refus, qui est considéré comme une opposition, rend cette délivrance impossible.

9. *Négociation du warrant.* — L'emprunteur endossera le warrant à l'ordre du prêteur. Ce dernier pourra l'endosser à une autre personne et celle-ci à une troisième et, ainsi de suite, absolument comme s'il s'agissait d'un effet de commerce.

Toutefois, à chaque endossement l'escompteur est tenu d'en donner avis immédiatement au greffier du juge de paix, par lettre recommandée, avec accusé de réception. — Le greffier inscrit sur son registre toutes les mentions figurant sur le warrant. Il est tenu d'en donner connaissance à toute personne, « munie de l'autorisation du propriétaire des produits warrantés ».

10. *Obligations de l'emprunteur. — Remboursement du warrant.* — Jusqu'au remboursement de son emprunt, le propriétaire des produits warrantés en reste dépositaire, à ses frais et sous sa garantie, et ne peut, sous aucun prétexte, en disposer.

Il ne peut pas les vendre, par exemple, et ce, quand bien même il aurait résolu d'en affecter le montant au retrait du warrant ou de charger l'acheteur d'en effectuer le remboursement sur son prix.

« S'il détournait, dissipait, ou détériorait le gage, il serait, suivant la loi de 1898, poursuivi comme coupable d'abus de confiance ! »

11. Toutefois, il a le droit de rembourser avant l'échéance le porteur du warrant, qu'il peut toujours connaître en s'adressant au greffe où le dit warrant a été délivré, ce qu'il peut avoir intérêt à faire surtout si le moment favorable de la vente est arrivé.

En ce cas, il bénéficie des intérêts qui restent à courir jusqu'à l'échéance, déduction faite d'un délai de 10 jours.

Si le créancier refuse le remboursement, il pourra se libérer en consignant les fonds conformément à l'article 1259 du code civil. Sur le vu de la quittance de consignation, le juge de paix — qui est juge, du reste, de tous les différends qui peuvent naître à propos des dits warrants, — rendra une ordonnance le libérant.

Ce dernier point est très important car l'emprunteur peut avoir, dans certains cas, tout intérêt à anticiper le remboursement.

C'est dans cette circonstance, surtout, nous le répétons, quand le débiteur n'a pas les fonds nécessaires, que le rôle de la Caisse locale de crédit agricole mutuel peut être utile aux agriculteurs.

L'emprunteur, une fois libéré, devrait, d'après la loi, en aviser le greffier qui a délivré le warrant. Mais, à ce sujet, nous croyons qu'il convient de lui laisser toute liberté, l'utilité de cette mesure n'étant pas démontrée.

12. *Exécution forcée du gage.* — A défaut de paiement, à l'échéance, le gage doit être exécuté par le dernier porteur du warrant — qui, autrement, perdrait son recours contre les endosseurs — et ce, au plus tard, dans le mois de l'avis adressé par lettre recommandée au débiteur auquel il en est demandé un accusé de réception. La vente peut avoir lieu, au plus tôt, 8 jours après cet avis, sans aucune autre formalité de justice, suivant l'article 617 et suivants du Code civil, et aux enchères publiques, par un officier ministériel.

Le porteur du warrant est payé directement sur le produit de la vente du gage, par privilège et préférence à tous —

impôts et frais exceptés — et ce, en vertu d'une simple ordonnance du Juge de paix.

En cas seulement d'insuffisance de ce produit, il exerce son recours contre l'emprunteur et les endosseurs dans le mois de la vente. Passé ce délai, il perd ce recours.

*
* *

Le warrant agricole vient, en résumé, apporter un appoint sérieux aux avantages de la législation qui a fait l'objet de ces lignes.

Espérons que cette législation contribuera à améliorer la condition des travailleurs de la terre, à relever la valeur des propriétés rurales et à remédier, enfin, à la grave crise agricole dont nous souffrons, ce qu'on ne saurait trop souhaiter dans ces divers intérêts et dans celui de notre cher pays que nous plaçons au-dessus de tout et que nous serions heureux d'avoir pu servir ici, nous le répétons, dans une mesure quelconque !

*
* *

Nous allons passer à la partie complémentaire de ce travail, c'est-à-dire à la *Législation* (2e partie) et aux *Formules* (3e partie) ;

Et, dans une quatrième partie supplémentaire, nous résumerons la situation économique agricole, à ce moment, en ce qui touche, surtout, les nouvelles mesures législatives, prises ou projetées, pendant l'impression de ce livre.

Mais, avant d'aller plus loin, nous tenons à nous acquitter de suite d'un devoir :

Nous adressons à toutes les personnes bienveillantes, qui nous ont non pas seulement facilité la tâche, mais permis de l'accomplir, nos plus vifs remerciements.

Nous exprimerons, particulièrement, notre reconnaissance aux dévoués fonctionnaires du Gouvernement de la République Française qui, dans nos divers Ministères, et, principalement au Ministère de l'Agriculture, nous ont fourni, dans l'intérêt public que nous invoquions, et avec l'empressement et l'urbanité parfaite qu'on est toujours sûr de rencontrer auprès d'eux, les renseignements et documents officiels dont nous avions besoin pour cet ouvrage.

Nous regretterons, cependant, que leur modestie — trop grande, mais, que nous respectons et à laquelle nous ne saurions, par conséquent, faire violence ! — ne nous ait pas permis de les remercier nominativement ici.

DEUXIÈME PARTIE

LÉGISLATION

LOIS, DÉCRETS, ARRÊTÉS
CIRCULAIRES, INSTRUCTIONS ET DÉCISIONS MINISTÉRIELLES
JURISPRUDENCE

CHAPITRE PREMIER

Syndicats professionnels agricoles (1)

LOI du 21 mars 1884 sur les Syndicats professionnels.

Article premier. — Sont abrogés la loi des 14-27 juin 1791 et l'article 416 du Code pénal.

Les articles 291, 292, 293 et 294 du Code pénal et la loi du 10 avril 1834 ne sont pas applicables aux syndicats professionnels.

Art. 2. — Les syndicats ou associations professionnelles, même de plus de vingt personnes exerçant la même profession, des métiers similaires, ou des professions connexes concourant à l'établissement de produits déterminés, pourront se constituer librement, sans l'autorisation du Gouvernement.

Art. 3. — Les syndicats professionnels ont exclusivement pour objet l'étude et la défense des intérêts économiques, industriels, commerciaux et agricoles.

Art. 4. — Les fondateurs de tout syndicat professionnel devront déposer les statuts et les noms de ceux qui, à un titre quelconque, seront chargés de l'administration ou de la direction.

Ce dépôt aura lieu à la mairie de la localité où le syndicat est établi, et à Paris, à la préfecture de la Seine.

Ce dépôt sera renouvelé à chaque changement de la direction ou des statuts.

Communication des statuts devra être donnée par le maire ou le préfet de la Seine au procureur de la République.

Les membres de tout syndicat professionnel chargés de l'administration ou de la direction de ce syndicat devront être Français et jouir de leurs droits civils.

Art. 5. — Les syndicats professionnels régulièrement constitués, d'après les prescriptions de la présente loi, pourront librement se concerter pour l'étude et la défense de leurs intérêts économiques, industriels, commerciaux et agricoles.

Ces unions devront faire connaître, conformément au deuxième paragraphe de l'article 4, les noms des syndicats qui les composent.

Elles ne pourront posséder aucun immeuble, ni ester en justice.

Art. 6. — Les syndicats professionnels de patrons ou d'ouvriers auront le droit d'ester en justice.

Ils pourront employer les sommes provenant de cotisations.

Toutefois, ils ne pourront acquérir d'autres immeubles que ceux qui seront nécessaires à leurs réunions, à leurs bibliothèques et à des cours d'instruction professionnelle.

Ils pourront sans autorisation, mais en se conformant aux

(1) V. 1re partie, ch. II, et 3e partie, ch. Ier.

autres dispositions de la loi, constituer entre leurs membres des caisses spéciales de secours mutuels et de retraites.

Ils pourront librement créer et administrer des offices de renseignements pour les offres et demandes de travail.

Ils pourront être consultés sur tous les différends et toutes les questions se rattachant à leur spécialité.

Dans les affaires contentieuses, les avis du syndicat seront tenus à la disposition des parties, qui pourront en prendre communication et copie.

Art. 7. — Tout membre d'un syndicat professionnel peut se retirer à tout instant de l'association, nonobstant toute clause contraire, mais sans préjudice du droit pour le syndicat de réclamer la cotisation de l'année courante.

Toute personne qui se retire d'un syndicat conserve le droit d'être membre des sociétés de secours mutuels et de pensions de retraite pour la vieillesse à l'actif desquelles elle a contribué par des cotisations ou versements de fonds.

Art. 8. — Lorsque les biens auront été acquis contrairement aux dispositions de l'article 6, la nullité de l'acquisition ou de la libéralité pourra être demandée par le procureur de la République ou par les intéressés Dans le cas d'acquisition à titre onéreux, les immeubles seront vendus, et le prix en sera déposé à la caisse de l'association.

Dans le cas de libéralité, les biens feront retour aux disposants ou à leurs héritiers ou ayants cause.

Art. 9. — Les infractions aux dispositions des articles 2, 3, 4, 5 et 6 de la présente loi seront poursuivies contre les directeurs ou administrateurs des syndicats et punies d'une amende de 16 à 200 francs. Les tribunaux pourront, en outre, à la diligence du procureur de la République, prononcer la dissolution du syndicat et la nullité des acquisitions d'immeubles faites en violation des dispositions de l'article 6.

Au cas de fausse déclaration relative aux statuts et aux noms et qualités des administrateurs ou directeurs, l'amende pourra être portée à 500 francs.

Art. 10. — La présente loi est applicable à l'Algérie.

Elle est également applicable aux colonies de la Martinique, de la Guadeloupe et de la Réunion. Toutefois, les travailleurs étrangers et engagés sous le nom d'*immigrants* ne pourront faire partie des syndicats.

CIRCULAIRE Ministérielle du 25 août 1884, *relative aux Syndicats professionnels.*

Monsieur le Préfet, la loi du 21 mars 1884, en faisant disparaître toutes les entraves au libre exercice du droit d'association pour les syndicats professionnels, a supprimé, dans une même pensée libérale, toutes les autorisations préalables, toutes les prohibitions arbitraires, toutes les formalités inutiles. Elle n'exige de la part de ces associations qu'une seule condition pour leur établissement régulier, pour leur fondation légale : la publicité. Faire connaître leurs statuts, la liste de leurs sociétaires justifier en un mot de leur qualité de *syndicats* professionnels, telle est, au point de vue des formes qu'elles doivent observer, la seule obligation qui incombe à ces associations.

Si le rôle de l'Etat se bornait exclusivement à veiller à la stricte observation des lois, votre intervention n'aurait sans doute que de rares occasions de se produire.

Mais vous avez un devoir plus grave. Il vous appartient de favoriser l'essor de l'esprit d'association, de le stimuler, de faciliter l'usage d'une loi de liberté, d'en rendre la pratique aisée, d'aplanir sur sa route les difficultés qui ne sauraient manquer de naître de l'inexpérience et du défaut d'habitude de cette liberté. Ainsi, à considérer les besoins auxquels répond la loi du 21 mars, son esprit, les grandes espérances que les pouvoirs publics et les travailleurs ont mises en elle, votre mission, Monsieur le Préfet, s'élargit, et son importance se mesurera au degré de confiance que vous saurez inspirer aux intéressés, à la somme de services que cette confiance vous permettra de leur rendre. C'est pourquoi, Monsieur le Préfet, il m'a semblé nécessaire de vous faire connaître les vues du Gouvernement sur l'application de la loi du 21 mars.

La pensée dominante du Gouvernement et des Chambres dans l'élaboration de cette loi a été de développer parmi les travailleurs l'esprit d'association.

Le législateur a fait plus encore. Pénétré de l'idée que l'association des individus suivant leurs affinités professionnelles est moins une arme de combat, qu'un instrument de progrès matériel, moral et intellectuel, il a donné aux syndicats la personnalité civile pour leur permettre de porter au plus haut degré de puissance leur bienfaisante activité. Grâce à la liberté complète d'une part, à la personnalité civile de l'autre, les syndicats, sûrs de l'avenir, pourront réunir les ressources nécessaires pour créer et multiplier les utiles institutions qui ont produit chez d'autres peuples de précieux résultats : caisses de retraites, de secours, de crédit mutuel, cours, bibliothèques, sociétés coopératives, bureaux de renseignements, de placement, de statistique des salaires, etc. Certaines nations moins favorisées que la France par la nature et qui lui font une concurrence sérieuse doivent, pour une large part, à la vitalité de ces établissements leur prospérité commerciale, industrielle et agricole. Sous peine de déchoir la France doit se hâter de suivre cet exemple. Aussi le vœu du Gouvernement et des Chambres est de voir se propager, dans la plus large mesure possible, les associations professionnelles et les œuvres qu'elles sont appelées à engendrer.

La loi du 21 mars ouvre la plus vaste carrière à l'activité des syndicats, en permettant à ceux qui sont régulièrement constitués de se concerter pour l'étude et la défense de leurs intérêts économiques, industriels, commerciaux et agricoles. Désormais la fécondité des associations professionnelles n'a plus de limites légales. Le Gouvernement et les Chambres ne se sont pas laissé effrayer par le péril hypothétique d'une fédération antisociale de tous les travailleurs. Pleins de confiance dans la sagesse tant de fois attestée des travailleurs, les pouvoirs publics n'ont envisagé que les bienfaits certains d'une liberté nouvelle qui doit bientôt initier l'intelligence des plus humbles à la conception des plus grands problèmes économiques et sociaux.

Bien que l'administration ne tienne de la loi du 21 mars aucun rôle obligatoire dans la poursuite de cette œuvre, il n'est pas admissible qu'elle y demeure indifférente, et je pense que c'est un devoir pour elle d'y participer en mettant à la disposition de tous les intéressés, sans distinction de personnes. sans arrière-pensée, ses services et son dévouement. Aussi, ce que j'attends de vous, Monsieur le Préfet, c'est un concours actif à l'organisation des associations et établissements professionnels. Mais il importe de vous indiquer dans quelles conditions et avec quels ménagements il doit s'exercer.

Quant à la création des syndicats, laissez l'initiative aux intéressés qui, mieux que vous, connaissent leurs besoins. Un empressement généreux, mais imprudent, ne manquerait pas d'exciter des méfiances. Abstenez-vous de toute démarche qui, mal interprétée, pourrait donner à croire que vous prenez parti pour les ouvriers contre les patrons ou pour les patrons contre les ouvriers. Il faut et il suffit que l'on sache que les syndicats professionnels ont toutes les sympathies de l'administration et que les fondateurs sont sûrs de trouver auprès de vous les renseignement qu'ils auraient à demander. Il sera bon qu'un de vos bureaux soit spécialement chargé de répondre à toutes les demandes d'éclaircissements qui vous seraient adressées. Dans ses rapports avec les fondateurs, il s'inspirera de cette idée que son rôle est de faciliter ces utiles créations. En cette matière comme en toute autre, le rôle de l'administration républicaine consiste à aider, non à compliquer.

Le syndicat une fois créé, il s'agira de lui faire produire tous ses résultats. Si, comme je n'en doute pas, vous avez pu montrer à ces associations ouvrières à quel point le Gouvernement s'intéresse à leur développement, vous pourrez encore leur rendre les plus grands services, quand il s'agira pour elles d'entrer dans la voie des applications. Vous serez fréquemment consulté sur les formalités à remplir pour l'établissement de ces œuvres et sur les différentes opérations que comporte leur fonctionnement. Il est indispensable que vous vous prépariez à ce rôle de conseiller et de collaborateur dévoué par l'étude approfondie de la législation qui les régit et des organismes similaires existant en France ou à l'étranger. Cette tâche sera facilitée par les documents que publiera la *Revue générale d'administration* et par le commentaire succint de la loi du 21 mars que vous trouverez un peu plus loin.

Cette loi a remis complètement aux travailleurs le soin et les moyens de pourvoir à leurs intérêts. On n'y trouve aucune disposition de nature à justifier l'ingérence administrative dans leurs associations. Les formalités qu'elle exige sont très peu nombreuses et très faciles à remplir. Son laconisme, qui est tout à l'avantage de la liberté, pourra causer au début quelques hésitations et quelques incertitudes. Il serait difficile de prévoir à l'avance toutes les difficultés qui pourront surgir. Elles devront toujours être tranchées dans le sens le plus favorable au développement de la liberté.

L'article 1er abroge la loi des 14-17 juin 1791 qui défendait aux membres du même métier ou de la même profession de former entre eux des associations professionnelles, et l'article 416 du Code pénal est ainsi conçu : « Seront punis d'un emprisonnement de six jours à trois mois et d'une amende de seize à trois cents francs ou de l'une de ces deux peines seulement tous ouvriers, patrons et entrepreneurs d'ouvrage qui, à l'aide d'amendes, de défenses, proscriptions, interdictions prononcées par suite d'un plan concerté, auront porté atteinte au libre exercice de l'industrie et du travail. »

De cette abrogation résultent les conséquences suivantes :

1° Le fait de se concerter en vue de préparer une grève n'est plus un délit ni pour les syndicats de patrons, d'ouvriers, d'entrepreneurs d'ouvrage, ni pour les ouvriers, patrons, entrepreneurs d'ouvrage non syndiqués ;

2° Cessent d'être considérés comme des atteintes au libre exercice de l'industrie et du travail les amendes, défenses, proscriptions, interdictions prononcées par suite d'un plan concerté.

Mais demeure punissable, aux termes des articles 414 et 415 du Code pénal, quiconque, à l'aide de violences, voies de fait, menaces ou manœuvres frauduleuses, aura amené ou maintenu, tenté d'amener ou de maintenir une cessation concertée de travail dans le but de forcer la hausse ou la baisse des salaires ou de porter atteinte au libre exercice de l'industrie et du travail.

Le paragraphe 2 de l'article 1er déclare non applicables aux syndicats professionnels les articles 291, 292, 293, 294 du Code pénal et la loi du 10 avril 1834, qui considèrent comme illicite toute association de plus de vingt personnes formée sans l'agrément préalable du Gouvernement et frappent de peines exceptionnelles les auteurs de provocations à des crimes ou à des délits faites au sein de ces assemblées, ainsi que les chefs, directeurs et administrateurs de l'association.

Cet article 1er consacre la liberté complète d'association, mais seulement au profit des associations professionnelles.

Les articles 2 et 3 définissent les associations appelées à jouir du bénéfice de la présente loi. Ce sont les associations professionnelles dont les membres exercent la même profession ou des professions similaires concourant à l'établissement de travaux déterminés, et qui ont exclusivement pour but, aux termes de l'article 3, l'étude et la défense de leurs intérêts économiques, industriels, commerciaux ou agricoles.

Les groupements réalisant ces conditions ont le droit, quel que soit le nombre de leurs membres, de se former sans autorisation du Gouvernement.

Du silence de la loi ou des discussions qui ont eu lieu dans les Chambres, il faut conclure :

1° Qu'un syndicat peut recruter ses membres dans toutes les parties de la France ;

2° Que les étrangers, les femmes, en un mot, tous ceux qui sont aptes, dans les termes de notre droit, à former des conventions régulières, peuvent faire partie d'un syndicat ;

3° Que ces mots « professions similaires concourant à l'établissement d'un produit déterminé » doivent être entendus dans un sens large. Ainsi, sont admis à se syndiquer entre eux tous les ouvriers concourant à la fabrication d'une machine, à la construction d'un bâtiment, d'un navire, etc. . ;

4° Que la loi est faite pour tous les individus exerçant un métier ou une profession, par exemple les employés de commerce, les cultivateurs, fermiers, ouvriers agricoles, etc.

En accordant la liberté la plus large aux syndicats professionnels, la loi, pour toute garantie, leur demande une déclaration de naissance par l'article 4, qui prescrit le dépôt des statuts et des noms de ceux qui, à un titre quelconque, seront chargés de l'administration ou de la direction.

La publicité est, en effet, le corollaire naturel et indispensable de la liberté d'association ; c'est la seule garantie possible de l'observation de cette condition exigée par la loi : le caractère professionnel de l'association.

Cette simple formatité ne saurait inspirer aucune inquiétude aux syndicats, ni les exposer à aucune vexation. Au contraire, elle présente cet avantage précieux de limiter le champ étroit où peut s'exercer la surveillance de l'Etat. D'ailleurs, la publicité répugne si peu aux syndicats que, sous le régime de la tolérance, nombre d'entre eux ont spontanément demandé aux préfets de recevoir leurs statuts et de les conserver dans les archives des préfectures.

Le même article porte que le dépôt doit être renouvelé à chaque changement de la direction ou des statuts.

La loi ne pouvait être moins formaliste. Elle n'exige ni la rédaction sur papier timbré, ni l'impression. La loi ne fixant pas le nombre des exemplaires qui devront être déposés, il convient de se référer aux précédents et de considérer que le dépôt de deux exemplaires sera suffisant.

Comme j'attache une grande importance à constituer de sérieuses archives des syndicats professionnels qui permettront de se rendre compte des effets produits par la loi du 21 mars, vous voudrez bien prendre les mesures nécessaires pour me transmettre copie de ces documents. Vous me renseignerez également sur les institutions fondées par les syndicats.

Toutes ces indications réunies au Ministère et tenues à la disposition de tous les intéressés seront une source précieuse de renseignements pour ceux qui voudront les consulter.

L'authenticité des statuts doit être établie par des signatures. La loi est muette sur ce point. Bornez vous à demander qu'ils soient certifiés par le président et le secrétaire et donnez à MM. les Maires des instructions en ce sens.

J'ai été consulté sur le point de savoir si le dépôt des statuts ou des noms des directeurs et administrateurs doit être accompagné d'une déclaration spéciale. Cette déclaration est inutile. Il suffit que le règlement statutaire soit certifié au bas du texte et que les noms des directeurs et administrateurs, s'ils ne sont pas mentionnés dans les statuts, soient, dans une seule et même pièce, indiqués et certifiés par le président et le secrétaire.

Tout dépôt d'un des documents précités doit être constaté par un récépissé du maire et, à Paris, du préfet de la Seine. Ce récépissé est exigible immédiatement. Il suffit de l'établir sur papier libre.

Il sera indispensable que dans chaque mairie il soit tenu un registre spécial où seront mentionnés à leur date le dépôt des statuts de chaque syndicat, le nom des administrateurs ou directeurs, la délivrance du récépissé. Ce registre fera foi de l'accomplissement des formalités; il permettra de remédier à la perte possible du récépissé de dépôt.

L'obligation pour les syndicats en formation d'opérer le dépôt n'existe qu'à partir du jour où les statuts ont été arrêtés, où, par conséquent, le syndicat est matériellement formé. Jusque-là, les fondateurs ont toute liberté de se réunir pour en concerter les dispositions sans être exposés aux pénalités des articles 291 et suivants du Code pénal où à celles de l'article 10 de la présente loi.

Le dernier paragraphe de l'article 4 écarte des fonctions de directeurs et administrateurs des syndicats, les étrangers, même ceux qui ont été admis à établir leur domicile en France, et les Français qui ne jouissent pas de leurs droits civils, c'est-à-dire auxquels une condamnation a enlevé l'exercice de quelques-uns de ces droits.

L'article 5 reconnaît la liberté des *unions* de syndicats professionnels régulièrement constituées, aux termes de la présente loi. Elles n'ont besoin, pour se former, d'aucune autorisation préalable. Il suffit qu'elles remplissent les formalités prescrites par les articles 4 et 5 combinés, c'est-à-dire qu'elles déposent à la mairie du lieu où leur siège est établi et, s'il est établi à Paris, à la préfecture de la Seine, le nom des syndicats qui les composent. Si l'Union est régie par des statuts, elle doit également les déposer. Il est également nécessaire que l'union fasse connaître le lieu où siègent les syndicats unis.

Les autres formalités à remplir sont les mêmes pour les unions et pour les syndicats.

La loi du 21 mars n'accorde, à aucun degré, aux unions de syndicats la faveur de la personnalité civile. Il a été reconnu qu'elles pouvaient s'en passer. Elle a réservé ce privilège aux syndicats professionnels par l'article 6.

Grâce à lui, le syndicat devient une personne juridique, d'une durée indéfinie, distincte de la personne de ses membres, capable d'acquérir et de posséder des biens propres, de prêter, d'emprunter, d'ester en justice, etc. Ainsi, ces associations professionnelles, d'abord proscrites, puis tolérées, sont élevées par la loi du 21 mars au rang des établissements d'utilité publique et, par une faveur inusitée jusqu'à ce jour, elles obtienneut cet avantage non en vertu de concessions individuelles, mais en vertu de la loi et par le seul fait de leur création. Les pouvoirs publics, en aucun temps, en aucun pays, n'ont donné une plus grande preuve de confiance et de sympathie aux travailleurs.

La personnalité civile n'appartient qu'aux syndicats régulièrement constitués. Elle est pour eux de droit commun et leur est acquise en l'absence de toute déclaration spéciale de volonté dans les statuts.

La personnalité civile accordée aux syndicats n'est pas complète, mais suffisante pour leur donner toute la force d'action et d'expansion dont ils ont besoin. C'est aux tribunaux qu'il appartiendrait de statuer sur les difficultés que pourra soulever l'usage de cette faculté. Je me borne à mettre en relief les dispositions de la loi à cet égard et à déduire leurs conséquences certaines.

Le patrimoine des syndicats se compose du produit des cotisations et des amendes, de meubles et valeurs mobilières et d'immeubles. A l'égard des immeubles, la loi leur permet d'acquérir seulement ceux qui sont nécessaires à leurs réunions, à leurs bibliothèques et à des cours d'instruction professionnelle. Ces immeubles ne doivent pas être détournés de leur destination. Les syndicats contreviendraient à la loi s'ils essayaient d'en tirer un profit pécuniaire direct ou indirect par location ou autrement.

Aucune disposition ne leur défend ni de prendre des immeubles à bail, quel qu'en soit le nombre et quelle que soit la durée des baux, ni de prêter, ni d'emprunter, ni de vendre, échanger ou hypothéquer leurs immeubles. Ils font un libre emploi des sommes provenant des cotisations : placements, secours individuels en cas de maladie, de chômage ; achat de livres, d'instruments ; fondations de cours d'enseignement professionnel, etc. Ces divers actes ne sont soumis à aucune autorisation administrative. Ils seront décidés et réalisés conformément aux règles établies par les statuts Il en sera de même des procès ou des transactions.

Il importe que les syndicats prévoient, dans leurs règlements, comment ces actes seront délibérés et votés, et par quels mandataires ils seront représentés soit dans la réalisation des actes, soit en justice.

Les syndicats peuvent, sans autorisation, mais en se conformant aux autres dispositions de la loi, constituer entre leurs membres des caisses spéciales de secours mutuels et de retraites.

Il a été expressément entendu que la loi du 21 mars dernier laissait subsister (sauf la nécessité de l'autorisation préalable) toute la législation relative à ces sociétés. Si donc rien ne s'oppose à ce que les membres d'un syndicat professionnel forment entre eux des sociétés de secours mutuels avec ou sans caisse de secours mutuels, il demeure évident que ceux qui voudraient bénéficier des avantages réservés aux sociétés de secours mutuels *approuvées* ou *reconnues*, devraient se pourvoir conformément aux lois spéciales sur la matière, dont le mécanisme vous est connu et n'a pas à être rappelé ici.

J'appelle tout particulièrement votre attention sur le point suivant : il résulte, tant du texte de la loi (art. 5, § 4 ; art. 7, § 2 que des discussions, que les sociétés syndicales de secours mu) tuels doivent posséder une individualité propre et avoir une administration et une caisse particulières. Il en est de même des sociétés de retraites, qui peuvent bien se greffer sur les sociétés de secours mutuels et faire caisse commune avec elles, mais dont le patrimoine ne doit pas se confondre avec celui des syndicats. D'ailleurs, une telle confusion serait fatale à la prospérité de ces œuvres et des syndicats eux-mêmes, et je ne doute pas que les intéressés ne sentent la nécessité de garantir, d'une manière complète, l'affectation exclusive de leurs ressources à l'objet particulier de leur établissement. Mais le syndicat demeure libre de prelever sur son propre fonds des secours individuels et purement gracieux. La pratique de ces libéralités accidentelles ne constitue pas un syndicat à l'état de société de secours mutuels, tant que le droit de chacun aux secours n'est pas proclamé ni réglé.

Les trois derniers paragraphes de l'article 6 ne présentent aucune difficulté.

L'article 7 assure la liberté des syndiqués. Il porte que tout membre d'un syndicat professionnel peut se retirer à tout instant de l'association, mais sans préjudice du droit pour le syndicat de réclamer la cotisation de l'année. C'est là tout ce que le syndicat peut obtenir en justice contre le membre qui en sort de son plein gré. En cas d'exclusion, les cotisations arriérées sont seules exigibles.

Aux termes du paragraphe 2 du même article, toute personne qui se retire d'un syndicat conserve le droit d'être membre des sociétés de secours mutuels et de pensions de retraite pour la vieillesse à l'actif desquelles elle a contribué par des cotisations ou versements de fonds. Elle ne saurait être exclue de ces sociétés que pour une des causes prévues par leur règlement spécial.

Cette disposition est, on le voit, inconciliable avec l'existence d'une caisse commune aux syndicats et aux sociétés créées dans leur sein.

L'article 8 sanctionne les dispositions qui limitent la capacité d'acquérir et de posséder des syndicats professionnels.

L'art 9, punit de peines relativement légères, les infractions aux art. 2, 3, 4, 5 et 6 de la présente loi. Quant aux associations qui, sous le couvert de syndicats, ne seraient point en réalité des sociétés professionnelles, c'est la législation générale et non la loi du 21 mars qui leur serait applicable.

L'art. 10 n'a pas besoin de commentaire

Le Ministre de l'Intérieur.
WALDECK-ROUSSEAU.

LOI, du 30 Novembre 1892, sur l'exercice de la médecine.

ART. 13. — A partir de l'application de la présente loi, les médecins, chirurgiens-dentistes et sages-femmes jouiront du droit de se constituer en associations syndicales, dans les conditions de la loi du 21 mars 1884 pour la défense de leurs intérêts professionnels, à l'égard de toutes personnes autres que l'Etat, les départements et les communes (1).

(1) Par un arrêt du 27 juin 1885, la Cour de cassation avait refusé aux médecins le droit de se constituer en syndicats professionnels. La loi du 21 mars 1884, disait cet arrêt, « n'a point été rendue applicable à toutes les professions : les travaux préparatoires ont constamment affirmé la volonté du législateur d'en restreindre les effets à ceux qui appartiennent, soit comme patrons, soit comme ouvriers ou salariés, à l'industrie, au commerce ou à l'agriculture, à l'exclusion de toutes autres personnes et de toutes autres professions. — La loi n'est pas moins absolue dans ses

Art. 34. — La présente loi ne sera applicable qu'un an après sa promulgation (1).

DÉPOTS DES FONDS des Syndicats professionnels, à la Caisse nationale d'épargne et à la Caisse des dépôts et consignations.
(Circulaire du ministre du commerce, de l'industrie et des colonies du 12 février 1892.)

A MM. les Présidents des Chambres Syndicales, j'ai été fréquemment consulté par les chambres syndicales sur les conditions dans lesquelles ces associations peuvent être admises à effectuer, soit à la Caisse nationale d'épargne, soit à la Caisse des dépôts et consignations, le dépôt de leurs fonds disponibles, avec faculté de les en retirer au fur et à mesure de leurs besoins.

J'ai l'honneur de porter à votre connaissance que les syndicats professionnels sont autorisés, comme toutes associations ou sociétés régulièrement constituées, à se faire ouvrir un compte à la Caisse nationale d'épargne, en vertu de l'article 6, § 1er, de la loi du 9 avril 1881.

De plus, une décision ministérielle du 19 janvier 1885 les admet à bénéficier des dispositions de l'article 13 de la même loi, qui élève au maximum de 8,000 francs les dépôts de certaines sociétés (2),

Les conditions dans lesquelles peuvent s'opérer les dépôts et les retraits de fonds sont déterminées par une instruction de l'Administration des postes et des télégraphes en date du 17 mai 1890, dont vous trouverez ci-annexé un extrait.

En ce qui concerne la Caisse des dépôts et consignations, la Commission de surveillance placée près cet établissement a décidé, dans sa séance du 16 décembre 1891, que les syndicats professionnels *dont les statuts comportent la distribution de secours ou la constitution de retraites en faveur de leurs membres* seront admis désormais, par application du décret du 26 juillet

termes, puisque, d'une part, dans l'article 6, elle réserve les droits qu'elle confère aux seuls syndicats de patrons et d'ouvriers, que, d'autre part, dans l'article 3, elle limite l'objet de ces syndicats à l'étude et à la défense des intérêts économiques industriels, commerciaux et agricoles, refusant ainsi le droit de former des syndicats à tous ceux qui n'ont à défendre aucun intérêt industriel, commercial ou agricole, ni, par suite, aucun intérêt économique se rattachant d'une manière générale à l'un des intérêts précédents... Les médecins, dont le nom n'a été prononcé ni dans la loi, ni dans la discussion, ne peuvent régulièrement former un syndicat professionnel. »

(1) Cette loi a été insérée au *Journal officiel* du 1er décembre 1892.

(2) La loi du 20 juillet 1895, qui a élevé le maximum à 15 000 francs, rend ces mêmes dispositions applicables aux caisses d'épargne ordinaires, où les syndicats professionnels peuvent également faire des versements, après en avoir obtenu l'autorisation du Ministre.

1889, à déposer leurs fonds disponibles à la Caisse des dépôts et consignations, au compte « Etablissements publics ou autres établissements assimilés ». Le taux de l'intérêt alloué à ces dépôts est actuellement de 2 p. 100, capitalisé annuellement. Les retraits ont lieu à partir du cinquième jour qui suit la demande de remboursement. Les versements doivent être opérés par le trésorier du syndicat, sous la seule condition de remettre à la Caisse des dépôts un exemplaire des statuts et d'y faire accréditer sa signature et celle du membre du syndicat qui a qualité pour autoriser les retraits.

Auprès de la Caisse des dépôts et consignations comme auprès de la Caisse nationale d'épargne, les syndicats professionnels doivent pour pouvoir se faire ouvrir un compte, être régulièrement constitués dans les conditions exigées par la loi du 21 mars 1884.

(Instruction du 17 mai 1890.)

SOCIÉTÉS

Art. 1er. — Toute association ou société régulièrement constituée peut se faire ouvrir un compte à la Caisse nationale d'épargne, en vertu de l'article 6, § 1er, de la loi du 9 avril 1881.

Art. 2. — L'association déposante est représentée auprès de la Caisse par un mandataire.

CHAPITRE I. — JUSTIFICATION DE L'EXISTENCE LÉGALE DES SOCIÉTÉS DÉPOSANTES.

Art. 4. — Toute société fournit à l'appui de sa demande de livret un exemplaire ou un extrait de ses statuts, et une pièce justifiant son existence légale si elle n'est établie par les statuts.

L'extrait doit reproduire notamment les articles des statuts indiquant l'objet, le mode de constitution et d'administration de la société, ainsi que les articles réglant la gestion des fonds.

L'exemplaire ou l'extrait des statuts fourni est certifié exact et signé par le président de la Société.

Art 6. — L'existence légale de la société déposante est établie aux cas suivants :

Lorsqu'elle est constituée en syndicat ou association professionnelle suivant la loi du 21 mars 1884 (art. 2, 3 et 4).

Pièce à fournir : certificat du maire (à Paris, du préfet de la Seine) constatant le dépôt légal des statuts du syndicat.

CHAPITRE II. — CONSTITUTION D'UN MANDATAIRE

Art. 7. — Toute société est représentée auprès de la Caisse nationale d'épargne par un mandataire, soit pour l'ensemble des opérations au moyen d'une procuration générale, soit pour chaque opération ou pour certaines opérations seulement, par une procuration limitée.

Art. 8. — La procuration est établie sur papier libre et sans enregistrement. sur formule n° 15. Elle est signée par les membres du bureau ou du conseil d'administration de la société.

Art. 9. — Chaque procuration contient, en marge, un spécimen de la signature du mandataire.

Art. 10.—Le mandataire fait précéder sa signature, sur toutes les pièces administratives, de la mention : « Pour le compte de la société de... » (désignation de la société).

Art. 11. — Lorsque le mandataire vient à être remplacé, le nouveau fondé de pouvoirs est accrédité auprès de la Caisse par une nouvelle procuration, établie dans la forme prescrite aux articles 8 et 9 ci-dessus.

CHAPITRE III. — MAXIMUM DES DÉPOTS DES SOCIÉTÉS

Art. 12. — Les dépôts des sociétés sont régis par les dispositions communes à tous les déposants, notamment en ce qui concerne le dépôt de 2 000 francs.

Exceptionnellement, certaines sociétés peuvent, soit de plein droit, soit en vertu d'une autorisation préalable, élever leurs dépôts jusqu'au maximum de 8.000 fr. (1)

Art. 13. — Versent de plein droit jusqu'au maximum de 8.000 fr. :

1° Les sociétés de secours mutuels (loi du 9 avril 1881, art. 13);

2° Les sociétés énumérées ci-après, admises par décisions ministérielles à bénéficier des dispositions de l'article 13 de la loi du 9 avril 1881 :

Syndicats ou associations professionnelles. (Décision du 19 janvier 1885.)

CHAPITRE IV. — DISPOSITIONS GÉNÉRALES

Art. 15. — Les demandes de livrets formées par les sociétés de toute nature sont établies sur formule spéciale, modèle n° 3.

Art. 16. — La demande de livret est accompagnée des pièces dont la production est exigée suivant les articles 4 et 7 ci-dessus.

Art, 18. — Le livret est ouvert sous le nom distinctif adopté par la société.

Franchises postales concédées aux Syndicats professionnels

(Décision ministérielle du 29 janvier 1887.)

Aux termes de cette décision, la franchise postale est concédée à la correspondance d'intérêt général expédiée, sous le contreseing du Ministre du commerce et de l'industrie, à l'adresse des *présidents*, *directeurs* ou *administrateurs* des syndicats professionnels de patrons ou d'ouvriers.

(Décret du 23 décembre 1891.)

Aux termes de ce décret, est également admise à circuler en

(1) En vertu de la loi du 20 juillet 1895, ce maximum a été porté à 15.000 francs.

franchise par la poste, dans toute la République, la correspondance d'intérêt général adressée sous le même contreseing, aux *secrétaires* des syndicats professionnels de patrons et d'ouvriers (1).

LOI du 1er avril 1898 relative aux Sociétés de Secours mutuels.

Art. 40. — Les syndicats professionnels constitués légalement aux termes de la loi du 21 mars 1884, qui ont prévu dans leurs statuts les secours mutuels entre leurs membres adhérents, bénéficieront des avantages de la présente loi, à la condition de se conformer à ses prescriptions.

CIRCULAIRE GÉNÉRALE du Ministre de l'Agriculture aux professeurs départementaux et spéciaux d'Agriculture, du 4 février 1899. (Extrait.)

Vous devrez donner tout votre concours aux Sociétés ou Syndicats agricoles. . . . .

. . . .

Votre mission consiste à éclairer les cultivateurs, à les tenir au courant des découvertes modernes, des inventions nouvelles et à les faire participer au mouvement général du progrès.

Vous n'oublierez pas de leur montrer tous les bienfaits qu'ils peuvent retirer de l'association et de la mutualité bien comprises. Vous insisterez sur les services que peuvent rendre les syndicats, les sociétés de crédit agricole, les assurances mutuelles contre la mortalité du bétail, la grêle, la gelée. . . . .

. . . .

Vous devez être en relation avec les associations agricoles, les syndicats, de façon à permettre à tous ceux qu'intéressent les questions agricoles de trouver en vous un guide sûr . . . . .

. . . .

Vous avez à favoriser la création des syndicats, des sociétés de crédit agricole et d'assurances ; vous devez être les promoteurs de toutes les améliorations agricoles... et ne pas oublier que la constitution des associations syndicales est, pour les populations rurales, le plus sûr moyen d'obtenir, à l'aide de la mutualité, les résultats les plus féconds.

Le Ministre de l'Agriculture,
VIGER.

(1) L'Administration des postes et des télégraphes reconnaît le même bénéfice aux syndicats mixtes, qui sont composés à la fois de patrons et d'ouvriers, et aux syndicats agricoles, qui comprennent des cultivateurs patrons et des ouvriers de fermes. (Décision du 5 janvier 1892).

L'administration rappelle aux syndicats professionnels que leurs correspondances peuvent être adressées en franchise au Président de la République, aux présidents du Sénat et de la Chambre des députés, aux Ministres et aux Sous-Secrétaires d'Etat.

CHAPITRE II

Crédit agricole (1)

CAISSES LOCALES ET CAISSES RÉGIONALES DE CRÉDIT AGRICOLE MUTUEL

LOI du 5 novembre 1894, sur les Sociétés locales de Crédit agricole mutuel.

Art. 1er. — Des Sociétés de Crédit agricole peuvent être constituées soit par la totalité des membres d'un ou de plusieurs syndicats professionnels agricoles, soit par une partie des membres de ces syndicats; elles ont exclusivement pour objet de faciliter et même de garantir les opérations concernant l'industrie agricole et effectuées par ces Syndicats ou par des membres de ces Syndicats.

Ces Sociétés peuvent recevoir des dépôts de fonds en comptes courants, avec ou sans intérêts, se charger, relativement aux opérations concernant l'industrie agricole, des recouvrements et des paiements à faire pour les Syndicats ou pour les membres de ces Syndicats. Elles peuvent, notamment, contracter les emprunts nécessaires pour constituer ou augmenter leurs fonds de roulement.

Le capital social ne peut être formé par des souscriptions d'actions. Il pourra être constitué à l'aide de souscriptions des membres de la Société. Ces souscriptions formeront des parts qui pourront être de valeur inégale ; elles seront nominatives et ne seront transmissibles que par voie de cession aux membres des syndicats et avec l'agrément de la Société.

La Société ne pourra être constituée qu'après versement du quart du capital souscrit.

Dans le cas où la Société serait constituée sous la forme de société à capital variable, le capital ne pourra être réduit par les reprises des apports des sociétaires sortants au-dessous du montant du capital de fondation.

Art. 2. — Les statuts détermineront le siège et le mode d'administation de la Société de crédit, les conditions nécessaires à la modification de ces statuts et à la dissolution de la Société, la composition du capital et la proportion dans laquelle chacun de ses membres contribuera à sa constitution.

Ils détermineront le maximum de dépôts à recevoir en comptes courants.

Ils régleront l'étendue et les conditions de la responsabilité qui incombera à chacun des sociétaires dans les engagements pris par la Société.

Les sociétaires ne pourront être libérés de leurs engagements

(1) V. 1re partie, ch. III, p. 40, et 3e partie, chap. II.

qu'après la liquidation des opérations contractées par la Société antérieurement à leur sortie.

ART. 3. — Les statuts détermineront les prélèvements qui seront opérés au profit de la Société sur les opérations faites par elle.

Les sommes résultant de ces prélèvements, après acquittement des frais généraux et paiement des intérêts des emprunts et du capital social, seront d'abord affectées, jusqu'à concurrence des trois quarts au moins, à la constitution d'un fonds de réserve, jusqu'à ce qu'il ait atteint au moins la moitié de ce capital.

Le surplus pourra être réparti, à la fin de chaque exercice, entre les syndicats et entre les membres des syndicats au prorata des prélèvements faits sur leurs opérations. Il ne pourra, en aucun cas, être partagé, sous forme de dividende, entre les membres de la Société.

A la dissolution de la Société, ce fonds de réserve et le reste de l'actif seront partagés entre les sociétaires, proportionnellement à leur souscription, à moins que les statuts n'en aient affecté l'emploi à une œuvre d'intérêt agricole.

ART. 4. — Les sociétés de crédit autorisées par la présente loi sont des sociétés commerciales dont les livres doivent être tenus conformément aux prescriptions du code de commerce.

Elles sont exemptes du droit de patente ainsi que de l'impôt sur les valeurs mobilières.

ART. 5. — Les conditions de publicité prescrites pour les sociétés commerciales ordinaires sont remplacées par les dispositions suivantes :

Avant toute opération, les statuts, avec la liste complète des administrateurs ou directeurs et des sociétaires, indiquant leurs noms, profession, domicile et le montant de chaque souscription, seront déposés, en double exemplaire, au greffe de la justice de paix du canton où la Société a son siège principal. Il en sera donné récépissé.

Un exemplaire des statuts et de la liste des membres de la société sera, par les soins du juge de paix, déposé au greffe du tribunal de commerce de l'arrondissement.

Chaque année, dans la première quinzaine de février, le directeur ou un administrateur de la Société déposera, en double exemplaire au greffe de la justice de paix du canton, avec la liste des membres faisant partie de la société à cette date, le tableau sommaire des recettes et des dépenses, ainsi que des opérations effectuées dans l'année précédente. Un des exemplaires sera déposé par les soins du juge de paix au greffe du tribunal de commerce.

Les documents déposés aux greffes de la justice de paix et du tribunal de commerce seront communiqués à tout réquérant.

Art. 6 (1). — Les membres chargés de l'administration de la Société seront personnellement responsables, en cas de violation des statuts ou des dispositions de la présente loi, du préjudice résultant de cette violation.

Ils pourront être poursuivis et punis d'une amende de 16 à 200 francs.

Le tribunal pourra, en outre, à la diligence du procureur de la République, prononcer la dissolution de la Société.

Au cas de fausse déclaration relative aux statuts ou aux noms et qualités des administrateurs, des directeurs ou des sociétaires, l'amende pourra être portée à 500 francs.

Art. 7. — La présente loi est applicable à l'Algérie et aux colonies.

CIRCULAIRE générale du Ministre de l'Agriculture, du 4 février 1899, relative, notamment : aux Syndicats, aux *Caisses de crédit agricole* mutuel, et aux assurances contre la mortalité des animaux de ferme, la grêle, la gelée, et adressée aux professeurs départementaux et spéciaux d'agriculture.

(Voir l'Extrait donné au Chapitre 1er qui précède.)

LOI du 31 *mars* 1899, *sur les Caisses régionales de crédit agricole mutuel* (2).

Art. 1er. — L'avance de 40 millions de francs, et la redevance annuelle à verser au Trésor par la Banque de France, en vertu de la Convention du 31 octobre 1896, approuvée par la loi du 17 novembre 1897, sont mises à la disposition du Gouvernement pour êtres attribuées à titre d'avance sans intérêt aux Caisses régionales de crédit mutuel qui seront constituées d'après les dispositions de la loi du 5 novembre 1894.

Art. 2. — Les caisses régionales ont pour but de faciliter les opérations concernant l'industrie agricole effectuées par les membres des sociétés locales de crédit agricole mutuel de leur circonscription et garanties par ces sociétés.

(1) M. Fernand David, député, a déposé à la séance de la Chambre du 10 avril 1900 une proposition de loi — renvoyée à la Commission de l'Agriculture — ayant pour objet de modifier le dit article 6 ainsi qu'il suit :

Les membres chargés de l'administration de la Société seront personnellement responsables en cas de violation des statuts ou des dispositions de la présente loi du préjudice résultant de cette violation.

En outre, au cas de fausse déclaration relative aux statuts ou aux noms et qualités des administrateurs, des directeurs ou des sociétaires, ils pourront être poursuivis et punis d'une amende de 16 à 500 francs.

(2) Une proposition de loi tendant à rendre cette loi applicable à l'Algérie a été déposée par M. Morinaud, député, le 29 juin 1900, à la Chambre qui l'a renvoyée à la Commission de l'Agriculture.

A cet effet, elles escomptent les effets souscrits par les membres des sociétés locales et endossés par ces sociétés.

Elles peuvent faire à ces sociétés les avances nécessaires pour la constitution de leur fonds de roulement.

Toutes autres opérations leur sont interdites.

Art. 3. — Le montant des avances faites aux caisses régionales ne pourra excéder le montant du capital versé en espèces (1). Ces avances ne pourront être faites pour une durée de plus cinq ans. Elles pourront être renouvelées.

Elles deviendront immédiatement remboursables en cas de violation des statuts ou de modifications à ces statuts qui diminueraient les garanties de remboursement.

Art. 4. — La répartition des avances sera faite par le ministre de l'Agriculture, sur l'avis d'une commission spéciale nommée par décret qui sera ainsi composée :

Le Ministre de l'Agriculture, président ; deux sénateurs ; trois députés ; un membre du Conseil d'Etat ; un membre de la Cour des Comptes ; le Gouverneur de la Banque de France ou son délégué; deux fonctionnaires du ministère des finances; trois fonctionnaires du ministère de l'agriculture ; six représentants des Sociétés de crédit agricole mutuel régionales ou locales, choisis parmi les membres de ces Sociétés ; trois membres du Conseil supérieur de l'agriculture.

Art. 5.— Un décret, rendu sur l'avis de la Commission, fixera les moyens de contrôle et de surveillance à exercer sur les caisses régionales. Les statuts de ces caisses devront être déposés au ministère de l'agriculture,

Ces statuts indiqueront la circonscription territoriale des Sociétés, la nature et l'étendue de leurs opérations et leur mode d'administration. Ils détermineront la composition du capital social, la proportion dans laquelle chaque sociétaire devra contribuér à sa constitution, ainsi que les conditions de retrait, s'il y a lieu, le nombre des parts dont les deux tiers au moins seront réservés de préférence aux Sociétés locales, l'intérêt à allouer aux parts, lequel ne pourra dépasser 5 0/0 du capital versé, le maximum des dépôts à recevoir en comptes courants et le maximum des bons à émettre, lesquels réunis ne pourront excéder les trois quarts du montant des effets en portefeuille, les conditions et les règles applicables à la modification des statuts et à la liquidation de la Société.

Art. 6.— Le Ministre de l agriculture adressera chaque année au Président de la République un compte-rendu des opérations faites en exécution de la présente loi, lequel sera publié au *Journal officiel.*

(1) D'après un projet de loi déposé à la Chambre, par M. Dupuy, ministre de l'Agriculture, cette avance serait portée au quadruple du capital versé. La Chambre a voté ce projet le 4 décembre 1900. Le Sénat, sans aucun doute, le votera également.

DÉCRET

du 5 avril 1899 nommant la Commission chargée de la répartition des avances aux Caisses régionales en vertu de la loi de 1899.

Sont nommés membres de la commission de répartition des avances aux caisses régionales de crédit agricole mutuel :

MM. le Ministre de l'Agriculture; Gouin, sénateur; Lourties, sénateur; Ribot, député, Léon Bourgeois, député; Rouvier, député; Méline, vice-président du conseil supérieur de l'agriculture; Codet, membre du conseil supérieur de l'agriculture; Tisserand, membre du conseil supérieur de l'agriculture; Jacquin, conseiller d'Etat; Georges, président de chambre à la cour des comptes; le gouverneur de la Banque de France ou son délégué; le directeur du mouvement général des fonds; Houette, inspecteur général des finances; le directeur de l'agriculture ou, à son défaut, le sous-directeur de l'agriculture; le chef de la division du secrétariat et de la comptabilité au ministère de l'agriculture; de Lapparent, inspecteur général de l'agriculture; Bénard (Jules), président de la caisse de crédit agricole de l'arrondissement de Meaux; Bachelet (Henri), président de la caisse de crédit du syndicat agricole de l'arrondissement d'Arras; Laurent, administrateur de la société de crédit agricole des syndicats de l'Hérault; Bruneton, président de la société de crédit agricole du syndicat agricole du Gard; Egasse, membre de la société de crédit mutuel agricole de Chartres; Maurin (Georges), membre de la société de crédit agricole du syndicat agricole du Gard.

CIRCULAIRE du Ministre de l'Agriculture, du 18 août 1899, relative aux Caisses régionales.

Monsieur le Préfet, la loi du 31 mars 1899 étant entrée aujourd'hui dans la période d'application, je crois nécessaire de vous donner quelques indications qui pourront être utiles aux fondateurs de caisses régionales.

En ce qui concerne les souscripteurs de parts des caisses régionales, conformément aux déclarations faites à la tribune du Sénat par le Gouvernement et par le président de la Commission sénatoriale chargé du rapport, toute société, qu'elle soit régie par la loi de 1867 ou par la loi de 1894 peut coopérer à la constitution d'une caisse régionale de crédit agricole mutuel. La seule condition imposée est qu'elle soit mutuelle et exclusivement agricole.

Les statuts des caisses régionales agricoles détermineront le périmètre sur lequel elles étendront leur action, et cela sans avoir à tenir compte des périmètres désignés par les fondateurs d'autres caisses de même nature, les sociétés locales de crédit mutuel agricole étant libres, d'autre part, de s'affilier à la caisse de leur région qui leur conviendra le mieux. C'est à la commission chargée de la répartition des avances qu'il appartiendra d'examiner les statuts des caisses qui auront recours à l'Etat pour la constitution de leur capital et de décider, s'il y a lieu, d'autoriser le chevauchement et dans quelle mesure.

Je vous recommande, monsieur le préfet, de faire connaître aux intéressés que la commission de répartition entend laisser aux fondateurs des caisses régionales de crédit agricole mutuel la plus grande latitude pour l'organisation de ces caisses qui, ayant à répondre à des besoins différents, à tenir compte de situations locales spéciales, ne peuvent être enserrées dans les cadres de statuts types uniformes.

Les caisses régionales ayant pour but de faciliter les opérations concernant l'industrie agricole effectuées par les membres des sociétés locales en escomptant, dans des conditions particulières de bon marché, les effets souscrits par leurs membres et endossés par ces sociétés, je ne saurais trop vous recommander d'encourager, par tous les moyens dont vous disposez, la création et le développement de ces caisses locales.

Celles ci sont, en effet, la base du crédit agricole; les caisses régionales n'en sont que le complément. Elles ne peuvent fonctionner qu'autant qu'elles grouperont un certain nombre de caisses rurales qui, elles, sont en rapport direct avec les cultivateurs. Sans ces dernières, les caisses régionales ne pourraient rendre aucun service puisque la loi ne les autorise qu'à escompter le papier des caisses locales et à leur faire des avances pour la constitution de leurs fonds de roulement. C'est là un point sur lequel je ne saurais trop insister et vous aurez à appeler sur les considérations qui précèdent l'attention des fondateurs des caisses régionales.

Le Ministre de l'Agriculture,
Jean Dupuy.

LOI BUDGÉTAIRE de l'exercice 1900.

Budget du Ministère de l'Agriculture.

Chap. 9 *bis*. — Avances aux Caisses régionales de Crédit agricole mutuel (loi du 9 mars 1899). — (Mémoire.)

Chap. 9 *ter*. — Frais de répartition, d'administration et de contrôle des versements opérés par la Banque de France dans les caisses du Trésor, en vertu de la convention du 31 octobre 1896 et de la loi du 17 novembre 1897 et dépenses diverses de matériel et d'impression. — (Mémoire.)

LOI DE FINANCES du 13 *avril* 1900.

Art. 10. — Le Gouvernement est autorisé à appliquer les dispositions concernant les fonds de concours pour dépenses d'intérêt public aux disponibilités du compte spécial ouvert dans les écritures du Trésor pour centraliser les recettes provenant des redevances annuelles versées par la Banque de France et de l'avance de 40 millions consentie par cet établissement en vertu de la convention du 31 octobre 1896 approuvée par la loi du 17 novembre 1897.

Ces disponibilités seront rattachées, au fur et à mesure des besoins, au budget du ministère de l'agriculture, par voie de décrets, pour être appliquées aux dépenses résultant de l'exécution de la loi du 31 mars 1899 sur les caisses régionales, sociétés et banques locales de crédit agricole mutuel.

CIRCULAIRE du Ministre de l'Agriculture aux professeurs départementaux et spéciaux d'agriculture. du 18 janvier 1900, relative au Crédit agricole (Caisses locales et Caisses régionales).

Monsieur le professeur, dans la circulaire du 4 février 1899 je vous ai tracé les grandes lignes de la conduite que vous avez à tenir dans l'exercice de vos fonctions, je tiens aujourd'hui à développer la partie de ces instructions qui vous signalait les avantages que les populations rurales peuvent retirer de l'association et de la mutualité.

Dans cet ordre d'idées j'appelle toute votre attention sur les sociétés d'assurances et de crédit agricole.

(Voir au chapitre II suivant, la partie relative aux sociétés d'assurances.)

Crédit agricole.

J'ai à plusieurs reprises appelé votre attention sur les services que le Crédit agricole basé sur la mutualité peut rendre aux populations rurales. Je crois utile de vous fournir des indications complémentaires sur les lois qui régissent les sociétés de crédit agricole mutuel. Il vous appartient de provoquer leur création et, dans toutes les circonstances qui vous paraîtront favorables, de faire connaître la loi à ceux qui l'ignorent, de l'expliquer à ceux qui la saisissent imparfaitement, d'en signaler enfin tous les avantages.

Prenant en considération les avantages que les agriculteurs avaient déjà retirés de l'institution des syndicats agricoles, le législateur a pensé qu'il ne pouvait mieux faire, pour faciliter aux cultivateurs l'accès du crédit, que de donner à ces groupements syndicaux une sorte de privilège pour la constitution de caisses de crédit agricole dans des conditions que ne leur offrait pas la législation en vigueur.

Caisses locales de Crédit agricole mutuel.

C'est dans ce but que la loi du 5 novembre 1894 affranchit les sociétés de crédit agricole mutuel de certaines des formalités prescrites par la loi du 24 juillet 1867 et leur accorde un régime de faveur (exemption du droit de patente et de l'impôt sur les valeurs mobilières, etc.).

Ces sociétés ont exclusivement pour objet de faciliter les opérations concernant l'industrie agricole effectuées par les syndicats ou les membres de ces syndicats; elles peuvent escompter leurs effets, leur accorder des avances, recevoir des dépôts en comptes-courants avec ou sans intérêts, se charger de leurs payements et de leurs recouvrements et contracter les emprunts nécessaires pour constituer ou augmenter leurs fonds de roulement.

Le législateur, pour éviter de faire de ces caisses de crédit un instrument de spéculation, a déterminé l'emploi des prélèvements opérés au profit de la Société sur les opérations faites par elle. Les sommes résultant de ces prélèvements après acquittement des frais généraux et payement des intérêts des emprunts et du capital social seront d'abord affectées, jusqu'à concurrence des trois quarts au moins, à la constitution d'un fonds de réserve, jusqu'à ce qu'il ait atteint au moins la moitié de ce capital. Le surplus pourra être réparti, à la fin de chaque exercice, entre les syndicats et entre les membres des syndicats, au prorata des prélèvements faits sur leurs opérations. Il ne pourra, en aucun cas, être partagé sous forme de dividende entre les membres de la Société.

J'ajouterai que chacun de ces groupements constitue une société anonyme commerciale dont le but principal est d'entrer en relation directe d'affaires avec les membres qui la composent. Je ne crois pas nécessaire, en ce moment, de vous donner des indications particulières sur le sens des prescriptions que contient la loi du 5 novembre 1894, dont vous trouverez le texte ci-joint.

Warrants agricoles

Les considérations que je viens de développer m'amènent à vous signaler, d'une manière toute particulière, l'intérêt qu'il y aurait pour l'agriculture à ce que les sociétés de crédit agricole mutuel donnent aux agriculteurs qui leur sont affiliés la possibilité de faire des emprunts gagés par des warrants créés sur les produits de leur exploitation. Les prêts de cette nature peuvent rendre les plus grands services aux agriculteurs qui, pressés de besoins d'argent, se voyaient autrefois obligés de vendre leur récolte à un moment où l'abondance des offres amenait fatalement une dépréciation des cours. La loi du 18 juillet 1898 permet au cultivateur d'attendre le moment favorable pour écouler ses produits en lui accordant la facilité d'emprunter les fonds nécessaires à ses besoins et de donner en gage, sans déplacement, tout ou partie de sa récolte. Elle assure, d'ailleurs, au porteur du warrant les plus sérieuses garanties, en rendant notamment le cultivateur emprunteur responsable de la marchandise confiée, sans indemnité, à ses soins et à sa garde, et en lui faisant encourir des responsabilités pénales s'il détourne, dissipe ou détériore volontairement le gage de son créancier.

Vous aurez à appeler l'attention des caisses de crédit agricole et des agriculteurs sur cette nouvelle forme de crédit qui n'a pas encore rendu tous les services qu'on est en droit d'en attendre. Les sociétés locales de crédit agricole sont d'autant plus intéressées à voir se développer les prêts de cette nature qu'ils sont, en quelque sorte, des opérations de tout repos.

Les sociétés, avant de consentir les prêts sur warrants, devront, dans leur intérêt, veiller à ce que les produits warrantés proviennent réellement de l'exploitation de l'emprunteur et n'accueillir que des warrants portant mention d'assurances à une compagnie solvable.

Il y aurait lieu également de signaler aux sociétés de crédit agricole, d'une part, la possibilité qui leur est donnée par l'article 5 de la loi du 18 juillet 1898 de requérir auprès du greffier, avec *l'autorisation de l'emprunteur*, copie des inscriptions d'emprunts faits par lui ou un certificat établissant qu'il n'en existe aucune ; d'autre part, l'obligation imposée par l'article 9 de la même loi de donner avis immédiatement au greffier du juge de paix, par lettre recommandée avec accusé de réception, de l'escompte réalisé.

Vons voudrez bien, en outre, dans vos conférences, faire connaître aux agriculteurs les services que peut leur rendre ce nouveau mode d'emprunt mobilier, les devoirs qui leur incombent dans le cas où ils y auraient recours, les pénalités auxquelles ils pourraient être soumis, les conditions dans lesquelles le warrant peut être établi et les frais qu'entraîne sa création.

Cette législation constitue, après la loi du 5 novembre 1894, une nouvelle étape vers l'organisation du crédit agricole.

Caisses régionales de crédit agricole mutuel

Le Parlement a été plus loin dans cette voie : la loi du 31 mars 1899 a donné au Gouvernement la faculté d'accorder des avances sans intérêts aux caisses régionales de crédit agricole mutuel. Ces établissements sont des caisses de réescompte et ne doivent recevoir que des effets agricoles souscrits par les membres des sociétés locales de crédit agricole mutuel et endossés par ces sociétés. Les caisses régionales peuvent, en outre, faire aux sociétés locales les avances nécessaires pour la constitution de leurs fonds de roulement.

Il en résulte que les caisses régionales ne peuvent entrer en relation d'affaires qu'avec des caisses locales. Vous aurez, dans vos conseils aux agriculteurs, à bien leur faire comprendre qu'il appartient aux promoteurs de ces œuvres de mutualité agricole d'organiser immédiatement les sociétés locales qui sont la raison d'être des caisses régionales.

Je vous adresserai, d'ailleurs, très prochainement, avec une circulaire explicative, un modèle de statuts-types rédigé par mon Administration qui vous permettra de bien saisir le fonctionnement des caisses régionales.

Je ne veux pas m'étendre davantage sur ce sujet, persuadé que vous avez saisi toute la portée des observations qui précédent et les multiples avantages qui résulteront, pour l'agriculture, de l'application plus étendue des principes de la mutualité.

Le Ministre de l'Agriculture,
JEAN DUPUY.

CIRCULAIRE du Ministre de l'Agriculture, du 17 mars 1900, relative au Crédit agricole (Caisses locales et Caisses régionales).

Monsieur le Préfet, les progrès considérables de la science agricole ont eu pour conséquence d'imposer au cultivateur la possession d'un fonds de roulement souvent important. Cette évolution a rendu plus évidente que jamais la nécessité de mettre le crédit agricole à la portée de tous.

Le Gouvernement s'est préoccupé depuis longtemps de cette nécessité. La loi du 5 novembre 1894, qui est la première étape dans cette voie, a produit les effets les plus salulaires.

Elle a pour effet d'accorder un régime de faveur aux sociétés de Crédit agricole qui sont basées sur la mutualité.

Elle autorise soit entre la totalité des membres d'un ou plusieurs syndicats professionnels agricoles, soit entre une partie des membres de ces syndicats, la constitution de sociétés de Crédit agricole dont l'objet est exclusivement de faciliter les opérations concernant l'industrie agricole et effectuées par ces syndicats ou par les membres de ces syndicats.

Le législateur voulant écarter toute idée de spéculation a spécifié que le capital social ne pouvait être formé par des souscriptions d'actions et qu'aucun dividende ne pourrait être partagé entre les membres de la société. Pour éviter toute confusion, le capital à souscrire est divisé en parts. Ces parts peuvent être de valeur inégale et ne sont transmissibles que par voie de cession aux membres des syndicats et avec l'agrément de la société.

Poursuivant toujours le même but, le législateur de 1894 a stipulé qu'après acquittement des frais généraux et payement des intérêts des emprunts et du capital social, les produits sont obligatoirement affectés, jusqu'à concurrence des trois quarts au moins à la constitution d'un fonds de réserve. Le surplus peut être réparti entre les adhérents au prorata des prélèvements faits sur leurs opérations.

Les articles 1 (§§ 3 et 4) 2, et 5 déterminent les conditions de constitution, de fonctionnement, de publicité et simplifient pour les sociétés de Crédit agricole mutuel les nombreuses et coûteuses formalités exigées par les lois du 24 juillet 1867 et 1er août 1893.

Aux termes de l'article 4, les sociétés de crédit autorisées par la loi en question sont exemptes du droit de patente et de l'impôt sur les valeurs mobilières.

En ce qui concerne l'exemption de l'impôt sur les valeurs mobilières, une instruction de la Direction générale de l'enregistrement en date du 28 janvier 1895 est ainsi conçue :

« Cette disposition a pour effet d'affranchir de la taxe de 4 p. 0|0 les intérêts payés au cours de la Société, aux titulaires de parts d'intérêt, ainsi que les bénéfices qui, à la dissolution, leur proviendront du partage du fonds social.

« Elle s'étend également aux intérêts des emprunts contractés par les sociétés de l'espèce.

« Quant aux répartitions effectuées entre les associés au prorata des prélèvements faits sur leurs opérations, elles échappent de plein droit à l'application de la loi du 29 juin 1872, comme constituant, non un revenu des parts d'intérêt, mais une restitution partielle des commissions perçues par la société. »

Pour rendre plus efficace l'application de la loi du 5 novembre 1894, le Gouvernement a cru devoir demander le 31 octobre 1896 à la Banque de France, une avance de 40 millions, dont le versement devait être effectué après le renouvellement de son privilège.

La loi du 17 novembre 1897 a ratifié cette convention et décidé que cette avance, ainsi qu'une redevance annuelle, ne pouvant être inférieure à 2 millions, seraient réunies et portées à un compte spécial du Trésor jusqu'à ce qu'une loi ait établi les conditions de création et de fonctionnement d'établissements de crédit agricole,

Conformément à cette disposition législative, la loi du 31 mars 1899 instituait les caisses régionales de Crédit agricole mutuel. Ces établissements reçoivent directement des avances de l'Etat, mais ne peuvent les utiliser qu'au profit des caisses locales de crédit agricole mutuel. Les opérations des caisses régionales sont limitées : elles escomptent les effets souscrits par les membres de sociétés locales et endossés par ces sociétés, auxquelles elles peuvent faire des avances pour la constitution de leurs fonds de roulement. Elles peuvent émettre des bons, recevoir des dépôts en comptes courants, lesquels réunis ne pourront excéder les trois quarts du montant des effets en portefeuille.

La loi du 31 mars 1899, en limitant ainsi les opérations des caisses régionales, s'est écartée à leur sujet sur divers points des dispositions de la loi du 5 novembre 1894.

C'est ainsi que sous l'empire de cette dernière loi, les sociétés peuvent contracter les emprunts nécessaires pour constituer ou augmenter leur fonds de roulement, recevoir des dépôts en comptes courants sans aucune limitation (art. 1, § 2, loi du 5 novembre 1894). La loi de 1899 édicte, au contraire, à ce sujet dans son article 5, les règles spéciales ci-dessus indiquées.

L'article 2 de la loi du 31 mars 1899 porte cette clause : toutes autres opérations leur sont interdites » ; il en résulte qu'une caisse régionale ne peut se charger de recouvrements et payements pour le compte des syndicats ou de leurs membres (art. 1, § 2 de la loi du 5 novembre 1894).

Les avances que les caisses régionales peuvent obtenir de l'État sont faites pour une durée maxima de cinq ans. Elles deviennent immédiatement remboursab'es en cas de violation des statuts ou de modifications à ces statuts qui diminueraient les garanties de remboursement. L'article 5 stipule qu'un décret rendu sur l'avis de la commission de répartition des avances, fixera les moyens de contrôle et de surveillance à exercer sur les caises régionales.

L'article 5 énumère ensuite les dispositions indispensables qu'il y a lieu d'introduire dans les statuts.

Le Président de la Commission sénatoriale chargée d'examiner le projet de loi instituant les caisses régionales de crédit agricole mutuel, d'accord avec le Gouvernement, a déclaré que par les mots « sociétés locales », dont il est fait mention dans l'article 2, on devait comprendre les sociétés de cette nature régies par les lois des 5 novembre 1894 et 24 juillet 1867.

Il en résulte qu'une caisse régionale peut entrer en relations d'affaires indistinctement avec les unes et les autres.

J'ai déjà, à plusieurs reprises, appelé votre attention sur la haute portée de cette loi, et je crois nécessaire d'insister sur mes précédentes instructions. Il vous appartient de bien faire saisir aux populations rurales tous les avantages qu'elle contient et de donner aux promoteurs de ces œuvres de crédit agricole tous les renseignements utiles.

Pour faciliter votre tâche, j'ai fait rédiger par mon Administration un modèle de statuts qui pourra servir de guide. Il est bien entendu que les règles contenues dans ces statuts ne sont que des indications qui peuvent être modifiées suivant les nécessités locales.

L'article 1er énumère les personnalités individuelles pouvant souscrire des parts d'une caisse régionale. Il ne s'en suit pas que toutes aient droit d'entrer directement en relations d'affaires avec cet établissement ; comme il a été dit, les caisses locales seules ont cette faculté.

L'article 2 prévoit la limitation de la circonscription territoriale des caisses régionales.

L'exposé des motifs du projet de loi primitif fixait comme limite à ces circonscriptions le ressort des cours d'appel, mais le texte législatif a laissé sur ce point, toute liberté aux fondateurs des caisses.

L'article 3 est relatif à la durée de la société, qui peut être illimitée.

L'article 5 des statuts contient les conditions de publicité exigées avant toute opération par la loi du 5 novembre 1894. Ces prescriptions ont soulevé plusieurs questions qui ont été examinées dans une instruction de la Direction générale de l'Enregistrement, du 5 octobre 1895. Cette instruction se termine ainsi : « Les greffiers de justice de paix et des tribunaux de commerce sont, d'une manière générale et absolue, dispensés de dresser acte des dépôts qui leur sont faits, en exécution de l'article 5 de la loi du 5 novembre 1894.

« Les récépissés que les greffiers des justices de paix délivrent, dans tous les cas, lors de ces dépôts, ne sont pas sujets à enregistrement dans un délai déterminé, mais ils doivent être rédigés sur papier frappé du timbre de dimension.

« Enfin, les pièces à déposer sont exemptes du timbre, à moins qu'elles ne soient établies sous la forme d'actes réguliers. »

L'article 7 règle les conditions d'augmentation du capital. Cette disposition peut être modifiée ainsi : le capital peut être également augmenté au moyen de l'adjonction de nouveaux membres et de la souscription de nouvelles parts, faite par les sociétaires, jusqu'à concurrence d'une certaine somme par délibération du Conseil d'administration et, au-dessus, par délibération de l'Assemblée générale.

L'article 9 fixe l'intérêt des parts qui peut être modifié chaque année par décision de l'Assemblée générale.

Dans la fixation de cet intérêt, il y a lieu de se rapprocher, autant que possible, du prix du loyer de l'argent, sans atteindre 5 0/0, qui est un maximum.

La remise des certificats, dont il est parlé dans l'article 10 peut être supprimée, afin d'éviter la dépense qu'elle entraîne. Ces certificats ne constituent pas des actions dans le sens prévu par la loi du 5 juin 1850, ils ne peuvent, dès lors, être considérés que comme des écrits destinés à former, entre les mains des porteurs, un titre constatant le nombre des parts leur appartenant dans le capital et doivent, comme tels, être soumis au droit de timbre établi en raison de la dimension du papier dont il est fait usage, par application de l'article 12 de la loi du 13 brumaire an VII.

La responsabilité des sociétaires dont il est question dans l'article 12 peut être augmentée. Dans ce cas, il y aurait lieu de modifier ainsi l'article : Ils sont engagés jusqu'à concurrence de   fois les parts souscrites par eux.

L'article 14 énumère les motifs d'exclusion : ces motifs peuvent être augmentés pour les sociétaires, par exemple, qui auront subi des peines infamantes, etc.

L'article 16 résume les opérations qui peuvent être effectuées par les caisses régionales.

Les opérations de contrôle ne sont mentionnées dans cet article que pour mémoire, il a paru préférable de laisser à l'initiative de chacune des caisses régionales le soin d'étudier, de régler cette question qui, plus que toute autre, doit s'adapter aux nécessités locales. Mais il est utile de rappeler qu'une caisse locale, en s'adressant à la caisse régionale pour ses opérations, doit accepter son contrôle.

L'article 25 donne au Conseil le pouvoir de régler le service des dépôts, celui des bons à émettre, et de fixer le crédit qu'il convient d'ouvrir aux caisses locales. Ce service est des plus délicats et devra être étudié avec le plus grand soin.

Pour éviter les variations brusques du taux de l'escompte, il y aurait lieu de s'inspirer des taux du loyer de l'argent pratiqué avec des emprunteurs solvables de façon à mettre les caisses locales dans une situation telle qu'elles aient avantage à s'adresser pour l'escompte de leur papier aux caisses régionales.

L'article 26 est relatif aux règles de comptabilité et à la surveillance des Caisses régionales par l'Etat. Des indications vous seront prochainement adressées à ce sujet, afin de permettre aux Caisses régionales d'adopter un mode de comptabilité uniforme qui facilitera les opérations de surveillance et de contrôle de l'Etat.

L'article 27 est relatif aux dépôts annuels exigés par la loi. Les explications formulées au sujet de l'article 5 des statuts s'appliquent à cette disposition.

(Nota. La partie suivante, relative aux demandes d'avance à l'Etat est transcrite 1re Partie, Chap. III, Section 3, page 130.— S'y reporter).

Les articles 31 et suivants sont relatifs aux assemblées générales.

La première réunion de l'Assemblée générale est constitutive, c'est-à-dire qu'après délibération, un procès-verbal constate que les statuts ont été approuvés, que le quart au moins du capital a été versé, que le Conseil d'administration et le Comité de surveillance ont été nommés. Aussitôt après les dépôts exigés, dont il est parlé plus haut, la Société peut fonctionner.

L'article 41 est relatif à l'emploi des bénéfices réalisés par la Société. Il y est fait mention d'un fonds de réserve destiné au remboursement des avances de l'État. Il peut être également mentionné qu'il sera prélevé sur les bénéfices une somme égale à celle qu'il y aurait eu lieu de payer, si les avances de l'État n'étaient pas versées sans intérêt. Ces fonds seraient destinés à garantir le remboursement des avances de l'État.

Il m'a paru nécessaire de joindre à cette circulaire : 1 exemplaire de la loi du 5 novembre 1894 ; 1 exemplaire de la loi du 31 mars 1899 ; 1 modèle de statuts ; (1).

J'ai lieu d'espérer que les indications qui précèdent vous permettront d'éclairer les populations rurales sur les résultats féconds qu'elles peuvent retirer d'une législation instituant un nouvel instrument de crédit agricole.

Je vous serai reconnaissant de faire insérer dans le Recueil des actes administratifs de votre département la présente circulaire et les pièces qui l'accompagnent et de m'en accuser réception.

J'en adresse directement une semblable aux professeurs d'agriculture.

Le Ministre de l'Agriculture.
JEAN DUPUY.

DÉCRET du 6 *mai* 1900 *relatif au contrôle de l'Etat sur les caisses régionales.*

Article Premier. — Le contrôle et la suveillance prévus par l'article 5 de la loi du 31 mars 1899 pour les caisses régionales de crédit agricole mutuel qui auront obtenu des avances sur les fonds mis par la Banque à la disposition de l'Etat seront exercés par des agents temporaires.

Art. 2. — Ces agents auront pour mission de contrôler l'emploi des avances de l'Etat, d'en surveiller le remboursement, de suivre toutes les opérations des caisses régionales, de centraliser toutes pièces utiles que devront fournir ces établissements pour la vérification de leur comptabilité.

Art. 3. — Les agents temporaires prévus à l'article 1er seront nommés par arrêté ministériel, qui déterminera leur rayon d'action et les indemnités à leur attribuer.

Ces indemnités ne seront pas soumises aux retenues prévues par la loi du 9 juin 1853 sur les pensions civiles.

Art. 4. — Les dépenses de surveillance et de contrôle seront imputées sur le chapitre du budget du ministère de l'Agriculture intitulé : « Frais de répartition, d'administration et de

(1) Voir ce modèle : 3e Partie, formule n° 14 *bis*.

contrôle des versements opérés par la Banque de France dans les caisses du Trésor, en vertu de la convention du 31 octobre 1896 approuvée par la loi du 17 novembre 1897, et dépenses diverses de matériel et d'impression (1) ».

LOI du 5 juillet 1900 portant prorogation du privilège de la Banque d'Algérie.

(Votée par la Chambre le 15 juin, et par le Sénat, le 3 juillet 1900).

Art. 5. — La Banque de l'Algérie versera à l'Etat, à partir du 1er janvier 1900 jusqu'au 31 décembre 1905, une somme annuelle de deux cent mille francs (200,000 fr.) ; à partir du 1er janvier 1906 jusqu'au 31 décembre 1912, une somme annuelle de deux cent cinquante mille francs (250,000 fr.), et, dans le cas où le Gouvernement n'userait pas de la faculté de dénonciation prévue à l'article 1er, paragraphe 2, une somme annuelle de trois cent mille francs (300,000 fr.) à partir du 1er janvier 1913 jusqu'au 31 décembre 1920.

Cette redevance sera versée par moitié le 30 juin et le 31 décembre de chaque année, la première échéance semestrielle venant le 30 juin 1900 et la dernière le 31 décembre 1920.

Art. 6. — Est approuvée la convention passée, le 30 janvier 1900, entre le ministre des Finances et le directeur de la Banque, aux termes de laquelle la Banque s'engage à mettre à la disposition du Trésor, sans intérêt et pour toute la durée de son privilège, une avance de trois millions de francs (3,000,000 fr.)

Cette avance de 3 millions et la redevance annuelle seront réservées et portées à un compte spécial du Trésor jusqu'à ce qu'une loi ait établi les conditions de création et de fonctionnement du crédit agricole en Algérie.

A la séance de la Chambre des Députés, du 4 décembre 1900, le Gouvernement a déposé un projet de loi ayant pour but l'institution de Caisses régionales de crédit agricole mutuel en Algérie et les encouragements à leur donner ainsi qu'aux Sociétés et aux Banques locales de crédit agricole mutuel.

(1) Chap. 9 *ter*.

CHAPITRE III

Caisses d'assurances mutuelles contre la mortalité des animaux de ferme, etc. (1).

BUDGET DU MINISTÈRE DE L'AGRICULTURE

Secours et subventions

LOI budgétaire de l'exercice 1900

Chap 41. — Secours aux agriculteurs pour pertes matérielles et événements malheureux, et subventions aux sociétés d'assurances mutuelles agricoles contre la grêle et la mortalité du bétail, 2,500,000 francs.

Nota. — Le chap. 38 de la loi budgétaire de 1898, et le chap. 41 de celle de 1899, portent le même texte.

LOI budgétaire de l'exercice 1901

Art. 44. — Secours aux agriculteurs pour pertes matérielles et événements malheureux, et subventions aux sociétés d'assurances mutuelles agricoles contre la grêle et la mortalité du bétail, 2,450,000 francs.

CIRCULAIRE du Ministre de l'Agriculture, du 15 *Avril* 1898, *relative aux assurances mutuelles agricoles*

Monsieur le Préfet, l'agriculteur n'a pas seulement à compter avec les faits économiques et la concurrence étrangère qui, trop souvent, provoquent l'avilissement des cours et la mévente du bétail et des produits du sol ; il est encore tributaire des phénomènes atmosphériques, puisqu'il suffit d'un orage, d'une gelée ou d'une épidémie pour lui enlever sa récolte ou son bétail et lui faire perdre ainsi brusquement le fruit du travail de plusieurs années.

Cette situation essentiellement précaire, qui place la première de nos industries dans un état d'infériorité évident, a frappé depuis longtemps tous ceux qui s'intéressent à la prospérité et au développement de l'agriculture française, et la préoccupation d'y porter remède a amené le Gouvernement à devancer l'œuvre législative à l'étude, en vue du développement de l'assurance mutuelle agricole.

Le Parlement est, en effet, saisi de la question depuis longtemps déjà ; mais comme aucun projet définitif ne paraissait susceptible de venir en discussion avant la fin de la législature actuelle, le Gouvernement qui attache une importance capitale à l'extension des assurances agricoles, a cherché et a trouvé le moyen de résoudre provisoirement la question : il a introduit dans le budget du ministère de l'agriculture pour 1898 une modification ayant pour but de subventionner les sociétés d'assurances mutuelles agricoles à l'aide d'une partie des

(1) V. 1re partie, chap. IV, page 138, et 3e partie, ch. III.

fonds du chapitre 38 jusqu'alors exclusivement affectés aux secours pour pertes matérielles et évènements malheureux.

Une expérience d'un siècle a démontré, en effet, l'insuffisance de ces subsides qui, en raison de leur taux minime et du retard nécessairement apporté à leur distribution par l'accomplissement de formalités longues et minutieuses, ne peuvent procurer aux cultivateurs aucun soulagement réel et entraînent en définitive pour l'Etat un sacrifice inefficace, puisque les sommes allouées sont beaucoup trop modiques pour permettre aux sinistrés la reconstitution des valeurs détruites. D'autre part, ces distributions, qui sont à peu près stériles comme résultats, ont le grave inconvénient d'éveiller des convoitises, de susciter des jalousies et de provoquer des réclamations et des plaintes qui sont pour l'administration centrale aussi bien que pour les autorités locales une source intarissable d'embarras et de difficultés.

Il y avait donc un intérêt considérable à changer un état de choses aussi défectueux et à substituer au secours illusoire, qui affecte bien plus le caractère d'une aumône que celui d'une indemnité réparatrice, le système de l'assurance qui garantit en grande partie l'agriculteur contre les pertes éprouvées.

J'ai pensé, toutefois, que cette réforme, si indispensable et si urgente qu'elle soit, ne devait pas s'opérer brusquement, et qu'il importait de ménager une transition prudente entre les errements du passé et le régime de l'avenir ; de là, le libellé du chapitre 38, intitulé « Secours aux agriculteurs pour pertes matérielles et événements malheureux, et subventions aux sociétés d'assurances mutuelles agricoles contre la grêle et la mortalité du bétail ».

Il en résulte, Monsieur le Préfet, que, jusqu'à nouvel ordre, vous pourrez continuer à m'adresser des propositions de secours pour pertes matérielles et événements malheureux, mais à la condition, toutefois, qu'il s'agira de venir en aide aux victimes de sinistres ou d'accidents ayant un caractère exclusivement agricole, et, d'autre part, qu'il vous sera démontré que les agriculteurs faisant l'objet de ces propositions se sont trouvés dans l'impossibilité absolue, soit par l'insuffisance de leurs ressources, soit par leur éloignement de toute société d'assurance mutuelle, d'assurer leur bétail ou leurs récoltes.

Vous devrez donc, Monsieur le Préfet, éclairer vos administrés sur leurs véritables intérêts et les inciter, par une active propagande, soit à faire partie des mutualités déjà créées, *soit à former de nouveaux groupements là où il n'en existe pas encore.*

Vous serez, bien entendu, activement et utilement secondé dans l'accomplissement de votre mission par M. le professeur départemental et MM. les professeurs spéciaux d'agriculture qui, en raison de leur compétence technique et de la connaissance qu'ils ont des besoins locaux, sont tout naturellement désignés pour fournir aux agriculteurs des indications appropriées aux conditions de la culture ou de l'élevage, à l'importance et à la nature des risques, etc.

L'administration supérieure ne saurait tracer pour la constitution des sociétés d'assurances mutuelles un cadre et un programme uniformes qui ne pourraient qu'entraver l'initiative privée quand ils ne lui imprimeraient pas une fausse direction.

C'est donc à ceux qui, par leur situation et leur compétence, sont le mieux placés pour connaître les ressources et les besoins de chaque région, à montrer aux agriculteurs la voie dans laquelle ils doivent s'engager pour n'éprouver aucun mécompte.

D'une manière générale, toutefois, j'estime qu'il y aura le plus grand intérêt à utiliser les organismes déjà créés, et, notamment *les syndicats professionnels agricoles, dont l'activité féconde peut s'exercer sous tant de formes diverses et qui peuvent, avec le moins de formalités et le plus d'économie, constituer des caisses d'assurances mutuelles*. . . . .
(La loi du 4 juillet 1900 a rendu sans objet la fin de cette phrase que nous avons, pour cette raison, supprimée.)

D'autre part, pour que les agriculteurs soient nettement édifiés sur les intentions du Gouvernement, vous aurez soin de leur faire savoir que, dans un avenir prochain, la plus grande partie des fonds du chapitre 38 sera employée sous forme de subventions aux sociétés d'assurances contre la mortalité du bétail, la grêle, la gelée, etc., et que les secours individuels diminueront d'année en année.

Je compte sur votre concours éclairé pour aider l'administration dans la voie qu'elle s'est tracée.

Dans ce but, je crois donc utile de vous indiquer très brièvement les principes généraux qui guideront le Gouvernement dans la répartition des fonds aux sociétés d'assurances mutuelles agricoles.

Dans ma pensée, ces subventions n'ont pas pour but d'augmenter les ressources des sociétés prospères dont le fonctionnement régulier est d'ores et déjà assuré ; elles auront surtout pour objet de stimuler et d'encourager l'initiative privée partout où elle ne s'est pas encore manifestée, en constituant, pour ainsi dire, une première mise de fonds de roulement pour les associations qui viendront à se créer. Ce n'est qu'accidentellement que mon administration viendra en aide aux sociétés existantes lorsque celles-ci, devant faire face à des pertes anormales, n'auront pas les ressources nécessaires pour indemniser les assurés dans une proportion efficace.

C'est pour ces motifs que je n'ai pas cru devoir me ranger au système d'une répartition uniforme et mathématique basée soit sur le chiffre des pertes supportées par les sociétés, soit sur le montant des cotisations, estimant que les subventions doivent varier suivant les circonstances et être proportionnées aux besoins réels. Il serait déplorable que les encouragements de l'Etat eussent pour résultat de diminuer, au point de les supprimer presque complètement, l'effort et la responsabilité de l'individu, et c'est ce qui ne manquerait pas d'arriver dans le cas d'une répartition opérée d'après une règle fixe, puisque dans les conditions normales, le jeu de la subvention aurait pour effet, soit de faire descendre la cotisation au-dessous du chiffre que l'on peut considérer comme le minimum du sacrifice nécessaire, soit de faire disparaître l'écart qu'il importe de laisser subsister entre le chiffre de la perte subie et celui de l'indemnité payée, si l'on veut que l'assuré soit intéressé à conserver et à surveiller les valeurs qui font l'objet du contrat d'assurance.

Je crois devoir vous rappeler, en outre, Monsieur le Préfet, que les encouragements de l'État sont exclusivement et rigoureusement réservés aux sociétés d'assurances mutuelles proprement dites, c'est-à-dire aux associations qui, s'inspirant uniquement des idées de prévoyance et de solidarité, s'interdisent toute pensée de lucre et n'affectent en aucune manière le caractère d'entreprises commerciales. Il y aura donc lieu, toutes les fois qu'une subvention sera sollicitée, de vous faire représenter les statuts et les comptes financiers de la société qui se sera mise en instance, afin de vous rendre un compte exact de la nature de ses opérations. Vous aurez soin, en même temps que vous me transmettrez ces divers documents ainsi que les renseignements que vous aurez pu recueillir sur l'action de la société, de me faire connaître votre avis personnel sur la suite dont la demande de subvention vous paraîtra susceptible.

D'autre part, mon administration ayant le plus grand intérêt à suivre attentivement le développement des institutions de prévoyance qui font l'objet de la présente circulaire, vous devrez m'adresser tous les ans, le 31 janvier au plus tard, un tableau conforme au modèle ci-annexé et indiquant la situation au 1er janvier de toutes les sociétés d'assurances mutuelles agricoles existant dans votre département. Je vous prie, Monsieur le Préfet, de prendre, dès à présent, les mesures nécessaires pour que cet important document soit établi avec le plus grand soin à l'aide des renseignements qui vous seront fournis par les autorités locales et dont vous pourrez utilement faire contrôler l'exactitude par M. le professeur départemental d'agriculture.

L'envoi de ce tableau ne vous dispensera pas de me signaler, au fur et à mesure de leur création, toutes les sociétés qui se formeront dans votre département, en me renseignant sommairement sur leur caractère et leur importance.

Telles sont les premières instructions générales que j'ai cru devoir vous adresser au lendemain de l'approbation par les Chambres de la modification apportée au budget de mon département.

J'ai tenu à vous faire connaître, dès à présent, les considérations qui l'ont inspirée, me réservant de compléter ultérieurement, et en tenant compte des indications que fournira l'expérience, les prescriptions contenues dans la présente circulaire.

En tout cas, je vous ai suffisamment fait connaître l'importance que le Gouvernement et le Parlement attachent à l'organisation et au développement des assurances agricoles pour être sûr, d'avance, que vous ferez tous vos efforts pour aider au succès d'une institution qui doit exercer une influence considérable sur le relèvement de l'agriculture, en ramenant la sécurité et le bien-être au sein de nos populations rurales.

Le Président du Conseil, Ministre de l'Agriculture.

J. MÉLINE.

CIRCULAIRE générale du Ministre de l'Agriculture, du 4 février 1899, adressée aux professeurs départementaux et spéciaux d'agriculture et relative, notamment : aux Syndicats, au Crédit agricole mutuel, et aux *Assurances mutuelles contre la mortalité du bétail*, la grêle, la gelée.

CIRCULAIRE du Ministre de l'Agriculture aux professeurs départementaux et spéciaux d'Agriculture, du 18 janvier 1900, relative aux assurances mutuelles agricoles.

Monsieur le Professeur, dans la circulaire du 4 février 1899 je vous ai tracé les grandes lignes de la conduite que vous avez à tenir dans l'exercice de vos fonctions, je tiens aujourd'hui à développer la partie de ces instructions qui vous signalait les avantages que les populations rurales peuvent retirer de l'association et de la mutualité.

Dans cet ordre d'idées j'appelle toute votre attention sur les sociétés d'assurance et de crédit agricole.

Le Parlement, sur l'initiative du Gouvernement, s'est préoccupé de la question des assurances agricoles en décidant qu'une partie des fonds distribués depuis de longues années comme secours pour pertes matérielles et événements malheureux serait employée à subventionner les sociétés d'assurances mutuelles agricoles.

Mon honorable prédécesseur, dans la circulaire du 15 avril 1898, prescrivait aux Préfets d'éclairer leurs administrés sur cette importante question et de les inciter par une active propagande, soit à faire partie des mutualités déjà créées, soit à former de nouveaux groupements là où il n'en existait pas encore; il leur signalait tous les services que pouvaient rendre à cet égard les professeurs départementaux et spéciaux d'agriculture qui, en raison de leur compétence technique et de leur connaissance des besoins locaux, étaient tout naturellement désignés pour fournir aux agriculteurs des indications appropriées aux conditions de la culture ou de l'élevage, à l'importance et à la nature des risques, etc, C'est à vous que je m'adresse aujourd'hui pour appeler toute votre attention sur cette importante question et vous demander de ne pas oublier de signaler aux agriculteurs, dans vos conférences, qu'ils peuvent se garantir d'une manière très efficace contre les risques que peuvent faire subir à la production agricole (récoltes ou animaux) les intempéries, les épizooties, etc., fléaux dont les ravages viennent trop souvent causer des pertes importantes aux exploitations rurales.

L'Administration ne saurait tracer pour la constitution des sociétés d'assurances mutuelles un cadre ou un programme uniformes qui ne pourraient qu'entraver l'initiative privée, quand ils ne lui imprimeraient pas une fausse direction. Le Pouvoir central est d'ailleurs placé trop loin des populations rurales pour jeter les bases des associations mutuelles et c'est aux influences locales qu'il appartient de donner naissance à ces associations qui doivent puiser en elles-mêmes toute leur vitalité. C'est à vous d'étudier les diverses formes usitées pour les associations d'assurauces et d'indiquer aux cultivateurs celle que vous croirez devoir répondre le mieux aux besoins de votre région.

L'assurance contre la mortalité du bétail en particulier a déjà rendu de nombreux services et a permis aux cultivateurs qui ont eu recours à ces institutions de prévoyance de supporter des événements calamiteux dont la conséquence aurait été fréquemment d'entraîner leur ruine.

D'une manière générale, les sociétés de ce genre doivent reposer sur la gratuité de toutes les fonctions, sur le contrôle que chacun des membres de la mutualité a intérêt à exercer sur ses coassurés. Il importe d'autre part, dans le but d'amener les membres de l'association à donner à leurs animaux tous les soins qu ils réclament, de ne jamais allouer aux sinistrés le montant intégral de leurs pertes, les constituant ainsi, dans une certaine mesure, leurs propres assureurs. Il est prudent également de prévoir la constitution d'un fonds de réserve qui permettra, en cas d'épizootie, d'assurer aux associés le paiement des indemnités prévues par les statuts sans augmenter le chiffre de la cotisation habituelle. Cette réserve doit d'ailleurs, quand elle a atteint le maximum fixé par les statuts, pouvoir être employée à diminuer ou à faire disparaître la cotisation annuelle.

Le caractère particulier de l'assurance mutuelle est de donner à chaque associé la qualité d'assureur et d'assuré, il en résulte que le montant des sacrifices imposés à chacun est proportionnel aux pertes sans qu'il puisse y avoir répartition de bénéfices.

Sans vous rappeler à nouveau les considérations développées dans la circulaire du 26 septembre dernier, je vous signale en outre un point sur lequel vous devrez insister quand vous parlerez des sociétés d'assurances mutuelles contre la mortalité du bétail, c'est de montrer l'intérêt, pour toutes les associations, d'insérer dans leurs statuts une clause refusant toute indemnité aux sinistrés qui ne se seront pas conformés aux prescriptions de la loi sur la police sanitaire des animaux et, dans les pays sujets aux ravages du charbon aux cultivateurs qui n'ont pas fait usage de la vaccination préventive. Il est hors de doute que ces clauses inciteront les cultivateurs à se conformer à la loi et diminueront ainsi d'une manière sensible les ravages causés par les épizooties et par le fait même des indemnités dues pour cet objet.

(La suite, qui est relative au Crédit agricole, se trouve au chapitre II.).

Le Ministre de l'Agriculture,
JEAN DUPUY.

CIRCULAIRE du Ministre de l'Agriculture, du 13 février 1900, relative aux secours à accorder aux sériciculteurs.

Monsieur le Préfet, cette année et l'année dernière, au cours de la discussion du budget de l'agriculture, l'intérêt de mon administration a été appelé d'une manière toute spéciale sur la situation des sériciculteurs qui ont éprouvé des pertes dans leur récolte de cocons par suite de la maladie des vers à soie, des intempéries ou de toute autre cause accidentelle, et qui sont d'autant plus dignes de la sollicitude du Gouvernement qu'en outre du préjudice direct qu'ils subissent ils perdent le bénéfice des primes allouées aux producteurs.

Afin de venir en aide, dans la mesure du possible, à cette catégorie très intéressante d'agriculteurs que la jurisprudence suivie en matière d'attribution de secours excluait naguère encore du bénéfice de ces allocations, et conformément d'ailleurs aux engagements qui ont été pris à la tribune de la Chambre des députés, j'ai décidé que les pertes matérielles supportées par les sériciculteurs pourraient désormais donner lieu à des allocations de subsides sur le chapitre 41.

Je vous invite, en conséquence, Monsieur le Préfet, à m'adresser, le cas échéant, et sous la rubrique « accidents divers », des états nominatifs de propositions en faveur des perdants de cette catégorie.

Je n'ai pas besoin d'ajouter que les demandes de secours qui vous seront adressées devront être instruites dans les formes ordinaires et que, seuls, les sériciculteurs nécessiteux et non assurés seront admis à recevoir des subsides dont le taux ne pourra dépasser la proportion réglementaire, c'est-à-dire 5 0/0 du montant des pertes régulièrement constatées.

Le Ministre de l'Agriculture,
JEAN DUPUY.

CIRCULAIRE du Ministre de l'Agriculture, du 20 *février* 1900, *relative aux secours à accorder pour pertes matérielles aux agriculteurs.*

Monsieur le Préfet, l'attention de mon administration a été fréquemment appelée sur certaines irrégularités et certains abus auxquels donnerait lieu parfois l'attribution des secours prélevés sur les fonds du ministère de l'Agriculture en faveur des agriculteurs victimes de pertes matérielles ou d'événements malheureux.

Les faits qui, à diverses reprises, ont été portés à ma connaissance m'obligent à vous rappeler, Monsieur le Préfet, les règles fondamentales auxquelles est soumise la constatation des pertes susceptibles de donner lieu à l'allocation d'un secours.

Je vous rappellerai tout d'abord que, seuls, les perdants nécessiteux peuvent bénéficier des subsides de l'Etat. Je n'ai pas besoin d'ajouter que toute allocation injustifiée est de nature à compromettre gravement l'autorité du Gouvernement et à susciter les plus fâcheux embarras à l'administration.

Je vous prie, en conséquence, de tenir rigoureusement la main à ce que toutes les prescriptions concernant la constatation des pertes et l'établissement des propositions de secours soient toujours observées dans votre département ; c'est ainsi que, sauf pour les pertes de bestiaux, qui ont fait l'objet d'instructions spéciales contenues dans une circulaire ministérielle du 26 juillet 1850, tous les dommages doivent être constatés et évalués suivant la procédure dont les règles essentielles et toujours en vigueur ont été édictées par l'arrêté consulaire du 24 floréal an VIII, c'est-à-dire par des commissions locales composées, pour chaque commune, du maire, des répartiteurs et d'un contrôleur des contributions directes. Dans les cas tout-à-fait exceptionnels où l'administration des contributions directes ne pourrait prêter son concours, il vous appartiendrait, Monsieur le Préfet, de prendre des mesures spéciales pour suppléer à cette garantie et remédier aux inconvénients qui pourraient résulter de l'absence de controle. Je vous serai obligé, en tout cas, de n'accepter les propositions de secours qui vous parviendront qu'autant qu'elles seront appuyées des procés-verbaux de constatation et accompagnées de tous les renseignements d'usage sur la situation des perdants (chiffre d'impôts, charges de famille, etc.).

Vous devrez soumettre à un contrôle sévère toutes les demandes dont vous serez saisi et ce n'est qu'après avoir procédé à cet examen que vous pourrez m'adresser vos états nominatifs de propositions en faveur des perdants nécessiteux et non assurés, les seuls, je le répète, qui aient droit à l'assistance de l'Etat.

Je vous prie d'ailleurs, et j'insiste tout particulièrement sur cette recommandation, de joindre désormais à toutes vos propositions les procès-verbaux et tous autres documents qui auront servi à l'établissement de vos états, afin de me mettre à même de statuer en parfaite connaissance de cause et d'assurer, dans toute la mesure du possible, le bon emploi des deniers de l'Etat, dont je suis responsable.

Le Ministre de l'Agriculture,
JEAN DUPUY.

LOI du 4 juillet 1900 relative à la constitution des Sociétés ou Caisses d'assurances mutuelles agricoles.

Article unique. — Les sociétés ou caisses d'assurances mutuelles agricoles qui sont gérées et administrées gratuitement, qui n'ont en vue et qui, en fait, ne réalisent aucun bénéfice, sont affranchies des formalités prescrites par la loi du 24 juillet 1867 et le décret du 22 janvier 1868, relatifs aux sociétés d'assurances.

Elles pourront se constituer en se soumettant aux prescriptions de la loi du 21 mars 1884 sur les syndicats professionnels.

Les sociétés ou caisses d'assurances mutuelles agricoles ainsi créées seront exemptes de tous droits de timbre et d'enregistrement autres que le droit de timbre de 10 centimes prévu par le paragraphe 1er de l'article 18 de la loi des 23 et 25 août 1871.

CHAPITRE IV

Assurances diverses

Accidents du travail (1).

Résumé de la jurisprudence concernant les agriculteurs, à la date du 11 *avril* 1900.

L'ouvrier blessé en tombant d'une voiture d'où il passait les gerbes à la batteuse, est victime d'un accident prévu et régi par la loi du 30 juin 1899. (Tribunal civil d'Argentan, 9 janvier 1900.)

L'exploitant d'une batteuse, à l'encontre de qui il n'est pas établi qu'il a demandé l'aide de la victime, et qu'il n'avait nul besoin de son concours, est étranger à l'accident, n'est pas tenu d'en faire la déclaration et doit être mis hors de cause. (Cour d'appel d'Angers, 16 janvier 1900.)

L'accident causé par une batteuse à l'ouvrier chauffeur employé habituellement par l'agriculteur en cette qualité reste à la charge de son patron ordinaire sans que la responsabilité de l'exploitant de la batteuse puisse être invoquée (Cour d'appel d'Angers, 16 janvier 1900). Mais cet ouvrier qui s'est imprudemment et sans ordre de son patron exposé à un danger qu'il connaissait, a commis une faute inexcusable. (Même jugement.)

L'ouvrier agricole blessé en tombant d'une meule de paille qu'il élevait dans une grange voisine de la cour de la ferme où fonctionne une batteuse ne travaille pas dans le rayon d'action de la machine ; cet accident n'est pas régi par la loi du 30 juin 1899 et est soumis au droit commun. (Tribunal civil de Limoges, 29 décembre 1899. Confirmé en appel, Limoges, 13 février 1900).

Les accidents dus à la force majeure ne tombent pas sous l'application de la loi du 9 avril 1898 : tel serait le cas de l'ouvrier foudroyé pendant son travail. (Tribunal civil de Bourg, 30 janvier 1900.)

L'ouvrier agricole, chargé de faire des meules de paille, qui a été blessé sur la batteuse où il se trouvait sans que son travail l'y appelât, ne bénéficie pas des dispositions de la loi du 9 avril 1898. (Tribunal civil de Lavaur, 4 avril 1900).

CIRCULAIRE du Directeur général de la Caisse des Dépôts et Consignations, en date du 27 juillet 1899, relative à l'assurance des exploitants de batteuses agricoles par la Caisse Nationale d'assurances contre les accidents.

L'incertitude qui régnait sur la détermination des cas dans lesquels la loi du 9 avril 1898 était applicable à l'agriculture est aujourd'hui dissipée par la loi du 30 juin 1899 « concernant les accidents causés dans les exploitations agricoles par l'emploi de machines mues par des moteurs inanimés », dont vous trouverez le texte dans la formule de demande de souscription d'assurance spéciale à ces entreprises.

Certains des travaux agricoles visés par cette dernière loi, notamment *le battage mécanique des grains*, s'effectuent le plus souvent, dans l'espace de deux ou trois mois de l'année, à l'aide de machines nomades et d'un personnel pris sur place et pouvant changer plusieurs fois dans

(1) V. 1re partie, Ch. V, page 159.

une même journée. Or, ces diverses conditions de travail sont inconciliables avec plusieurs clauses des polices de la Caisse nationale d'assurances en cas d'accidents (loi du 24 mai 1899), telles que : payement des primes par trimestre, production d'une liste nominative du personnel au moment de la souscription du contrat et de bordereaux de mutations en cours d'assurance, etc. Par suite, pour permettre à cette catégorie d'exploitants agricoles de se garantir contre les risques de la loi du 9 avril 1898, mis à leur charge par la loi susvisée du 30 juin 1899, la Caisse nationale a soumis les assurances de l'espèce aux conditions spéciales suivantes :

§ 1er. *Conditions générales applicables aux exploitants de batteuses agricoles.* La prime à payer par l'exploitant d'une batteuse agricole est de 2 francs par jour et par machine ; elle est payable d'avance pour le nombre de journées de travail déclaré.

L'assurance porte sur toutes les personnes, quelles qu'elles soient, occupées à la conduite ou au service de la machine ou de son moteur ; elle peut être conclue par périodes successives de : un jour, deux jours, plusieurs jours, un mois, etc.

Lorsque, pour une période choisie, l'assurance porte sur un certain nombre de jours, le souscripteur peut exclure de l'assurance, s'il le juge à propos, tels jours qu'il lui convient ; il désigne alors par le quantième sur le bulletin dont il sera parlé ci-après les journées exclues.

En principe, toute prime payée reste acquise à la Caisse nationale, sans répétition possible fondée sur ce que le travail n'aurait pas eu lieu le jour ou l'un des jours fixés par le souscripteur. Cependant, si, pour une cause de force majeure, l'exploitant se trouvait forcé d'interrompre complètement une période de travail commencée, il pourrait en faire la déclaration *par lettre recommandée* adressée au directeur général de la Caisse des dépôts. L'effet de l'assurance cesserait alors à partir du lendemain du jour indiqué par le timbre de la poste au départ, et les primes de 2 francs par jour et par machine serait, pour le temps restant à courir sur la période, remboursées à l'exploitant. L'assurance ne pourrait, dans ce cas, reprendre cours que par le dépôt d'un nouveau bulletin et le payement des primes afférentes à la nouvelle période de travail déclarée.

§ 2. *Transmission des demandes de souscription d'assurance à la Direction générale.* L'exploitant qui veut s'assurer adresse à la Direction générale, soit directement, soit par votre entremise, une demande de souscription surla formule spéciale dont un certain nombre d'exemplaires vous parviendra en même temps que la présente ; cette provision sera renouvelée selon vos besoins.

§ 3. *Envoi des polices par la Direction générale.* Les polices établies par la Direction générale vous seront adressées en double original accompagnées d'un carnet à souches comprenant un certain nombre de bulletins destinés à constater la durée de la période pendant laquelle l'assurance aura son effet et le montant de la prime payée à cette fin. Vous pourrez, comme il est dit au paragraphe 4 de ma circulaire du 10 juin 1899, remettre à l'exploitant celui des deux originaux de la police qui ne sera pas revêtu de la signature du Directeur général.

§ 4. *Signature des polices.* L'exploitant qui, après avoir pris connaissance de la police, se sera décidé à souscrire l'assurance, apposera sa signature sur l'original qui lui aura été confié ; vous lui remettrez alors l'original signé par le Directeur général et le carnet à souches visé au paragraphe précédent. Muni de ces deux pièces, le souscripteur se trouvera en mesure de rendre son assurance effective, en remplissant les formalités indiquées au paragraphe suivant.

§ 5. *Réalisation de l'assurance. Remise du bulletin déclaratif.* Le souscripteur qui veut rendre son assurance effective détache du carnet à souches autant de bulletins qu'il y aura de machines à mettre en action. Après avoir rempli le ou les bulletins au recto et au verso, suivant les indications qu'ils comportent, et les avoir signés, le souscripteur les remet ou les fait remettre, *la veille au plus tard du jour où doit commencer le travail*, à l'un quelconque des comptables préposés de la Caisse nationale d'assurances.

Les comptables devront s'assurer avec le plus grand soin de l'exactitude des indications portées sur les bulletins en ce qui concerne : 1° le nombre réel de journées de travail, c'est-à-dire défalcation faite, s'il y a lieu, des jours de chômage exclus de l'assurance; et 2° du produit de la multiplication par 2 francs du nombre réel de jours sur lesquels doit porter l'assurance.

§ 6. *Versement de la prime.* En même temps qu'il lui remet son ou ses bulletins, le souscripteur verse au comptable la prime correspondant au nombre de jours et de machines déclaré. Il lui est délivré, en échange, un récépissé (trésorier général ou receveur particulier des finances) ou une quittance à souche (percepteurs des contributions directes ou receveurs des postes).

En ce qui concerne spécialement les receveurs des postes, la quittance devra (comme toutes celles d'ailleurs à délivrer au titre de la loi du 24 mai 1899) être extraite du registre à souches actuellement en usage pour les caisses d'assurance (loi du 11 juillet 1868) et fourni par l'Administration des postes. Il suffira, jusqu'à ce qu'un nouveau modèle de registre à souches ait été mis en distribution, de substituer sur chaque quittance au mot « Cotisation » le mot « Prime » et d'ajouter entre parenthèses : « Loi du 24 mai 1899 ».

§ 7. *Envoi du bulletin déclaratif à la Direction générale.* Le jour même de l'opération, le comptable adresse à la Direction générale les bulletins déposés à sa caisse dans la journée; il remplit préalablement le cadre disposé à gauche de chaque bulletin suivant les indications qu'il comporte.

§ 8. *Dispositions de la circulaire du 10 juin 1899 applicables aux nouvelles polices.* Les instructions contenues dans ma circulaire du 10 juin 1899 (§ 4, 7, 10, 11) [aux trésoriers-payeurs généraux et aux receveurs particuliers], (§ 4, 7, 10 aux percepteurs des contributions directes et aux directeurs des postes), restent applicables aux nouvelles polices.

§ 9. *Mesures de comptabilité.* Il en est de même, en ce qui touche les règles de comptabilité, observation faite toutefois que les recettes à provenir des nouvelles assurances (loi du 30 juin 1899) devront, sur les bordereaux, relevés et avis détaillés que les divers comptables ont respectivement à établir, être inscrites à la suite des recettes (loi du 24 mai 1899) sous la rubrique spéciale : « Primes pour emploi de batteuses agricoles », et être portées dans la colonne n° 2 : « Provisions ».

§ 10. *Dispositions relatives aux machines agricoles autres que les batteuses mécaniques.* Vous remarquerez qu'il n'a été question dans la présente circulaire que des batteuses agricoles. C'est qu'en effet il a paru que ces machines étaient les seules pour lesquelles des conditions spéciales s'imposaient, en raison de leur déplacement incessant et de la mobilité de leur personnel servant. Mais il est d'autres travaux agricoles qui s'effectuent également à l'aide de machines mues par des moteurs inanimés. Si des renseignements vous étaient demandés à ce sujet, vous auriez à inviter les intéressés à fournir dans le questionnaire des indications aussi précises que possible, tant sur le genre de machine et la composition du personnel employé à sa conduite et à son service que sur la nature du travail agricole effectué.

Mon Administration examinerait les demandes et ferait connaître aux exploitants dans quelles conditions la Caisse nationale pourrait leur consentir une assurance.

CHAPITRE V

Warrants agricoles (1)

LOI du 18 juillet 1898 sur les Warrants agricoles

Article 1er. — Tout agriculteur peut emprunter sur les produits agricoles ou industriels provenant de son exploitation et énumérés ci-dessous, et en conservant la garde de ceux-ci dans les bâtiments ou sur les terres de cette exploitation.

Les produits sur lesquels un warrant peut-être créé sont les suivants :

Céréales en gerbes ou battues ;
Fourrages secs, plantes officinales séchées ;
Légumes secs, fruits séchés et fécules ;
Matières textiles, animales ou végétales ;
Graines oléagineuses, graines à ensemencer ;
Vins, cidres, eaux-de-vie et alcool de nature diverse ;
Cocons secs et cocons ayant servi au grainage ;
Bois exploités, résines et écorces à tan ;
Fromages, miels et cires ;
Huiles végétales ;
Sel marin ;

Le produit agricole warranté reste, jusqu'au remboursement des sommes avancées, le gage du porteur du warrant.

Le cultivateur est responsable de la marchandise qui reste confiée à ses soins et à sa garde, et cela sans indemnité.

Art. 2. — Le cultivateur, lorsqu'il ne sera pas propriétaire ou usufruitier de son exploitation, devra, avant tout emprunt, aviser le propriétaire du fonds loué, de la nature, de la valeur et de la quantité des marchandises qui doivent servir de gage pour l'emprunt, ainsi que du montant des sommes à emprunter.

Cet avis devra être donné au propriétaire, à l'usufruitier ou à leur mandataire légal désigné par l'intermédiaire du greffier du juge de paix du canton du domicile de l'emprunteur. La lettre d'avis sera remise au greffier, qui devra la viser, l'enregistrer et l'envoyer sous forme de lettre recommandée comportant accusé de réception.

Le propriétaire, l'usufruitier ou le mandataire légal désigné pourront, dans le cas, où des termes échus leur seraient dus, dans un délai de douze jours francs à partir de la lettre recommandée, s'opposer au prêt sur lesdits produits par une autre lettre adressée au greffier du juge de paix et également recommandée.

Art. 3. — Le greffier de la justice de paix inscrira sur les deux parties d'un registre à souche établi spécialement à cet effet, et d'après la déclaration de l'emprunteur, la nature, la

(1) V. 1re Partie, Chapitre VI, p. 177, et 3me Partie, Ch. V.

quantité et la valeur des produits qui devront servir de gage à son emprunt, ainsi que le montant des sommes à emprunter.

Dans le cas ou l'emprunteur ne sera point propriétaire ou usufruitier de l'exploitation, le greffier du juge de paix devra, en outre des indications ci-dessus, mentionner la date de l'envoi de l'avis au propriétaire ou usufruitier, ainsi que la non-opposition de leur part après douze jours francs à partir de l'envoi de la lettre recommandée.

La feuille détachée de ce registre devient le warrant qui permettra au cultivateur de réaliser son emprunt.

Art. 4. — Le warrant doit indiquer si le produit warranté est assuré ou non et, en cas d'assurances, le nom et l'adresse de l'assureur.

Les porteurs de warrants ont, sur les indemnités d'assurances dues en cas de sinistres, les mêmes droits et privilèges que sur la marchandise assurée.

Art. 5. — Les greffiers sont tenus de délivrer à tout prêteur qui le requiert, avec l'autorisation de l'emprunteur, copie des inscriptions d'emprunts faites par l'emprunteur ou certificat établissant qu'il n'en existe aucune.

Art. 6. — L'emprunteur qui aura remboursé son warrant le fera constater au greffe de la justice de paix ; le remboursement sera inscrit sur le registre à souche prévu à l'article 3, et il lui sera donné un récépissé de la radiation de son inscription.

Art. 7. — L'emprunteur peut, même avant l'échéance, rembourser la créance garantie par le warrant.

Si le créancier refuse ses offres, le débiteur peut, pour se libérer, consigner la somme offerte en observant les formalités prescrites par l'article 1259 du Code Civil. Sur le vu d'une quittance de consignation régulière et suffisante, le juge de paix rendra une ordonnance aux termes de laquelle le gage sera transporté sur la somme consignée.

En cas de remboursement anticipé d'un warrant agricole, l'emprunteur bénéficie des intérêts qui restaient à courir jusqu'à l'échéance du warrant, déduction faite d'un délai de dix jours.

Art. 8. — Les établissements publics de crédit peuvent recevoir les warrants comme effets de commerce avec dispense d'une des signatures exigées par leurs statuts.

Art. 9. — L'escompteur ou réescompteur d'un warrant sera tenu d'en donner avis immédiatement au greffier du juge de paix par lettre recommandée avec accusé de réception.

Art. 10. — A défaut de payement à l'échéance, et après avis préalable transmis par lettre recommandée à l'emprunteur, pour laquelle un avis de réception doit être demandé, le porteur du warrant, huit jours après l'avertissement et sans aucune autre formalité de justice, mais avec les formes de publicité prévues par les articles 617 et suivants du Code de procédure, peut faire procéder par un officier ministériel à la vente publique aux enchères de la marchandise engagée.

Art. 11. — Le créancier est payé directement de sa créance sur le prix de vente, par privilège et préférence à tous créanciers, sans autre déduction que celle des contributions directes et des frais de vente, et sans autres formalités qu'une ordonnance du juge de paix.

Art. 12. — Le porteur du warrant perd son recours contre les endosseurs s'il n'a pas fait procéder à la vente dans le mois qui suit la date de l'avertissement. Il n'a de recours contre l'emprunteur et les endosseurs qu'après avoir exercé ses droits sur les produits warrantés. En cas d'insuffisance, le délai d'un mois lui est imparti, à dater du jour où la vente de la marchandise est réalisée, pour exercer son recours contre les endosseurs.

Art. 13.— Tout agriculteur convaincu d'avoir détourné, dissipé ou volontairement détérioré au préjudice de son créancier le gage de celui-ci, sera poursuivi correctionnellement comme coupable d'abus de confiance et puni conformément aux articles 406 et 408 du Code pénal, sans préjudice de l'application de l'article 463 du même Code.

Art. 14. — Lorsque, pour l'exécution de la présente loi, il y aura lieu à référé, ce référé sera porté devant le juge de paix.

Art. 15. — Un décret déterminera les émoluments à allouer aux greffiers de justice de paix pour l'envoi des lettres recommandées, l'achat et la tenue des registres, ainsi que pour la délivrance des certificats. Il établira, s'il y a lieu, toutes les mesures nécessaires pour l'exécution de la présente loi.

Art. 16. — Sont dispensés de la formalité du timbre et de l'enregistrement : les lettres prévues aux articles 2, 9 et 10 et leurs accusés de réception ; la souche du registre institué par l'article 3, la copie des inscriptions d'emprunt ; le certificat négatif et le récépissé de radiation mentionnés aux articles 5 et 6 de la présente loi.

La feuille détachée du registre à souche et qui deviendra le warrant au moyen duquel le cultivateur réalisera son emprunt, restera soumise au droit commun, c'est-à-dire qu'elle deviendra passible du droit de timbre des effets de commerce (0 fr. 05 0/0) au moment de sa transformation en warrant et de sa remise comme tel au prêteur.

L'enregistrement (0 fr. 50 0/0) ne deviendra obligatoire que dans le cas de protêt.

Art. 17. — La présente loi sera applicable à l'Algérie.

CIRCULAIRE du Garde des Sceaux, Ministre de la Justice, du 16 *août* 1898

Monsieur le Procureur général, la loi du 18 juillet 1898, publiée au *Journal officiel* du 20 du même mois, a eu pour objet de créer une première étape dans l'organisation du crédit mobilier rural. Le cultivateur, pressé par des besoins d'argent, se voyait fréquemment obligé de vendre sa récolte dans un moment où l'affluence des produits similaires sur le marché entraînait une dépréciation des cours. On a voulu lui permettre d'attendre et de se procurer les fonds qui lui sont nécessaires, en donnant pour gage tout ou partie des produits de son exploitation. Sans doute, il lui était déjà possible de déposer ses récoltes dans un des magasins généraux existants et de se faire remettre un warrant; mais, en fait, ce mode de crédit lui était fermé par suite des frais élevés que lui imposait le transport, généralement à de grandes distances, de marchandises lourdes et encombrantes. Pour obvier à cet inconvénient, la loi du 18 juillet dernier réalise une innovation qui assure aux agriculteurs un traitement de faveur ; elle autorise l'extension du warrant aux produits agricoles, sans déplacement : le domicile du propriétaire des récoltes est constitué en lieu de dépôt jouissant du privilège jusqu'ici réservé aux magasins généraux.

L'agriculteur peut donc désormais emprunter sinon sur tous les produits de son exploitation, du moins sur les plus importants, en les conservant sur ses terres ou dans ses bâtiments. Ces produits, devenus le gage du créancier porteur du warrant, assurent à ce dernier les plus sérieuses garanties : d'une part, le propriétaire ne peut en disposer ni les détériorer volontairement sans encourir des responsabilités pénales; d'autre part, si la réalisation du gage devient nécessaire, le porteur du warrant est payé, sur le produit de la vente, par privilège et préférence à tous créanciers, sans autre déduction que celle des contributions et des frais de justice; les privilèges énumérés dans les articles 2101 et 2102 du Code civil, à l'exception des frais de justice, sont primés par le sien.

Toutefois, en ce qui concerne le propriétaire des immeubles loués au fermier qui se fait délivrer une lettre de gage, la perte de son privilège, à l'égard du titulaire du warrant, sur les produits warrantés, est, dans une certaine mesure, subordonnée à son consentement exprès ou tacite.

On sait qu'aux termes de la loi du 19 février 1889, le bailleur d'un fonds rural a privilège pour les fermages des deux dernières années échues, de l'année courante et d'une année à partir de l'expiration de l'année courante, ainsi que pour tout ce qui concerne l'exécution du bail et pour les dommages intérêts qui pourront lui être alloués par les tribunaux. Il importait de concilier ce droit si étendu avec la faculté d'emprunter que le législateur entendait accorder au fermier, sous peine de retirer d'une main à ce dernier ce qu'on lui accordait de l'autre.

A ce point de vue, la loi du 18 juillet 1898 fait une distinction entre les créances du bailleur.

Les créances pour termes non échus ou pour avances faites par le propriétaire, ou encore pour les dommages-intérêts éventuels, n'empêchent pas le fermier de donner librement ses récoltes en nantissement et d'assurer, le cas échéant, au porteur du warrant, sur le prix des récoltes warrantées, un droit supérieur à celui du bailleur.

Mais il n'en est plus de même lorsque les termes échus ne sont pas intégralement acquittés. Le fermier n'est plus libre alors de warranter à son gré les produits de son exploitation ; le propriétaire peut s'opposer à la délivrance du warrant et sauvegarder ainsi son privilège sur les fruits de la récolte.

Pour que le bailleur soit en mesure d'exercer son droit d'opposition, l'article 2 de la loi du 18 juillet 1898 oblige le fermier à lui adresser, avant tout emprunt, un avis portant l'indication de la nature, de la valeur et de la quantité des marchandises qui doivent servir de gage à l'emprunt, ainsi que du montant des sommes à emprunter.

La lettre d'avis est remise au greffier de la justice de paix du domicile de l'emprunteur. Le greffier en fait mention sur un registre spécial, distinct du registre à souches dont nous nous occuperons plus loin ; il la vise ensuite et l'expédie au propriétaire ou à l'usufruitier du domaine, sous forme de lettre recommandée comportant un accusé de réception.

Cette lettre constitue l'acte initial de la procédure dans tous les cas où le cultivateur, qui veut emprunter, n'est pas propriétaire ou usufruitier de son exploitation. Elle a une grande importance. Il est indispensable que les indications exigées par la loi et qui seront plus tard reportées sur le warrant y soient toutes réunies. Le greffier est tenu de veiller avec soin à l'observation de ces formalités ; il doit aussi prendre garde que la lettre ne vise pas des produits autres que ceux déclarés warrantables et qui sont limitativement désignés dans l'article 1er.

Le greffier n'a pas à se préoccuper du point de savoir si les récoltes annoncées par l'emprunteur existent bien sur ses terres ou dans ses bâtiments; il ne lui appartient pas de faire des recherches ou d'exercer un contrôle à ce sujet. Même s'il y a fraude, sa responsabilité est à couvert, sous réserve du cas où, ayant connaissance de la fraude, il se serait prêté à sa consommation. Son rôle consiste uniquement à suivre strictement la procédure qui règle les conditions dans lesquelles le warrant est préparé et délivré.

La remise à la poste de la lettre d'avis prévue par l'article 2 marque le point de départ du délai de douze jours laissé au propriétaire ou à l'usufruitier pour prendre parti et pour notifier, le cas échéant, son opposition au greffier de la justice de paix du domicile de l'emprunteur.

Ce délai est franc, c'est-à-dire que le premier et le dernier jours ne sont pas comptés. En admettant, par exemple, que le greffier ait fait partir la lettre d'avis le 1er janvier, il suffira que la lettre renfermant l'opposition du propriétaire ou de l'usufruitier lui parvienne le 14 janvier. De plus, si le dernier jour du délai était un jour férié, le délai serait prorogé jusqu'au lendemain, aux termes de l'article 1033 du Code de procédure civile, modifié par la loi du 13 avril 1895.

L'opposition notifiée par lettre recommandée parvenue au greffier après l'expiration du délai serait, en principe, inopérante. S'il survenait une difficulté à ce sujet, le juge de paix trancherait par provision, en vertu des pouvoirs qui lui sont conférés par l'article 14 de la loi du 18 juillet 1898.

La date de l'arrivée au greffe de la lettre recommandée adressée par le propriétaire ou l'usufruitier est portée par le greffier sur le registre spécial qui renferme déjà les mentions substantielles contenues dans la lettre d'avis.

L'opposition, notifiée dans le délai de douze jours, met obstacle à la délivrance du warrant. Il appartient au cultivateur de faire lever cette opposition, s'il s'y croit fondé, en portant le litige devant le juge de paix, statuant en référé.

Dans le cas où le propriétaire ou l'usufruitier a expressément adhéré à l'emprunt, rien ne s'oppose, au contraire, à ce que le cultivateur reçoive immédiatement le warrant qui lui servira à réaliser cet emprunt.

Enfin, le cultivateur peut réclamer la remise du warrant après l'expiration du délai de douze jours, s'il n'est survenu dans ce délai aucune opposition.

Le warrant est extrait d'un registre à souches tenu par le greffier conformément au modèle annexé à la présente circulaire (1).

Aux termes de l'article 3 de la loi, le greffier doit porter, tant sur la souche que sur la feuille à détacher : 1° les noms, prénoms, domiciles et qualités de l'emprunteur et du propriétaire ou de l'usufruitier de l'immeuble exploité par l'emprunteur ; 2° les mentions destinées à spécialiser le gage et à fixer le montant des sommes à emprunter ; ces mentions figurent déjà sur un autre registre où elles auront dû être inscrites au moment de l'expédition de la lettre prescrite par l'article 2, paragraphe 1er ; 3° la date de la réception du consentement du propriétaire ou de l'usufruitier, ou l'indication qu'il n'y a pas

(1) V. 3me partie, formule 30.

eu d'opposition dans le délai de douze jours ; 4° une mention relative à l'assurance des produits warrantés et, le cas échéant; le nom et l'adresse de l'assureur.

En donnant les explications qui précèdent, j'ai supposé que le cultivateur qui veut emprunter n'est pas propriétaire ou usufruitier de son exploitation.

Lorsqu'il possède une de ces qualités et qu'il en justifie, le warrant est délivré sur première réquisition, sans formalités préalables. De plus, la formule du warrant est alors simplifiée ; tout ce qui a trait à l'envoi de la lettre d'avis et au consentement ou à la non-opposition du propriétaire ou de l'usufruitier disparaît nécessairement.

Le warrant est destiné à circuler ; il est transmissible par voie d'endossement. Mais le législateur a voulu réserver à l'emprunteur la faculté de se libérer par anticipation et de reprendre ainsi la libre disposition des produits warrantés.

Il a prescrit, dans ce but, que l'escompteur ou réescompteur du warrant en donnera avis au greffier de la justice de paix ; celui-ci mentionnera les mutations dans le cadre préparé sur le verso de la souche du warrant. En s'adressant au greffier, le cultivateur se renseignera, à tout instant, sur l'identité du porteur du titre de créance ; il pourra lui offrir le payement et, si le créancier refuse les offres, consigner la somme offerte en se conformant aux formalités prescrites par l'article 1259 du code civil. Le juge de paix rend, dans le second cas, une ordonnance transportant le gage sur la somme consignée ; au vu de cette ordonnance, le greffier procédera à la radiation de l'inscription par une mention inscrite sur la souche du warrant.

La radiation doit être aussi opérée lorsque les produits engagés ont été vendus aux enchères, à la requête du porteur du warrant, conformément à la procédure instituée par les articles 10 et 11 de la loi. Le créancier est alors payé directement sur le prix de vente, en vertu d'une ordonnance du juge de paix. A partir de cette ordonnance, l'inscription portée sur la souche n'a plus de raison d'être, et il y a lieu de la faire disparaître.

Enfin, dans l'hypothèse normale où le cultivateur remplit ses engagements, le remboursement est constaté, et la radiation est opérée par le greffier sur la présentation du warrant qui a fait retour à l'emprunteur.

L'article 5 prévoit encore l'intervention du greffier pour la délivrance d'un état des inscriptions d'emprunt déjà faites par l'emprunteur ou d'un certificat négatif. Cette disposition permet aux tiers de se renseigner sur la situation du cultivateur avant de réaliser le prêt qui leur est demandé par ce dernier ; ils ne sont d'ailleurs fondés à réclamer l'état ou le certificat susvisés qu'en justifiant au greffier de l'autorisation de l'emprunteur.

L'article 16 accorde des immunités fiscales destinées à favoriser le développement du nouveau mode de crédit organisé dans l'intérêt de l'agriculture.

Tels sont, résumés brièvement, les points sur lesquels je crois utile d'appeler, d'une façon toute spéciale, l'attention des greffiers des justices de paix. La loi du 18 juillet 1898 leur impose l'accomplissement de formalités minutieuses dont l'inobservation pourrait engager leur responsabilité. Ils doivent l'étudier avec soin, bien se pénétrer des dispositions qu'elle renferme et apporter la plus grande vigilance dans son application.

Leur concours sera rémunéré d'après les bases fixées dans le tarif ci-annexé (1). Il leur est interdit de réclamer, sous aucun prétexte, d'autres honoraires que ceux prévus dans les divers articles de ce tarif et qui ont été calculés de façon à les couvrir de la dépense leur incombant pour l'achat des deux registres nouveaux qu'ils auront à tenir.

Le Garde des Sceaux, Ministre de la Justice et des Cultes,
F. SARRIEN

DÉCRET du 29 octobre 1898 fixant les émoluments des greffiers des justices de paix pour l'application de la loi sur les Warrants agricoles.

Art. 1er. — Il est alloué aux greffiers des justices de paix :

1° Pour toute mention sommaire sur le registre autre que le registre à souche (article 2), 25 centimes ;

2° Pour la mention à inscrire au verso de la souche du warrant, après l'escompte ou le réescompte du warrant (article 9), 10 centimes ;

3° Pour toute communication par lettre recommandée (déboursés non compris), 50 centimes ;

4° Pour la délivrance de la copie des inscriptions, 1 fr. ;

5° Pour la délivrance du certificat négatif, 50 centimes ;

6° Pour mention du remboursement, avec délivrance du certificat de radiation, 1 fr. ;

7° Pour l'établissement du warrant (déboursés compris), 10 centimes par 100 fr. ; minimum 50 centimes ;

8° Pour le renouvellement du warrant, 25 centimes.

CIRCULAIRE du Ministre de l'Agriculture, aux professeurs départementaux et spéciaux d'agriculture, du 18 janvier 1900

Voir la partie relative aux warrants agricoles dans la circulaire générale de la dite date, donnée plus haut (2me Partie, chap. II, page 210).

(1) V. le decret du 29 octobre 1898 ci-après.

TROISIÈME PARTIE

MODÈLES

FORMULES DE STATUTS, RÈGLEMENTS,
PROCÈS-VERBAUX D'ASSEMBLÉES GÉNÉRALES CONSTITUTIVES,
DE RÉUNIONS DE BUREAU, ETC.
BULLETINS D'ADHÉSION, DEMANDES D'ADMISSION, ETC.

CHAPITRE PREMIER

Syndicats professionnels agricoles et Unions (1)

1° Syndicats

Syndicat professionnel agricole de

STATUTS FORMULE N° 1

TITRE PREMIER. — *Constitution du Syndicat*

Article Premier. — Il est formé entre les soussignés et ceux qui adhéreront aux présents Statuts, un Syndicat, ou Association professionnelle agricole, qui sera régi par la loi du 21 mars 1884 et par les dispositions suivantes :

Art. 2. — L'Association prend le titre de : *Syndicat professionnel agricole de*

Son siège est établi au dit lieu.

Art. 3. — Sa durée est illimitée, ainsi que le nombre de ses Membres, et elle commence le jour du dépôt légal des Statuts

TITRE II. — *Composition du Syndicat*

Art. 4 — Peuvent faire partie du Syndicat, sans distinction de domicile :

1° Les propriétaires de fonds ruraux, les faisant valoir par eux mêmes ou par autrui ;

2° Les fermiers, métayers, régisseurs, gardes, horticulteurs, pépiniéristes, maraîchers, serviteurs et ouvriers préposés ou employés à la culture de la terre ;

3° Les industriels, fabricants et commercants, vendant ou achetant des produits agricoles, et, en général, toutes les personnes exerçant une profession connexe à l'agriculture, à celle de propriétaire rural et d'agriculteur, et concourant à l'établissement de produits agricoles.

Art. 5. — Pour être admis à faire partie du Syndicat il faut être présenté par deux de ses Membres et être agréé par le Bureau, à la majorité des Membres présents.

Art. 6. — La faillite, une condamnation correctionnelle pour faits contraires à la probité ou entachant l'honorabilité sont des motifs d'exclusion. La non-exécution d'engagements pris, soit vis-à-vis de tiers, soit vis-à-vis du Syndicat, pourra entraîner l'exclusion. Le non-paiement pendant deux ans ou le refus de paiement de la cotisation annuelle peuvent être assimilés aux cas ci-dessus énoncés.

L'exclusion est prononcée par le Bureau à la majorité des deux tiers des membres présents.

(1) Voir 1re partie, chap. II, p. 67, et 2me partie, chap. 1er, p. 189.

Titre III. — *Objet du Syndicat*

Art. 7. — Le Syndicat a pour but général l'étude et la défense des intérêts économiques agricoles de la région et pour objet spécial de :

1° Propager l'enseignement agricole et les notions professionnelles par tous les moyens dont il pourra disposer ;

2° Propager les méthodes de culture nouvelles ; favoriser les essais et les subventionner s'il y a lieu ;

3° Provoquer l'emploi des engrais chimiques, rechercher leur influence sur l'augmentation des rendements ; vulgariser l'usage des machines et instruments perfectionnés et de tous autres moyens propres à faciliter le travail, réduire les prix de revient et augmenter la production ;

4° Encourager, créer et administrer des institutions économiques, telles que Sociétés de Crédit Mutuel Agricole, Banques populaires, Sociétés de production, de consommation ou de vente, Caisses de Secours mutuels, Caisses de Retraites et d'Assurances mutuelles contre les risques de toutes sortes : mortalité des animaux de ferme, grêle, incendie, accidents du travail et autres associations dont l'utilité sera reconnue.

5° Servir d'intermédiaire pour la vente des produits agricoles et pour l'acquisition d'engrais, semences, instruments, animaux et, en général, de toutes matières premières ou fabriquées, utiles à l'agriculture, de manière à faire profiter ses membres des remises qu'il obtiendra ;

6° Surveiller les livraisons et échanges faits par son intermédiaire ;

7° Donner des avis et consultations sur tout ce qui concerne la profession agricole, fournir des arbitres et des experts pour la solution de questions litigieuses pendantes entre Membres du Syndicat ;

8° Examiner toutes réformes législatives, toutes mesures économiques intéressant l'agriculture française, prendre part à toute discussion générale sur ces sujets et, à cet effet, et pour atteindre le but poursuivi, créer et faire partie de toutes *Unions de Syndicats*, adhérer à leurs Statuts et s'y faire représenter par l'un ou plusieurs des Membres du Bureau.

Titre IV. — *Administration du Syndicat*

§ 1er. — BUREAU. — CHAMBRE SYNDICALE

Art. 8. — Le Syndicat est administré et dirigé par un Bureau ou Chambre Syndicale.

Art. 9. — Le Bureau se compose de : un Président, un Vice-Président, un Secrétaire, un Trésorier et de trois à vingt Membres.

Art. 10. — Ce Bureau est élu pour 3 ans, par le Syndicat, en Assemblée générale, à la majorité des suffrages exprimés. Le vote pourra avoir lieu par correspondance. Les Membres sortants sont rééligibles.

Art 11. — Le Bureau prononce l'admission des nouveaux Membres et l'exclusion des Membres qui ont démérité, dans les conditions des articles 5 et 6.

Art 12 — Il exécute toutes les mesures votées par le Syndicat et le représente dans toutes les circonstances.

Art. 13. — Il a tous pouvoirs pour administrer le Syndicat, faire tous règlements intérieurs pour le fonctionnement dudit Syndicat et le service des ventes et achats, établir et fixer le budget en recettes et en dépenses, faire les paiements et recouvrements, accepter les dons, legs et subventions faits légalement, déterminer l'emploi des fonds en caisse, conclure tous marchés, transmettre toutes offres et toutes demandes, effectuer toutes Ventes ou tous Achats concernant le patrimoine du Syndicat, donner toutes quittances et main-levées, ester en justice, exercer toutes actions judiciaires, transiger, compromettre, nommer et révoquer tous Agents, Employés, Délégués, Préposés, Experts et Arbitres, et adhérer et représenter le Syndicat aux Unions de Syndicats dont l'article 7 fait mention.

Art. 14. — Le Bureau se réunit obligatoirement au moins une fois par mois, et, facultativement, toutes les fois que le Président ou deux Membres du Bureau le jugent utile.

Art. 15. — Le Président du Bureau est Président du Syndicat. Il fait les convocations aux réunions et aux Assemblées, dirige les débats et les travaux de l'association, préside les séances ; sa voix est prépondérante en cas de partage. Le vote est acquis à la majorité des Membres présents.

§ 2. — ASSEMBLÉE GÉNÉRALE.

Art. 16. — L'Assemblée générale, composée de tous les Membres du Syndicat a lieu une fois par an à l'époque qu'elle aura fixée. Elle pourra, en outre, être réunie extraordinairement toutes les fois que le bureau le jugera nécessaire. Ses décisions sont prises à la majorité absolue des Membres présents sauf l'exception prévue à l'art. 24.

Art. 17. — Toute discussion politique, religieuse ou étrangère au but que poursuit l'Association est interdite.

TITRE V. — *Personnalité du Syndicat.*

Art. 18. — Le Bureau délègue ses pouvoirs au Président qui agit au nom du Syndicat et le représente dans tous les actes de la vie civile. Il peut se faire remplacer, par délégation spéciale, par un Membre du Bureau ou du Syndicat.

TITRE VI. — *Patrimoine du Syndicat.*

Art. 19. — Le patrimoine du Syndicat est formé au moyen :

1° Du droit d'entrée des Membres du Syndicat ;

2° De leur cotisation annuelle ;

3° Des dons et legs qui peuvent lui être faits ;

4° Des subventions qui peuvent lui être accordées ;

5° Des intérêts de placement des fonds sans emploi ;

6° Des remises qui peuvent lui être faites sur le chiffre des affaires.

Art. 20. — Il est administré par le Bureau, qui peut choisir un ou plusieurs agents comptables salariés.

Art. 21. — Chaque adhérent acquitte *un droit d'entrée,* une fois payé, qui sera pour l'année 1901, de deux francs. Dans la suite, l'Assemblée en fixera chaque année la quotité qui ne pourra, toutefois, être inférieure à deux francs (1).

Art. 22. — La cotisation annuelle est fixée à deux francs (2).

Elle est payable chaque année avant le 1er juin au domicile du Trésorier.

Art. 23. — En cas de dissolution, qui ne pourra être prononcée que par l'Assemblée générale et à la majorité des 3/4 des Membres présents, le Bureau sera chargé de la liquidation. Il déterminera l'emploi du fonds social qui devra être appliqué à des œuvres d'utilité agricole ou partagé entre ses Membres.

TITRE VII. — *Modification des statuts.*

Art. 24. — Les présents statuts peuvent être revisés, modifiés ou complétés par l'Assemblée générale.

Pour être valable et exécutoire, toute modification devra être approuvée par les deux tiers des Membres présents, et elle ne pourra venir en discussion devant l'Assemblée générale qu'après délibération et avis motivé du Bureau.

Le Président.

(1 et 2). Moyenne donnée à titre de renseignement.

Syndicat professionnel agricole de FORMULE N° 2.

BULLETIN D'ADHÉSION

Le soussigné (nom, prénoms, qualités, adresse), déclare adhérer au Syndicat professionnel agricole de en qualité de membre, et se soumettre aux dispositions des statuts, dont un exemplaire lui a été remis, ainsi qu'aux règlements, délibérations des assemblées générales et du Bureau.

, le 190 .

(Signature).

Les Membres du Syndicat appuyant la demande ci-dessus :

(Signatures).

PROCÈS-VERBAL

de l'Assemblée générale constitutive

du Syndicat professionnel agricole de FORMULE N° 3.

L'an mil neuf cent , le

à heures du

Les membres fondateurs de l'Association syndicale professionnelle agricole de dont les signatures ont été apposées au bas des Statuts, se sont réunis en Assemblée générale constitutive à dans la salle

L'Assemblée, après s'être consultée, choisit ainsi son Bureau :

Président M.

Scrutateurs MM.

et Secrétaire M. tous acceptants.

L'Assemblée étant régulièrement constituée, le Président expose qu'elle a à se prononcer :

1° Sur l'adoption définitive des Statuts du Syndicat ;

2° Sur la nomination des Membres du Bureau et la fixation de leur nombre ;

3° Sur la fixation du jour de la 1re Assemblée générale. (1).

L'Assemblée après s'être consultée :

Adopte définitivement les statuts (2) ;

1re Remarque. — Si en constituant le Syndicat les fondateurs créent, en même temps, une Caisse d'assurance contre la mortalité des animaux de ferme on ajoutera ce qui suit au procès-verbal ci-dessus, aux numéros correspondants :

(1) « 4° Sur l'adoption d'un Réglement constituant une Caisse de prévoyance contre la mortalité des animaux de ferme ;

(2) « Et le Réglement instituant une Caisse de prévoyance contre la

Décide que le Bureau comprendra Membres et nomme comme

Président dudit Bureau M.
Vice-Président id. M.
Secrétaire id. M.
Trésorier id. M.
Membres id. MM.

Et fixe sa 1re Assemblée générale au

L'ordre du jour étant épuisé, la séance est levée.

Le Président, *Les Scrutateurs,* *Le Secrétaire,*

2° Unions de Syndicats

Union des Syndicats professionnels agricoles de

STATUTS FORMULE N° 4.

(Modèle conforme, ou à peu près, à celui adopté par l'Union des Syndicats des Agriculteurs de France.)

TITRE PREMIER. — *Nom. — Siège. — Durée*

Article premier. — Conformément à la loi du 21 mars 1884, il est formé entre les Syndicats qui ont adhéré et ceux qui adhéreront aux présents Statuts, une Union collective qui sera régie par cette loi et par les dispositions ci-après :

Art. 2. — Cette association est dénommée : *Union des Syndicats professionnels agricoles de*

Art. 3. — Son siège est établi à

Sa durée est illimitée. Elle commencera du jour de la déclaration légale de sa formation.

TITRE II. — *Constitution de l'Union*

Art. 4. — Peuvent faire partie de l'Union tous les Syndicats régulièrement constitués d'après la loi du 21 mars 1884 et fonctionnant dans

Art 5. — Pour être admis à faire partie de l'Union, les Syndicats postulants devront adresser au Président de l'Union, avec un exemplaire de leurs Statuts et une copie

mortalité des animaux. »

En ce cas, les syndiqués ayant adhéré à la dite Caisse (V. formule n° 19) pourront nommer de suite les Commissaires-experts, suivant le dit Réglement, et, à cet effet, procéder d'après la formule n° 20 — De leur côté, les membres du Bureau du Syndicat pourront se réunir et nommer, aussi conformément au Réglement, la Commission de prévoyance en procédant suivant la formule n° 21.

2e *Remarque.* — Si des membres du Syndicat — minimum sept — désirent fonder en même temps que les dits Syndicats et Caisse de prévoyance, une Caisse locale de Crédit agricole mutuel ils procéderont suivant les indications des formules n°s 7 à 11 inclus.

du récépissé de dépôt à la mairie de ces Statuts : 1° une demande écrite, signée par leur Président ; 2° une copie certifiée par lui, soit de la délibération, soit de la disposition des Statuts ou du règlement qui aura autorisé ladite demande. Les pièces seront soumises au bureau de l'Union qui statuera sur l'admission à la majorité des membres présents.

Art. 6. — Tout Syndicat adhérent peut se retirer à tout instant de l'Union. A cet effet, son Président adresse au Président de l'Union une déclaration accompagnée de la copie du procès-verbal de la délibération qui a autorisé la démission, et il lui en est accusé réception. Le Syndicat démissionnaire perd tout droit au patrimoine de l'Union.

Le montant de la cotisation en cours est toujours dû, et dans le cas où la déclaration de démission ne serait pas envoyée un mois avant la fin de l'exercice annuel, expirant le 31 décembre, la cotisation serait encore due pour l'année suivante.

Art. 7. — Le défaut de paiement de la cotisation après trois lettres de rappel, le manquement aux engagements envers l'Union ou envers des tiers, sont des motifs d'exclusion, laquelle est prononcée par le Bureau.

TITRE III. — *Objet de l'Union.*

Art. 8. — L'Union a pour objet général le Concert des Syndicats unis pour l'étude et la défense des intérêts économiques agricoles.

Art. 9. — Elle se propose notamment :

1° De servir aux Syndicats unis de centre permanent de relations et de leur procurer les moyens et renseignements nécessaires pour les faire profiter de marchés avantageux et des tarifs de transport à prix réduits ;

2° D'encourager la création de nouveaux Syndicats;

3° De recueillir et communiquer aux Syndicats unis toutes les indications venant soit de l'intérieur, soit de l'étranger, qui seraient propres à les éclairer sur la situation respective des récoltes, sur les offres et demandes, et à guider ainsi les Syndicats et leurs membres dans leurs opérations et marchés ;

4° De leur donner des avis et conseils en toutes matières contentieuses ou techniques sur lesquelles les Syndicats unis jugeraient utile de les consulter, soit dans l'intérêt propre des syndicats, soit dans l'intérêt particulier de leurs membres ;

5° De leur faciliter l'usage des laboratoires pour l'analyse des terres, engrais et autres matières ;

6° Et, en un mot, d'aider les Syndicats à atteindre, aussi complétement que possible, le but visé par leurs statuts et par la loi.

Art. 10. — La Société pourra elle-même adhérer à d'autres Unions ayant le même objet.

TITRE IV. — *Administration de l'Union.*

Art. 11. — L'Union est administrée et dirigée par une Chambre Syndicale, composée de tous les Présidents des Syndicats adhérents. Elle peut déléguer tout ou partie de ses pouvoirs à un bureau, à un ou à plusieurs de ses membres.

Art. 12. — Les membres de la chambre Syndicale sont nommés pour cinq ans : ils sont rééligibles.

Art. 13. — La Chambre Syndicale nomme dans son sein un bureau auquel elle peut déléguer ses pouvoirs. Ce bureau est composé de : Un Président, un vice-Président, un Secrétaire et un Trésorier.

Ils sont élus pour cinq ans et ils sont rééligibles. La Chambre Syndicale peut aussi nommer un ou plusieurs secrétaires adjoints qui assistent aux séances, mais qui n'ont pas voix délibérative.

Les fonctions de membres de la Chambre Syndicale et du bureau sont absolument gratuites.

Art. 14. — Le bureau se réunit sur la convocation du Président, au moins une fois par mois, il délibère valablement si trois membres sont présents, et, en cas de deuxième convocation devenue nécessaire, quel que soit le nombre des membres présents.

Art. 15. — Il prononce l'admission des Syndicats dans l'Union ainsi qu'il est dit à l'article 6.

Art. 16. — La Chambre Syndicale se réunit sur la convocation du Président, au moins une fois tous les trois mois ; elle délibère valablement si sept membres sont présents et, en cas de deuxième convocation devenue nécessaire, quel que soit le nombre des membres présents.

Art. 17. — Elle prend toutes décisions et mesures sur toutes les matières qui se rattachent à l'objet de l'Union, à ses intérêts généraux et à ceux des Syndicats unis. Elle prépare les travaux, propositions et ordres du jour à soumettre aux assemblées générales.

Chaque année, elle présente à l'assemblée générale un

rapport sur l'ensemble des opérations de l'Union. Ses pouvoirs ne sont limités que par la loi du 21 mars 1884 et par les présents Statuts. Pour tout ce qui n'y est pas prévu, elle fait des règlements qu'elle peut réviser à son gré.

Art. 18 — L'assemblée générale se compose, avec la Chambre Syndicale :

De délégués nommés par lesdits Syndicats, en assemblée ou par le Conseil d'administration, au nombre de trois pour les Syndicats départementaux ou régionaux, de deux pour les Syndicats d'arrondissement et d'un pour les autres Syndicats.

Les Syndicats adhérents devront faire connaître les noms de leurs délégués, et, en cas d'empêchement de ceux-ci, leurs Bureaux désigneront leurs remplaçants, en les munissant de pouvoirs réguliers pour se présenter.

Art. 19. — L'assemblée générale se réunit au moins une fois par an, sous la présidence du Bureau de la Chambre Syndicale. Toute résolution émanant de l'initiative d'un membre de l'assemblée générale, doit être préalablement soumise à l'examen de la Chambre Syndicale qui décide si elle sera ou non portée devant l'assemblée générale.

Les décisions de l'assemblée générale sont prises à la majorité des Membres présents.

TITRE V. — *Patrimoine de l'Union*

Art. 20. — Le patrimoine de l'Union est formé au moyen :

1° Des cotisations annuelles des Syndicats adhérents :

2° Des subventions qui peuvent lui être accordées.

Il est administré par le Bureau, qui peut choisir un ou plusieurs agents salariés

Art. 21 — La cotisation annuelle de chaque Syndicat adhérent est fixée d'après le nombre de ses Membres, à raison de 0 fr. 10 par membre, sans que, cependant, le total puisse jamais dépasser 25 francs pour un syndicat cantonal ; 50 francs pour un Syndicat d'arrondissement : 100 francs pour un Syndicat départemental.

Le Président de chaque Syndicat adhérent adresse au Président de l'Union un état numérique certifiant le nombre de ses membres au 30 juin de l'année courante et c'est d'après ce nombre qu'est calculé le montant de la cotisation annuelle

Par exception, et pour les Syndicats qui ont adhéré après le 1er janvier, la date du 30 juin est remplacée par la date intermédiaire entre celle du jour de l'adhésion et le 31 décembre.

TITRE VI. — *Dispositions générales*

Art. 22. — Tout membre d'un Syndicat adhérent à l'Union participe aux avantages résultant de l'ensemble des services institués par l'Union.

Art. 23. — Chaque Syndicat adhérent conserve son autonomie et sa complète indépendance en ce qui concerne sa gestion. Il n'est pas responsable des actes de gestion et d'administration de l'Union.

Le Président.

PROCÈS-VERBAL FORMULE N° 5.

de l'Assemblée générale constitutive
de l'Union des Syndicats professionnels agricoles de

L'an mil neuf cent , le
à heures du

Les représentants des syndicats professionnels agricoles de . fondateurs de l'Union des Syndicats professionnels agricoles de
et dont les signatures ont été apposées au bas des statuts de la dite Union, se sont réunis en assemblée générale constitutive à dans la salle

L'assemblée, après s'être constituée, choisit ainsi son Bureau :

Président, M
Scrutateurs, MM
Et Secrétaire M tous acceptants.

L'Assemblée, étant régulièrement constituée, le Président expose qu'elle a à se prononcer :

1° Sur l'adoption définitive des statuts ;

2° Sur la nomination, par l'assemblée constituée en Chambre Syndicale, du premier Bureau auquel elle entend déléguer une partie de ses pouvoirs;

3° Sur la fixation du jour de la 1re réunion de la Chambre Syndicale.

L'Assemblée, après s'être consultée :

Adopte définitivement les statuts ;

Nomme ainsi le Bureau :

Président, M
Vice-Président, M
Secrétaire, M

Trésorier, M

Et fixe la 1re réunion de la Chambre Syndicale au

L'ordre du jour étant épuisé, la séance est levée

Le Président, Les Scrutateurs, Le Secrétaire,

Union des Syndicats professionnels agricoles de

DEMANDE D'ADMISSION FORMULE Nc 6.

A Monsieur le Président de l'Union des Syndicats professionnels agricoles de

Le soussigné, agissant au nom et comme président du Syndicat agricole de demande l'admission du dit Syndicat comme affilié à l'Union des Syndicats professionnels agricoles de déclarant, par la présente, es-dites qualités, adhérer à la dite Union et se soumettre aux dispositions de ses statuts, ainsi qu'aux règlements, délibérations des assemblées générales et du Bureau.

Ci-joint : 1e Un exemplaire des statuts du dit Syndicat ;

2e Une copie du reçu de leur dépot à la Mairie ;

3e Une copie certifiée de la clause des statuts (ou de la délibération du Bureau) autorisant la présente demande,

le 19

CHAPITRE II

Crédit agricole

CAISSES LOCALES ET CAISSES RÉGIONALES DE CRÉDIT AGRICOLE MUTUEL ET UNIONS

(Voir 1re partie, chap. III, page 74, et 2e partie, chap. II, page 203).

1° Caisses locales établies suivant la loi du 5 novembre 1894.

(a) Caisses locales à responsabilité illimitée.

(Système Raiffeisen-Rayneri).

Caisse locale de Crédit agricole mutuel de
à capital variable, créée suivant la loi du 5 novembre 1894.

STATUTS (1) FORMULE N° 7.

TITRE PREMIER. — *Nom. — But. — Durée. — Siège.*

Article Premier. — Il est formé entre les membres du Syndicat agricole de qui ont adhéré ou adhéreront aux présents statuts, une Société à capital variable, *à responsabilité solidaire* (1) régie par la loi du 5 novembre 1894, et qui prend la dénomination de : SOCIÉTÉ DE CRÉDIT MUTUEL AGRICOLE DE

Art. 2. — *Le but de la Société est de faciliter les opérations du Syndicat, et de procurer à ses membres, mêmes non porteurs de parts, l'usage du crédit ; de les encourager à l'épargne et de contribuer, par ces moyens, à leur bien-être matériel et moral* (1).

Art. 3. — La Société est exclusive de toute idée de spéculation. Elle s'interdit toutes opérations et toutes discussions étrangères à son but.

Art. 4. — La Société aura une durée illimitée.

Art. 5. — Le siège de la Société est établi à

TITRE II. — *Opérations de la Société.*

Art. 6. — La Société consent des prêts ayant un but agricole, depuis trois mois jusqu'à cinq ans, sur garanties,

(1) Dans les statuts d'une Caisse à responsabilité limitée, ces mots, comme toutes les parties de ces statuts en *italiques* (sauf les titres), sont à supprimer.

Par suite, l'art. 2 serait remplacé par le suivant : « Le but de la Société est : de faciliter et garantir, au besoin, les opérations concernant l'industrie agricole et effectuées par les membres du Syndicat agricole de

« D'aider par la faculté de petits versements à la possession de parts dans le fonds social ;

« D'encourager l'épargne, et de contribuer, par ces moyens, au bien-être moral et matériel de ses membres ».

cautions, nantissements ou hypothèques. Cependant, les prêts de (1) francs et au dessous, pourront être accordés sur la seule signature du sociétaire emprunteur.

Art. 7. — Le montant des prêts contre gages n'est pas soumis à un maximum ; mais la somme prêtée ne pourra jamais dépasser la moitié de la valeur du gage constatée dans la délibération ayant autorisé le prêt.

Art. 8. — La Société pourra consentir des prêts sur les valeurs admises par la Banque de France et, dans ce cas, l'avance pourra se faire jusqu'à concurrence de la somme que la Banque aurait elle-même prêtée.

Art. 9. — Les prêts seront représentés par des billets à ordre, à trois mois, renouvelables, avec ou sans amortissement, dans les conditions déterminées par le Conseil d'administration. L'intérêt sera payé d'avance, et le taux ne pourra dépasser de plus de 2 o/o celui de l'intérêt que la Société servira aux dépôts à vue, ou le taux de l'escompte à la Banque de France (2).

Art. 10. — Chaque demande faite par écrit, énoncera l'objet du prêt, la durée et les échéances.

Elle contiendra, en outre, l'engagement de rembourser immédiatement la caisse dans le cas où l'emprunteur ferait de l'argent emprunté un autre usage que celui qui a motivé sa demande.

Art. 11. — Le Conseil d'administration ne pourra accorder des prêts que s'il a la conviction absolue que la somme avancée permettra à l'emprunteur de rembourser la caisse et de réaliser un bénéfice.

Art. 12. — La Société ne fait des prêts qu'à ses membres (3).

Elle pourra faire des avances sur warrants agricoles, les escompter ou en faciliter le remboursement anticipé aux tiers, et ce, aux conditions qui seront déterminées par le Conseil d'administration.

Art. 13. — Les capitaux nécessaires au fonctionnement de la Société sont fournis :

Par les parts d'intérêt des Sociétaires ;

Par les dépôts à vue et à échéance qu'elle est autorisée à

(1) Ce chiffre varie, suivant les sociétés, de 200 à 800 francs.

(2) Cette différence de taux varie de 1 à 2 o/o, suivant les sociétés.

(3) Dans les statuts d'une Caisse à responsabilité limitée on ajouterait : « et au syndicat auquel ils appartiennent dont elle peut garantir les opérations, en ce qu'elles concernent l'industrie agricole.

recevoir. Ces dépôts ne pourront jamais dépasser le maximum qui sera fixé chaque année par l'Assemblé générale (art. 42).

Par les emprunts qu'elle peut contracter ;

Par le réescompte de son portefeuille ;

Par les bénéfices et toute autre ressource éventuelle:

Art. 14. — La Société se charge relativement aux opérations concernant l'industrie agricole des recouvrements et paiements à faire pour le Syndicat dont les Sociétaires font partie et pour les membres du dit Syndicat.

Art. 15. — La Société s'interdit formellement toute affaire aléatoire.

Art. 16. — Elle peut verser les fonds dont elle n'aurait pas l'emploi immédiat à une caisse ou banque notoirement solvable; (Caisse d'Épargne. Banque de France, Etablissement de Crédit, Banque populaire, Société de Crédit agricole, locale ou régionale.)

Elle peut aussi s'unir à d'autres sociétés de crédit agricole mutuel et prendre un intérêt, sous la forme et suivant l'importance à déterminer par le Conseil, dans une société régionale de Crédit agricole mutuel, banque populaire ou Union de Caisses agricoles, fondées ou qui se fonderaient dans le département, ou dans les départements limitrophes.

Titre III. — *Capital social.*

Art. 17. — Le capital de fondation est fixé à la somme de (1) divisé en parts d'intérêts de vingt francs.

Ces parts sont payables un quart à la souscription et le surplus à l'appel du Conseil d'administration. Elles sont nominatives.

Nul ne peut posséder plus de cinq parts (2).

Art. 18. — Le capital pourra être augmenté par l'admission de nouveaux sociétaires par simple délibération du Conseil d'administration jusqu'à concurrence de fr. . (3)

Au dessus de ce chiffre, les augmentations devront être autorisées par une délibération de l'assemblée générale.

Art. 19. — Tout ou partie du capital, et de la réserve (art. 46.) pourra être converti en Rente Française, en obligations

(1) Autant de fois 20 fr. qu'il y a de membres syndiqués dans la commune, minimum 1000 fr.

(2) Cette ligne est à supprimer dans les Statuts d'une Caisse à responsabilité limitée.

(3) Le double du capital de fondation.

de la Ville de Paris ou des principales lignes de chemins de fer Français ou en autres bonnes valeurs.

Ces titres pourront être déposés à la Banque de France, ou dans d'autres banques et Etablissements de crédit, solvables, en garantie d'escomptes, ou avances en compte-courant, qu'ils consentiraient faire à la Société.

Art 20 — Le capital peut être réduit :

Par le remboursement des parts d'intérêt des Sociétaires démissionnaires, mais seulement quand le capital restant excédera le capital de fondation; Par le remboursement, au prorata, de parts d'intérêt excédant le capital de fondation ainsi qu'il est dit art. 46;

Par l'annulation des parts d'intérêt des Sociétaires exclus.

Art. 21. — Les parts sont constatées par une inscription sur le registre des Sociétaires et un reçu signé par deux administrateurs.

Elles ne sont transmissibles que par voie de cession aux membres du Syndicat et avec l'agrément du Conseil d'administration et à la condition que le cédant ne soit débiteur de la Société à aucun titre, direct ou indirect.

La cession s'opère par une déclaration inscrite sur le livre des Sociétaires et signée du cédant ainsi que du cessionnaire, ou de leurs mandataires, si les parties ne savent ou ne peuvent signer, le transfert est régularisé par une mention relatant ce fait et par la signature de deux administrateurs.

Toute cession ou mise en nantissement en dehors de ces conditions est nulle au regard de la Société.

Titre IV. — *Admissions.— Démissions.— Exclusions.*

Droits et obligations des sociétaires.

Art. 22. — La société n'admet dans son sein que des personnes majeures, présentant des conditions suffisantes de moralité et de solvabilité, habitant la commune de
ou y étant inscrites au rôle de l'impôt foncier et faisant partie du Syndicat agricole de

Les demandes d'admission, établies suivant la formule arrêtée par le Conseil d'administration, sont adressées au dit conseil qui a le pouvoir de les accepter ou de les repousser. Le candidat non admis peut en appeler à l'assemblée générale, qui statue en dernier ressort.

Art. 23. — On perd la qualité de Sociétaire :

Par la sortie volontaire, en prévenant, par écrit, le conseil dans les six premiers mois de l'exercice social. La sortie n'a d'effet qu'après l'assemblée générale ayant approuvé les comptes annuels ;

Par décès ;

Par changement de domicile, à moins que le sociétaire ne demeure propriétaire dans la commune ;

Par exclusion ;

Par la sortie du syndicat,

Le Conseil d'administration pourra exclure les sociétaires qui auraient subi des peines correctionnelles ou criminelles : ceux qui se seraient laissé poursuivre faute de paiement de leurs dettes envers la société :

Ceux qui n'auraient pas affecté les prêts à l'usage déclaré sur la demande d'emprunt ;

Ceux qui seraient en état de déconfiture ;

Enfin, ceux qui auraient essayé de compromettre la bonne marche de la société ou ne rempliraient pas leurs obligations statutaires.

Art. 24. — Les exclusions prononcées par le Conseil d'administration pourront sur la demande écrite des sociétaires exclus, être portées en appel devant l'assemblée générale qui statuera en dernier ressort.

Les sociétaires exclus n'auront aucun recours contre la Société. Leurs parts d'intérêt seront annulées, et le montant sera porté au fonds de réserve.

Art. 25. — Les Sociétaires démissionnaires n'ont droit qu'au remboursement de leurs parts d'intérêt, calculées d'après le dernier inventaire, et payables six mois après la date de son arrêté.

Art. — 26. — En cas de décès d'un sociétaire, sa part d'intérêt est mise à la disposition de ses ayants-droit dans les mêmes conditions que pour les Sociétaires démissionnaires.

La part étant indivisible et la Société ne reconnaissant qu'un seul propriétaire par part, les héritiers devront faire agréer par la Société l'un d'entre eux qui remplacera nominalement le défunt.

Art. 27. — En cas de décès ou de faillite d'un Sociétaire, il ne peut être requis contre la Société ni apposition de scellés, ni inventaire, et nul ne peut s'immiscer dans l'administration.

Art. 28. — Le remboursement des parts ne peut avoir lieu qu'après compensation de ce qui peut rester dû à la Société par le Sociétaire sortant.

Tout solde d'intérêts dû au Sociétaire sorti et non réclamé

dans les cinq ans est acquis à la Société et porté à la réserve.

Art. 29. — Les Sociétaires démissionnaires ou exclus ne seront libérés de leurs engagements qu'après la liquidation des opérations contractées par la Société antérieurement à leur sortie.

Art. 30 — Les Sociétaires ont le droit :

De prendre part, en personne, ou de se faire représenter, aux assemblées générales ;

D'obtenir des prêts dans les conditions prévues par les Statuts et Réglements ;

De verser dans la Caisse Sociale des fonds productifs d'intérêts ;

De contrôler l'emploi des avances obtenues par d'autres Sociétaires.

Les Sociétaires ont l'obligation :

De verser à la Caisse Sociale le montant de leurs parts d'intérêt conformément à l'art. 17.

De répondre sur tous leurs biens des obligations de la Société par parts viriles entre eux, et solidairement vis-à-vis des tiers (1).

D'observer les Statuts et Réglements sociaux, d'assister aux assemblées générales et de favoriser par tous les moyens en leur pouvoir, les intérêts de la Société.

TITRE V. — *Administration.*

Art. 31. — La Société est administrée et surveillée par :

Le Conseil d'administration, la Commission de surveillance, l'Assemblée générale et le Secrétaire-comptable.

Cette dernière charge pourra seule être rétribuée, avec celle du personnel qu'il serait nécessaire de lui adjoindre. Les autres sont entièrement gratuites.

§. I. — CONSEIL D'ADMINISTRATION

Art. 32. — Le Conseil d'administration se compose de cinq membres au moins qui choisissent entre eux un président, un vice-président et un secrétaire qui sont rééligibles. Ce nombre peut être augmenté par l'assemblée générale. Si le conseil ne nomme pas un secrétaire spécial, le secrétaire-comptable remplit les fonctions de secrétaire du Conseil. Ils restent en fonctions pendant trois ans et sont renouvelables par tiers chaque année. Ils sont rééligibles.

En cas de décès, démission ou empêchement durable d'un

(1) Ce paragraphe serait à supprimer dans une Caisse à responsabilité limitée.

administrateur, le conseil choisit un administrateur provisoire dont la nomination sera soumise à la ratification de la prochaine assemblée générale ; le nouveau membre est nommé pour le temps à remplir par son prédécesseur.

Le renouvellement est fixé par un tirage au sort pendant les deux premières années.

Le Conseil se réunit chaque fois que les circonstances l'exigent sur la convocation du président et au moins une fois par mois. Les délibérations sont prises à la majorité des voix.

Le Secrétaire-comptable assiste aux séances avec voix consultative, à moins que le conseil ne décide de délibérer hors de sa présence.

Pour que le conseil délibère valablement il faut que la majorité des membres soient présents.

En cas de partage la voix du président est prépondérante.

Il est tenu un registre des délibérations. Les procès-verbaux sont signés par le président et le secrétaire. Tout membre du Conseil qui sans motif légitime aura manqué à trois séances consécutives pourra être considéré comme démissionnaire.

Art. 33. — Le Conseil est investi des pouvoirs les plus étendus. Tout ce qui n'est pas réservé expressément à l'assemblée générale est de sa compétence et notamment :

Il statue sur les admissions et exclusions des sociétaires, sur les demandes de prêts, il examine et surveille l'emploi des sommes avancées et veille à leur rentrée ; il contracte les emprunts dans les limites fixées par l'assemblé générale ; il fixe le taux d'intérêt des prêts et des dépôts ; il controle les écritures, fixe les dépenses d'administration ; arrête les bilans et inventaires, à soumettre à l'assemblée générale et détermine l'emploi des excédents en caisse. Il nomme le Secrétaire-comptable et les employés et fixe les appointements.

Il plaide, transige, compromet, donne toutes main-levées, intente et suit toutes actions judiciaires et autres et généralement fait tout ce qui rentre dans l'objet de la Société non prévu par les présents.

Toutefois, il se fait représenter en justice soit par le président, soit par un administrateur, soit par le secrétaire-comptable.

Il convoque les assemblées générales ordinaires et extraordinaires, lorsque l'intérêt social l'exige.

Art. 34. — Toutes les fois qu'il s'agira des intérêts d'un administrateur, ce dernier devra s'abstenir d'assister à la séance, la délibération du conseil sera soumise à l'approbation du conseil de surveillance.

Art. 35. — Tous les actes concernant la Société devront porter la signature de deux administrateurs.

Art. 36. — Les administrateurs ne contractent aucune obligation personnelle ou solidaire à raison de leur gestion. Ils ne sont responsables que de l'exécution de leur mandat.

Art. 37. — Le Conseil peut déléguer, toute ou partie de ses pouvoirs, soit à un Comité d'escompte composé de 3 ou 5 de ses membres excerçant d'une manière permanente ou remplacés à tour de rôle, suivant ce qu'il en décidera, soit même à un ou plusieurs sociétaires.

§. II. — COMITÉ D'ESCOMPTE (DIRECTION)

Art. 38. — Le Comité d'escompte est chargé de l'exécution des décisions de l'assemblée générale et du conseil d'administration, de l'expédition des affaires courantes dans les limites de ces décisions et des statuts, de veiller au fonctionnement régulier de la Société dans l'intervalle des réunions du Conseil, en un mot de la gestion des affaires sociales.

Il déterminera les prélèvements à opérer sur les opérations de la Société notamment pour les prêts dont le taux d'intérêt ne pourra jamais dépasser de plus de 2 o/o, celui de l'escompte à la Banque de France ou celui bonifié aux dépôts à vue ainsi qu'il est dit art. 9.

§. III. — COMMISSION DE SURVEILLANCE

Art. 39. — La Commission de surveillance se compose de trois sociétaires, nommés par l'assemblée générale. Leurs fonctions durent une année. Ils sont rééligibles. Ils veillent à l'exécution des statuts, des règlements et des délibérations de l'assemblée générale. Ils vérifient la caisse, le portefeuille, la comptabilité. Ils surveillent l'emploi des fonds prêtés par la Caisse.

Ils examinent l'importance des engagements contractés et des prêts accordés par la Société et s'assurent qu'ils ne dépassent pas les chiffres fixés par l'assemblée générale.

Ils s'assurent si les prêts accordés ont reçu l'affectation indiquée dans la demande.

Ils statuent sur les demandes d'emprunt présentées par des administrateurs, ainsi que sur leur admission comme cautions.

Ils se réunissent chaque fois qu'il est nécessaire ou, au moins, une fois par mois le premier dimanche du mois et dressent un procès-verbal contenant leurs observations. Le procès-verbal est communiqué au conseil d'administration. Ils peuvent, s'ils le jugent utile, convoquer l'assemblée générale.

A chaque assemblée générale ordinaire ils présentent un rapport écrit sur les opérations de l'exercice écoulé.

§ 4. — ASSEMBLÉE GÉNÉRALE.

Art. 40. — L'assemblée générale régulièrement constituée représente l'universalité des sociétaires ; ses décisions sont obligatoires même pour les absents.

Elle se réunit une fois par an, en janvier.

Elle peut aussi être convoquée, à titre extraordinaire, par le conseil d'administration, par le conseil de surveillance, ou sur une demande écrite portant la signature du cinquième des sociétaires et indiquant les objets à traiter

Les convocations ont lieu par lettres adressées à chaque sociétaire au moins huit jours à l'avance et contenant l'ordre du jour qui est fixé par le conseil d'administration et doit comprendre toutes propositions qui lui auraient été soumises par écrit 15 jours avant la réunion de l'assemblée avec la signature du dixième au moins des sociétaires.

L'avis de convocation sera également affiché à la porte du siège social.

L'assemblée est présidée par le président du conseil d'administration assisté de deux scrutateurs choisis par elle.

Le secrétaire-comptable remplit les fonctions de secrétaire.

Art. 41. — L'assemblée générale ne délibère valablement que si le nombre des présents ou représentés atteint le 1/4 des sociétaires inscrits.

A défaut, il sera convoqué une seconde assemblée générale dans le délai de huit jours.

Les délibérations seront alors valables quel que soit le nombre des présents.

En cas de modifications aux Statuts, prorogation ou dissolution il sera procédé comme il est indiqué au chapitre VII ci-après.

Art. 42. — Les délibérations sont prises dans toutes les assemblées à la majorité des voix, à mains levées, et avec contre épreuve. Si la moitié des présents le demande on procède au scrutin secret.

Chaque sociétaire n'a qu'une voix plus une deuxième voix,

mais seule, pour le ou les sociétaires qu'il peut représenter. En cas de partage la voix du président est prépondérante.

Une feuille de présence est établie à chaque assemblée et annexée au procès-verbal de la délibération de l'assemblée lequel est transcrit sur un registre

Les extraits à produire sont signés par le président ou, en cas d'empêchement, par un membre du bureau, puis par le secrétaire du conseil.

L'assemblée générale examine la gestion de l'exercice social, qui commence le 1er janvier et se termine le 31 décembre, après avoir entendu la lecture du rapport du conseil d'administration et de la commission de surveillance approuve, s'il y a lieu, les comptes qui lui sont soumis et en donne décharge au conseil.

Elle nomme les administrateurs et les commissaires de surveillance.

Elle détermine le maximum des emprunts qui pourront être contractés, des dépôts qui pourront être reçus suivant l'article 13, et le maximum du crédit qui pourra être consenti à un seul sociétaire pendant l'année.

Elle statue sur les versements à faire au fonds de réserve quand ils ne sont plus obligatoires et sur la destination des bénéfices non versés à la réserve.

Elle statue, en dernier ressort, sur les admissions et exclusions de sociétaires.

§ 5. — SECRÉTAIRE-COMPTABLE.

Art. 43. — Le secrétaire-comptable exécute les décisions du conseil d'administration.

Il est chargé de la tenue des livres, de la gestion de la caisse et de la garde des valeurs.

Il prépare les inventaires et les comptes à présenter aux assemblées générales. Ces comptes doivent être soumis au conseil d'administration, avec tous les documents justificatifs, au plus tard le 15 janvier de chaque année.

Il est responsable de tous les documents, valeurs et espèces qui lui sont consignés.

Il peut être appelé à remplir les fonctions de secrétaire du conseil d'administration et des assemblées générales, et, en ce cas, il rédige les procès-verbaux des séances.

TITRE VI. — *Inventaires.* — *Bénéfices.* — *Réserves.*

Art. 44. — L'année sociale commence le 1er janvier et finit le 31 décembre mais, par exception, le premier exercice social ne comprendra que le temps à courir de la fondation au 31 décembre suivant.

A la fin de chaque exercice un inventaire, contenant les dettes actives et passives de la Société, est dressé. Cet inventaire est complété par le Bilan. (1).

Art. 45. — Les bonis nets après prélèvement d'un intérêt de (2) 0/0 aux parts de capital, sont répartis de la façon suivante :

75 0/0 à la réserve.

25 0/0 à la disposition du Conseil d'administration qui pourra les distribuer comme gratifications au personnel ou les répartir aux sociétaires qui auront fait des affaires avec la Société au prorata des prélèvements faits sur leurs opérations.

L'assemblée pourra décider que la totalité des bonis sera portée à la réserve.

Art. 46. — Le fonds de réserve est indivisible. Toutefois, lorsqu'il aura atteint un chiffre pouvant suffire aux besoins de la Société, chiffre qui ne devra, en aucun cas, être inférieur à la moitié du capital social, l'assemblée décidera de l'emploi du surplus des bénéfices annuels qui pourront être, à la fin de chaque exercice, employés au remboursement de la partie du capital excédant le capital de fondation, lequel ne peut être remboursé, et ce, afin de diminuer d'autant l'intérêt à servir et, après ce remboursement, répartis entre les Membres de la Société au prorata des prélèvements faits sur leurs opérations.

L'emploi des capitaux du fonds de réserve est réglé par le Conseil d'administration. Il peut être converti en titres et placé dans les termes de l'article 19

Tous intérêts non réclamés dans les cinq ans sont acquis à la Société et versés à la réserve.

Titre VII. – *Modifications.* - *Dissolution.* — *Liquidation*

Art. 47. — Les présents Statuts, sauf en ce qui concerne *la responsabilité illimitée des membres* (3), l'indivisibilité de la réserve, la gratuité des fonctions administratives, dispositions qui ne pourront subir aucun changement, peuvent être modifiés sur la proposition du Conseil d'adminis-

(1). Voir formule n° 31 ci-après.

(2) Ce taux varie de 2 à 4 0/0, suivant les sociétés.

(3) Ces cinq derniers mots seraient à supprimer dans les Statuts d'une caisse à responsabilité limitée.

tration par une assemblée générale extraordinaire, composée et délibérant dans les conditions prévues ci-après :

Art. 48. — En cas de diminution du capital au-dessous du montant du capital de fondation, le Conseil d'administration devra convoquer l'assemblée générale afin de statuer sur la continuation ou sur la dissolution de la Société

Art. 49. — L'assemblée générale qui aurait à statuer sur des modifications aux Statuts ou sur la prorogation ou la dissolution de la Société, et sur le cas prévu à l'article précédent (48), devra se composer de plus de moitié des sociétaires inscrits, présents ou représentés, et délibèrera à la majorité des trois quarts des présents.

Après une première convocation, restée sans effet, la deuxième assemblée délibère valablement quel que soit le nombre des membres présents.

Art. 50. — A l'expiration de la Société, ou en cas de dissolution anticipée, l'assemblée nomme un ou deux liquidateurs à qui elle peut conférer les pouvoirs les plus étendus. Pendant la liquidation les pouvoirs de l'assemblée continuent.

Le fonds de réserve et le reste de l'actif seront affectés : à la reconstitution de la Société, si sept sociétaires le demandent ; à défaut, aux œuvres d'intérêt agricole que l'assemblée indiquera ou répartis entre les sociétaires proportionnellement à leurs parts, d'abord : et, s'il y a un excédent, les parts seront remboursées au prorata des prélèvements faits sur les opérations effectuées par les porteurs.

Titre VIII. — *Contestations*

Art. 51. — Toute contestation entre les sociétaires ou entre eux et la Société, sur l'exécution des présents Statuts est soumise à la juridiction des tribunaux de commerce.

Art. 52. — Les communications concernant des sociétaires qui, tout en étant propriétaires dans la commune n'y habiteraient pas, leur seront valablement faites au siège social, à moins qu'ils n'aient prévenu la Société d'avoir fait élection de domicile dans la commune.

Titre IX. — *Formalités de constitution et dépôts au greffe.*

Art. 53. — Avant toute opération, les Statuts, avec la liste complète des administrateurs et des sociétaires indiquant leurs noms, profession, domicile et le montant de chaque souscription, seront déposés, en double exemplaire, au greffe de la justice de paix du canton de

Art. 54. — Chaque année, dans la première quinzaine de février, il sera déposé, en double exemplaire, à ce même greffe la liste des membres faisant partie de la Société à cette époque et le tableau sommaire des recettes et des dépenses, ainsi que des opérations effectuées dans l'année précédente.

Le Président.

(b) Caisse locale à responsabilité limitée

(Système Raiffeisen-Rayneri)

STATUTS

FORMULE N° 8

Le modèle qui précède — formule n° 7 — concernant une caisse locale à responsabilité illimitée peut servir également, ainsi que l'indique la note en renvoi placée en tête de ces Statuts, pour une caisse à responsabilité limitée.

Il suffit de lui faire subir les quelques changements portant sur les articles 1, 2, 17, 30 et 49, qui y sont indiqués en *italique* et par des notes en renvoi.

Ces modifications sont, matériellement, si peu importantes, qu'il nous a paru inutile de répéter ce modèle établi aux deux fins.

Nous y renvoyons donc pour la fondation d'une caisse à responsabilité limitée.

REMARQUE

Les trois formules qui vont suivre :

Projet de Règlement (formule n° 9) ;

— de Procès-verbal d'assemblée constitutive (formule n° 10) ;

Projet de bulletin d'adhésion (formule n° 11) ;

S'appliquent indistinctement aux caisses à responsabilité limitée ou illimitée.

Caisse locale de crédit agricole mutuel de

Créée suivant la loi du 5 novembre 1894

RÈGLEMENT

FORMULE N° 9.

I. — *Prêts*

Les demandes sont déposées, sous pli fermé, au Comité d'escompte à la réunion du dimanche ou adressées au secrétaire comptable.

Elles sont répondues, autant que possible, aussi par lettre sous pli fermé, à la réunion du dimanche suivant ou, au plus tard, à celle de la quinzaine. Elles peuvent l'être dans l'intervalle, aussi par correspondance.

Le maximum des prêts faits au même sociétaire pourra s'élever jusqu'à 1.000 fr (1) s'il fournit une caution solidaire pour la totalité de la somme. Sans caution, sur sa seule signature, ils ne devront pas dépasser 300 fr. (1).

Le taux d'intérêt des prêts est fixé tous les trois mois par le Conseil d'administration, mais le Comité d'escompte pourra, dans l'intervalle des réunions du Conseil, le modifier suivant les circonstances. Ce taux devra représenter, en général, une majoration de 1 1/2 à 2 0/0 (1) sur le taux servi aux déposants ou celui de l'escompte à la Banque de France. Cette marge est destinée à assurer le paiement des frais généraux et la constitution d'une réserve.

Le dit taux est actuellement fixé à 4 0/0 (1) l'an.

Les billets à ordre représentant les prêts seront signés par l'emprunteur, qui écrira, de sa main, au-dessus de la signature : *Bon pour* (la somme empruntée en toutes lettres).

La Caution — s'il y a lieu — écrira sur le même billet : *Bon pour caution de* (la somme empruntée en toutes lettres) et signera au-dessous. Elle pourra s'obliger solidairement avec l'emprunteur.

Au cas où ils ne sauraient pas écrire les mentions ci-dessus, s'ils sont marchands, artisans, laboureurs, gens de journée et de service leur simple signature suffira aux termes de l'article 1326 du Code civil.

Les échéances des billets sont fixées aux 15 et fin de mois, et chaque mois, quel que soit le nombre de jours, est pris pour un douzième d'année dans le calcul des intérêts.

Les billets ne seront pas présentés au domicile de l'emprunteur mais il devra en verser le montant à l'échéance au siège de la Société. Le Comité d'escompte désignera, sur les dits billets, le lieu où ils seront payables. Ce lieu pourra être ou le siège social ou le domicile d'un correspondant, notamment dans une ville où la Banque de France a une succursable.

Les emprunteurs peuvent se libérer par anticipation en prévenant la Caisse au moins quinze jours à l'avance. Si le billet n'est pas en circulation, l'intérêt leur sera rétrocédé pour le temps restant à courir à dater de la remise, et ce, au taux bonifié aux dépôts d'épargne. S'il est en circulation le dit intérêt ne sera rétrocédé qu'autant que la Société

(1) Chiffres à fixer par l'Assemblée ou le Conseil d'administration suivant les Statuts.

aura pu en obtenir elle-même le remboursement du tiers porteur. Les frais de correspondance, à ce sujet, sont à la charge de l'emprunteur.

Les demandes de renouvellement, autres que ceux convenus lors du prêt, doivent parvenir au Comité d'escompte quinze jours pleins avant l'échéance des billets.

Lorsque le renouvellement a été accordé en tout ou en partie, le débiteur devra remettre l'avant-veille de l'échéance, non compris les jours fériés, au plus tard, au secrétaire-comptable les nouveaux billets et lui verser, s'il y a lieu, la partie amortie, faute de quoi la demande sera annulée et les effets protestés.

Les effets non payés sont protestés et le remboursement en est poursuivi par tous les moyens de droit.

II. — *Dépôts*

La Caisse reçoit des dépôts en compte courant, en compte d'épargne et à échéance fixe. Le montant total des dépôts reçus dans la même année est fixé par l'assemblée générale. Actuellement il est fixé, au maximum, à autant de fois 1.500 fr. (1) qu'il y a et aura de sociétaires inscrits.

Le Comité d'escompte peut, à toute époque, surseoir à la réception des dépôts en attendant la décision du Conseil d'administration.

§. Ier. — DÉPOTS D'ÉPARGNE

Les membres du Syndicat de
sont seuls admis à faire des dépôts en compte d'épargne.

Versements. — Le maximum des dépôts en compte d'épargne, au nom du même déposant est fixé chaque année par l'Assemblée générale. Il est actuellement de 500 f. (1).

Le Conseil d'administration fixe la somme minimum et maximum que chaque déposant peut verser par semaine.

Actuellement on peut verser de 1 à 10 fr. (1) par semaine.

Le taux de l'intérêt alloué à ces dépôts est fixé par le Conseil d'administration, mais il ne devra jamais dépasser celui de l'intérêt servi par la Caisse d'épargne libre de
(la Caisse la plus voisine).

Il est actuellement fixé, au maximum, au taux de la Caisse d'épargne postale.

Retraits. — La caisse rembourse ainsi :

Jusqu'à 20 fr. à vue.

(1). Voir ce renvoi page 267.

de 21 fr. à 100 fr. 8 jours après la demande.
101 fr. à 200 fr. 16 —
201 fr. et plus 24 —

Dans le cas d'immobilisation des fonds ces délais, pour les sommes supérieures à 100 fr., pourront être doublés.

Carnet. — Les sommes versées, et celles retirées, sont inscrites sur un carnet portant les nom, prénoms, profession et domicile du déposant.

Les carnets sont déposés au secrétaire-comptable le 31 décembre de chaque année pour la liquidation de l'intérêt échu lequel sera ajouté au capital et deviendra lui-même productif d'intérêts.

§ 2. — Dépots a échéance fixe

La Caisse reçoit des dépôts à échéance fixe, de préférence ceux de ses sociétaires et des membres du Syndicat, aux conditions d'intérêts fixées par le Conseil d'administration.

Actuellement cet intérêt est fixé, au maximum, aux taux suivants :

à 6 mois à o/o à 2 ans à o/o à 4 ans à o/o
à 1 an à o/o à 3 ans à o/o à 5 ans à o/o

L'intérêt sera payé savoir : avec le principal pour les dépôts de 6 mois et 1 an et à la fin de chaque année pour ceux de 2 ans et au-dessus.

Les échéances sont fixées aux 15 et fin de mois.

Le maximum des dépôts, pour chaque membre du Syndicat, est fixé à 1000 fr.

Il est remis, au déposant, un bon détaché d'un livre à souche, indiquant la somme et l'échéance, et signé par un administrateur et par le Secrétaire-Comptable.

III — *Comité d'Escompte.*

Le Comité d'escompte a qualité pour accorder ou refuser les prêts et fixer le taux d'intérêt des dits prêts de même que celui à servir aux déposants. Ses décisions restent secrètes et ne pourront être communiquées qu'au Conseil d'administration réuni en séance.

Pour se renseigner sur la valeur des emprunteurs et des cautions le Comité pourra utiliser les correspondants et intermédiaires qu'il jugera utiles mais en observant toujours la discrétion la plus rigoureuse, et, dans ce but, il ne sera pas tenu d'indiquer au registre de ses délibérations l'origine des renseignements obtenus, ni les motifs de ses décisions

Le Comité se réunit, obligatoirement, au Siège Social tous

les premiers dimanches du mois et aussi souvent que les affaires sociales lui sembleront l'exiger.

Il statue, valablement, quel que soit le nombre des membres présents.

Il désignera un ou deux de ses membres qui, chaque dimanche, avec le Secrétaire comptable procéderont aux opérations de Caisse et à la transmission des décisions du Comité ou du Conseil

En cas d'urgence de demande de prêt, notamment, le Secrétaire-Comptable sur l'invitation de l'Administrateur de service, convoquera le Comité pour la même semaine, pour le jour et à l'heure que le Comité aura pu fixer d'une manière invariable — de manière à ce que sa décision sur la dite demande de prêt ou autres questions, puisse être transmise aux intéressés le plus tôt possible et, pour les demandes de prêt. le dimanche suivant.

Les membres du Comité d'Escompte agissant dans les limites des Statuts ne peuvent encourir aucune responsabilité.

IV. — *Secrétaire-Comptable*

Le Secrétaire-Comptable exerce ses fonctions conformément aux dispositions des Statuts, du présent réglement et aux délibérations du Conseil d'administration et du Comité d'Escompte.

Il doit tenir la Comptabilité et les livres suivant les prescriptions du Code de Commerce et constamment à jour et faire le relevé des effets en portefeuille ou en circulation et des valeurs de la Société une fois par quinzaine.

Il soumet à l'Administrateur de service, chaque dimanche, et à chaque réunion du Comité d'escompte et du Conseil d'administration un état de la situation de la Caisse.

Il veille à la rentrée des effets, à l'échéance, aux renouvellements en temps utile, et à l'expédition régulière de la correspondance.

Il dresse, à la fin de chaque exercice, un inventaire de la Situation active et passive de la Société lequel est complété par un bilan.

(V. 1re Partie, chap. III, sect. 1 bis et 2 bis, n° 5, page 110.)

***

Le présent réglement, adopté par l'assemblée générale du ne pourra être modifié que par une autre assemblée générale en ce qui touche les résolutions non réservées au Conseil d'administration.

Caisse locale de Crédit agricole mutuel de

Créée suivant la loi du 5 novembre 1894. FORMULE N° 10.

PROCÈS-VERBAL DE L'ASSEMBLÉE GÉNÉRALE CONSTITUTIVE

L'an mil neuf cent , le à heures du les sociétaires fondateurs de la Société de crédit agricole mutuel de régie par la loi du 5 novembre 1894 et dont les signatures ont été apposées au bas des statuts se sont réunis en assemblée générale constitutive à dans la salle

L'assemblée après s'être consultée, choisit ainsi son bureau :

Président : M.

Scrutateurs : M. et M.

Secrétaire : M. , tous acceptants.

Le Président annonce que l'assemblée régulièrement constituée peut délibérer.

D'après la feuille de présence signée il constate que sociétaires possédant parts sont présents et que les fonds représentant le quart du capital souscrit, qui est en totalité de , soit f , sont déposés, en espèces, sur le bureau.

Le Président expose que l'assemblée est réunie pour se prononcer :

Sur l'adoption définitive des statuts et d'un réglement pour leur exécution, sur la nomination et la fixation du nombre des membres du Conseil d'administration et de la Commission de surveillance ;

Sur la fixation, pour le premier exercice expirant le 31 décembre, du maximum :

1° Du crédit individuel qui peut être accordé aux sociétaires ;

2° Du taux d'intérêt des prêts qui leur seront faits ;

3° Du taux d'intérêt pour les dépôts que peut recevoir et les emprunts que peut contracter la société ;

4° Desdits dépôts et emprunts.

Après en avoir délibéré entre eux, les sociétaires ont pris, successivement, les résolutions suivantes :

Les statuts et le réglement, après lecture, sont adoptés ;

Sont nommés, au vote, comme administrateurs, — dont l'assemblée fixe le nombre à , MM.

Et comme membres du Conseil de surveillance, MM.

Les Administrateurs et les Commissaires ont déclaré accepter ces fonctions.

L'assemblée décide que le maximum du crédit individuel ne pourra pas dépasser dans l'exercice courant fr.

Elle fixe, comme suit, pour l'exercice courant, le taux des prêts, des dépôts et des emprunts :

Taux des prêts o/o.

Dépôts d'épargne o/o.

Emprunts o/o.

Dépôts à échéance fixe : 6 mois o/o ; 1 an o/o ; 2 ans o/o ; 3 ans o/o ; 4 ans o/o ; 5 ans o/o ;

L'assemblée fixe à le maximum des engagements que la Caisse pourra contracter pendant le premier exercice tant sous la forme d'emprunts que sous celle de dépôts.

L'ordre du jour étant épuisé, le Président informe l'assemblée que le Conseil d'administration va se réunir pour nommer son président, le secrétaire-comptable et prendre les dispositions voulues en vue de l'ouverture des opérations de la Caisse qui est fixée au

La séance est levée à

Le Président, *Les Scrutateurs*, *Le Secrétaire*,

Caisse locale de Crédit agricole mutuel de

Créée suivant la loi du 5 novembre 1894.

DEMANDE D'ADMISSION FORMULE N° 4.

A Monsieur le Président de la Caisse locale de crédit agricole mutuel de

Le soussigné,

Nom,

Prénoms,

Profession,

Domicile,

Membre du Syndicat professionnel agricole de

Demande son admission comme sociétaire de la Caisse locale de crédit agricole mutuel de et

Il souscrit, à cet effet, parts de francs et déclare adhérer aux statuts de ladite société, dont il possède un exemplaire, et se soumettre à leurs dispositions ainsi qu'aux règlements, délibérations des assemblées générales et du bureau.

le 19

2° Caisses rurales Raiffeisen-Durand, à responsabilité illimitée et Unions.

Créées suivant la loi du 24 juillet 1867

STATUTS

Observations préliminaires concernant les formules n° 12, 13 et 17

Nous donnons ci-après :

1° Les Statuts des Caisses rurales Raiffeisen-Durand, suivis d'une note relative à leur formation, puis du Règlement de l'Union de ces caisses (formules n°s 12 et 13) ;

2° Les Statuts d'une Caisse régionale du même système (formule 17).

Les raisons qui nous ont déterminé à insérer ces documents sont les suivantes :

Malgré notre préférence pour les caisses fondées par les syndicats — et notre résolution bien arrêtée d'écarter de notre programme toute question politique ou confessionnelle — nous avons agi ainsi parce que :

1° D'abord, les Caisses rurales Raiffeisen-Durand, qui sont les plus nombreuses et augmentent chaque année, rendent d'importants services à leurs membres, ce qui est, avant tout, à considérer ainsi que l'ont reconnu, d'ailleurs, les législateurs et le gouvernement en les admettant, au même titre que celles fondées sous le régime de la loi de 1894, à la répartition, par l'intermédiaire des Caisses régionales, des avances de l'Etat provenant des fonds de la Banque de France, suivant la loi du 31 mars 1899

— L'unique condition posée, en effet, par cette loi, est que ces caisses soient bien des mutuelles et aient un but exclusivement agricole, condition qu'elles rempliront sans aucun doute —

2° Ensuite, parce que, disons-nous, ces caisses se basent — comme la caisse régionale du même système dont nous avons parlé — sur le principe de la responsabilité illimitée, celui des Caisses Raiffeisen, dont nous sommes entièrement partisan et qui est vaillamment défendu, et activement propagé par leur fondateur, M. Louis Durand, des plus compétents dans cette matière, ainsi que nous l'avons plusieurs fois dit dans le cours de ce travail.

D'ailleurs, ceux des fondateurs de caisses locales qui adopteront ce système sont surs de trouver à l'*Union des Caisses rurales*, (avenue de Saxe, 97, à Lyon) en s'adressant à leur dévoué président, M. Louis Durand, lui-même, qui met autant d'obligeance que d'empressement à répondre aux demandes, tous les documents nécessaires : statuts, imprimés, formulaires — très complets —, registres, livres de caisse, de comptabilité, etc. Ces avantages, très sérieux, auraient suffi, à eux seuls, à lever toute hésitation, si nous en avions eu.

Caisse rurale de la Commune de

Société en nom collectif, à capital variable, régie par la loi du 24 juillet 1867.

STATUTS. FORMULE N° 12.

Art. 1er. — Entre les soussignés : et toutes les personnes qui adhèreront aux présents statuts, il est fondé une Société en nom collectif à capital variable, sous le nom de *Caisse rurale de* .

Cette Société a pour but de procurer à ses membres le crédit qui leur est nécessaire pour leurs exploitations.

Art. 2. — Peuvent seules faire partie de la Société, les personnes majeures, jouissant de leurs droits civils, habitant la commune de
ou y étant inscrites au rôle de l'impôt foncier.

Les nouveaux membres doivent être agréés par le Conseil d'administration de la Société, et accepter toutes les obligations que les présents statuts imposent aux associés. Tout candidat refusé par le Conseil d'administration peut en appeler à l'Assemblée générale qui statue en dernier ressort dans sa plus prochaine réunion.

Art. 3. — On perd la qualité d'associé :

1° Par démission volontaire : elle peut être donnée en tout temps ;

2° Par décès : les héritiers du décédé ne peuvent jouir d'aucun des droits ou prérogatives de leur auteur ;

3° Par la cessation des conditions de résidence ou d'inscription au rôle de l'impôt foncier, exigées par les présents statuts ;

4° Par exclusion : elle peut être prononcée par le Conseil d'administration :

A. Si l'associé est condamné à une peine correctionnelle ou criminelle ;

B. S'il est déclaré en faillite ou s'il se trouve en état de déconfiture notoire ;

C. S'il ne remplit pas ses obligations vis-à-vis de la Société, s'il n'affecte pas les fonds empruntés à l'emploi qui a été déterminé, s'il oblige la Société à recourir contre lui aux voies judiciaires.

L'associé qui n'accepterait pas la décision du Conseil d'administration pourra appeler à l'Assemblée générale, qui statuera en dernier ressort. L'exclusion ne pourra être prononcée qu'à la majorité des deux tiers des membres présents.

L'acquisition ou la perte de la qualité d'associé est constatée, vis-à-vis de l'associé, de la Société et des tiers, par une inscription sur le registre des entrées et des sorties des associés, signée par l'associé, le directeur et un membre du Conseil d'administration, en cas d'entrée ou de démission. et par les derniers seulement, en cas d'exclusion ou de décès.

Art. 4. — L'associé a le droit :

1° De prendre part aux Assemblées générales avec voix délibérative ;

2° De faire avec la Société toutes les opérations prévues par les statuts, autant que l'état de la Caisse et la solvabilité de l'associé le permettent.

Art. 5. — L'associé est, vis-à-vis des tiers, tenu sur tous ses biens des obligations de la Société. Entre les associés, les dettes de la Société se divisent par parts viriles. Mais chaque associé n'est tenu que des dettes antérieures à sa démission ou à son exclusion. Cette responsabilité est soumise à la prescription quinquennale établie par l'article 52 de la loi du 24 juillet 1867.

Art. 6. — Les associés ne peuvent engager la Société qui est représentée exclusivement par son administration, d'après les règles ci-après déterminées :

Art. 7. — Les organes de la Société se composent :

1° Du Conseil d'administration ; — 2° Du Directeur ; — 3° du Conseil de surveillance ; — 4° De l'Assemblée générale ; — 5° Du Comptable.

Du Conseil d'Administration.

Art. 8. — Le Conseil d'administration se compose de (1) membres élus par l'Assemblée générale pour (2) ans ; il est renouvelable par (3).

(1) Ecrire le nombre des membres du Conseil d'administration : habituellement c'est *trois*.

(2) *Trois* — ou *six* — ou *neuf*. Ecrire le nombre d'années qui est adopté par la Caisse.

(3) Tiers chaque année, — ou par tiers tous les deux ans, *si le Conseil est élu pour six ans*, — ou par tiers tous les trois ans, *si le Conseil est élu pour neuf ans*.

Les premières fois, le sort désigne le membre qui doit être soumis à la réélection. Les membres du Conseil d'administration sont indéfiniment rééligibles.

En cas de décès, démission ou empêchement durable d'un membre du Conseil d'administration, le Conseil nomme un membre provisoire, qui restera en fonctions jusqu'à la plus prochaine Assemblée générale. Cette nomination doit être approuvée par le Conseil de surveillance.

Le Conseil d'administration choisit dans son sein le directeur qui préside ses délibérations, et le vice-directeur qui supplée le directeur en cas d'absence ou d'empêchement.

Le Conseil d'administration nomme et révoque le comptable, qui peut être pris dans son sein, s'il n'est pas rétribué.

Le Conseil d'administration se réunit au moins une fois par mois, et plus souvent si c'est nécessaire Pour la validité de ses délibération, il faut la présence de deux membres. En cas de partage, la voix du directeur est prépondérante.

Le Conseil d'administration a pour mission :

1° De recevoir les demandes d'emprunt et d'accorder les prêts selon les règles établies par l'Assemblée générale, après examen du but de l'emprunt et fixation des termes de remboursement ; de donner son avis sur les demandes d'emprunt et les délais de remboursement dépassant le maximum fixé par l'Assemblée générale et prévu par l'article 11, n° 3 ; de fixer le taux des prêts et des emprunts ; de rédiger les titres de créances et toutes pièces qui se rapportent aux affaires de la Société : de surveiller l'emploi que l'emprunteur fait des sommes à lui prêtées ;

2° De décider sur l'admission ou l'exclusion des membres ;

3° De décider tous paiements ou recettes ; de veiller à la rentrée des fonds empruntés ;

4° De surveiller, de concert avec le directeur, la gestion du comptable, de vérifier la caisse tous les mois, et de faire faire inventaire tous les trois mois ;

5° D'établir chaque année les comptes et le bilan ;

6° D'autoriser le directeur à intenter une action en justice ou à y défendre ; de l'autoriser à transiger ou à compromettre sur toutes les affaires, mais, dans ce cas, avec l'approbation du Conseil de surveillance.

Du Directeur

Art. 9. — Le directeur représente la Société vis-à-vis de tous. Néanmoins, sa signature n'oblige la Société qu'autant qu'elle est contresignée par un autre membre du Conseil d'administration. Le directeur peut être suppléé par le vice-directeur.

Le directeur gère les affaires de la Société, et est chargé notamment :

1° De représenter la Société en justice ou dans tous actes extra-judiciaires ;

2° De signer la correspondance de la Société ;

3° De surveiller les opérations du comptable ; de faire exécuter les décisions du Conseil d'administration relativement aux opérations de caisse ; de vérifier la caisse tous les mois, et de faire dresser l'inventaire trimestriel ;

4° De surveiller la tenue régulière du registre des entrées et sorties des sociétaires ;

5° De présider les séances du Conseil d'administration ou de l'Assemblée générale, sauf dans le cas prévu à l'art. 11.

Du Conseil de surveillance

Art. 10. — Le Conseil de surveillance se compose de cinq membres élus pour deux ans par l'Assemblée générale. Chaque année, trois ou deux membres sont alternativement soumis à réélection. La première année, le sort désigne les deux membres sortants. Ils sont indéfiniment rééligibles.

Le Conseil de surveillance nomme chaque année, dans son sein, un président, un vice-président et un secrétaire.

Pour délibérer valablement, il faut au moins la présence de trois membres. Dans le cas où la présence de trois membres n'aurait pas été obtenue dans deux réunions successives, les membres absents sans excuse légitime seront considérés comme démissionnaires, et une Assemblée générale sera convoquée pour compléter le Conseil de surveillance.

Le Conseil de surveillance a pour mission :

1° De vérifier les écritures, la comptabilité et les opérations de la Caisse, et d'en faire un rapport écrit à l'Assemblée générale annuelle ;

2° De statuer, en dernier ressort, sur la concession des prêts alloués au dessus de la somme ou pour des échéances supérieures à celles fixées par l'Assemblée générale conformément à l'art. II, n° 3 ;

3° De statuer sur les demandes d'emprunts faites par les membres du Conseil d'administration et sur l'admission de ces mêmes membres comme caution ;

4° D'approuver la décision du Conseil d'administration autorisant le directeur à transiger ;

5° De procéder tous les trois mois à l'examen de la Caisse et de l'inventaire trimestriel, à la vérification de la solvabilité des emprunteurs et de leur caution, de la réalité du gage garantissant les emprunts etc. Le Conseil de surveillance vérifiera notamment si l'argent prêté par la Caisse a été employé à l'usage indiqué par l'emprunteur. Dans le cas où cet argent aurait été détourné de sa destination première, ou si la solvabilité de l'emprunteur ou de la caution paraît avoir diminué, le Conseil de surveillance pourra ordonner le remboursement du prêt, immédiatement dans le premier cas, et dans le délai d'un mois dans le second, malgré toutes stipulations contraires de l'acte de prêt.

Le Conseil de surveillance se réunit au moins tous les trois mois, après la confection de l'inventaire, et plus souvent si c'est nécessaire Il est convoqué par son président, chaque fois que le président, le directeur, ou trois membres de surveillance le jugent nécessaire.

De l'Assemblée générale.

Art 11. — L'Assemblée générale se compose de tous les sociétaires. ils n'ont qu'une voix. Elle se réunit en session ordinaire, tous les ans, après la confection de l'inventaire annuel. Des sessions extraordinaires ont lieu toutes les fois que le Conseil d'administration, le Conseil de surveillance ou un quart des associés le demandent Les motifs de la convocation doivent, dans ces deux derniers cas, être présentés par écrit au directeur.

L'Assemblée générale est convoquée par le directeur. S'il se refusait à faire une convocation réclamée par le Conseil de surveillance, le président de ce Conseil pourrait procéder à cette convocation. Si le directeur et le président du Conseil de surveillance refusaient de convoquer l'assemblée générale réclamée par un quart des sociétaires, ceux-ci pourraient donner mandat écrit à l'un d'entre eux pour procéder à cette convocation.

La convocation de l'Assemblée générale est faite, au moins huit jours à l'avance, par (1)

Pour les assemblées générales extraordinaires, l'avis mentionnera les objets portés à l'ordre du jour.

(1) Ecrire le mode de convocation qui aura été adopté. Les plus usités sont : 1° Par un simple avis inséré dans le journal... ; 2° Par un simple avis affiché à la porte de la Mairie ; 3° Par un simple avis affiché à la porte de l'Eglise ; 4° Par un simple avis publié à son de caisse ; 5° Par lettre personnelle adressée aux Sociétaires.

La Caisse ne doit adopter qu'un seul de ces modes de convocation.

L'Assemblée générale est présidée par le directeur, sauf dans le cas où l'on doit délibérer sur l'approbation des comptes et la gestion du Conseil d'administration, et sauf aussi le cas où le directeur aurait refusé de convoquer l'Assemblée générale. Celle-ci élit alors son président

L'Assemblée générale ordinaire ou extraordinaire ne délibère valablement qu'en présence d'un quart des sociétaires. Si le *quorum* n'est pas atteint, on convoque une nouvelle assemblée générale dans le délai de huit jours ; elle délibère valablement, quel que soit le nombre des membres présents.

Les membres personnellement intéressés dans une discussion ne prennent pas part au vote.

Les décisions sont prises à la majorité des membres présents, sauf ce qui est dit aux art. 3, 11 § 5, 20 et 21. En cas de partage, la voix du président est prépondérante.

Dans la réunion ordinaire annuelle qui a lieu dans le courant du mois de février, après la confection de l'inventaire annuel et du bilan, l'Assemblée générale procède aux opérations suivantes :

1° Elle élit les membres du Conseil d'administration et du Conseil de surveillance en remplacement des membres sortants, démissionnaires ou décédés. Les membres qui remplacent les démissionnaires ou les décédés ne sont nommés que pour le temps qui restait à courir pour leur prédécesseur.

Au premier tour de scrutin, la majorité absolue est nécessaire. Au second tour de scrutin, la majorité relative suffit. En cas de partage, le sort décide.

Les élections en remplacement de membres démissionnaires ou décédés peuvent se faire dans n'importe quelle session ;

2° L'Assemblée générale ordinaire reçoit les comptes et bilans du Conseil de surveillance, et, s'il y a lieu, approuve la gestion du directeur et du comptable et leur donne décharge.

Les comptes et bilans et le rapport du Conseil de surveillance devront être à la disposition des sociétaires, au siège social, au moins huit jours avant l'Assemblée générale ;

3° L'assemblée générale détermine le chiffre maximum que ne devront pas dépasser les emprunts et engagements de la Société. Elle détermine aussi le maximum des prêts que le Conseil d'administration pourra accorder à l'un quelconque des sociétaires. Elle détermine, s'il y a lieu, un autre maximum que ne pourra dépasser le Conseil d'administration, même autorisé par le Conseil de surveillance, conformément aux articles 8 et 10. A défaut de décision spéciale à ce sujet, le Conseil de surveillance pourra autoriser des prêts sans autres limites que celles fixées par le total des engagements de la Caisse ;

4° L'assemblée générale fixe, s'il y a lieu, la rétribution à allouer au comptable ;

5° Elle décide, en dernier ressort, de l'admission ou de l'exclusion de certains membres, dans le cas où ceux-ci auraient fait appel des décisions du Conseil d'administration. L'exclusion ne peut être prononcée qu'à la majorité des deux tiers des membres présents, conformément à l'article 3 des présents Statuts.

Les assemblées générales extraordinaires peuvent délibérer aussi sur les objets visés aux n°s 3, 4 et 5, pourvu qu'ils aient été portés régulièrement à l'ordre du jour.

L'assemblée vote, en général, à mains levées avec contre-épreuve. Mais le scrutin secret est de rigueur quand il s'agit d'élection, ou quand un quart de l'assemblée le demande.

Du Comptable.

Art. 12. — Le comptable est nommé et révoqué par le Conseil d'administration. Il peut être choisi dans le sein de ce Conseil, s'il n'est pas rétribué. S'il reçoit une rétribution, il ne peut faire partie d'aucun Conseil, mais il peut seulement assister aux séances de l'un ou l'autre Conseil, sur convocation du directeur ou du président, avec voix consultative.

Le comptable est le chargé d'affaires de la Société et, comme tel, il a le devoir :

1° D'exécuter les décisions du Conseil d'administration, en ce qui concerne la gestion de la Caisse ; d'effectuer les recettes et dépenses conformément à ces décisions, de tenir les livres, de garder en dépôt les titres, les actes et le numéraire en caisse. Mais sa signature n'oblige pas la Société.

2° De tenir la comptabilité, le registre des entrées et des sorties des sociétaires, et d'établir les comptes mensuels, les inventaires trimestriels et le bilan annuel.

Le comptable est tenu à fournir une ou plusieurs cautions ou à déposer un cautionnement, s'il n'en est dispensé par le Conseil de surveillance après avis conforme du Conseil d'administration. La fixation du cautionnement ou l'acceptation des cautions, si le comptable n'en est dispensé, appartiennent au Conseil de surveillance.

Dans le cas où le comptable n'est pas rétribué, il peut lui être adjoint un secrétaire rétribué ou non, chargé du travail matériel des écritures. Ce secrétaire ne peut, en aucun cas, avoir la garde des effets ou valeurs, ni le maniement de l'argent. Il opère sous le contrôle et la responsabilité du comptable.

Dispositions générales.

Art. 13. — Les membres des Conseils exercent leurs fonctions gratuitement et ne peuvent réclamer que le remboursement des dépenses faites pour le compte de la Société.

Le comptable ou son secrétaire peuvent seuls recevoir, s'il y a lieu, une rétribution en rapport avec leurs services. Cette rétribution est fixée par l'assemblée générale. Elle doit être exprimée comme somme fixe et non comme tantième.

Art. 14. — Les associés ne possèdent pas d'actions, ne font aucun versement, et ne reçoivent pas de dividende. Le capital social se compose exclusivement de la réserve qui est constituée par l'accumulation de tous les bénéfices réalisés par la Caisse sur ses opérations. Quand la réserve atteint le quart du capital suffisant aux opérations de la Caisse, le taux des prêts est abaissé par le Conseil d'administration de manière que la Caisse ne réalise que les bénéfices nécessaires pour couvrir ses frais généraux.

Art. 15. — La Société emprunte soit à ses membres, soit à des étrangers les capitaux strictement nécessaires à la réalisation des emprunts contractés par ses membres.

Art. 16. — Elle prête des capitaux à ses seuls membres, à l'exclusion de tous les autres, mais seulement en vue d'un usage déterminé et jugé utile par le Conseil d'administration qui est tenu d'en surveiller l'emploi. Tout emprunteur qui affecterait les fonds empruntés à un usage autre que celui en vue duquel le prêt a été consenti, est déchu du bénéfice du terme, obligé à rembourser immédiatement la somme à la Caisse et exclu de la Société.

La Société se fait souscrire, en échange du prêt, soit une obligation civile, soit une obligation hypothécaire.

Art. 17. — Le Conseil d'administation ne peut consentir des prêts supérieurs à la somme fixée par l'Assemblée générale.

Si, dans certains cas exceptionnels, un membre de la Société voulait emprunter une somme supérieure, le Conseil de surveillance devrait statuer en dernier ressort, après avis favorable du Conseil d'administration. Si l'Assemblée générale a fixé une limite au Conseil de surveillance, conformément à l'art. 11, n° 3, le conseil de surveillance ne pourra dépasser cette limite.

Art. 18. — Les prêts peuvent être consentis pour une durée maxima de cinq ans. Dans le cas où le terme excéderait une année, le prêt doit être remboursé par payements fractionnés au moins annuels : l'obligation doit indiquer les diverses échéances qui correspondront aux époques ou l'emprunteur réalise normalement ses principales recettes par la vente de ses récoltes ou de ses autres produits.

Art. 19. — Quelle que soit la solvabilité de l'emprunteur, aucun prêt ne peut être consenti sans bonnes garanties : caution, gage ou hypothèque.

Art. 20. — Les présents statuts ne pourront être modifiés que sur la proposition du Conseil d'administration et par une Assemblée générale extraordinaire. La modification des statuts ne pourra être votée qu'à la majorité des deux tiers des membres présents.

Dans tous les cas, il ne pourra être dérogé aux dispositions des articles 13 et 14, qui interdisent la rémunération des membres du Conseil d'administration et du Conseil de surveillance et la distribution de dividende.

Art. 21. — La Société est fondée pour un temps illimité. En cas de dissolution, sa réserve est employée à rembourser aux associés les intérêts payés par chacun d'eux en commençant par les plus récents, et en remontant jusqu'à épuisement complet de la réserve.

La dissolution ne peut être prononcée que par l'Assemblée générale extraordinaire, réunie et statuant dans les conditions établies par l'article précédent.

Si sept membres déclarent s'opposer à la dissolution de la Société et vouloir continuer ses opérations, la dissolution ne pourra être prononcée, la réserve et la comptabilité seront remises à ces associés, les autres ayant seulement le droit de se retirer, conformément à l'article 3 des présents statuts.

Les membres qui veulent s'opposer à la dissolution de la Société devront en faire la déclaration à l'Assemblée générale qui prononcera cette dissolution, ou notifier leur résolution, par acte d'huissier, au directeur de la Société, dans les deux mois qui suivront la résolution de dissolution. Passé ce délai, ils seront déchus de leur droit d'opposition, et la réserve pourra être employée au remboursement des derniers intérêts payés, comme il est dit ci-dessus.

Fait et signé en autant d'exemplaires que de parties à le

NOTE indiquant les formalités à remplir pour la constitution d'une caisse rurale Raiffeisen-Durand, suivant les indications de M. Louis Durand.

Les Statuts qui précèdent (formule n° 12), servant d'acte constitutif de la caisse, sont mis, en trois exemplaires, sur papier timbré à 1 fr. 20 la feuille et signés par trois sociétaires qui se réunissent en assemblée préparatoire et forment le Conseil d'administration composé de ces trois mêmes sociétaires. Ils désignent celui d'entre eux qui sera le Directeur.

Puis ils signent immédiatement leur adhésion sur le registre des entrées et sorties des sociétaires.

Ainsi, la Société est légalement constituée et peut commencer ses opérations avant d'avoir rempli les formalités ci-après. Ce système est le plus simple et le plus économique.

Si la caisse adhère à l'Union elle l'en informe aussitôt.

Si, à la fondation, le nombre des adhérents est suffisant pour nommer la Commission de surveillance, et après que tous les adhérents auront signé le registre des entrées et sorties, l'assemblée se transformera en assemblée générale extraordinaire qui élira ledit conseil de surveillance, puis :

Elle fixera le maximum : 1° des engagements totaux de la caisse ; 2° des prêts que le Conseil d'administration peut accorder au même sociétaire ; 3° des prêts que le Conseil de surveillance pourra autoriser au même sociétaire sur l'avis du Conseil d'administration ;

Décidera s'il y a lieu d'accorder une rétribution au comptable ou à son secrétaire.

Un procès-verbal de cette assemblée est porté au registre des délibérations.

Puis les Statuts, ceux signés comme il est dit ci-dessus, sont enregistrés au droit fixe de 3 fr. 75. L'un de ces exemplaires est, ensuite, déposé au greffe de la justice de paix, et un second au greffe du tribunal de commerce, et s'il n'y a pas de tribunal de commerce, au greffe du tribunal civil.

Les frais de greffe s'élèvent à une douzaine de francs.

Enfin, on fait publier dans l'un des journaux désignés pour les annonces légales, l'extrait suivant, signé par les trois signataires des Statuts :

Par acte sous seing privé, enregistré, il a été constitué entre :

M. A... (nom, prénoms, profession et domicile);
M. B... (— —);
M. C... (— —);

et toutes les personnes qui y adhèreront par la suite, une Société en nom collectif, à capital variable, sous le nom de Caisse rurale de la commune de ayant son siège dans ladite commune.

La Société est constituée sans capital : elle est administrée par M. A..., son directeur, assisté de MM. B. . et C... Tout acte engageant la Société doit porter la signature de deux de ses administrateurs.

La Société commence le (date de la signature de l'acte de Société). Elle est constituée pour une durée illimitée.

L'acte constitutif a été déposé au greffe de la Justice de paix de , le et au greffe du tribunal de commerce de (ou du tribunal civil, s'il n'y a pas de tribunal de commerce), le .

Ces formalités de dépôt et de publication doivent être remplies à peine de nullité, dans le délai d'un mois de la signature des Statuts.

Un exemplaire du journal ayant publié l'extrait ci-dessus, certifié et légalisé, est enregistré dans les trois mois. Le droit est de 3 fr. 75.

Il n'y a pas d'autres formalités à remplir. La Société se trouve ainsi constituée.

Union des Caisses rurales et ouvrières françaises.

STATUTS -- RÈGLEMENT. FORMULE N° 13.

Article Premier. — L'Union des caisses rurales et ouvrières françaises a pour but :

a) De propager les idées de crédit populaire par la fondation de caisses Raiffeisen-Durand.

b) De faire connaître l'institution, de la répandre en France, de centraliser et de diriger les efforts tentés dans ce but en fournissant aux initiateurs de ces œuvres les conseils utiles pour la fondation et l'administration des caisses, de publier leurs résultats et, d'une manière générale, de prendre toutes les mesures utiles à la prospérité des caisses adhérentes et à la défense de leurs droits ;

c) De leur permettre de se rendre des services mutuels, de multiplier leurs efforts et de les généraliser par la fondation de groupements spéciaux visant les divers intérêts agricoles ;

d) Son organe est le *Bulletin des Caisses rurales et ouvrières.*

Art. 2. — *Conditions d'admission des Caisses rurales dans l'Union.*

L'admission des Caisses rurales et ouvrières dans l'Union est soumise à l'acceptation du Conseil exécutif de l'Union qui peut déléguer ce droit au président.

L'exclusion des Caisses qui violeraient le réglement ou auraient une attitude contraire aux intérêts de l'Union est prononcée par le Comité exécutif.

Peuvent seules être admises dans l'Union les Caisses rurales et ouvrières qui rempliront les conditions suivantes :

1° Circonscription limitée à une seule commune ou paroisse, ou à deux si l'une d'elles a moins de six cents habitants, à moins de circonstances dont le Comité exécutif sera juge ;

2° Prêts aux seuls sociétaires, pour usage déterminé et contrôlé ;

3° Responsabilité solidaire et illimitée des associés ;

4° Interdiction de distribution de dividendes, tous les bénéfices étant attribués à la réserve ;

5° Gratuité des fonctions des membres du Conseil d'administration ou du Conseil de surveillance, le comptable seul pouvant recevoir une rétribution.

En adhérant à l'Union, les Caisses prennent l'engagement d'envoyer, chaque année, à l'Union le nombre de leurs membres, la copie de leur inventaire annuel, les totaux des recettes et dépenses du livre de caisse et les autres renseignements qui leur seront demandés pour permettre d'établir les statistiques.

Elles s'interdisent d'adhérer, sans l'agrément du Conseil de l'Union, à d'autres fédérations ou associations quelconques générales de crédit rural ou visant un autre but.

Cette interdiction ne s'applique pas aux relations qui

peuvent s'établir entre les Caisses rurales et les Syndicats agricoles de la même région.

Elles ont par contre le droit de demander tous renseignements, conseils et consultations à l'Union en joignant un timbre pour la réponse L'Union leur répondra dans le plus bref délai possible.

Elles pourront user, dans la limite dont la rédaction restera seule juge, de la publicité du *Bulletin* et bénéficier exclusivement des services que pourront rendre les diverses œuvres agricoles d'assurance et de crédit qui pourront être fondées par l'Union, sans être forcées d'y adhérer.

Art. 3. — *Groupement des Caisses rurales*.

Les Caisses rurales admises dans l'Union peuvent se grouper par département ou par arrondissement et forment, dans ce cas, des groupes départementaux ou d'arrondissement de l'Union des Caisses rurales et ouvrières françaises.

Ces groupes qui doivent être composés de dix Caisses au moins, ont pour but de servir de centre de propagande, de faciliter les prêts de capitaux entre les Caisses, de vérifier leur comptabilité, de créer les institutions d'utilité commune et des Caisses centrales Ils élaborent des réglements qui ne sont exécutoires qu'après avoir été soumis à l'approbation du Conseil exécutif de l'Union auquel ils doivent communiquer les réglements, les brochures de propagande, les statuts des institutions qu'ils auront créées, le compte-rendu de leurs opérations.

Les communications que les groupes sont tenus de faire à l'Union ne donnent à celle-ci aucun droit de contrôle ; elle ne peut interdire aucuns actes des groupes s'ils ne sont contraires au règlement de l'Union. Ces communications ont seulement un double but :

1° Fournir les moyens à l'Union de publier un compte rendu complet et des statistiques exactes ;

2° Permettre à l'Union d'indiquer à d'autres groupes les institutions expérimentées par l'un deux et consacrées par l'expérience.

La fondation de groupes départementaux ou d'arrondissement doit être faite par un délégué de l'Union après convocation des directeurs ou représentants de toutes les Caisses du département ou de l'arrondissement, suivant le cas, adhérentes à l'Union.

Ces groupes ne doivent pas se fonder en concurrence d'un groupe existant dans le département et reconnu par l'Union, sans une entente préalable avec le Conseil de l'Union qui restera seul juge de la question. Les groupes ne peuvent adhérer à d'autres fédérations ou associations quelconques qu'en se conformant aux règles posées par l'article précédent pour les Caisses rurales et ouvrières.

Art. 4. — *Commission de propagande.*

Dans les départements où il n'existe pas de groupes régionaux, il peut être fondé, par les soins d'un délégué de l'Union, une Commission de propagande composée des représentants des Caisses rurales existantes dans le département et de personnes choisies par l'Union.

Ces Commissions s'occupent de la fondation de Caisses rurales ; elles peuvent se transformer en groupes départementaux lorsqu'elles ont fondé dix Caisses au moins ou obtenu l'adhésion de dix Caisses existantes. Les convocations pour régler cette fondation doivent être faites à toutes les Caisses du département ou de l'arrondissement adhérentes à l'Union.

Les Commissions de propagande ne peuvent adhérer à d'autres fédérations ou associations quelconques qu'en se conformant aux règles posées par l'article 2 pour les Caisses rurales et ouvrières.

Art. 5. — *Du Conseil de l'Union.*

Le Conseil de l'Union se compose :

De membres d'honneur ; d'un Bureau ; d'un Conseil ; d'un Comité exécutif.

Les membres d'honneur sont en nombre illimité. Ils sont nommés par le Conseil de l'Union.

Le Conseil est composé de membres de droit et de membres élus par les membres de droit.

Sont membres de droit :

1° Les présidents où, à leur défaut, le ou les représentants élus des groupes départementaux ou d'arrondissement dans la proportion suivante :

De 10 à 25 Caisses 1 membre.
De 26 à 50 — 2 membres.
Au de là de 50 — 3 —

Ne sont comptées que les Caisses qui ont envoyé régulièrement le relevé de leurs opérations de l'année précédente au président de l'Union ;

2° Les présidents ou, à leur défaut, des représentants élus des Commissions de propagande départementales ayant fondé dix Caisses au moins en fonctionnement.

Ces membres de droit se complètent eux-mêmes par l'élection des autres membres du Conseil. Le nombre des membres élus du Conseil ne peut dépasser le nombre des membres de droit.

Le conseil ainsi formé nomme un Bureau.

Ce bureau est composé d'un président ; de plusieurs vice-présidents ; d'un secrétaire général.

Le Conseil délègue ses pouvoirs à un Comité exécutif composé des membres du Bureau et des délégués du Conseil.

Les membres du Comité exécutif seront de préférence chargés de missions spéciales et, en particulier, de fondations de groupes et de Commissions de propagande, de la représentation de l'Union dans les congrès. Ces missions peuvent aussi être confiées aux autres membres du Conseil ou aux membres de l'Union.

Ces délégations peuvent être permanentes ou temporaires et s'étendre à une ou plusieurs régions.

Elles sont révocables par le Comité exécutif.

Les membres du Bureau et les membres élus du Conseil sont renouvelables tous les ans par tiers.

Les élections peuvent avoir lieu par correspondance et sur présentation d'une liste dressée par le Comité exécutif.

3° Caisses régionales.

(*a*) **Caisses à responsabilité limitée** (Lois de 1894 et de 1899)

Caisse régionale de crédit agricole mutuel de

à capital variable,

Créée suivant les lois des 5 novembre 1894 et 31 mars 1899

STATUTS (1) FORMULE N° 14

TITRE PREMIER.— *Nom.— But.— Rayon.— Durée.— Siège*

Art. 1er. — Entre les sociétés locales de crédit agricole mutuel, les syndicats professionnels agricoles, et, à titre individuel, les membres de ces syndicats, soussignés, et les sociétés et personnes se trouvant dans les mêmes conditions, qui adhéreront, par la suite, aux présents statuts, il est formé une Société à capital variable sous le nom de : *Caisse régionale de Crédit agricole mutuel* de qui sera régie par les lois des 5 novembre 1894 et 31 mars 1899.

Art. 2. — La société a pour but de faciliter les opérations

(1) Cette formule est à peu près d'accord — sinon absolument conforme — sur les principaux points, du moins avec les modèles établis par MM. Ch. Rayneri et Georges Maurin, et, en dernier lieu, par le Ministère de l'Agriculture (formule n° 14 bis).

concernant l'industrie agricole effectuées par les membres des sociétés locales de crédit agricole mutuel du département (ou des départements) de et garanties par ces sociétés.

Art. 3. — La durée de la Société est (fixée à années ou illimitée).

Son siège est établi à

Titre II. — *Opérations de la Société*

Art. 4. — Les opérations de la Société consisteront :

A escompter les effets souscrits par les membres des sociétés locales de crédit agricole mutuel et endossés par ces sociétés ;

A faire à ces sociétés les avances nécessaires à leur fonds de roulement ;

A consentir des avances sur warrants agricoles, endossés par les sociétés locales, conformément à la loi du 18 juillet 1898 ;

A emprunter les fonds nécessaires à son fonctionnement, c'est-à-dire :

A recevoir en compte-courant, avec ou sans intérêts, des dépôts de fonds et à émettre des bons à échéance fixe de six mois au moins et de cinq ans au plus, à la condition, toutefois, que l'ensemble des dits dépôts et bons ne dépassera pas les 3/4 du montant des effets non échus réellement en portefeuille.

La Société pourra faire réescompter tout ou partie de son portefeuille, soit par la Banque de France ou par d'autres Etablissements de crédit, soit par d'autres caisses régionales ayant, ou non, obtenu des avances de l'Etat, soit par des caisses d'épargne et banques populaires, et se faire ouvrir un compte-courant auprès de ces institutions.

Elle pourra, aussi, placer ses fonds disponibles dans les caisses publiques ou privées ci-dessus désignées, de même qu'en valeurs de l'Etat (rentes, bons du Trésor et autres par lui émises ou garanties) en obligations des départements et des communes, du Crédit Foncier et de celles des Compagnies de chemins de fer qui ont la garantie d'intérêt de l'Etat, de même qu'en actions de la Banque de France.

Titre III. — *Capital social*

Art. 5. — Le capital de fondation est fixé à la somme de francs, divisé en parts de francs, dont les deux tiers au moins seront réservés de préférence aux sociétés locales participantes.

Art. 6. — Le capital social pourra être augmenté par l'émission de nouvelles parts et l'adjonction de nouveaux membres jusqu'à concurrence de   francs par décision du Conseil d'administration et, au-dessus, par délibération de l'Assemblée générale.

Les deux tiers des nouvelles parts à émettre seront aussi réservés de préférence aux Sociétés locales affiliées. Les participants individuels seront admis à cette répartition sur les mêmes bases que pour les premières parts.

Art. 7. — Le capital social, par suite de démission, exclusion ou décès, ne pourra jamais descendre ni au dessous du capital de fondation et, si ce capital a été augmenté, avec la moitié en plus du capital provenant de l'augmentation ; ni au dessous des avances de l'Etat.

Art. 8. — Les parts sont payables à raison d'un quart au moment de la souscription et le solde suivant les conditions arrêtées par le Conseil d'administration.

Art. 9. — Les parts pourront recevoir un intérêt de   0/0 du capital versé, au maximum, lequel ne sera distribué qu'autant que les bénéfices de l'année le permettront.

Elles ne pourront recevoir, sous aucun prétexte, ni sous aucune forme, un dividende ou intérêt supplémentaire.

Art. 10. — La Société, outre l'action personnelle contre les retardataires, peut, trois mois après mise en demeure, annuler les parts non libérées. Les sommes versées sont, en ce cas, restituées au sociétaire retardataire qui sera exclu.

Art. 11. — Les adhérents à la présente Caisse ne sont engagés que jusqu'à concurrence du montant des parts souscrites par eux.

Art. 12. — Les parts sont nominatives. Les souscriptions seront constatées sur un registre spécial signé par deux administrateurs. Il ne sera délivré aucun titre.

Art 13. — La cession des parts s'opère par une déclaration, qui vaut transfert, inscrite en marge du registre mentionné à l'article précédent et signée du cédant, du cessionnaire et de deux administrateurs. Elle ne peut être consentie qu'aux personnes morales ou individuelles désignées à l'article 1er. Le cessionnaire devra être agréé par le Conseil d'administration. La cession et le transfert n'auront d'effet vis-à-vis du cédant qu'après la liquidation des engagements sociaux en cours au moment de la cession et, vis-à-vis de la

Société, qu'autant que le cédant ne sera point son débiteur, à aucun titre, direct ou indirect.

Si les parties ne savent ou ne peuvent signer, le transfert en fera mention et il se trouvera ensuite régularisé par la signature de deux administrateurs.

TITRE IV. — *Admissions. — Démissions. — Exclusions.*

Art. 14. — La Société n'admet dans son sein que les Sociétés locales de crédit agricole mutuel et les Syndicats professionnels agricoles établis dans le département (ou les départements) de   et les personnes majeures faisant partie de ces Syndicats et présentant des conditions suffisantes de moralité.

L'admission n'est valable qu'autant que les versements exigibles sur les parts souscrites ont été effectués.

Les demandes d'admission sont adressées par écrit au Conseil d'administration qui a le pouvoir de les accepter ou de les repousser sans être tenu de motiver ses décisions.

Le candidat non admis peut en appeler à l'Assemblée générale qui statue en dernier ressort.

Art. 15. — On cesse de faire partie de l'association soit par la cession de ses parts à des tiers, soit par démission ou exclusion, soit lorsque le sociétaire cesse de faire partie d'un Syndicat agricole.

En aucun cas les associés sortants n'ont droit aux réserves de la Société; ils n'ont droit qu'au remboursement des sommes versées pour la libération de leurs parts.

Art. 16. — Tout porteur de parts a le droit de se retirer de la Société en signant sur un registre spécial, tenu au siège, et ce, au moins un mois avant la clôture de l'exercice annuel, sa déclaration à cette fin.

Art. 17. — L'exclusion pourra être prononcée contre tout sociétaire pour causes graves telles que : violation des statuts ou non exécution des engagements pris envers la Caisse.

Elle est de droit en cas de faillite ou de liquidation judiciaire d'une société affiliée ou d'un participant individuel de même qu'elle résulte contre les sociétés affiliées du fait d'opérations illicites ou contraires à leurs statuts.

Le Conseil pourra prononcer, en cas d'urgence, la suspension du sociétaire, et demander son exclusion à la prochaine Assemblée générale, à laquelle il sera convoqué, par lettre chargée, pour être entendu, au moins huit jours avant la réunion. Présent ou défaillant, la décision de l'Assemblée devra être prise à la majorité des voix dans les termes de l'art. 40.

Art. 18. — La restitution des sommes versées aux membres démissionnaires ou exclus ne pourra être effectuée qu'après l'approbation par l'Assemblée générale des comptes de l'exercice en cours, et ce, à l'échéance fixée pour le paiement des intérêts de ce même exercice et en tant seulement que le capital social restera au-dessus de la moitié du capital de fondation plus la moitié du capital émis depuis, s'il y a eu augmentation et au-dessus des avances consenties par l'Etat.

Art. 19. — En cas de décès d'un sociétaire, l'avoir lui revenant est mis à la disposition de ses ayants-droit dans les mêmes conditions que pour les Sociétaires exclus ou démissionnaires. Les ayants-droit peuvent prendre la part du décédé sauf approbation par le Conseil d'administration.

Toutefois, la part étant individuelle et la Société ne reconnaissant qu'un seul propriétaire par part les ayants-droit devront désigner celui d'entre eux qui remplacera nominalement le défunt.

Art. 20. — En aucun cas, même en cas de décès ou de faillite d'un sociétaire, il ne peut être requis contre la Société ni apposition de scellés, ni inventaire, ni partage, et nul ne peut s'immiscer dans l'Administration.

La Société ne peut être dissoute par la mort, la retraite, l'interdiction, la faillite, la déconfiture d'un ou de plusieurs associés. Elle continuera, de plein droit, entre les autres associés,

Art. 21. — Aucun remboursement aux Sociétaires ne peut avoir lieu qu'après compensation de ce qu'ils peuvent devoir, comme passif liquide, en sortant de la Société.

Art. 22. — Tout solde d'intérêts ou de bonis dûs au Sociétaire sorti ou décédé, et non réclamé dans les cinq ans, est acquis à la Société et porté à la réserve.

Le Sociétaire sortant n'est libéré de ses engagements qu'après liquidation des opérations contractées avant sa sortie ; sa responsabilité n'est, toutefois, engagée que jusqu'à concurrence des parts qu'il a souscrites.

TITRE IV. — *Administration*

Art. 23. — La Société est administrée par le Conseil d'administration, la Commission de surveillance, l'Assemblée générale, le Directeur.

§ 1er. — CONSEIL D'ADMINISTRATION.

Art. 24 — Le Conseil d'administration est composé de membres, au moins, pris parmi les porteurs de parts, et, autant que possible, de manière à ce que toutes les régions comprises dans le rayon de la Société soient représentées.

Art 25. — Les administrateurs sont élus pour trois ans. Ils sont renouvelables par tiers chaque année. Ils sont rééligibles.

Les deux premières années un tirage au sort désignera les membres sortants.

En cas de démission ou de décès d'un administrateur le Conseil peut pourvoir à son remplacement provisoire jusqu'à la prochaine assemblée générale qui procédera à l'élection définitive. Le membre ainsi nommé achève le temps de celui qu'il a remplacé.

Art. 26 — Le Conseil nomme son président, un vice-président et un secrétaire.

Le directeur, si le Conseil ne nomme pas un secrétaire spécial, remplit les fonctions de secrétaire du Conseil.

Art. 27. — Le Conseil se réunit toutes les fois que les circonstances l'exigent mais, au moins, tous les trois mois. Les décisions sont prises à la majorité des voix des membres présents mais ne sont valables qu'autant qu'ils représentent la moitié, au moins, des membres du Conseil; en cas de partage la voix du président est prépondérante.

Il est tenu un registre des délibérations. Les procès-verbaux sont signés par le président et le secrétaire. Tous les actes de la Société doivent porter la signature d'un administrateur et celle du directeur.

Art. 28. — Le Conseil est investi des pouvoirs les plus étendus pour l'administration de la Société. Il a, comme attributions, tout ce qui n'est pas réservé expressément à l'Assemblée générale, notamment, celles suivantes qui sont purement énonciatives et non limitatives :

Il admet ou refuse les sociétaires, accepte les démissions et prononce les exclusions provisoires

Il statue sur les demandes de prêts et veille à leur rentrée ;

Il détermine le maximum du crédit pouvant être accordé à une seule Caisse locale, le taux des emprunts, des dépôts, de l'escompte, des avances.

Il détermine également, en restant dans les limites des statuts et en se basant sur les besoins de la Société, les conditions d'admission, des dépôts en compte-courant, d'émission des bons à échéance fixe, et, en outre, des emprunts à contracter pour assurer le fonctionnement de la Société, le tout comme importance, division et échéance, tant pour la réception des fonds que pour leur remboursement.

Il surveille la comptabilité, arrête les bilans et inventaires à soumettre à l'Assemblée générale ;

Il établit les réglements d'ordre intérieur, arrête les dépenses d'administration, nomme le directeur, l'inspecteur, les employés, fixe leurs émoluments et gratifications, régle leurs attributions et les révoque au besoin ;

Il exerce, par ses membres ou ses délégués, le droit d'inspection réservé sur les Caisses locales ;

Il plaide, transige, compromet, donne toutes quittances et main-levées, intente et suit toutes actions judiciaires ou autres ;

Il propose tous projets d'augmentation du capital et toutes modifications aux statuts ;

Il peut nommer dans son sein un Comité d'escompte ;

Il désigne : les Caisses publiques ou privées dans lesquelles seront provisoirement déposés les fonds disponibles ; et les valeurs mobilières qui pourront servir, momentanément, au placement de ces fonds conformément à l'article 14.

Les délibérations du Conseil déléguant le pouvoir de quittancer les fonds retirés soit de l'Etat, soit des dites Caisses, vaudront pouvoir.

Art 29. — Le Conseil peut déléguer tout ou partie de ses pouvoirs à un ou plusieurs de ses membres, et même à un ou plusieurs sociétaires.

Il se fera représenter en justice, au nom de la Société, soit par le président, soit par le directeur.

Art. 30. — Les administrateurs ne sont responsables que de l'exécution de leur mandat ; ils ne contractent aucune obligation personnelle ou solidaire à raison de leur gestion.

§ 2. — Commissaires de surveillance

Art. 31. — L'Assemblée générale désigne, chaque année, un ou plusieurs commissaires chargés de lui faire un rapport sur la situation de la Société, sur le bilan et sur les comptes présentés par les administrateurs. Ils veillent à l'exécution des statuts, des règlements et des décisions de l'Assemblée générale ; et dressent un procès-verbal de leurs vérifications qu'ils communiquent au Conseil d'administration.

Ils peuvent, s'ils le jugent utile, convoquer l'Assemblée générale.

Les commissaires peuvent être pris en dehors des porteurs de parts. Ils sont toujours rééligibles

Ils peuvent être délégués par le Conseil pour l'inspection de la comptabilité des sociétés locales. Ils peuvent être indemnisés, par décision de l'Assemblée générale, pour cette dernière mission.

§ 3. — Assemblée générale

Art. 32. — L'Assemblée générale, régulièrement constituée, représente l'universalité des sociétaires ; ses décisions sont obligatoires même pour les absents ou dissidents.

Elle se réunit chaque année avant le 1er mai.

Elle peut être aussi convoquée, à titre extraordinaire, par le Conseil d'administration, par la Commission de surveillance ou sur une demande écrite portant la signature du quart des sociétaires et indiquant les objets à traiter.

Art 33.—Les convocations doivent être faites, par lettres, huit jours au moins à l'avance : elles indiquent l'ordre du jour arrêté par le Conseil, et, s'il y a lieu, toutes propositions soumises par écrit au Conseil quinze jours avant l'Assemblée avec la signature du dixième au moins des sociétaires.

Art. 34. — L'Assemblée est présidée par le président du Conseil d'administration assisté de deux scrutateurs choisis par elle. Le Bureau, ainsi composé, choisit son secrétaire.

Art. 35. — L'Assemblée délibère valablement lorsque le quart du capital souscrit est représenté soit par les porteurs de parts eux-mêmes, soit par leurs mandataires faisant eux-mêmes partie de la Société et munis d'un mandat écrit.

Art. 36. — Les délibérations sont prises à mains levées et avec contre-épreuve : si la majorité le demande on procède au scrutin secret.

Chaque sociétaire n'a qu'une voix, quel que soit le nombre des parts possédées, mais il peut en avoir une en plus de la sienne comme mandataire d'un ou de plusieurs sociétaires.

Toutefois, les Sociétés faisant partie de la Caisse auront une voix par cinq parts sans, cependant, avoir droit à plus de cinq voix par société.

En cas de partage, la voix du président est prépondérante.

Art. 37. — Dans le cas où, sur une première convocation, l'Assemblée ne représenterait pas le quart du capital social, il y aurait lieu à une seconde convocation à quinzaine, avec le même ordre du jour, et, cette fois, les décisions seront valables quel que soit le nombre des parts représentées.

Art. 38. — Les Assemblées générales ordinaires sont compétentes soit pour modifier les statuts, soit pour augmenter ou diminuer le capital. Dans ce cas, les lettres de convocation doivent porter, avec la mention de cet ordre du jour additionnel, le texte même des modifications proposées aux Statuts, ainsi que l'indication du chiffre de l'augmentation ou de la diminution du capital.

Art. 39. — L'Assemblée générale concernant la prorogation ou la dissolution de la Société devra siéger à titre extraordinaire et être spécialement convoquée à cet effet. Elle ne pourra délibérer valablement que si la moitié du capital souscrit, au moins, est représentée. En cas d'insuffisance les dispositions de l'article 37 ci-dessus seraient applicables.

Art. 40. — L'Assemblée générale qui aurait à statuer sur des augmentations de capital, sur des modifications aux Statuts, ou sur l'exclusion de sociétaires, devrait réunir, au moins, la moitié du capital souscrit. A défaut, il serait procédé conformément à l'article 37 dont les dispositions sont aussi applicables à ces cas.

Art. 41. — L'Assemblée générale entend les rapports du Conseil d'administration et de la commission de surveillance ; examine, approuve ou rejette les comptes qui lui sont présentés ; nomme les administrateurs et les commissaires de surveillance.

Elle statue, en dernier ressort, sur les admissions et exclusions de sociétaires.

Elle prend, en un mot, dans l'intérêt social, toutes les mesures qui lui paraissent nécessaires, et non contraires aux présents Statuts.

Art. 42. — Les délibérations sont constatées par des procès-verbaux inscrits sur un registre spécial et signés du président et du secrétaire.

Une feuille de présence indiquant les Sociétaires présents et représentés, et certifiée, par les membres du Bureau, est annexée au procès-verbal de la délibération à laquelle elle s'applique.

Les extraits ou copies à produire sont signés par le président et le secrétaire.

§. 4. — DIRECTEUR.

Art. 43. — Le directeur exécute les décisions du Conseil d'administration.

Il est chargé de la tenue des livres et de la gestion de la Caisse. Il prépare les comptes et les inventaires à présenter aux assemblées générales. Il est responsable de tous les documents, valeurs et espèces qui lui sont consignés. Il peut être appelé à remplir les fonctions de secrétaire du Conseil d'administration. Il assiste, avec voix consultative, aux séances du Conseil d'administration, à moins que le Conseil ne décide de délibérer hors sa présence.

TITRE VI. — *Sociétés affiliées. — Dispositions spéciales. Inspection.*

Art. 44. — Les Sociétés locales en rapports d'affaires avec la Caisse pour escompte ou avances, notamment, lui fourniront une copie de leurs statuts et de la liste de leurs administrateurs et sociétaires ; ensuite, trimestriellement, la situation de leurs comptes, et, annuellement, dans les deux mois de la clôture de l'exercice, copie de leur inventaire et de leur bilan, ainsi que le tableau des opérations de l'année.

Elles lui feront également connaître les modifications qui pourront survenir dans les listes ci-dessus désignées et leurs statuts.

Toute omission au sujet de ces communications, après deux lettres de rappel, à quinze jours d'intervalle, entraînerait l'exigibilité immédiate des engagements contractés par la Société locale vis-à-vis de la Caisse.

Art. 45. — Les parts possédées par les Sociétés locales ayant reçu des avances de la Caisse sont spécialement affectées à la garantie de ces avances.

Art, 46. — La Caisse se réserve sur les Sociétés locales affiliées un droit d'inspection qui sera exercé par un délégué du Conseil d'administration. Ce délégué pourra être pris dans la Commission de surveillance, ou en dehors de la Société et d'après les règles fixées par le Conseil.

TITRE VII. — *Inventaire. — Bénéfices. — Réserves.*

Art. 47 — L'année sociale commence le 1er janvier et finit le 31 décembre.

Par exception, le premier exercice ne comprendra que le

temps à courir du jour de la constitution au 31 décembre suivant.

Art. 48. — A la fin de chaque exercice, il sera dressé un inventaire comprenant la situation active et passive de la Société. Cet inventaire sera complété par le bilan.

Art. 49. — Les sommes résultant des prélèvements opérés au profit de la Caisse sur les opérations faites par elle seront après acquittement des frais généraux et paiement des intérêts des emprunts et du capital social, ces derniers ne devant pas dépasser o/o, seront réparties de la manière suivante :

3/4 o/o au moins, seront attribués au fonds de réserve jusqu'à ce qu'il ait atteint la moitié, au moins, du capital social versé, tel qu'il résulte du dernier inventaire.

Le surplus, suivant décision de l'assemblée générale, pourra être, en tout ou en partie, versé à la réserve, ou réparti aux associations locales de crédit agricole mutuel participantes au prorata des opérations par elles faites ou leurs membres avec la Caisse,

Dans le chapitre des « Intérêts des emprunts » dont il est question au présent article sera compris le montant des intérêts — calculé sur le pied de ceux servis aux dépôts en compte-courant pendant l'année — que la Caisse aurait dû payer sur les avances de l'Etat si la gratuité accordée par la loi n'avait pas existé ; et le produit en sera passé au crédit d'un fonds de réserve spécial.

Art. 50. — Lorsque la réserve aura atteint la quotité voulue par la loi, il pourra être constitué un fonds de prévoyance indépendant et illimité, alimenté par des prélèvements votés par l'assemblée générale, laquelle pourra, en même temps, augmenter avec le surplus de l'excédent disponible, la quote part des restitutions opérées aux sociétés locales.

Art. 51. — Tous intérêts et bonis non réclamés dans les cinq ans, sont acquis à la société et versés à la réserve.

Titre VIII. — *Dissolution — Liquidation*

Art. 52. — Dans le cas ou pour quelque cause que ce soit, le capital de la Caisse se trouverait diminué du quart du capital social, et ce capital réduit au-dessous des limites indiquées à l'article 7, ou bien dans le cas où, par suite du retrait du fonds avancé par l'Etat, la Caisse ne pourrait continuer ses opérations, le conseil d'administration convoquera une assemblée générale extraordinaire afin de statuer sur la continuation ou la dissolution de la Société.

L'ordre du jour doit mentionner expressément l'objet de l'assemblée.

La dissolution ne peut être prononcée qu'à la majorité des trois quarts des voix de l'assemblée, qui doit comprendre la moitié au moins du capital souscrit. A défaut, il serait procédé conformément à l'article 37.

Il sera procédé de même, en tout état de cause, un an avant le terme fixé par l'Etat pour le retrait de ses avances.

Art. 53 — En cas de dissolution, l'assemblée nomme un ou deux liquidateurs à qui elle peut conférer les pouvoirs les plus étendus.

Pendant la liquidation, les pouvoirs de l'assemblée continuent.

L'assemblée décidera quelle destination doivent recevoir les fonds de réserve ainsi que tout excédent de l'actif après remboursement des avances et des parts souscrites.

Titre IX. — *Contestations. — Dépôts.*

Art, 54. — Toute contestation sur l'exécution des présents statuts entre un associé et la Caisse, sera soumise à la juridiction du tribunal de commerce de

Art. 55. — Les présents statuts seront déposés, en double exemplaire, avec la liste complète des administrateurs, des directeurs et des sociétaires indiquant leurs noms, profession, domicile, et le montant de la souscription, au greffe de la justice de paix du canton de

Les dits statuts seront également déposés, avec les justifications nécessaires, au Ministère de l'Agriculture, en cas de demandes d'avances à l'Etat.

Chaque année, dans la première quinzaine de février, il sera déposé, en double exemplaire, au greffe sus-indiqué, la liste des membres faisant partie de la Société à cette époque, le tableau sommaire des recettes et des dépenses, ainsi que des opérations effectuées dans l'année précédente.

MODÈLE DE STATUTS Formule n° 14 bis

d'une Caisse régionale de Crédit agricole mutuel, dressé par M. le Ministre de l'Agriculture et annexé à sa circulaire du 17 mars 1900, que nous avons donnée 2e partie, chap. II, page 212.

Fondation. — Constitution.

Art. 1er. — Entre les sociétés locales de crédit agricole mutuel, les syndicats professionnels agricoles, les membres de ces syndicats établis dans la circonscription territoriale,

qui ont adhéré ou adhéreront aux présents statuts, il est fondé le (1)
une caisse régionale de crédit agricole mutuel sous la dénomination de

Les lois du 5 novembre 1894 et 31 mars 1899 régissent cette société à capital variable.

Art. 2. — La circonscription territoriale de cette caisse comprendra (2)

Art. 3. — Le siège de la société est établi à
sa durée est fixée à années.

Art. 4. — La société ne peut être constituée qu'après versement du quart du capital souscrit.

Art. 5. — Avant toute opération, les statuts avec la liste complète des administrateurs ou directeurs et des sociétaires indiquant leurs noms, profession, domicile et le montant de chaque souscription doivent être déposés, en double exemplaire, au greffe de la justice de paix du canton où la caisse régionale a son siège principal et au Ministère de l'agriculture.

Capital social

Art. 6. — Le capital de fondation est fixé à la somme de
Il est divisé en parts de (valeur égale ou inégale) (3).
Le quart doit être versé au moment de la souscription (4).

Art. 7. — Le capital social peut être augmenté par des délibérations de l'assemblée générale ; chacune de ces augmentations ne peut dépasser . Le capital ne peut être réduit au-dessous du montant des avances consenties à cette caisse par l'Etat, ni au-dessous du capital de fondation.

Art. 8. — Les deux tiers des parts doivent être réservés, jusqu'au moment de la répartition des parts, de préférence aux sociétés locales de crédit agricole mutuel de la circonscription territoriale de la caisse régionale.

En cas d'augmentation du capital les mêmes dispositions sont applicables.

(1) Indiquer la date.

(2) Indiquer le ou les départements ou fractions de département.

(3) L'article 1er, § 3 de la loi du 5 novembre 1894 est ainsi conçu ;
« Le capital social ne peut être formé par des souscriptions d'actions. Il pourra être constitué à l'aide de souscriptions des membres de la société. Ces souscriptions formeront des parts qui pourront être de valeur inégale, etc... »

(4) Le versement du quart du capital est le minimum exigé par la loi du 5 novembre 1894 (art. 1, 4). Il y aurait lieu soit d'indiquer les délais pour le payement du solde, soit d'indiquer que des appels de fonds seront faits au fur et à mesure des besoins de la société.

Art. 9. — L'intérêt des parts est fixé pour la première année à et doit être fixé annuellement par l'assemblée générale sans qu'il puisse dépasser 5 p. o/o du capital versé. (Voir art. 39).

Art. 10. — Les parts sont nominatives. La propriété de ces parts est établie par une inscription sur un registre spécial et par la remise d'un certificat signé de deux administrateurs constatant le nombre de parts et portant un numéro d'ordre. La cession s'opère par une déclaration de transfert inscrite sur le registre spécial signée du cédant, du cessionnaire ou de leur représentant et du délégué du conseil d'administration (1).

Les parts ne peuvent être cédées qu'avec l'agrément du conseil d'administration, à la condition que le cessionnaire soit une société locale de crédit agricole mutuel, un syndicat professionnel agricole ou un membre de ce syndicat établis dans la circonscription territoriale.

Art. 11. — Le remboursement des parts ne peut être effectué qu'après autorisation de l'assemblée générale. (Voir art. 13, 15, 29, 39.)

Sociétaires

Art. 12. — Tous les sociétaires sont engagés jusqu'à concurrence du montant des parts souscrites par eux.

Les nouveaux sociétaires doivent être admis par le conseil d'administration. (Voir art. 29.)

Art. 13. — Les sociétaires démissionnaires ou exclus ne peuvent être libérés de leurs engagements qu'après la liquidation des opérations contractées par la société antérieurement à leur sortie.

Art. 14. — Sont exclus de la Caisse régionale les sociétaires (Voir art. 29, 39) :

1° Dont les parts ne seront pas libérées trois mois après la mise en demeure de versement qui leur aura été faite par lettre recommandée avec accusé de réception ;

2° Qui auront été déclarés en état de faillite ou de liquidation judiciaire.

Art 15. — En cas de démission, exclusion ou décès, les sociétaires ou leurs héritiers ont droit au remboursement de leurs parts dans les limites fixées par l'article 7 des présents statuts. Ce remboursement ne pourra être effectué qu'après l'assemblée générale qui suivra la démission, exclusion ou décès et qui aura approuvé les comptes de l'exercice. Ils

(1) La remise du certificat est facultative.

ont droit uniquement au remboursement des sommes versées et des intérêts échus. (Voir art. 39.)

En cas de décès d'un sociétaire, les héritiers désignent l'un d'eux pour les représenter. Celui-ci doit être agréé par le conseil d'administration. (Voir art. 10)

Opérations. — Contrôle

Art. 16. — La Caisse régionale peut :

A. — Dans le but de faciliter les opérations concernant l'industrie agricole, escompter les effets souscrits par les membres des sociétés locales de crédit agricole mutuel de la circonscription et endossés par ces sociétés ;

B. — Faire à ces sociétés des avances pour la constitution de leurs fonds de roulement ;

C. — Recevoir des dépôts en comptes courants, émettre des bons dont le total ne peut excéder les trois quarts des effets en portefeuille (1) ;

D. — Faire réescompter son portefeuille (en partie ou en totalité) (2) ;

E. — Placer les fonds momentanément inutilisés (voir art. 24) ;

F. — Contrôler les opérations des caisses locales de crédit agricole mutuel avec lesquelles elle se trouve en relations d'affaires.

Conseil d'administration

Art. 17. — La Caisse régionale est administrée par un conseil d'administration composé de membres nommés par l'assemblée générale. (Voir art 37.)

Art 18 — Le conseil nomme chaque année son président, son ou ses vice-présidents et son ou ses secrétaires.

Le directeur ou l'administrateur délégué, le secrétaire et les employés peuvent seuls recevoir des émoluments.

Art. 19. — Le Conseil peut déléguer tout ou partie de ses pouvoirs à un directeur, à ses administrateurs, à son secrétaire pour l'exécution des décisions de l'assemblée générale et du conseil d'administration. (Voir art. 29.)

Art. 20. — Les administrateurs ne sont responsables que

(1) Pour fixer le montant des dépôts à recevoir ou bons à émettre, il suffit de totaliser le montant des effets en portefeuille, de prendre les trois quarts et de déduire du résultat les dépôts reçus et les bons émis.

(2) En cas de réescompte par une banque ou société de crédit, et de non-payement à l'échéance, cet établissement peut imputer l'effet non payé au compte courant de la caisse régionale et le remettre à cette caisse, afin d'éviter les frais.

de l'exécution du mandat qu'ils ont reçu. Ils ne contractent, à raison de leur gestion, aucune obligation personnelle ni solidaire relativement aux engagements de la société.

Les administrateurs doivent être propriétaires de parts inaliénables et déposées dans la caisse sociale à titre de garantie.

Art. 21. — Le conseil se réunit toutes les fois que les circonstances l'exigent et au moins fois par mois.

Les délibérations du conseil sont consignées sur un registre signé par le président et le secrétaire

Les décisions du conseil sont prises à la majorité des voix des membres présents : en cas de partage égal des voix la voix du président est prépondérante. Le conseil délibère valablement lorsque le nombre des administrateurs présents est égal au moins à la moitié du nombre des membres du conseil.

Art. 22. — En cas de démission ou décès d'un administrateur, il peut être provisoirement remplacé par le conseil jusqu'à la plus prochaine assemblée générale qui doit ratifier son choix L'administrateur ainsi nommé achève le temps de celui qu'il a remplacé ; il est rééligible.

Art 23. — En cas de perte des du capital social, les administrateurs sont tenus de provoquer la réunion de l'assemblée générale de tous les actionnaires (Voir art. 42.)

Art. 24. — Le conseil a la charge de placer les fonds disponibles en rentes sur l'Etat, bons du Trésor ou autres valeurs créées ou garanties par l'Etat, en actions de la Banque de France, en obligations des départements, des communes, du Crédit foncier de France ou des compagnies françaises de chemins de fer qui ont un minimum d'intérêt garanti par l'Etat.

Les fonds disponibles peuvent être également versés (en dépôts) dans les caisses d'épargne, à la Banque de France et dans les caisses régionales de crédit agricole mutuel qui ont obtenu des avances de l'Etat.

Le conseil ordonne la vente des valeurs qu'il y a lieu de réaliser pour le fonctionnement de la caisse.

Art. 25. — Le conseil règle le service des dépôts, des bons à émettre, fixe le taux de l'escompte (1) et des avances, fixe

(1) Le taux de l'escompte devra se rapprocher, autant que possible, de celui de la Banque de France.

le maximum du crédit d'escompte ou d'avance à ouvrir aux caisses locales. (Voir art. 16-B.)

Art. 26. — La comptabilité doit être tenue conformément aux prescriptions du Code de commerce.

La caisse régionale doit se soumettre aux opérations de contrôle et de surveillance ordonnées par le Ministre de l'agriculture.

Art. 27. — Chaque année, dans la première quinzaine de février, le directeur ou un administrateur de la caisse régionale dépose, en double exemplaire, au greffe de la justice de paix du canton, avec la liste des membres faisant partie de la caisse régionale à cette date, le tableau sommaire des recettes et des dépenses, ainsi que des opérations effectuées dans l'année précédente.

Art. 28. — Toute modification apportée aux statuts doit être notifiée au Ministre de l'agriculture.

Art. 29. — Le conseil convoque les assemblées générales ordinaires et extraordinaires, statue sur l'admission des sociétaires, il examine les demandes d'exclusion et de remboursement qui sont soumises à l'approbation de l'assemblée générale. (Voir art 15, 34.)

Le Conseil peut faire encaisser toutes sommes dues à la caisse régionale à quelque titre que ce soit, en donner quittance, plaider, transiger, compromettre, se concilier, nommer, révoquer tous directeurs, employés et agents, déterminer leurs attributions, fixer leurs traitements et généralement décider et faire exécuter tout ce qui rentre dans l'objet de la Société et que la loi ou les statuts n'attribuent pas à l'Assemblée générale.

Art. 30. — Les extraits ou copies des délibérations de l'Assemblée générale ou du Conseil d'administration sont signées par le président et par le secrétaire.

Assemblées générales.

Art. 31. — L'Assemblée génerale est composée de tous les sociétaires porteurs de parts depuis mois. Régulièrement constituée, elle représente l'universalité des sociétaires ; ses décisions sont obligatoires pour tous les sociétaires même pour les absents.

Art. 32. — L'Assemblée générale se réunit chaque année dans le courant de elle est présidée par le président du Conseil d'administration ou, à son défaut, par

Deux assesseurs sont désignés par l'Assemblée.

Les délibérations sont consignées sur un livre des procès-verbaux signé par le président et le secrétaire.

Les décisions de l'Assemblée sont prises à la majorité des voix et des membres présents. En cas de partage des voix, la voix du président est prépondérante.

Art. 33. — Chaque sociétaire a droit à autant de voix qu'il a de parts sans qu'il puisse avoir plus de voix ; il peut se faire représenter par un autre sociétaire porteur d'un mandat écrit.

Art. 34. — La convocation des assemblées générales contenant l'ordre du jour doit être envoyée aux intéressés au moins (1) jours avant la réunion. (Voir art. 29).

Art. 35. — Les assemblées générales pour délibérer valablement doivent être composées d'un nombre de porteurs de parts représentant le quart au moins du capital souscrit. Si l'assemblée ne réunit pas ce nombre, une nouvelle assemblée est convoquée à nouveau et délibère valablement quelle que soit la portion du capital représenté par les porteurs de parts présents.

Art. 36. — Des assemblées générales extraordinaires délibèrent notamment sur les modifications aux statuts, sur la dissolution de la société. Ces assemblées ne délibèrent valablement qu'autant qu'elles sont composées d'un nombre de porteurs de parts représentant la moitié au moins du capital souscrit.

Art. 37. — L'assemblée générale procède à la nomination et au renouvellement du conseil d'administration tous les ans par (2). Les premiers membres sortants sont désignés par le sort. Tous les membres sortants sont rééligibles. (Voir art. 22.)

Art. 38. — L'assemblée générale annuelle désigne commissaires chargés de faire un rapport à l'assemblée générale de l'année suivante sur la situation de la caisse régionale.

Art. 39 — L'assemblée générale fixe annuellement, à la fin de l'exercice, l'intérêt des parts, statue sur les exclusions ou remboursements de parts.

Elle fixe la valeur de ces parts sans qu'elle puisse dépasser le montant des sommes versées

Elle statue sur les versements qu'il y a lieu d'affecter aux

(1) Généralement huit à quinze jours.

(2) Généralement par tiers ou quart.

fonds de réserve, discute et approuve les comptes, décide l'augmentation du capital. (Voir art. 9, 11, 13, 14, 15, 29, 41.)

Inventaire. — Bénéfices. — Réserves

Art. 40. — L'année sociale commence le 1er janvier et finit le 31 décembre. A titre transitoire, le premier exercice doit commencer à la date de la constitution de la caisse régionale.

Il est dressé, chaque année, un inventaire au 31 décembre.

Art. 41. — Après acquittement des frais généraux, payement des intérêts des bons émis, des fonds déposés en comptes courants et des parts, les bénéfices doivent être d'abord affectés, jusqu'à concurrence des trois quarts au moins, à la constitution d'un fonds de réserve, jusqu'à ce qu'il ait atteint au moins la moitié du capital social versé.

L'excédent, par décision de l'assemblée générale, pourra être versé partiellement à un fonds de réserve spécial en vue du remboursement des avances de l'Etat, et le surplus de cet excédent réparti entre les caisses locales de crédit agricole mutuel au prorata des prélèvements faits sur leurs opérations. (Voir art. 39.)

Dissolution. — Liquidation

Art. 42. — Si, par suite de pertes, le capital se trouve réduit au du capital versé, le conseil d'administration convoque l'assemblée générale afin de statuer si la société doit être continuée ou dissoute. (Voir art. 23),

Art. 43. — En cas de contestation, tout porteur de parts devra faire élection de domicile à
et le différend sera jugé par le tribunal de commerce de

Art. 44. — La caisse régionale ne peut être dissoute par la mort, la retraite, la faillite, l'interdiction, la déconfiture d'un porteur de parts ; elle continuera de plein droit entre les autres porteurs de parts

Art. 45. — En cas de dissolution de la caisse régionale, l'assemblée générale nomme à la majorité des voix un ou plusieurs liquidateurs chargés de réaliser le capital social qui, après remboursement des avances de l'État et des dettes sociales, pourra, soit être réparti entre les porteurs de parts, soit être affecté à une œuvre d'interêt agricole.

Caisse régionale de Crédit agricole mutuel de
à capital variable
Créée suivant les lois des 5 novembre 1894 et 31 mars 1899

PROCÈS-VERBAL FORMULE N° 15
de l'Assemblée générale constitutive

L'an mil neuf cent , le à heures du

Les sociétaires fondateurs de la Caisse régionale de Crédit agricole mutuel de , régie par les lois des 5 novembre 1894 et 31 mars 1899, et dont les signatures ont été apposées au bas des Statuts, se sont réunis en Assemblée générale constitutive, à dans la salle

L'Assemblée, après s'être consultée, forme ainsi son bureau :

Président, M

Scrutateurs, M et M

Secrétaire, M tous acceptants.

Le président annonce que l'Assemblée, régulièrement constituée, peut délibérer.

D'après la feuille de présence, signée et annexée au présent, il est constaté que sociétaires, possédant parts, représentant le capital de fondation, qui est de francs, sont présents ou représentés.

Il constate, en outre, que le quart du dit capital, lequel quart s'élève à francs, est représenté, en espèces, sur le bureau.

Le président expose que l'assemblée est réunie pour se prononcer :

1° Sur l'adoption définitive des Statuts ;

2° Sur la nomination des membres du Conseil d'administration et de la Commission de surveillance et la fixation du nombre de ces membres ;

Après en avoir délibéré entre eux les sociétaires ont pris, successivement, les résolutions suivantes :

Les statuts, après une nouvelle lecture, sont adoptés ;

Le nombre des administrateurs est fixé à ; celui des commissaires à

Sont nommés administrateurs : MM

Sont nommés membres de la commission de surveillance, MM. tous acceptants.

L'ordre du jour étant épuisé, le président informe l'assemblée que le Conseil d'administration va se réunir pour constituer son bureau et prendre les dispositions voulues : d'abord pour l'enregistrement des Statuts et leur dépôt, ainsi que celui de la liste des administrateurs, commissaires, du secrétaire-comptable ou du directeur et des sociétaires, conformément à la loi ; ensuite pour l'ouverture des opérations de la Caisse — et les conditions de son fonctionnement — laquelle est fixée au

La séance est levée à

Le Président. *Les Scrutateurs,* *Le Secrétaire,*

Caisse régionale de Crédit agricole mutuel de

à capital variable

régie par les lois des 5 novembre 1894 et 31 mars 1899.

DEMANDE D'ADMISSION FORMULE N° 16.

A Messieurs les membres du Conseil d'administration de la Caisse régionale de Crédit agricole mutuel de

Le soussigné,

Nom

Prénoms

Profession

Domicile

Qualité (1)

demande son admission (2) comme Sociétaire de la Caisse régionale de Crédit agricole mutuel de

et, soucrit, à cet effet, part de francs

Il déclare adhérer (3) aux Statuts de la dite Société, dont il possède un exemplaire, et se soumettre à leurs dispositions ainsi qu'aux réglements, délibérations des Assemblées générales et du Bureau.

le 19 .

---

(1) Suivant le cas mettre :

Membre du Syndicat professionnel agricole de

ou : « agissant au nom et comme président de la Caisse locale de Crédit agricole mutuel de ».

Ou : « agissant au nom et comme président du Syndicat professionnel agricole de ».

(2) Ou : l'admission du dit Syndicat » ou « de la dite Société » s'il s'agit d'une association.

(3) S'il s'agit d'une association ajouter : « ès-dits noms ».

(b) Caisses à responsabilité illimitée

(Système Raiffeisen-Durand)

Caisse régionale de Crédit agricole mutuel de

Société en nom collectif, à capital variable, suivant les lois de 1894 et 1899.

STATUTS (1) FORMULE N° 17.

Art. 1er. — Entre les Caisses rurales dont les noms suivent représentées par leur Conseil d'administration à ce expressément autorisé par une délibération de leur assemblée générale :

1°

2° etc.,

Et toutes les caisses rurales qui adhèreront par la suite aux présents statuts, il est fondé une société en nom collectif à capital variable, sous le nom de *Caisse régionale de* , conformément aux prescriptions des lois des 5 novembre 1894 et 31 mars 1899.

Elle a son siège à

Il pourra être transporté ailleurs, dans la circonscription de la Caisse régionale, par simple décision du Conseil d'administration.

Art. 2. — La société a pour objet de faciliter les opérations concernant l'industrie agricole, effectuées ou garanties par les Caisses rurales associées, et, à cet effet, elle escompte les effets qui lui sont endossés par ces sociétés, elle leur fait par prêts, acceptations, comptes-courants ou autrement les avances nécessaires pour la constitution de leur fonds de roulement. Elle peut recevoir les avances de l'Etat, conformément aux dispositions de la loi du 31 mars 1899.

Art. 3. — Peuvent seules faire partie de la Caisse régionale les Caisses rurales dont le siège est établi dans le département de , et qui remplissent les conditions suivantes :

Responsabilité illimitée et solidaire des associés ;

Gratuité des fonctions de directeur ou d'administrateur ;

Interdiction de distribution de dividendes ;

Prêts aux seuls sociétaires, pour un usage déterminé et intéressant l'agriculture.

(1) Ces statuts sont ceux de la Caisse régionale de la Loire-Inférieure, constituée le 11 décembre 1899 avec les trois Caisses rurales de Abbaretz, Treffieux et Vay. Ces sociétés n'opèrent qu'avec des Caisses rurales. Les formalités et les frais de leur constitution sont les mêmes que pour la création d'une Caisse rurale (V. la note faisant suite à la formule n° 12.)

Sont considérées comme agricoles les Caisses rurales qui, par leurs statuts et par décision de l'Assemblée générale, s'interdisent toute opération étrangère à l'agriculture.

La Caisse régionale de pourra recevoir l'adhésion des Caisses locales des départements limitrophes de qui n'auraient pas de Caisse régionale plus voisine établie sur les mêmes bases que celle de .

Art. 4. — L'admission dans la Caisse régionale doit être demandée par le conseil d'administration de la Caisse rurale, autorisé à ce par son Assemblée générale.

L'admission est prononcée ou refusée sans appel par le Conseil d'administration de la Caisse régionale.

Elle est constatée par une déclaration inscrite sur le registre d'entrées et sorties des sociétaires de la Caisse régionale, signée par le directeur et un administrateur de la Caisse régionale.

Art. 5. — On cesse de faire partie de la Caisse régionale par dissolution, exclusion ou démission.

La démission doit être signifiée à la Caisse régionale par le Conseil d'administration de la Caisse rurale, à ce autorisé par une décision de son Assemblée générale. Elle doit être donnée trois mois au moins avant l'expiration de l'exercice et ne produit son effet qu'à la fin de cet exercice. La démission est constatée par une inscription sur le livre des sociétaires dans la même forme que l'admission.

Peuvent être exclues de la Caisse régionale les Caisses rurales qui :

1° Par la modification de leurs statuts, cesseraient de remplir les conditions prescrites par l'article 3 ;

2° Feraient des opérations contraires à leurs statuts ou dangereuses pour leur solvabilité ;

3° Refuseraient de laisser contrôler leur comptabilité et leur portefeuille par les délégués de la Caisse régionale ;

4° Seraient obligées de demander une contribution à leurs membres pour faire face à leurs engagements.

L'exclusion est prononcée par le Conseil d'administration de la Caisse régionale. La Caisse exclue peut en appeler à l'Assemblée générale, qui décide à la majorité requise pour la modification des statuts. Elle doit notifier son appel par lettre recommandée, dans le mois qui suit la notification de son exclusion, qui lui est faite également par lettre recommandée.

Lorsque l'exclusion est devenue définitive par l'acquiescement de la Caisse exclue, par l'expiration du délai d'un mois sans appel ou par la décision de l'Asssmblée générale, elle est inscrite sur le livre des entrées et sorties des sociétaires et certifiée par la signature du directeur et d'un membre du Conseil d'administration de la Caisse régionale.

Art. 6. — En cas de démission, de dissolution ou d'exclusion la Caisse démissionnaire, dissoute ou exclue et ses ayants-droit ne peuvent, sous aucun prétexte, provoquer l'apposition des scellés sur les biens ou valeurs de la Société, en demander le partage ou la licitation, ni s'immiscer en aucune façon dans son administration.

La Caisse démissionnaire, dissoute ou exclue, n'a aucun droit sur l'actif de la Société : elle ne peut réclamer que le remboursement de ses parts sociales et des intérêts dus à ces parts.

La valeur de ces parts est fixée chaque année par l'Assemblée générale; elle ne peut en aucun cas dépasser le capital nominal.

Dans le cas où la Caisse régionale serait en déficit, la Caisse démissionnaire, dissoute ou exclue, est tenue de payer sa part virile du déficit en l'imputant sur le montant de ses parts sociales, et, en cas d'insuffisance, en versant le supplément de ses deniers, sans préjudice de sa responsabilité des opérations en cours avant sa sortie de la Société conformément à la prescription du § dernier de l'art. 2 de la loi du 5 novembre 1894.

Pour la fixation de ses droits, la liquidation de ses parts et de leurs intérêts, pour la contribution à verser sur le déficit de la Caisse régionale, et, en un mot, pour tout réglement à intervenir entre la Caisse régionale et la Caisse démissionnaire, dissoute ou exclue, celle-ci est obligée de s'en rapporter aux inventaires approuvés par l'Assemblée générale et aux décisions de cette Assemblée générale ; les remboursements des parts ont lieu à l'époque fixée pour le payement des intérêts des parts sociales

La retraite ou l'exclusion d'une Caisse rurale cessent d'être admissibles lorsque le capital social sera réduit au chiffre du capital initial de la société.

Art. 7. — Les Caisses, membres de la Caisse régionale, sont vis-à-vis des tiers, responsables solidairement et indéfiniment de toutes les obligations de la Caisse régionale. Entre elles, les dettes de la Caisse régionale se répartissent par parts viriles.

Art. 8. — Les Caisses associées ne peuvent engager la société qui est représentée exclusivement par son administration, composée :

1° Du Conseil d'administration :
2° Du Directeur ;
3° Du Conseil de surveillance ;
4° De l'Assemblée générale.

DU CONSEIL D'ADMINISTRATION

Art. 9. — Le Conseil d'administration se compose de cinq membres élus pour cinq ans par l'Assemblée générale : il est renouvelable par cinquième tous les ans Le sort désigne. les premières fois, les membres sortants.

Les membres du Conseil d'administration peuvent être pris en dehors des membres des Caisses associées. Tous sont indéfiniment rééligibles.

En cas de décès ou de démission d'un membre du Conseil d'administration, le Conseil nommera un membre provisoire, qui restera en fonctions jusqu'à la plus prochaine Assemblée générale. Cette nomination doit être approuvée par le Conseil de surveillance.

Sera considéré comme démissionnaire, tout membre du Conseil d'administration qui, sans excuse jugée suffisante, se sera abstenu d'assister aux séances pendant trois mois.

Le Conseil d'administration a les pouvoirs les plus étendus pour l'administration des biens et des affaires de la société. Il peut même transiger, compromettre, donner tous désistements et main-levée, avec ou sans paiement ; accepter, souscrire, endosser et acquitter toutes lettres de change, billets, chèques et autres effets, présentés à la Banque de France ou à toutes autres banques, et signer tous bordereaux d'escomptes et d'encaissements, acquitter toutes factures, déposer et transférer toutes valeurs en garantie d'escompte, les retirer ; signer tous reçus, mandats ou chèques, souscrire tous engagements payables à la Banque de France ; retirer toutes pièces et en donner décharge, approuver tous règlements de compte ; vendre et transférer toutes actions de la Banque de France et toutes autres valeurs appartenant ou qui pourraient appartenir à la Caisse régionale ; signer tous transferts ; recevoir tous dividendes échus ou à échoir ; signer tous acquits ou émargements ; emprunter toutes sommes sur dépôts de valeurs ; opérer tous prélèvements sur tous comptes courants d'avance ; retirer de la Banque de

France ou de toutes autres banques, toutes rentes, actions, obligations ou toutes autres valeurs qui y sont déposées ou y seront déposées à l'avenir au nom de la Caisse régionale ; toucher toutes sommes provenant du remboursement de tous titres sortis au tirage, ainsi que le montant de tous lots que la Banque aura encaissés, en donnant bonnes et valables quittances et décharges.

Et d'une manière générale, exercer tous les droits de la société, qui ne sont pas réservés par les statuts à l'Assemblée générale, et faire tous les actes nécessaires pour l'exercice de ces droits.

Art. 10. — Le Conseil d'administration se réunit tous les mois et plus souvent s'il est nécessaire. La présence de trois membres, dont le Directeur ou le Vice-Directeur, est nécessaire à la validité de ses délibérations. En cas de partage, la voix du Directeur est prépondérante. Le Conseil peut déléguer tout au partie de ses pouvoirs au Directeur ou à des Administrateurs délégués.

DIRECTEUR

Art. 11. — Le Conseil d'administration élit chaque année dans son sein, un Directeur et un Vice-Directeur

Le Directeur est président de droit du Conseil d'administration : il représente la Société vis-à-vis de tous, soit en justice, soit en tout acte extra-judiciaire. En conséquence c'est à sa requête ou contre lui que doivent être intentées toutes actions judiciaires.

Le directeur gère les affaires de la Société et exécute les décisions du Conseil d'administration ; c'est lui qui signe pour la Société, mais sa signature n'oblige celle-ci qu'autant qu'elle est contresignée par un autre membre du Conseil d'administration.

En cas d'absence ou d'empêchement du Directeur, le Vice-Directeur exerce ses droits et remplit ses fonctions.

CONSEIL DE SURVEILLANCE

Art. 12. — Le Conseil de surveillance se compose de cinq membres élus pour deux ans par l'Assemblée générale. Chaque année trois ou deux membres sont soumis à réélection. La première année, le sort désigne les deux membres sortants.

Peuvent seuls être élus membre du Conseil de surveillance les membres des Caisses associées. Ils sont indéfiniment rééligibles.

Art. 13. — Le Conseil de surveillance élit dans son sein, un Président, un Vice-Président et un Secrétaire. Il se réunit tous les trois mois, et même plus souvent, si le Conseil d'administration ou la majorité des membres du Conseil de surveillance le demandent.

Pour délibérer valablement, il faut la présence de trois membres : dans le cas où le quorum n'aurait pu être atteint pendant deux séances consécutives, les membres absents pourront être considérés comme démissionnaires, et le Directeur convoquera une Assemblée générale pour pourvoir à leur remplacement.

Art. 14. — Le Conseil de surveillance a pour mission de vérifier les écritures, la comptabilité et les opérations de la Caisse régionale, et d'en faire un rapport écrit à l'Assemblée générale annuelle.

Il peut aussi, sur la proposition du Conseil d'administration, réduire ou supprimer le crédit ouvert à une caisse associée. Dans ce cas, celle-ci est obligée de rembourser la caisse régionale dans le délai d'un mois, malgré toute clause contraire. Le Conseil de surveillance peut, néanmoins fixer les délais échelonnés et plus éloignés.

ASSEMBLÉE GÉNÉRALE

Art. 15. — L'Assemblée générale se compose de toutes les caisses adhérentes, représentées par leur directeur, ou en cas d'empêchement par un des membres du Conseil d'administration. Dans le cas où le directeur d'une caisse serait membre du Conseil d'administration ou du Conseil de surveillance de la caisse régionale, il sera suppléé à l'Assemblée générale par un délégué nommé par le Conseil de surveillance de la caisse rurale qu'il s'agit de représenter.

Chaque caisse n'a qu'une voix dans l'Assemblée générale.

Le représentant d'une caisse peut se faire remplacer par un mandataire pris parmi les membres d'une des caisses associées.

Art. 16. — L'Assemblée générale se réunit tous les ans, dans le courant du mois de février ou le mardi de Pâques ; des sessions extraordinaires ont lieu toutes les fois que le Conseil d'administration, le Conseil de surveillance ou un quart des caisses associées le demandent.

La convocation de l'Assemblée générale a lieu par simples lettres adressées aux directeurs des caisses rurales. Ces lettres doivent être envoyées au moins huit jours à l'avance.

Pour les Assemblées extraordinaires, les lettres indiqueront les motifs de la convocation.

Art. 17. — L'Assemblée générale est présidée par le président du Conseil de surveillance, assisté de deux assesseurs désignés par l'Assemblée générale.

Les votes ont lieu à main levée, sauf lorsqu'il s'agit d'élections, ou lorsqu'un quart des membres présents réclame le bulletin secret.

L'Assemblée générale délibère valablement, quel que soit le nombre des membres présents. Les décisions sont prises à la majorité absolue des votes exprimés, au premier tour de scrutin, et à la majorité relative au second tour.

En cas de partage, la voix du président de l'Assemblée générale est prépondérante.

Néanmoins, pour prononcer l'exclusion d'une caisse associée, ou pour modifier les Statuts, il faudra que la moitié des associés soit représentée à l'Assemblée générale.

Les membres du Conseil d'administration et du Conseil de surveillance de la Caisse centrale assistent à l'Assemblée générale avec voix consultative. Seul le Président de l'Assemblée générale a voix délibérative.

Art. 18. — L'Assemblée générale a tous les droits et tous les pouvoirs de la Société ; elle peut prendre toutes les décisions, et arrêter tous les règlements intérieurs qu'elle juge utiles au bon fonctionnement de la Caisse régionale.

Chaque année, elle procède aux élections statutaires, elle reçoit les comptes et bilans et le rapport du Conseil de surveillance et, s'il y a lieu, elle approuve la gestion du directeur et du Conseil d'administration, et leur donne décharge.

Ces comptes, bilans et rapports doivent être à la disposition des membres de l'Assemblée générale, au siège social, huit jours avant la séance.

Art. 19. — L'Assemblée générale peut déterminer chaque année le maximum des engagements que la Caisse régionale pourra contracter. Ce maximum peut être une somme fixe ou un multiple du nombre des caisses associées.

L'Assemblée générale peut déterminer aussi le maximum du crédit à accorder à chaque caisse ; ce maximum peut être une somme fixe ou un multiple du nombre des membres de chaque caisse.

CAPITAL SOCIAL

Art. 20. — Le capital social est formé de parts de cinq cents francs souscrites par les caisses associées. Chaque caisse doit souscrire au moins une part et au plus dix : le montant des parts est intégralement versé au moment de leur souscription.

Le capital initial de la Société, formé par les souscriptions des caisses rurales de , signataires des présents statuts, se compose de parts représentant francs. Il ne pourra être réduit au dessous de cette somme par la retraite volontaire ou forcée des associés.

La souscription et le versement des parts sont constatés par un simple reçu extrait d'un carnet à souche, et portant la signature du Directeur ou d'un Administrateur de la caisse régionale. Le remboursement de la part sociale à une caisse démissionnaire, dissoute ou exclue, est constaté par une quittance inscrite sur le talon du carnet à souche

OPÉRATIONS

Art. 21. — La caisse régionale a exclusivement pour but de faciliter le fonctionnement des caisses associées.

A cet effet, elle leur accorde du crédit, sous formes de prêts, avances, comptes-courants ou autrement, au taux moyen de l'escompte de la Banque de France, mais avec faculté d'élever ce taux de 1 0/0 au-dessus ou de l'abaisser de 1 0/0 au dessous du taux de la Banque de France, par simple décision du Conseil d'administration.

Art. 22. — Elle pourra recevoir des fonds contre bons à échéance, jusqu'à concurrence de vingt fois son capital social, et en comptes-courants jusqu'à concurrence de dix fois ce même capital social.

Elle pourra emprunter les capitaux nécessaires, recevoir les avances de l'État, verser les fonds momentanément inutules ou les employer en rentes sur l'Etat, en bons du trésor, en obligations de chemins de fer français, ou toutes autres valeurs ayant la garantie d'intérêt de l'Etat, — et, en un mot, faire toutes les opérations nécessaires à son bon fonctionnement.

INVENTAIRES — RÉPARTITIONS

Art. 23. — L'exercice commence le 1er janvier et finit le 31 décembre : par exception, le premier exercice comprend le temps écoulé entre la constitution définitive de la Société et le 31 décembre 190 .

Il est établi, chaque trimestre, un état sommaire de la situation active et passive, et, chaque année, un inventaire détaillé de la Société. — Ces états et inventaires sont mis à la disposition du Conseil de surveillance, quinze jours, au plus tard, après la clôture du trimestre.

Art. 24. — Chaque année, dans la première quinzaine de février, un Administrateur déposera en double exemplaire, au greffe de la justice de paix du canton, la liste des Caisses associées, et le tableau sommaire des recettes et des dépenses ainsi que des opérations effectuées dans l'année précédente.

Art. 25. — Les fonctions de Directeur, de Membre du Conseil d'administration et du Conseil de surveillance sont essentiellement gratuites et ne donnent droit qu'au remboursement des dépenses faites pour le compte de la Société. Les membres des deux Conseils ne peuvent même pas recevoir de rétribution, alors même qu'ils rempliraient un autre emploi dans la Société.

Mais le Conseil d'administration pourra nommer et révoquer tous comptables, commis ou employés divers, nécessaires au fonctionnement de la Société ; l'Assemblée générale fixera le maximum des traitements ou rétributions que le Conseil d'administration pourra accorder à ses employés.

Art. 26. — Lors de l'inventaire annuel, après prélèvement des frais généraux, si l'actif dépasse le passif, il est attribué un intérêt de 3 o/o, au moins, de 4 o/o, au plus, aux parts sociales.

Le surplus est versé, à concurrence de 75 o/o au fonds de réserve, jusqu'à ce qu'il ait atteint la moitié du capital social.

Les 25 o/o restants — et même la totalité du boni, lorsque la réserve atteindra la moitié du capital — seront répartis entre les Caisses associées au prorata de leurs opérations ou continueront à être attribués à la réserve, suivant ce qu'il en aura été décidé par l'Assemblée générale.

En cas d'insuffisance pour le paiement de l'intérêt de 3 o/o aux porteurs de parts, le complément sera pris sur le fonds de réserve, et, à défaut, sur les profits disponibles des exercices suivants.

Dans le cas où l'inventaire révélerait des pertes, le montant de ces pertes serait prélevé sur le fonds de réserve, et, en cas d'insuffisance, sur les profits disponibles des exercices suivants, et avant le prélèvement des intérêts du capital social.

Art. 27. — Le paiement de l'intérêt aux porteurs de parts a lieu dans les trois mois qui suivent l'assemblée générale annuelle, aux époques fixées par le conseil d'administration par les voies et moyens indiqués par lui.

Tout intérêt non réclamé dans l'année de son exigibilité est prescrit au profit de la Société et versé au fonds de réserve,

Art. 28. — Les statuts ne pourront être modifiés que sur la proposition du conseil d'administration, qui sera tenu de prendre l'avis du conseil de surveillance La modification des statuts ne pourra être votée que par une assemblée générale extraordinaire, ou seraient représentées la moitié des caisses associées

Art. 29. — La société est fondée pour une durée de quatre-vingt-dix-neuf ans, elle pourra être prorogée pour des périodes n'excédant pas quatre-vingt-dix neuf ans, par décision de l'assemblée générale extraordinaire, convoquée dans les trois dernières années restant à courir avant son expiration et délibérant dans les conditions prescrites par l'article précédent.

La Société ne pourra être dissoute que par une décision de l'Assemblée générale extraordinaire, et sur la proposition du Conseil d'administration. L'Assemblée générale extraordinaire qui prononce la dissolution règle le mode de liquidation, nomme un ou plusieurs liquidateurs ou confie la liquidation aux administrateurs en exercice.

Pendant la liquidation, les pouvoirs de l'Assemblée générale se continuent comme pendant l'existence de la Société.

Toutes les valeurs de la Société sont réalisées par les liquidateurs, qui ont, à cet effet, les pouvoirs les plus étendus, y compris celui de transiger, de compromettre, de donner main-levée même sans recevoir paiement et, d'une manière générale, tous les pouvoirs appartenant, pendant la durée de la Société, au Directeur et au Conseil d'administration.

Après paiement des dettes sociales et remboursement des parts, le reste de l'actif sera affecté à l'œuvre d'utilité agricole qui aura été désignée par l'Assemblée générale.

Art. 30. — Si trois caisses associées déclarent vouloir s'opposer à la dissolution de la Caisse régionale et vouloir continuer ses opérations, la dissolution ne pourra être prononcée. La réserve et la comptabilité seront remises à ces caisses, qui auront l'obligation de souscrire et verser des parts sociales pour maintenir le capital social au chiffre initial indiqué à l'article 20.

Les Caisses qui veulent s'opposer à la dissolution de la Société pourront en faire la déclaration à l'Assemblée générale qui prononcera la dissolution, ou faire notifier leur résolution au liquidateur, dans un délai de six mois à dater de l'Assemblée générale. Passé ce délai; elles seront déchues de leur droit d'opposition, et la réserve pourra être affectée à la destination désignée pas l'Assemblée générale.

Dans les cas où trois caisses au moins auront usé de leur droit d'opposition, le liquidateur sera tenu, dans les quinze jours qui suivront la réception de l'opposition, de prévenir, par lettre recommandée, toutes les caisses qui étaient associées, de la continuation de la Société. Elles auront un délai de deux mois pour déclarer si elles veulent rester dans la société ou s'en retirer. Leur silence équivaudra à une démission, et leurs droits et obligations seront liquidés comme il est prescrit aux articles 5 et suivants des présents statuts.

CHAPITRE III

Caisses d'assurances mutuelles contre la mortalité des animaux de ferme et Unions (1)

1° Caisses locales

(*a*) Caisses fondées et administrées par les Syndicats agricoles
(Voir la note en renvoi faisant suite à la formule n° 3).

Syndicat professionnel agricole de la Commune (2) *de*

RÉGLEMENT FORMULE N° 18.

CONCERNANT LE COMPTE DE PRÉVOYANCE CONTRE LA MORTALITÉ DES ANIMAUX

CONSTITUTION DU COMPTE DE PRÉVOYANCE

Admissions. — Démissions — Exclusions

Article Premier. — Il est ouvert par le *Syndicat agricole* de un compte spécial de prévoyance pour ceux de ses membres et ceux des possesseurs d'animaux non syndiqués — mais remplissant les conditions voulues pour être admis s'ils le demandent plus tard — de la commune (3) de qui, désirant se précautionner contre la mortalité possible de leurs animaux des espèces bovine et chevaline, versent des fonds qui sont centralisés à part, c'est-à-dire complètement en dehors de la Caisse du Syndicat, pour servir à les indemniser de leurs pertes comme il sera dit ci-après.

Ce compte sera divisé en deux parties : l'une pour les animaux de l'espèce bovine, l'autre pour ceux de l'espèce chevaline.

Art. 2. — Ne seront admis à profiter du compte de prévoyance. comme *membres participants*, que les sociétaires désignés à l'article 1er, ayant des animaux dans la commune (4) sus désignée, et réputés comme les soignant bien.

Art. 3. — Les adhésions seront recueillies jusqu'à l'ouverture dudit compte par les soins du bureau du Syndicat, et, ensuite, par le secrétaire de la *Commission de prévoyance* dont il est question plus loin, laquelle prononcera l'admission, ou la refusera, sans être tenue de motiver sa décision.

Acte de l'admission sera donné au postulant par le reçu du droit d'entrée qu'il devra payer de suite.

(1) Voir 1re partie, chap. IV, page 138 et 2e partie, chap. III, p. 219.
(2) Ou des communes.
(3) Ou des communes.
(4) Ou les communes.

Si le postulant ne sait, ou ne peut signer la feuille d'adhésion, il en sera fait mention en présence de deux participants qui signeront pour lui.

Art. 4. — Si un syndiqué, habitant sur les confins de la circonscription de prévoyance, demande à participer, provisoirement, au compte de prévoyance, en attendant une création analogue dans sa région, le bureau du syndicat pourra sur l'avis favorable de la Commission de prévoyance autoriser celle-ci à l'admettre.

Il pourra en être ainsi pour ceux qui, étant déjà participants, auront des étables ou écuries dans le voisinage de la circonscription.

Art. 5. — L'admission ne pourra être prononcée tant qu'il y aura dans l'étable du postulant des animaux en mauvais état, hors de service ou atteints de maladies épidémiques ou contagieuses. La Commission de prévoyance, avant sa décision, pourra faire visiter l'étable ou l'écurie.

Art. 6. — Les démissions seront données par lettre recommandée adressée au directeur de la Commission de prévoyance. Elles ne seront acceptées et définitives qu'autant que le participant aura acquitté sa cotisation annuelle et rempli toutes ses obligations.

Art. 7. — La Commission de prévoyance pourra proposer au bureau du syndicat l'exclusion d'un participant pour faute grave : notamment pour mauvais traitements à l'égard des animaux, du fait du participant ou de personnes dont il est responsable, pour fraude, tentative de corruption, défaut de paiement de la contribution, violation du présent règlement, etc., sans préjudice des poursuites qui pourraient être exercées contre lui et du droit de lui refuser le paiement de toute indemnité, ainsi que de lui réclamer l'exécution de toutes ses obligations.

L'exclusion n'a pas à être motivée.

Art. 8. — En cas de démission ou d'exclusion, le participant perd tous ses droits. Celui qui cesse de faire partie du syndicat, cesse également de participer au compte de prévoyance.

Objet des comptes de prévoyance. — Fonctionnement. — Conditions générales.

Art. 9 — Le compte de prévoyance garantit, par tête, tous les animaux qui composent l'étable ou l'écurie du participant, sauf les exceptions portées à l'article 10.

Le participant doit les faire inscrire par le secrétaire de

la Commission de prévoyance en donnant leur estimation et, autant que possible, leur signalement et leur âge.

Toute dissimulation fera perdre tout droit à l'indemnité.

Mais la Commission de prévoyance, sur l'avis des commissaires-experts dont il est parlé plus loin, peut refuser de garantir un animal, si elle juge qu'il n'est pas dans les conditions voulues.

Art. 10. — Les animaux ne bénéficieront de la garantie qu'un mois après les inscriptions.

La perte des animaux morts avant l'âge de trois mois révolus ne sera pas indemnisée. Sont exclus de la garantie : 1° les animaux âgés de plus de douze ans et ceux atteints de pousse, cornage, crampes, cécité, paralysie, immobilité, usure ;

2° Ceux appartenant à des marchands de l'une ou l'autre des deux espèces bovine ou chevaline, non cultivateurs, et ceux qui, bien que n'appartenant pas à des patentés, seraient notoirement l'objet d'un trafic constant.

Cessent d'être garantis les animaux qui ne font pas partie de l'étable ou de l'écurie du participant dans les limites de la circonscription de prévoyance.

Il y a dès lors diminution de la valeur des animaux qui doit être déclarée par le participant

Art. 11. — Avant les réunions générales, prévues à l'article 39, chaque participant recevra un avertissement indiquant :

1° Le montant de sa contribution à payer pour le semestre suivant ;

2° Le surplus de contribution due sur le semestre écoulé pour les augmentations de valeur survenues dans son étable ou son écurie ;

3° Le rappel de contribution prévu à l'article 31 s'il y a lieu

Ledit avertissement lui indiquera, en somme, ce qu'il peut devoir sur le semestre en cours et ce qu'il aura à verser d'avance, et par trimestre, sur le semestre suivant.

En cas de perte d'un animal qui a produit une augmentation de valeur de l'étable ou de l'écurie déclarée au cours du semestre, le surplus de contribution due sera retenu sur le montant de l'indemnité.

Tant que le participant n'a pas payé le montant total de contribution porté sur l'avertissement ci-dessus mentionné, il n'a droit à aucune indemnité en cas de sinistre. De plus, passé le délai d'un mois après la première réunion générale susvisée, s'il n'a pas payé il pourra être poursuivi conformément aux lois, à la requête du président du syndicat et, en outre, il pourra être exclu (article 7).

Art. 12 — Le participant est toujours tenu de se conformer en tout aux instructions de la Commission de prévoyance pour toutes les mesures préventives ou hygiéniques à prendre, notamment pour l'emploi du vaccin contre la fièvre charbonneuse ou de la tuberculine pour déceler la tuberculose, sous peine de perdre tout droit à une indemnité.

Art 13. — Les participants s'engagent pour une année, au moins, l'année en cours. Le semestre en cours est toujours dû en entier.

Au bout de l'année, le participant reste engagé pour une nouvelle année s'il n'a donné sa démission un mois avant.

En cas de décès du participant, les héritiers sont tenus des engagements de leur auteur pour l'année courante.

Si un participant abandonne la culture ou quitte la circonscription de prévoyance, il cesse de participer au compte et perd tout droit aux sommes qu'il aura pu verser mais il est tenu de remplir toutes ses obligations de l'année, notamment en cas de rappel de contribution.

DÉCLARATIONS ET ESTIMATIONS — CONSTATATION DES MALADIES ET DES PERTES — BASES DU RÈGLEMENT

Commissaires-experts.

Art. 14. — Trois *Commissaires-experts* pris parmi les participants et désignés par ceux-ci en réunion générale, sur la présentation de la Commission de prévoyance, sont spécialement chargés des estimations et des constatations de sinistres et, d'une manière générale, de veiller, chacun dans leur rayon, aux intérêts du compte de prévoyance et au respect du présent réglement. Ils sont chargés de vérifier les déclarations et estimations et, dans leur âme et conscience, de fixer définitivement la valeur de chaque animal.

En cas de désaccord entre les experts, c'est d'après la moyenne de leurs estimations que le secrétaire de la Commission de prévoyance inscrira la valeur des animaux.

L'expertise peut, au besoin, si la Commission de prévoyance le décide, être faite par un seul des commissaires-experts, assisté de deux participants choisis par lui. Mais, dans ce cas, si le participant intéressé l'exige, une contre-expertise aura lieu par les trois commissaires-experts.

Mention détaillée du nombre des animaux et de leur estimation sera faite sur un registre que les participants pourront toujours consulter.

Chaque semestre, avant la réunion générale prévue à l'article 39, cet état estimatif sera mis à jour et servira à fixer la contribution de chaque participant. Du reste, la Commission de prévoyance peut ordonner une révision générale ou partielle des estimations quand elle le jugera à propos, de même qu'elle a toujours le droit de faire visiter, quand et par qui bon lui semblera, les étables ou écuries d'un participant.

Art. 15. — Toute modification dans la composition et la valeur de l'étable ou de l'écurie doit être déclarée par le participant et portée au registre.

D'après ces déclarations, le secrétaire de la Commission de prévoyance calcule le montant de la contribution de chaque participant, pour le semestre suivant, en tenant compte non seulement du nombre des animaux, mais aussi de leur plus ou moins value due à leur âge et au cours, suivant l'appréciation des commissaires-experts.

Art. 16. — Aussitôt qu'un participant aura un animal malade, il devra en avertir l'un des Commissaires experts qui, avec deux participants, les plus proches voisins de l'étable ou de l'écurie, estimera l'animal au cours du jour : puis si la bête vient à mourir, le participant en préviendra de nouveau le même commissaire qui constatera la perte et ses causes, dans un certificat signé par lui.

Le dit Commissaire pourra aviser au meilleur parti à tirer de la dépouille.

En cas d'accident, il sera procédé de la même manière.

Si l'évaluation fixée par l'expert, assisté de deux témoins, est contestée, les deux autres Commissaires experts seront appelés à se prononcer, avec leur collègue, en dernier ressort.

En cas de sinistre, si la valeur des animaux est supérieure à celle qui a été déclarée, il ne sera tenu compte, pour le règlement, que de celle enregistrée.

Dans les 48 heures, le sinistré devra remettre le certificat de l'expert au Secrétaire de la Commission de prévoyance et lui déclarer, le plus tôt possible, la valeur des dépouilles utilisées, ainsi que le montant des indemnités ou allocations auxquelles la perte pourrait lui donner droit, à un titre quelconque, en dehors du compte de Prévoyance.

Art. 17. — Faute par le sinistré d'avoir appelé en temps utile — même en cas d'accident — un Commissaire expert toute indemnité sera refusée.

Si le sinistré n'a pas fait appeler un vétérinaire, le commissaire-expert, s'il le juge utile, pourra le faire de sa propre autorité.

Si l'homme de l'art décide que l'animal doit être vendu sur pied ou abattu, la mesure sera exécutée immédiatement, à la diligence du commissaire-expert, s'il y a lieu. Si le sinistré s'y refusait, il perdrait tout droit à l'indemnité.

Les frais de vétérinaire et de médicaments, ainsi que ceux d'abattage et de vente, sont par moitié à la charge du participant et moitié à la charge du compte de prévoyance, qui en fera l'avance et se remboursera de la seconde moitié lors du règlement du sinistre.

Art 18. — S'il était établi qu'un participant ait laissé mourir des animaux faute de soins, ou qu'il ait cherché à tromper ou corrompre les commissaires experts ou le vétérinaire, il serait exclu, sans préjudice des poursuites à exercer contre lui et du droit, dans ce cas, de lui refuser toute indemnité.

Art. 19. — Si l'un des commissaires-experts désignés à l'art. 14 est absent ou refuse, il est pourvu à son remplacement par la Commission de prévoyance.

Sur la proposition de cette Commission, les commissaires-experts et les commissaires-adjoints, dont il va être ci-après parlé, peuvent être révoqués de leurs fonctions par le Bureau du Syndicat qui, en ce cas, pourvoira à leur remplacement jusqu'à la prochaine réunion générale des participants.

Art. 20. — Si l'étendue du ressort l'exige les participants en réunion générale et sur la présentation de la Commission de prévoyance, pourront nommer des *commissaires-adjoints* par lequels les commissaires-experts pourront, en cas de besoin, se faire remplacer.

Art. 21. — Lorsqu'un sinistre intéresse personnellement un commissaire-expert ou adjoint, ou ses ascendants ou descendants, la Commission de prévoyance peut désigner un autre participant pour les remplacer.

Règlement des sinistres

Art. 22. — Est indemnisée toute perte résultant de maladies, d'accidents ou d'abattage obligatoire.

L'abattage obligatoire comprend celui ordonné par l'administration et aussi celui opéré sur l'avis d'un vétérinaire ou de l'un des trois commissaires-experts.

Art. 23 — Le compte de prévoyance paiera, jusqu'à concurrence de ses ressources, au participant ayant éprouvé des pertes d'animaux, les 4/5e seulement de la valeur des animaux perdus ou avariés, soit 80 o/o ; le participant se garantissant lui-même pour le surplus afin qu'il ait intérêt à bien soigner son étable ou son écurie.

Art. 24. — Il sera déduit du montant des indemnités dues :

1° Toute valeur que le sinistré ou, pour le compte de celui-ci, la Commission de prévoyance aura pu tirer soit de la viande, soit de la peau ou autrement.

2° Toutes sommes que le sinistré obtiendrait de l'Etat, du département, de la commune, ou d'ailleurs, notamment en cas d'abattage par mesure administrative ou de recours contre un tiers.

Art. 25. — Aucune indemnité n'est accordée pour les sinistres couverts ou qui auraient pu être couverts par des assurances spéciales ou dont le sinistré aurait le droit de se faire dédommager autrement.

Art. 26. — Le paiement des pertes sera fait par la Commission de prévoyance dans les limites fixées par les articles 23 et suivants, dès qu'elle possèdera tous les éléments lui permettant d'établir exactement l'indemnité due.

Mais si les ressources deviennent insuffisantes pour régler, pendant le semestre, tous les sinistres dans les proportions susdites, le secrétaire de la Commission de prévoyance déterminera exactement à la fin du semestre, l'indemnité de chaque sinistré par rapport à l'importance des ressources, et, dans l'avertissement mentionné plus haut, réclamera, s'il y a lieu, ce qu'un sinistré indemnisé aura perçu en trop.

Le remboursement de ce trop perçu est soumis aux prescriptions de l'article 11. En cas d'épizootie ou de mortalité anormale, les participants, en réunion générale extraordinaire, pourront renvoyer le paiement des pertes à la fin du semestre pour qu'il ait lieu proportionnellement à l'importance des sinistres et des ressources. Dans le cas d'épizootie, administrativement reconnue, l'indemnité sera suspendue.

Art. 27. — Ne sont pas indemnisés les accidents de force majeure tels que : guerre, émeute, guerre civile, vol, pillage, inondation, incendie, foudre, écroulement de bâtiment, transport par terre, fer ou eau.

Il n'est pas répondu, non plus, des sinistres survenus par suite d'excès de travail, de manque de soins, de violences et mauvais traitements exercés sur les animaux par les participants ou les personnes dont ils sont civilement responsables.

Les animaux menés en foire ou à un concours, même hors de la circonscription, restent garantis.

En cas de sinistre imputable à un tiers, le participant sera tenu d'exercer son recours avant de toucher l'indemnité.

Ressources du fonds de prévoyance. — Cotisations.

Art 28. — Le compte de prévoyance est alimenté par :

1° Le produit des entrées des *membres participants ;*

2° La contribution annuelle payée par chaque participant, proportionnellement à la valeur de ses animaux, comme il va être dit ci-après;

3° Les sommes versées par les membres honoraires (art. 29)

4° Les dons et legs qui auront été faits au syndicat pour être affectés spécialement aux besoins de ce compte de prévoyance ;

5° Les subventions ou avances qui peuvent, dans ce même but, être versées au syndicat par l'Etat, le département, les communes, une caisse de crédit agricole, une société d'agriculture ou d'horticulture, un comice agricole, etc

Art. 29. — Tous les membres du syndicat pourront, à titre de *membres honoraires*, verser au compte de prévoyance (au moins 10 francs par an, ou 100 fr. une fois versés) (1) ; mais ils ne jouiront d'aucune des prérogatives réservées aux participants. Par contre, ils ne supporteront aucune des charges incombant à ceux-ci.

Art. 30. — Les *membres participants* versent, par animal, un droit d'entrée de (0 fr. 50 la première année, à dater de la fondation ; et 1 fr. les années suivantes) (2).

Ce droit pourra être élevé par la commission suivant la situation des réserves. Toutefois, ceux qui adhéreront avant l'ouverture du compte (art. 1er) ne paieront qu'un droit d'entrée unique de 0 fr. 50.

(1 et 2) Ces chiffres, qui représentent une moyenne générale, sont donnés à titre de renseignements.

Chaque participant s'engage, en outre, à payer, par trimestre et d'avance, la *contribution* annuelle fixée par la commission de prévoyance, et ce, sans qu'il y ait entre les participants aucune solidarité, chacun d'eux n'étant tenu qu'au maximum de contribution indiqué art. 31.

Art. 31. — La contribution annuelle, calculée sur la valeur de chaque bête, estimée ainsi qu'il est dit à l'article 14 sera de (0.80 o/o ou 0.20 o/o par trimestre pour l'espèce bovine ; 1.20 o/o ou 0.30 o/o par trimestre pour l'espèce chevaline) (1).

Si les ressources ne permettent pas de faire face aux charges, la Commission de prévoyance, après autorisation du Bureau du Syndicat, pourra faire dans le trimestre un rappel de contribution supplémentaire mais sans que le montant total de la contribution pour l'année puisse dépasser, savoir : (1 fr. 60 o/o ou 0 fr. 40 o/o par trimestre, pour l'espèce bovine ; Et 2 fr. 40 o/o ou 0 fr. 60 o/o par trimestre, pour l'espèce chevaline.) (2)

Si, malgré ce rappel, les ressources sont insuffisantes, le fonds de réserve, après, autorisation du Bureau du Syndicat, et ratification par les participants, en réunion générale, sera mis à contribution mais jusqu'à concurrence d'un quart, ou 25 o/o seulement, par trimestre.

Par contre, le Bureau du Syndicat pourra, suivant l'importance du fonds de réserve, abaisser pour une année, le taux de la contribution mais sans que ce taux puisse descendre au-dessous de : (0 fr. 50 o/o, ou 0 fr. 12 1/2 par trimestre, pour l'espèce bovine ; Et 0 fr 70 o/o, ou 0 fr. 17 1/2 par trimestre, pour l'espèce chevaline) (3).

En aucun cas, les fonds du compte de prévoyance ne peuvent être affectés à d'autres besoins qu'à ceux de ce compte.

Réserve

Art. 32. — L'excédent des recettes sur les dépenses est versé à un fonds de réserve destiné, le cas échéant, à suppléer à l'insuffisance des contributions payées par les participants dans les limites du règlement.

Ce fonds de réserve est administré sous la surveillance du Bureau du Syndicat et spécialement de son Trésorier.

Aucun participant, même s'il cesse de l'être, ne peut exercer ni revendiquer aucun droit sur le fonds de réserve.

(1 à 3). Voir la note page précédente.

Lorsque la situation financière le permettra, le bureau du syndicat pourra décider qu'une partie du fonds de réserve sera mise à la disposition de la Commission de prévoyance pour faire exécuter, par d'autres participants, les travaux de culture qu'un participant ne pourrait faire à cause de la maladie d'un de ses animaux ou pour organiser tout service analogue.

Administration. — Commission de Prévoyance.

Art. 33. — Une Commission de prévoyance, composée d'un directeur, d'un trésorier et d'un secrétaire, délégués à ces fonctions par le bureau du syndicat et pris parmi les participants, en dehors des membres du Bureau, est chargée de l'application du présent règlement.

Ces fonctions sont absolument gratuites, toutefois, le Bureau du syndicat pourra autoriser, s'il le juge convenable, l'allocation d'une gratification annuelle au secrétaire.

Ladite Commission administre sous le contrôle du bureau du syndicat auquel toutes les contestations seront soumises et qui prononcera sans recours.

Art. 34. — Ledit bureau nomme chaque année les membres de la Commission de prévoyance et soumet cette nomination à l'approbation de l'Assemblée générale du syndicat.

Dans le courant de l'année il pourvoit aux vacances.

Il peut choisir l'un des trois membres de la Commission de prévoyance parmi les membres honoraires, même en dehors de la circonscription de prévoyance.

Art. 35. — Cette Commission, ainsi qu'il a été dit, reçoit les adhésions et les démissions, soumet les exclusions au bureau du syndicat, veille au paiement des contributions, prélève sur les fonds en caisse les sommes nécessaires en vue de se procurer la garantie d'une partie des risques couverts par le compte, et cela dans les conditions déterminées par le bureau du syndicat, procède au réglement des sinistres et fait annuellement à l'Assemblée générale un compte-rendu de sa gestion.

Art. 36. — Le directeur de la Commission de prévoyance peut réunir les membres participants toutes les fois qu'il le juge à propos.

En cas d'absence ou d'empêchement il est remplacé par le trésorier.

Le secrétaire tient la correspondance et les registres.

Il rédige les procès-verbaux des séances de la Commission de prévoyance et des réunions générales, il inscrit les demandes d'admission et les démissions, il rédige les propositions d'exclusion, il enregistre les déclarations de pertes et les estimations ainsi que les augmentations ou diminutions survenues dans les étables et tient tous ces renseignements à la disposition du bureau du syndicat.

Le trésorier tient la comptabilité, fixe et recouvre les contributions, en fait le placement ou l'emploi, conformément aux instructions du bureau du syndicat, solde les dépenses, arrête le compte à la fin de l'exercice et le soumet au trésorier du syndicat.

Le compte de prévoyance est approuvé par l'assemblée générale du syndicat sur le rapport du trésorier du syndicat.

Art. 37. — Les membres de la Commission de prévoyance, les commissaires experts et les commissaires-adjoints, ne contractent, en raison de leur gestion, aucune obligation personnelle ou solidaire relativement aux engagements du compte de prévoyance ; ils ne répondent que de l'exécution de leur mandat.

Exercices. — Réunions générales.

Art. 38. — L'exercice annuel, pour l'établissement des comptes de prévoyance, commence le 1er octobre et finit le 30 septembre.

Les semestres, pour l'évaluation de l'ensemble des sinistres et la coopération de la réserve, partent des 1er octobre au 1er avril.

Les trimestres, pour la perception des cotisations et le règlement provisoire des pertes, commencent les 1er octobre, 1er janvier, 1er avril et 1er juillet.

Le compte de prévoyance est, comme tous les comptes du syndicat, sous la surveillance du trésorier du syndicat qui, chaque année, après approbation du bureau, en fait l'objet d'un rapport à l'assemblée générale du dit syndicat.

Art. 39 — Les réunions générales des participants auront lieu à la fin de chaque semestre, au moins, c'est-à-dire en octobre et en avril. Elles seront présidées par le président du syndicat qui pourra se faire remplacer par le directeur de la Commission de prévoyance et, à son défaut, par le trésorier de ladite commission.

Les participants ne peuvent se faire représenter aux réunions et chacun ne dispose que d'une voix.

A chaque réunion semestrielle les participants devront, s'il y a lieu, compléter leurs versements dans les termes de l'art. 30 et suivants.

A la réunion de fin d'exercice il sera rendu compte des opérations effectuées dans l'année, de la situation financière, et on arrêtera les termes du rapport à fournir à l'Assemblée générale du Syndicat.

Réassurances. — Groupement des comptes de prévoyance,

Art. 40. — Partie des fonds versés par les participants peut, après décision du Bureau du Syndicat, être versée à toute *Union* des comptes de prévoyance comprenant plusieurs circonscriptions ou à toute autre *Union*, créée par des Syndicats professionnels agricoles, ou association légalement constituée, afin qu'elle se charge, proportionnellement, d'une partie des risques.

Dans ce cas, le Bureau du Syndicat, pour faire face au règlement des 4/5e des pertes, et afin d'éviter de réclamer à un sinistré le trop perçu, pourra demander auxdites *Unions* ou association une avance dont il déterminera l'importance et les conditions.

Modifications au Règlement. — Arrêt du compte de Prévoyance. — Dissolution du Syndicat.

Art. 41. — Les modifications au présent règlement et la cessation de fonctionnement du compte de Prévoyance seront décidées en Assemblée générale du Syndicat sur la demande du Bureau et après discussion d'un rapport du Directeur de la *Commission de prévoyance* adopté, en réunion générale, par les membres participants.

Elles devront l'être à la majorité prévue par les Statuts du Syndicat comme pour le cas de modification de ses Statuts.

Art. 42. — En cas d'arrêt du compte de Prévoyance l'emploi des fonds sera réglé par l'Assemblée générale du Syndicat. En aucun cas, ces fonds ne pourront être partagés entre les participants Ils seront attribués à une œuvre d'intérêt agricole.

Art. 43. — En cas de dissolution du Syndicat, l'Assemblée générale pourra décider que les fonds appartenant au compte de Prévoyance seront employés à la création d'une caisse de secours contre la mortalité des animaux.

Caisses d'assurances fondées par les Syndicats

Syndicat professionnel agricole de

Commune de FORMULE N° 19.

BULLETIN D'ADHÉSION

Le soussigné,
Nom,
Prénoms,
Qualités,
Adresse,
Membre du Syndicat professionnel agricole de (ou possesseur d'animaux dans la commune de)

Déclare adhérer à la Caisse de prévoyance contre la mortalité des animaux de ferme, organisée par le dit Syndicat, et ce, comme membre participant, et se soumettre aux dispositions du Règlement, dont il possède un exemplaire, ainsi qu'aux délibérations des réunions générales et du Bureau, et aux décisions des Commissaires-experts et de la Commission de prévoyance.

Le 19

Syndicat professionnel agricole de

PROCÈS-VERBAL FORMULE N° 20.

de la nomination des Commissaires-experts par l'assemblée des membres du Syndicat ayant adhéré à la Caisse de prévoyance contre la mortalité des animaux de ferme.

L'an mil neuf cent , le à heure du

Les Membres du Syndicat professionnel agricole de et les possesseurs d'animaux dans la région où il exerce,

Ayant adhéré à la Caisse de prévoyance organisée pour se garantir des risques contre la mortalité des animaux de ferme se sont réunis en Assemblée générale à dans la salle ; sous la présidence de M président du dit Syndicat.

Après s'être consultée, l'Assemblée a complété ainsi son Bureau :

Scrutateurs : M et M ; Secrétaire : M , tous acceptants.

L'Assemblée étant régulièrement constituée, le président expose qu'elle a à faire choix des trois Commissaires-experts qui doivent être nommés aux termes de l'article 14 du Règlement organisant la dite Caisse de prévoyance.

L'Assemblée, sur la présentation de la Commission de prévoyance instituée par le dit Règlement, et après s'être consultée, nomme comme Commissaires-experts, MM. , qui déclarent accepter.

L'ordre du jour étant épuisé, la séance est levée.

Le Président, *Les Scrutateurs,* *Le Secrétaire,*

Syndicat professionnel agricole de

PROCÈS-VERBAL FORMULE N° 21.

de la délibération du Bureau du Syndicat, nommant les Membres de la Commission de prévoyance instituée par le Règlement du Syndicat.

L'an mil neuf cent , le , à heure du

Les membres du Bureau du Syndicat professionnel agricole de , réunis sous la présidence de M. , président, pour constituer la Commission de prévoyance qui doit être nommée aux termes du Règlement du Syndicat concernant la Caisse de prévoyance contre la mortalité des animaux de ferme ont fait choix de :

M. comme directeur : M. comme trésorier ; et M. comme secrétaire, lesquels ont déclaré accepter.

Le Président, *Le Secrétaire,*

Caisses fondées isolément, comme syndicats
suivant la loi de 1894

Caisse d'assurance et de prévoyance mutuelles de contre la mortalité des animaux de ferme.

Etablie suivant les lois des 21 mars 1884 et 4 juillet 1900.

STATUTS FORMULE N° 22.

I. — CONSTITUTION DE LA CAISSE

Article premier. — Il est formé entre les soussignés et ceux qui adhéreront aux présents statuts une association syndicale agricole régie par les lois des 21 mars 1884 et 4 juillet 1900 et par les dispositions suivantes :

L'association prend le titre de : *Caisse d'assurance et de prévoyance mutuelles de contre la mortalité des animaux de ferme ;*

Son siège est établi à

Sa durée est illimitée. Elle commencera le jour du dépôt de ses statuts à la Mairie.

II. — ADMISSIONS.— DÉMISSIONS.— EXCLUSIONS.

Art. 2. — Peuvent faire partie de l'association, tous les

possesseurs d'animaux de l'espèce bovine et chevaline, propriétaires ou fermiers, habitant la ou les communes de et réputés comme les soignant bien.

Art 3. — Les demandes d'admission seront adressées au bureau de l'association lequel prononcera l'admission ou la refusera sans être tenu de motiver sa décision.

Art. 4. — Si un propriétaire ou fermier, habitant les confins du rayon de l'association, ou ayant des étables ou des écuries dans le voisinage demande son admission le Bureau pourra l'admettre s'il remplit les conditions voulues, mais à la condition qu'il n'existe pas de créations analogues dans sa commune.

Art. 5. — L'admission ne pourra être prononcée tant qu'il y aura dans l'étable du postulant des animaux en mauvais état, hors de service ou atteints de maladies épidémiques ou contagieuses.

Le Bureau pourra, avant sa décision sur toute demande d'admission, faire visiter l'étable, l'écurie et les animaux.

Art. 6. — Les démissions seront données par lettre recommandée, adressée au président du Bureau. Elles ne seront acceptées et définitives qu'autant que le participant aura acquitté sa cotisation annuelle et rempli toutes ses obligations.

Art. 7. - Le Bureau pourra prononcer l'exclusion d'un participant pour faute grave: notamment, pour mauvais traitements à l'égard des animaux, du fait du participant ou des personnes dont il est responsable ; pour fraude, tentative de corruption, défaut de paiement de la contribution, violation des présents statuts, etc., sans préjudice des poursuites qui pourraient être exercées contre lui et du droit de lui refuser le paiement de toute indemnité, ainsi que de lui réclamer l'exécution de toutes ses obligations.

L'exclusion n'a pas à être motivée.

Art. 8. — En cas de démission ou d'exclusion le participant perd tous ses droits dans l'association.

III. — OBJET DE L'ASSOCIATION. — FONCTIONNEMENT. — CONDITIONS GÉNÉRALES

Art. 9. — L'Association garantit par tête tous les animaux de l'espèce bovine et chevaline composant l'étable ou l'écurie du participant, sauf les exceptions portées à l'article 10.

Le participant doit les faire inscrire par le secrétaire du

Bureau en donnant leur estimation, et, autant que possible, leur signalement et leur âge. Toute dissimulation fera perdre tout droit à l'indemnité.

Mais le Bureau, sur l'avis des Commissaires-experts dont il est parlé plus loin, peut refuser de garantir un animal, s'il juge qu'il n'est pas dans les conditions voulues.

Art. 10. — Les animaux ne bénéficieront de la garantie qu'un mois après les inscriptions.

La perte des animaux morts avant l'âge de trois mois révolus ne sera pas indemnisée.

Sont exclus de la garantie : 1° les animaux âgés de plus de 12 ans et ceux atteints de pousse, cornage, crampes, cécité, paralysie, immobilité, usure :

2° Ceux appartenant à des marchands de l'une ou l'autre des deux espèces bovine et chevaline, non cultivateurs, et ceux qui, bien que n'appartenant pas à des patentés, seraient notoirement l'objet d'un trafic constant.

Cessent d'être garantis les animaux qui ne font plus partie de l'étable ou de l'écurie du participant dans les limites de la circonscription de l'Association.

Il y a, dès lors, diminution de la valeur des animaux qui doit être déclarée par le participant.

Art. 11. — Avant les réunions générales prévues à l'art. 39 chaque participant recevra un avertissement indiquant :

1° Le montant de sa contribution à payer pour le semestre suivant ;

2° Le surplus de contribution due sur le semestre écoulé, pour les augmentations de valeur survenues dans son étable ou son écurie ;

3° Le rappel de contribution prévu à l'article 31 s'il y a lieu.

Ledit avertissement lui indiquera, en somme, ce qu'il peut devoir sur le semestre en cours, et ce qu'il aura à verser d'avance, et par trimestre, pour le semestre suivant.

En cas de perte d'un animal qui a produit une augmentation de valeur de l'étable ou de l'écurie, déclarée au cours du semestre, le surplus de contribution due sera retenu sur le montant de l'indemnité.

Tant que le participant n'a pas payé le montant total de contribution porté sur l'avertissement ci-dessus mentionné, il n'a droit à aucune indemnité en cas de sinistre. De plus, passé le délai d'un mois après la première réunion générale sus-visée, s'il n'a pas payé il pourra être poursuivi conformément aux lois, à la requête du président du Bureau et, en outre, il pourra être exclu (art. 7)

Art. 12. — Le participant est toujours tenu de se conformer en tout aux instructions du Bureau pour toutes les mesures préventives ou hygiéniques à prendre, notamment pour l'emploi du vaccin contre la fièvre charbonneuse ou de la tuberculine pour déceler la tuberculose, sous peine de perdre tout droit à une indemnité.

Art. 13. – Les participants s'engagent pour une année, au moins, l'année en cours. Le semestre en cours est toujours dû en entier.

Au bout de l'année, le participant reste engagé pour une nouvelle année s'il n'a donné sa démission un mois avant.

En cas de décès du participant, les héritiers sont tenus des engagements de leur auteur pour l'année courante.

Si un participant abandonne la culture ou quitte le rayon de l'Association, il cesse de participer au compte et perd tout droit aux sommes qu'il aura pu verser ; mais il est tenu de remplir toutes ses obligations de l'année : notamment en cas de rappel de contribution.

IV. — DÉCLARATIONS ET ESTIMATIONS. — CONSTATATION DES MALADIES ET DES PERTES. — BASES DU RÈGLEMENT.

Commissaires-experts.

Art. 14. — Trois Commissaires-experts, pris parmi les participants, et nommés en assemblée générale sur la présentation du Bureau, sont spécialement chargés des estimations et des constatations de sinistres et, d'une manière générale, de veiller, chacun dans leur rayon, aux intérêts de l'association et au respect des présents statuts. Ils sont chargés de vérifier les déclarations et estimations et, dans leur âme et conscience, de fixer définitivement la valeur de chaque animal.

En cas de désaccord entre les experts c'est d'après la moyenne de leurs estimations que le Secrétaire du Bureau inscrira la valeur des animaux.

L'expertise peut, au besoin, si le Bureau le décide être faite par un seul des Commissaires-experts, assisté de deux participants choisis par lui. Mais, dans ce cas, si le participant intéressé l'exige, une contre-expertise aura lieu par les trois Commissaires-experts.

Mention détaillée du nombre des animaux et de leur estimation sera faite sur un registre que les participants pourront toujours consulter.

Chaque semestre, avant l'assemblée générale prévue à l'art. 38, cet état estimatif sera mis à jour et servira à fixer la contribution de chaque participant. Du reste, le Bureau peut ordonner une révision générale ou partielle des estimations quand il le juge à propos, de même qu'il a toujours le droit de faire visiter, quand et par qui bon lui semble, les étables ou écuries d'un participant.

Art. 15. — Toute modification dans la composition et la valeur de l'étable ou de l'écurie doit être déclarée par le participant et portée au registre.

D'après ces déclarations, le Secrétaire du Bureau calcule le montant de la contribution de chaque participant pour le semestre suivant, en tenant compte non seulement du nombre des animaux, mais aussi de leur plus ou moins value due à leur âge et au cours, suivant l'appréciation des Commissaires-experts.

Art. 16. — Aussitôt qu'un participant aura un animal malade, il devra en avertir l'un des Commissaires-experts qui, avec deux participants, les plus proches voisins de l'étable ou de l'écurie, estimera l'animal au cours du jour ; puis, si la bête vient à mourir, le participant préviendra de nouveau le même Commissaire qui constatera la perte et ses causes, dans un certificat signé de lui.

Le dit Commissaire pourra aviser au meilleur parti à tirer de la dépouille.

En cas d'accident, il sera procédé de la même manière.

Si l'évaluation fixée par l'expert, assisté de deux témoins, est contestée, les deux autres Commissaires-experts seront appelés à se prononcer, avec leur collègue, en dernier ressort.

En cas de sinistre, si la valeur des animaux est supérieure à celle qui a été déclarée il ne sera tenu compte, pour le règlement, que de celle enregistrée.

Dans les quarante-huit heures, le sinistré devra remettre le certificat de l'expert au Secrétaire du Bureau et lui déclarer, le plus tôt possible, la valeur des dépouilles utilisées, ainsi que le montant des indemnités ou allocations auxquelles la perte pourrait lui donner droit, à un titre quelconque, en dehors de l'Association.

Art. 17. — Faute par le sinistré d'avoir appelé en temps

utile — même en cas d'accident — un Commissaire-expert toute indemnité sera refusée.

Si le sinistré n'a pas fait appeler un vétérinaire, le Commissaire-expert, s'il le juge utile, pourra le faire de sa propre autorité.

Si l'homme de l'art décide que l'animal doit être vendu sur pied ou abattu, la mesure sera exécutée immédiatement, à la diligence du Commissaire-expert, s'il y a lieu. Si le sinistré s'y refusait il perdrait tout droit à l'indemnité.

Les frais de vétérinaire et de médicaments, ainsi que ceux d'abatage et de vente, sont pour moitié à la charge du participant et moitié à la charge de l'association qui en fera l'avance et se remboursera de la seconde moitié lors du réglement du sinistre.

Art. 18. — S'il était établi qu'un participant ait laissé mourir des animaux faute de soins, ou qu'il ait cherché à tromper ou corrompre les Commissaires-experts ou le vétérinaire, il serait exclu, sans préjudice des poursuites à exercer contre lui, et du droit, dans ce cas, de lui refuser toute indemnité.

Art. 19. — Si l'un des Commissaires-experts désignés à l'art. 14 est absent ou refuse, il est pourvu à son remplacement par le bureau.

Les Commissaires-experts et les Commissaires-adjoints, dont il va être ci-après parlé, peuvent être révoqués de leurs fonctions par le bureau qui, en ce cas, pourvoira à leur remplacement jusqu'à l'assemblée générale.

Art. 20 — Si l'étendue du ressort l'exige, les participants, en Assemblée générale et sur la présentation du bureau, pourront nommer des commissaires-adjoints par lesquels les Commissaires-experts pourront, en cas de besoin, se faire remplacer.

Art. 21. — Lorsqu'un sinistre intéresse personnellement un Commissaire-expert ou adjoint, ou ses ascendants ou descendants, le bureau peut désigner un autre participant pour le remplacer.

V. — RÉGLEMENT DES SINISTRES

Art 22. — Est indemnisée toute perte résultant de maladie, d'accident ou d'abatage obligatoire.

L'abatage obligatoire comprend celui ordonné par l'Administration et aussi celui opéré sur l'avis d'un vétérinaire ou de l'un des trois Commissaires-experts.

Art. 23. — L'association paiera jusqu'à concurrence de ses ressources, au participant ayant éprouvé des pertes d'animaux, les 4/5es de la valeur des animaux perdus ou avariés, soit 80 0/0, le participant se garantissant lui-même pour le surplus afin qu'il ait intérêt à bien soigner son étable ou son écurie.

Art. 24. — Il sera déduit du montant des indemnités dues :

1° Toute valeur que le sinistré ou, pour le compte de celui-ci, le Bureau aura pu tirer soit de la viande, soit de la peau ou autrement ;

2° Toutes sommes que le sinistré obtiendrait de l'Etat, du département, de la commune, ou d'ailleurs, notamment en cas d'abatage par mesure administrative ou de recours contre un tiers.

Art. 25. — Aucune indemnité n'est accordée pour les sinistres couverts ou qui auraient pu être couverts par des assurances spéciales ou dont le sinistré aurait le droit de se faire dédommager autrement.

Art. 26. — Le paiement des pertes sera fait par le trésorier du Bureau dans les limites fixées par les articles 23 et suivants, dès que le Bureau possédera tous les éléments lui permettant d'établir exactement l'indemnité due.

Mais si les ressources deviennent insuffisantes pour régler pendant le semestre tous les sinistres dans les proportions susdites, le bureau déterminera exactement, à la fin du semestre, l'indemnité de chaque sinistré par rapport à l'importance des ressources, et, dans l'avertissement mentionné plus haut, réclamera, s'il y a lieu, ce qu'un sinistré indemnisé aura perçu en trop.

Le remboursement de ce trop perçu est soumis aux prescriptions de l'article 11. En cas d'épizootie ou de mortalité anormale, les participants, en Assemblée générale extraordinaire, pourront renvoyer le paiement des pertes à la fin du semestre afin qu'il ait lieu proportionnellement à l'importance des sinistres et des ressources. Dans le cas d'épizootie, administrativement reconnue, l'indemnité sera suspendue.

Art. 27. — Ne sont pas indemnisés les accidents de force majeure tels que : guerre, émeute, guerre civile, vol, pillage, inondation, incendie, foudre, écroulement de bâtiment, transport par terre, fer ou eau.

Il n'est pas répondu, non plus, des sinistres survenus par

suite d'excès de travail, de manque de soins, de violences et mauvais traitements exercés sur les animaux par les participants ou les personnes dont ils sont civilement responsables.

Les animaux menés en foire ou à un concours, même hors de la circonscription, sont garantis.

VI. — RESSOURCES DE LA CAISSE. — COTISATIONS.

Art. 28. — La Caisse est alimentée par :

1° Le produit des entrées des membres participants :

2° La contribution annuelle payée par chaque participant, proportiellement à la valeur de ses animaux, comme il va être dit ci-après ;

3° Les sommes versées par les membres-honoraires (art. 29);

4° Les dons, legs et subventions qui peuvent être accordés à l'association, pour son objet, soit par des personnes, soit par l'Etat, le département, les communes, une caisse de crédit agricole, un syndicat agricole, une société d'agriculture ou d'horticulture, un comice agricole ou toute autre société voulant favoriser l'association.

Art. 29. — Les membres honoraires verseront [au moins 10 fr. par an, ou 100 fr. une fois versés (1)]; mais ils ne jouiront d'aucune des prérogatives réservées aux participants. Par contre, ils ne supporteront aucune des charges incombant à ceux-ci.

Art. 30. — Les membres participants versent, par animal, un droit d'entrée de [0 fr. 50, la première année, à dater de la fondation ; et de 1 fr. les années suivantes (2)].

Ce droit pourra être élevé par le Bureau suivant la situation des réserves. Toutefois, ceux qui adhéreront avant la constitution de l'association ne paieront qu'un droit d'entrée unique de 0 fr. 50.

Chaque participant s'engage, en outre, à payer, par trimestre et d'avance, la contribution annuelle fixée par le Bureau, et ce, sans qu'il y ait entre les participants aucune solidarité, chacun d'eux n'étant tenu qu'au maximum de contribution indiqué art 31.

Art. 31. — La contribution annuelle, calculée sur la valeur de chaque bête, estimée ainsi qu'il est dit à l'article 14, sera la première année, de :

(1 et 2). Ces chiffres, qui représentent une moyenne générale, sont donnés à titre de renseignements.

[0 fr. 80 0/0, ou 0 fr. 20 par trimestre, pour l'espèce bovine;

Et de 1 fr. 20 0/0, ou 0 fr. 30 par trimestre, pour l'espèce chevaline (1)].

Si les ressources ne permettent pas de faire face aux charges, le Bureau pourra faire, dans le trimestre, un rappel de contribution supplémentaire mais sans que le montant total de la contribution, pour l'année, puisse dépasser, savoir :

[1 fr. 60 0/0, ou 0 fr. 40 par trimestre, pour l'espèce bovine;

Et 2 fr. 40 0/0, ou 0 fr. 60 par trimestre, pour l'espèce chevaline (2)].

Si malgré ce rappel les ressources sont insuffisantes, le fonds de réserve, sur décision du Bureau et ratification par l'assemblée générale, sera mis à contribution mais jusqu'à concurrence d'un quart, ou 25 0/0 seulement, par trimestre.

Par contre, le Bureau pourra, suivant l'importance du fonds de réserve, abaisser pour une année le taux de la contribution mais sans que ce taux puisse descendre au dessous de :

[0 fr. 50 0/0, ou 0 fr. 12 1/2 par trimestre, pour l'espèce bovine ;

Et 0 fr. 70 0/0, ou 0 fr. 17 1/2 par trimestre, pour l'espèce chevaline (3)].

VII. — RÉSERVE

Art. 32. — L'excédent des recettes sur les dépenses est versé à un fonds de réserve destiné, le cas échéant, à suppléer à l'insuffisance des contributions payées par les participants dans les limites des présents.

Ce fonds est administré par le Bureau de l'Association.

Aucun participant, même s'il cesse de l'être, ne peut exercer ni revendiquer, ni ses héritiers ou ayants-droit, aucun droit sur le fonds de réserve.

Lorsque la situation financière le permettra, le Bureau pourra disposer d'une partie du fonds de réserve pour faire exécuter, par d'autres participants, les travaux de culture qu'un participant ne pourrait faire à cause de la maladie d'un de ses animaux, ou pour organiser tout service analogue.

VIII. — ADMINISTRATION

Art 33. — L'Association est administrée par le Bureau, les Commissaires-experts, l'Assemblée générale.

(1, 2 et 3). Voir la note page précédente.

§ 1er. — *Bureau.*

Art. 34. — Le Bureau est nommé par l'Assemblée générale. Il se compose de membres participants qui nomment un président, deux vice-présidents, un secrétaire et un trésorier. Toutes les fonctions sont gratuites.

Toutefois, le Bureau pourra autoriser, s'il le juge convenable, l'allocation d'une gratification annuelle au secrétaire.

Les membres du Bureau sont élus pour quatre ans et renouvelables par moitié tous les deux ans. Un tirage au sort désignera la première moitié sortante. Ils sont rééligibles.

Le Bureau pourvoit provisoirement aux vacances qui peuvent se produire dans son sein

Le président convoque le Bureau, exécute ses décisions, exerce les actions en justice, convoque les Assemblées générales extraordinaires, en cas d'urgence et après décision du Bureau, et, régulièrement, les assemblées ordinaires.

Le Bureau à l'administration entière de l'Association. Tout ce qui n'est pas réservé à l'Assemblée générale par les présents Statuts est de son ressort, ces indications étant simplement énonciatives et non limitatives.

Il se réunit chaque fois que les intérêts de l'Association l'exigent, mais, au moins, une fois tous les trois mois.

Le secrétaire du bureau tient la correspondance et les registres. Il rédige les procès-verbaux des délibérations du Bureau et des assemblées générales, inscrit les demandes d'admission et les démissions, rédige les propositions d'exclusion, enregistre les déclarations de pertes et les estimations, ainsi que les augmentations ou diminutions survenues dans les étables.

Le trésorier tient la comptabilité, fixe et encaisse les contributions, reçoit les versements, en fait le placement ou l'emploi conformément aux instructions et décisions du Bureau, solde les dépenses autorisées, arrête les comptes de fin d'exercice et les soumet au Bureau.

Le bureau fait annuellement, à l'Assemblée générale, un compte-rendu de sa gestion.

Art. 35. — Le Bureau peut déléguer tout ou partie de ses pouvoirs à un ou à plusieurs de ses membres, isolément ou à une commission d'exécution composée d'un directeur, d'un secrétaire et d'un trésorier — ces derniers suppléant, au besoin, le secrétaire et le trésorier du Bureau — laquelle pourra être chargée de l'expédition des affaires courantes et même de l'administration entière. Dans ce dernier cas, le directeur a les mêmes pouvoirs que le président du Bureau, et les deux autres membres ceux du secrétaire et du trésorier dudit bureau.

§ 2. — *Commissaires experts.*

Art. 36. — Les Commissaires-experts sont nommés par l'Assemblée générale sur la présentation du Bureau. Ils sont pris parmi les membres participants. L'un d'eux peut être pris parmi les membres honoraires.

Ils sont élus pour un an. Ils sont rééligibles. Leurs fonctions sont gratuites.

En cas de vacances, il est pourvu à leur remplacement par le Bureau jusqu'à la prochaine Assemblée générale.

Art. 37. — Les membres du Bureau, les Commissaires-experts et les Commissaires-adjoints ne contractent, en raison de leur gestion, aucune obligation personnelle ou solidaire relativement aux engagements de l'association. Ils ne répondent que de l'exécution de leur mandat.

Suivant l'art. 4 de la loi du 21 mars 1884, ils doivent être Français et jouir de leurs droits civils.

§ 3. — *Assemblée générale.*

Art. 38. — L'assemblée générale, se compose de tous les membres participants qui ont chacun une voix et ne peuvent s'y faire représenter.

Elle délibère, quel que soit le nombre des membres présents, sauf dans les cas prévus à l'art. 41.

Elle est présidée par le président du Bureau ou, à défaut, par un des vice-présidents ou le plus ancien des membres du Bureau. Elle nomme deux scrutateurs. Le Secrétaire du Bureau est secrétaire de l'assemblée.

Elle nomme les membres du Bureau et les Commissaires-experts, sur la présentation du Bureau. Elle nommera directement, au début, les premiers commissaires

Elle approuve les comptes semestriels et annuels du trésorier, présentés par le Bureau et entend le rapport du dit Bureau sur sa gestion.

Elle se réunit à la fin de chaque semestre : en novembre et en mai.

L'assemblée se prononce, en cas de mortalité anormale, sur le réglement de pertes conformément à l'art 26 ; et, en cas d'insuffisance des ressources, sur l'emploi des réserves suivant les indications de l'art. 30.

IX. — EXERCICES

Art. 39. — L'exercice annuel, pour l'établissement des comptes individuels et des comptes généraux, commence le 1er octobre et finit le 30 septembre.

Les semestres, pour l'évaluation de l'ensemble des sinistres et la coopération de la réserve, partent du 1er octobre et du 1er avril.

Les trimestres, pour la perception des cotisations et le réglement provisoire des pertes, commencent les 1er octobre, 1er janvier, 1er avril et 1er juillet.

Les comptes, établis par le Trésorier, et vérifiés par le Bureau, sont soumis aux assemblées générales ordinaires de mai et novembre.

A chaque assemblée les participants devront, s'il y a lieu, compléter leurs versements conformément aux art. 30 et 31.

X. — RÉASSURANCE. — UNIONS.

Art. 40. — L'association pourra s'affilier à toute Union d'associations ayant le même but, afin d'assurer aux participants, en cas d'insuffisance des ressources de l'association le réglement des 4/5e de chaque perte.

A cet effet, le Bureau demandera l'admission de l'Association remplira les formalités nécessaires et prélèvera, sur les cotisations des participants la quote-part réclamée par l'Union aux Status de laquelle il devra, en un mot, se conformer.

Le Bureau pourra même, pour hâter le règlement des sinistres, demander à l'*Union* une avance dont il déterminera l'importanee suivant la situation de la caisse.

XI. — MODIFICATIONS AUX STATUTS. — DISSOLUTION.

Art. 41. — La modification des Statuts et la dissolution de l'association ne pourront être prononcées, sur la demande du Bureau, qu'en Assemblée générale et à la majorité des deux tiers au moins des membres participants.

A défaut de ce nombre, une seconde réunion aura lieu à quinze jours d'intervalle et la décision sera prise à la majorité des deux tiers des membres présents et même à la majorité relative, au deuxième tour, si le premier scrutin n'a pas donné les deux tiers des membres présents.

En cas de dissolution, l'assemblée se prononcera sur l'emploi des fonds qui, en aucun cas, ne pourront être partagés entre les participants. Ces fonds pourront être affectés, par exemple, à une œuvre d'intérêt agricole.

XII. — DÉPÔTS

Art. 42. — Conformément à l'article 4 de la loi du 21 mars 1884, deux exemplaires des présents Statuts et la liste, en double, des membres du Bureau et des Commissaires-experts seront déposés à la mairie aussitôt après la nomination des dits membres.

Le Président.

Caisse d'assurance et de prévoyance mutuelles
de
Contre la mortalité des animaux de ferme

PROCÈS-VERBAL FORMULE N° 23.

DE L'ASSEMBLÉE GÉNÉRALE CONSTITUTIVE DE LA CAISSE

L'an mil neuf cent , le
à heure du

Les fondateurs, membres participants de la Caisse d'assurance et de prévoyance mutuelles de contre la mortalité des animaux de ferme, dont les signatures sont apposées au bas des Statuts de ladite association, se sont réunis en Assemblée générale constitutive à
dans la salle

L'Assemblée, après s'être constituée, choisit ainsi son Bureau :

Président, M.

Scrutateurs, M. et M.

Et Secrétaire, M. , tous acceptants.

L'Assemblée étant régulièrement constituée, le président expose qu'elle a à se prononcer :

1° Sur l'adoption définitive des Statuts ;

2° Sur la fixation du nombre et la nomination des membres du Bureau ;

3° Sur la nomination des trois premiers commissaires-experts.

L'Assemblée après s'être consultée

Fixe à le nombre dss membres du Bureau et nomme comme membres dudit Bureau :

MM.

Nomme comme commissaires-experts :

MM.

L'ordre du jour étant épuisé, la séance est levée.

Le Président, *Les Scrutateurs,* *Le Secrétaire,*

Caisse d'assurance et de prévoyance mutuelles
de
Contre la mortalité des animaux de ferme

DEMANDE D'ADMISSION FORMULE N° 24.

DE L'ASSEMBLÉE GÉNÉRALE CONSTITUTIVE DE LA CAISSE

A Messseurs les Membres du Bureau de la Caisse d'assurance et de prévoyance mutuelles de
contre la mortalité des animaux de ferme.

Le soussigné
Nom
Prénoms
Profession
Domicile
demande son admission comme membre participant de la dite Caisse, déclarant adhérer à ses Statuts, dont il possède un exemplaire,

Et se soumettre aux dispositions des dits Statuts et Règlements de la Caisse, ainsi qu'aux délibérations et décisions de l'Assemblée générale, du Bureau et des Commissaires-experts.

le

Unions de Caisses locales (fondées ou non fondées par les Syndicats).

Union des caisses d'assurance et de prévoyance mutuelles
de
contre la mortalité des animaux de ferme
Créée suivant les lois des 21 mars 1884 et 4 juillet 1900

STATUTS FORMULE N° 25

I. — CONSTITUTION DE LA SOCIÉTÉ.

Article premier. — Il est formé, sous le régime des lois des 21 mars 1884 et 4 juillet 1900, entre :

1° Les syndicats professionnels agricoles de
et les associations fondées par eux ou leurs membres, ou directement par les intéressés, dans ce même rayon et sous l'empire des dites lois, sous le nom de : Société de secours mutuels, ou Caisse d'assurance ou Caisse de prévoyance, ou autres titres similaires, dans le but de précautionner les associés contre la mortalité possible de leurs animaux de ferme, lesquelles associations sont représentées par les soussignés ;

2° Les syndicats et associations agricoles, ayant le même but et la même circonscription, qui adhéreront, par la suite, aux présents statuts, une Union destinée à leur venir en aide dans le réglement des sinistres qui peuvent atteindre leurs menbres, et par suite les dites sociétés.

L'Union prend le titre de : *Union des Caisses d'assurance et de prévoyance mutuelles de contre la mortalité des animaux de ferme.*

Le siège de l'Union est établi à

Sa durée est illimitée.

Art. 2. — Elle sera constituée lorsque les associations unies comprendront au moins vingt communes.

II. — OBJET DE L'UNION.

Art. 3. — L'Union a pour objet d'aider à parfaire les déficits causés dans les Sociétés locales par suite d'une trop grande mortalité des animaux assurés ou d'insuffisance des ressources, afin que, dans chacune de ces Sociétés, le remboursement des sinistres s'effectue toujours dans la proportion des 4/5es ou 80 o/o, stipulés dans leurs Statuts ou Règlements, sans augmenter, pour cela, la cotisation annuelle de chaque assuré, fixée par ces mêmes Statuts, et qui est, savoir :

(de 0 fr. 80 o/o pour les animaux de l'espèce bovine ;

et de 1 fr. 20 o/o pour les animaux de l'espèce chevaline) (1).

Ces conditions, valables pour une année, peuvent être modifiées d'un commun accord.

Au bout de l'année, les Sociétés restent réciproquement engagées aux mêmes conditions, si elles n'ont pas, ou l'une d'elles, signifié par lettre recommandée, adressée un mois avant la résiliation du contrat.

Il est établi deux comptes distincts, sans solidarité aucune entre eux ou les bénéficiaires, tant des recettes que des paiements : l'un pour l'espèce bovine ; l'autre pour l'espèce chevaline.

Il en devra être de même dans les Associations affiliées à l'Union afin que le règlement des sinistres puisse s'effectuer sans difficultés et d'une manière équitable comme s'il s'agissait, en un mot, de deux Associations différentes.

III. — OBLIGATIONS DES SOCIÉTÉS ADHÉRENTES.

Art. 4. — Les Associations et Syndicats adhérents doivent

(1) Moyenne donnée à titre de renseignement.

être constitués suivant la loi du 21 mars 1884. Leurs administrateurs et directeurs doivent, conformément à cette loi (art. 4), être Français et jouir de leurs droits civils.

Leurs Statuts et Réglements, et un extrait de la délibération du Conseil d'administration décidant la demande d'admission à faire à l'Union, le tout certifié par le président, sont soumis au Conseil d'administration de l'Union qui, après examen, se prononce sur l'admission ou la non admission sans être tenu, en cas de refus, de donner les motifs de sa décision.

Les demandes d'admission sont signées par le président, le directeur ou le délégué autorisé des syndicats ou associations, et adressées au président de l'Union avec les documents sus-indiqués.

Les sociétés unies devront verser par année sur la valeur totale des animaux par elles assurés à leurs membres, savoir :

(o f. 11 c. o/o pour les animaux de l'espèce bovine ;
et o f. 17 c. o/o — — — chevaline). (1).

Cette contribution est exigible par trimestre et d'avance : les 1er octobre, 1er janvier, 1er avril et 1er juillet.

Les dites sociétés devront remettre à l'Union leurs états d'évaluations et faire leurs versements dans les huits jours qui suivront leurs encaissements statutaires.

Elles lui remettront, dans le même délai, une fois arrêtés, les comptes définitifs des pertes du semestre et de fin d'exercice.

L'Union ne versera ses indemnités qu'après qu'elle aura constaté la régularité des comptes.

Elle se réserve le droit de rayer toute société qui, par des moyens frauduleux, aurait grossi son déficit de façon à se faire verser une somme plus importante.

IV — RESSOURCES DE L'UNION.

Art. 5. — Les ressources de l'Union se composent :

1° Des versements faits par les Sociétés dans les termes de l'article 4 ;

2° Des dons et legs faits à l'Union ;

3° Des subventions et avances qui peuvent être accordées par les syndicats agricoles, l'Etat, le département, les communes, les sociétés d'agriculture et d'horticulture, les comices agricoles, etc.

(1). Moyenne donnée à titre de renseignement.

4° Des intérêts des fonds, notamment de ceux des fonds de la réserve.

Les fonds disponibles seront placés soit en rentes sur l'Etat ou autres valeurs offrant toute sécurité, soit à la Caisse d'Épargne, ou bien encore à une Caisse de Crédit agricole mutuel, à une coopérative ou banque populaire agricole, locales ou régionales, fondées par les syndicats et associations faisant partie de l'Union, et auxquelles lesdites associations auraient affilié leurs créations.

V. — ADMINISTRATION DE L'UNION.

Art. 6. — L'Union est administrée par les présidents des Syndicats et des Caisses d'assurances locales adhérentes, ou leurs délégués — ces derniers constitués en Comités quand le nombre en sera suffisant — formant un Bureau central composé de vingt membres ainsi qu'il est dit ci-après :

Les présidents ou directeurs des Caisses communales ou locales Unies constitueront, par canton, un Comité qui élira un président et un secrétaire ;

Les présidents des Comités cantonaux constitueront par arrondissement un Comité qui élira également un président et un secrétaire.

Le Bureau central sera constitué d'abord avec les présidents des Syndicats, ensuite avec les présidents des Comités d'arrondissement, comme il vient d'être dit, et, provisoirement, avec les présidents des première. Caisses locales et des premiers syndicats affiliés dans le cas où il n'existerait pas encore un nombre suffisant d'associations permettant de former, dès le début, des Comités et de procéder comme il est dit ci dessus.

Le rôle des Comités cantonaux et d'arrondissement est de seconder l'action du Bureau central, dont ils seront les correspondants pour l'exécution des statuts, suivant les instructions du dit Bureau et conformément à l'article 8.

Dans le cas sus-visé où, au début de l'Union, il n'existerait pas assez de Comités cantonaux et d'arrondissement pour nommer les vingt membres du Bureau central, au fur et à mesure de la constitution de ces Comités, les présidents des Comités d'arrondissement entreront dans le dit Bureau en remplacement des membres provisoirement admis, dont la sortie sera alors déterminée par un tirage au sort.

Si, au contraire, au début, le nombre des présidents des

associations unies excède le quantum voulu, soit vingt membres, le Bureau central sera composé des présidents des syndicats, d'abord, en suivant l'ordre d'importance du nombre des assurés dans chaque syndicat, ensuite, des présidents des Comités d'arrondissement en suivant également l'ordre d'importance du nombre des assurés de leurs sociétés.

Le Bureau nomme un président, un vice-président, un secrétaire et un trésorier chargés de l'expédition des affaires courantes. Il peut déléguer tout ou partie de ses pouvoirs à un ou plusieurs de ses membres ou des membres des Comités cantonaux ou d'arrondissement. Il fixe ses réunions qui doivent avoir lieu au moins deux fois par an : en avril et en octobre.

L'Union est représentée par le président du Bureau. Les délibérations et les actes du Bureau sont signés par le président et le secrétaire.

Art. 7 — Toutes les fonctions sont gratuites.

Les seuls frais à la charge de l'Union sont ceux des recouvrements, des envois de fonds, et les déboursés de correspondance et de bureau.

VI. — RÉUNION DES COMITÉS. — ATTRIBUTIONS.

Art. 8. — Les réunions des Comités auront lieu sur la convocation de leurs présidents chaque fois que les besoins de l'Association l'exigeront mais, au moins, une fois tous les six mois : en avril et en octobre, après l'arrêté des comptes.

Leurs attributions sont définies, d'une manière générale, à l'art. 6, § 5, et par la disposition suivante :

En cas de mortalité anormale ou d'épidémies locales les Comités se réuniront d'urgence pour aviser aux moyens propres à combattre le fléau en prescrivant, dans ce but, d'accord, au besoin, avec les vétérinaires de la région et l'Administration, s'il y a lieu, et aussi le Bureau des Sociétés affiliées, toutes les mesures nécessaires.

Ils veilleront en tout temps, d'ailleurs, à la stricte exécution des Statuts et Règlement des Sociétés locales en ce qui touche, particulièrement, les mesures d'hygiène et les précautions à observer dans les étables et dans les écuries.

VII. — EXERCICES. — AVANCES POUR LE RÈGLEMENT DES SINISTRES.

Art. 9. — L'exercice annuel commence le premier octobre et finit le trente septembre.

Les comptes provisoires sont arrêtés tous les semestres : le 31 mars et le 30 septembre ; et les comptes définitifs le 30 septembre époque du règlement définitif avec les associations adhérentes.

Toutefois, le Bureau central pourra faire sur la demande des présidents des Sociétés locales, en cas d'insuffisance de leurs fonds en Caisse, l'avance des sommes nécessaires au remboursement immédiat de leurs sinistres, et ce, moyennant un intérêt de . o/o par an, qui partira du jour du versement et expirera le jour du règlement semestriel.

Si l'Union, en cas d'épuisement complet des ressources de la Société locale sinistrée, doit parfaire une part, quelle qu'elle soit, de ses pertes, l'intérêt ne sera calculé, bien entendu, que sur la partie réellement avancée et dont la dite Société lui devra le remboursement.

VIII. — DISSOLUTION DE L'UNION. — LIQUIDATION.

Art. 10. — La dissolution de l'Union ne pourra être prononcée qu'à la majorité des deux tiers des membres participants de chacun des Syndicats et associations affiliés à l'Union et réunis, isolément, suivant leurs statuts et réglements, en assemblée générale.

Les 2/3 des voix seront comptés sur l'ensemble des membres des dites associations, sans tenir compte des résultats partiels de chaque assemblée.

En cas de dissolution, chaque association se prononcera, en outre, sur l'affectation à donner aux fonds de la Caisse et il sera procédé suivant la décision de la majorité, déterminée comme il vient d'être dit.

La décision de chaque association sera transmise, certifiée par le président et le Secrétaire, directement au président du Bureau Central, lequel Bureau, en cas de dissolution, procédera à la liquidation de l'Union.

En cas de doute ou de partage des voix sur la question d'affectation des fonds, le Bureau procédera purement et simplement au remboursement, à chaque association, au prorata des sommes qu'elle aura versées, déduction faite des sommes qu'elle aura reçues de l'Union, du reliquat en Caisse, sans exiger de répétition, bien entendu, de la part des associations qui auront reçu plus qu'elles n'auront versé, lesquelles, en ce cas, ne participeront pas à cette répartition.

IX. — DÉPOTS.

Art. 11. Conformément aux articles 4 et 5 de la loi du 21 mars 1884 deux exemplaires des présents Statuts, et de la liste des associations composant l'Union, seront déposés à la mairie de .

Le Président.

Union des Caisses d'assurance et de prévoyance mutuelles de
contre la mortalité des animaux de ferme.
Créée suivant les lois des 21 mars 1884 et 4 juillet 1900.

PROCÈS-VERBAL

FORMULE N° 26.

DE L'ASSEMBLÉE GÉNÉRALE CONSTITUTIVE DE L'UNION.

L'an mil neuf cent , le
à heure du

Les représentants des Syndicats professionnels agricoles de des Sociétés d'assurances mutuelles, des Caisses d'assurances et de prévoyance, ou Sociétés de secours mutuels contre la mortalité des animaux de ferme, ayant leur siège dans la dite région,

fondateurs de l'Union des Caisses d'assurance et de prévoyance mutuelles de contre la mortalité des animaux de ferme,

et dont les signatures sont apposées au bas des Statuts de la dite Union,

Se sont réunis en Assemblée générale constitutive à dans la Salle,

L'assemblée, après s'être constituée, choisit ainsi son bureau :

Président, M.

Scrutateurs, M et M.

Et Secrétaire, M. , tous acceptants.

L'assemblée étant régulièrement constituée, le président expose qu'elle a à se prononcer ;

1° Sur l'adoption définitive des statuts de l'Union ;

2° Sur la nomination du premier conseil d'administration ou bureau Central

L'assemblée après s'être consultée :

Adopte définitivement les Statuts ;

et nomme comme membres du bureau central :

MM.

(1)

L'ordre du jour étant épuisé la séance est levée.

Le Président, *Les Scrutateurs,* *Le Secrétaire.*

Union des Caisses d'assurance et de prévoyance mutuelles de

contre la mortalité des animaux de ferme

DEMANDE D'ADMISSION Formule n° 27

A Monsieur le Président du Bureau central de l'Union des Caisses d'assurance et de prévoyance mutuelles de contre la mortalité des animaux de ferme;

Le soussigné,

Nom

Prénoms

Profession

Domicile

Agissant au nom et comme président (ou directeur) du Syndicat professionnel agricole de (2)

Demande l'admission du dit Syndicat (ou de la dite Caisse ou Société), à l'Union des Caisses d'assurance et de prévoyance mutuelles de contre la mortalité des animaux de ferme, déclarant, ès-dits noms, adhérer aux statuts de la dite Union, dont il possède un exemplaire, et se soumettre à leurs dispositions ainsi qu'aux Règlements, délibérations des assemblées générales et du Bureau central.

Il joint à l'appui de la présente : 1° un extrait de la délibération du Conseil d'administration autorisant la dite demande; 2° un exemplaire des Statuts (et, s'il en existe, du Règlement).

le 19 .

---

(1) Si le nombre est inférieur à vingt, ajouter :

« Conformément à l'article 6 des Statuts les présidents des nouvelles associations adhérentes feront partie de droit du dit Bureau jusqu'à ce que ses membres soient au nombre de vingt.

Nota. — Il sera procédé pour le dépôt des Statuts comme pour les syndicats et Unions de Syndicats (V. formules 1 et 4).

(2) ou de la Société d'assurances mutuelles, ou de la Caisse d'assurances mutuelles, ou de la Caisse de prévoyance, ou de la Société de secours mutuels, etc. (désigner le titre) — contre la mortalité des bestiaux de

CHAPITRE IV

Assurances diverses (1)

Assurance contre la grêle

(*a*) Caisse fondée par un Syndicat agricole.

Syndicat professionnel agricole d
Commune d

RÈGLEMENT FORMULE N° 28

CONCERNANT LE COMPTE DE PRÉVOYANCE CONTRE LA GRÊLE

Article 1er. — Le Syndicat agricole du ou des cantons de fait centraliser à part les fonds versés en plus de leurs cotisations annuelles, par ceux de ses membres et des habitants ou possesseurs de récoltes non syndiqués — mais remplissant les conditions voulues pour être admis s'ils le demandent plus tard — de la commune de , qui désirent, par mesure de prévoyance, se précautionner contre la grêle.

Art. 2.—Ces fonds, versés dans un but déterminé, forment une caisse spéciale, absolument distincte de celle du Syndicat, mais sous la surveillance du trésorier du Syndicat, qui, chaque année, à l'assemblée générale du Syndicat, en fait l'objet d'un rapport.

Art 3. – Au moyen de cette caisse spéciale, le Syndicat organisera dans la commune de la défense contre la grêle, par les détonations de l'artillerie

Art. 4 — Tout membre du Syndicat ou intéressé qui voudra participer au compte de prévoyance, devra apposer sa signature sur le registre d'adhésion tenu par le secrétaire de la commission de prévoyance dont il sera parlé plus loin.

Art. 5. · Les démissions seront données par lettre recommandée au directeur de la commission de prévoyance ; elles ne seront acceptées qu'autant que le participant aura acquitté sa contribution annuelle et rempli toutes ses obligations.

Art. 6. — La commission de prévoyance pourra prononcer l'exclusion d'un participant pour faute grave, notamment pour défaut de paiement de la contribution annuelle.

Art. 7. — En cas de démission ou d'exclusion, le participant ne conserve aucun droit sur le fonds de prévoyance.

Art. 8. — Chaque participant s'engage à verser chaque année, une contribution pécuniaire, mais il n'y a aucune soli-

(1). Voir 1re partie, chap. V, page 159, et 2e partie, chap. IV, page 228.

darité entre les participants. Chacun d'eux n'est tenu qu'au maximum des contributions annuelles fixées ci-après.

Art. 9. — La contribution pécuniaire annuelle est établie par hectare ou fraction d'hectare. Elle est fixée par la commission de prévoyance, d'accord avec le bureau du Syndicat, au commencement de chaque exercice. L'excédent des recettes sur les dépenses servira à constituer un fonds de réserve, Ce fonds de réserve pourra atteindre la somme de 3.000 fr.

Art. 10. — Avant la réunion générale de fin d'exercice qui aura lieu à l'automne, avant l'assemblée générale du Syndicat, le secrétaire de la commission adressera à chaque participant, sous forme de lettre d'avis, le compte de ce qu'il aura à verser à la dite réunion, c'est-à-dire la contribution pécuniaire pour l'exercice suivant. Passé le délai d'un mois après ladite réunion, si le participant n'a pas payé, il pourra être poursuivi à la requête du Président du Syndicat, il pourra en outre être exclu. (Art. 6.)

Art. 11. Les participants s'engagent pour un an. Au bout de ce temps, ils restent engagés pour une nouvelle année s'ils n'ont donné leur démission un mois d'avance.

En cas de décès d'un participant, ses héritiers sont tenus de ses engagements pour l'année entière. Si un participant abandonne la culture ou quitte la circonscription de prévoyance, il perd tout droit aux sommes qu'il aura versées et demeure néanmoins tenu de remplir toutes les obligations de l'année.

Art. 12. — Une commission de prévoyance administre sous la surveillance du bureau du Syndicat. Elle se compose d'un directeur, d'un trésorier, d'un secrétaire nommés par le bureau du Syndicat. Ces fonctions sont gratuites et elles seront confiées à des participants.

La commission peut s'adjoindre des assesseurs ; elle peut, de plus, désigner des commissaires de tir dans les différentes parties de la circonscription de prévoyance. Le directeur convoque tous les auxiliaires quand il le juge à propos pour préparer et assurer le bon fonctionnement du tir. Il préside les réunions des participants.

Le secrétaire se charge de la correspondance, des procès-verbaux, de la tenue des registres.

Le trésorier fait rentrer les contributions, reçoit les fonds de toute provenance, acquitte les dépenses (notamment l'assurance contre les accidents corporels occasionnés par le tir) et fait l'emploi des fonds déterminé par la commission de prévoyance et sous le contrôle du Syndicat. Il reste dépositaire des espèces et titres appartenant au Compte de prévoyance.

Art. 13. — Les membres de la commission de prévoyance, les assesseurs, les commissaires de tir, ne contractent, en raison de leur gestion, aucune obligation personnelle ou solidaire. Relativement aux engagements du compte de prévoyance, ils ne répondent que de l'exécution de leur mandat.

Art. 14. — Le compte de prévoyance contre la grêle de est alimenté par :

1° La contribution pécuniaire annuelle ;

2° Les dons et legs faits au Syndicat pour être affectés spécialement au compte grêle de

3° Les subventions ou avances qui peuvent, dans le même but, être versées par l'État, le Département, les Communes, un syndicat ou une union de syndicats agricoles, une société ou une association agricole, etc.

Art. 15. — Le présent règlement pourra être modifié par les participants en réunion générale.

La cessation de fonctionnement du compte devra être notifiée par le Syndicat en Assemblée générale, et, dans ce cas, le solde en caisse devra être employé à une œuvre d'intérêt agricole dans la commune.

En cas de dissolution du Syndicat, les fonds du compte de prévoyance serviront à fonder une caisse de secours contre la grêle dans la commune de

Art. 16. — Le Syndicat pourra autoriser la commission de prévoyance à s'entendre avec la commission d'un compte voisin pour mieux assurer la défense contre la grêle.

(*b*) **Caisse fondée, isolément, comme Syndicat.**

Syndicat agricole de prévoyance contre la grêle, de

établi suivant la loi du 21 mars 1884

STATUTS — FORMULE N° 29.

1 — CONSTITUTION DU SYNDICAT. — DURÉE. — OBJET.

Article premier. — Il est formé entre les soussignés et ceux qui adhèreront aux présents Statuts une association syndicale agricole régie par la loi du 21 mars 1884.

L'Association prend le titre de : *Syndicat agricole de prévoyance contre la grêle*, de

Son siège est établi à

Sa durée est illimitée. Elle commencera le jour du dépôt de ses Statuts à la Mairie.

Art. 2. — L'objet de l'Association est d'organiser dans l (canton, arrondissement, département ou, simplement, dans la commune de) la défense contre la grêle par les détonations de l'artillerie.

Art. 3. — Le Syndicat pourra étendre son objet aux autres améliorations et opérations agricoles, dans les termes de la loi du 21 mars 1884 et, notamment, créer et faire partie de tous Syndicats et de toutes *Unions de Syndicats* tendant au même but, adhérer à leurs Statuts et s'y faire représenter par l'un ou plusieurs de ses membres.

II. ADMISSIONS. — DÉMISSIONS. — EXCLUSIONS.

Art. 4. — Peuvent faire partie du Syndicat, sans distinction de domicile :

Les propriétaires de fonds ruraux les faisant valoir, soit par eux-mêmes, soit par autrui, les fermiers, métayers et, en général, toute personne possédant, à un titre quelconque, dans le rayon du Syndicat, des récoltes qu'elle désire protéger contre la grêle.

Art. 5. — Les demandes d'admission seront adressées au Bureau du Syndicat qui prononcera l'admission ou la refusera sans être tenu de motiver sa décision.

Art. 6. — Les démissions seront données par lettre recommandée adressée au Président du Syndicat Elles ne seront acceptées qu'autant que le syndiqué aura acquitté sa contribution annuelle et rempli toutes ses obligations.

Art 7. — Le Bureau pourra prononcer l'exclusion d'un membre pour faute grave, notamment pour défaut de paiement de la cotisation annuelle.

Art. 8 — En cas de démission ou d'exclusion, le membre démissionnaire ou exclu ne conserve aucun droit sur les fonds du Syndicat.

III. — CONDITIONS GÉNÉRALES. — COTISATIONS.

Art. 9. — Chaque membre s'engage à verser annuellement une contribution pécuniaire, mais il n'y a aucune solidarité entre les syndiqués. Chacun d'eux n'est tenu qu'au maximum des contributions annuelles fixées ci-après.

Art. 10.— La contribution annuelle est établie par hectare ou fraction d'hectare. Elle est fixée par la *Commission de prévoyance*, dont il va être ci-après parlé, d'accord avec le

Bureau du Syndicat, et ce, au commencement de chaque exercice.

L'excédent des recettes sur les dépenses servira à constituer un fonds de réserve. Ce fonds pourra atteindre la somme de... (3,000 fr. environ).

Art. 11. — Les adhérents s'engagent pour un an. Au bout de ce temps, ils restent engagés pour une nouvelle année, s'ils ont donné leur démission un mois d'avance.

Art. 12. — Avant la réunion générale de fin d'exercice, qui aura lieu à l'automne, chaque participant recevra du secrétaire de la Commission de prévoyance, sous forme de lettre d'avis, le compte de ce qu'il aura à verser à ladite réunion, c'est-à-dire la contribution pécuniaire pour l'exercice suivant. Passé le délai d'un mois après ladite réunion, si le participant n'a pas payé, il pourra être poursuivi et, en outre, exclu (art. 7).

Art. 13. — En cas de décès d'un participant, ses héritiers sont tenus de ses engagements pour l'année entière.

Si un participant abandonne la culture ou quitte le rayon du Syndicat, il perd tout droit aux sommes qu'il aura versées et demeure néanmoins tenu de remplir toutes les obligations de l'année.

IV. — ADMINISTRATION DU SYNDICAT.

Art. 14. — Le Syndicat est administré par un Bureau, une Commission de prévoyance, et l'assemblée générale.

§ 1er. — *Bureau.*

Art. 15. — Le Bureau se compose de : un Président, un Vice Président, un Secrétaire, un Trésorier, et de · membres (3 à 20 membres).

Le Bureau est élu pour trois ans, par le Syndicat, en Assemblée générale, à la majorité des suffrages exprimés. Le vote pourra avoir lieu par correspondance. Les membres sortants sont rééligibles.

Art. 16. — Le Bureau exécute toutes les mesures votées par l'assemblée générale et représente le Syndicat dans toutes les circonstances.

Art. 17. — Il a tous pouvoirs pour administrer le Syndicat, faire tous réglements intérieurs pour son fonctionnement, contracter toute assurance contre les accidents corporels occasionnés par le tir, établir le budget des recettes et des dépenses, faire les paiements et recouvrements, accepter les dons, legs et subventions faits légalement, déterminer l'emploi des fonds en caisse, conclure tous marchés, donner toutes quittances et main-levées, ester en justice, exercer toutes actions judiciaires, transiger, compromettre, nommer et révoquer tous agents, employés, délégués, préposés, experts et arbitres.

Art. 18. — Le Bureau se réunit obligatoirement au moins une fois tous les trois mois, et facultativement, toutes les fois que le Président ou deux membres du Bureau, ou la Commission de prévoyance le jugent utile.

Art. 19. — Le Président du Bureau est Président du Syndicat. Il fait les convocations aux réunions et aux assemblées, dirige les débats et les travaux de l'association, préside les séances du conseil et l'assemblée générale; sa voix est prépondérante en cas de partage Le vote est acquis à la majorité des membres présents.

Art. 20. — Le secrétaire du Bureau fait la correspondance, rédige les procès-verbaux des réunions et des assemblées générales où il remplit les fonctions de secrétaire.

Le trésorier centralise les recettes et les dépenses, tient les livres de comptabilité, fait le placement des fonds, suivant la décision du Bureau, et dresse les bilans pour l'assemblée générale.

Il est chargé d'assurer et de contrôler le service financier confié au trésorier de la Commission de prévoyance.

§ 2. — *Commission de prévoyance.*

Art. 21. — Une *Commission de prévoyance* administre sous la surveillance du Bureau du Syndicat. Elle se compose d'un Directeur, d'un Trésorier et d'un Secrétaire, nommés par le Bureau et pris parmi les participants. Ces fonctions sont gratuites.

La Commission peut s'adjoindre des assesseurs ; elle peut, de plus, désigner des commissaires de tir dans les différentes parties du rayon du Syndicat. Le Directeur convoque tous les auxiliaires quand il le juge utile pour préparer et assurer le bon fonctionnement du tir

Il préside les réunions de la Commission, qu'il convoque chaque fois qu'il le juge nécessaire.

Le Secrétaire est chargé de la correspondance, des procès-verbaux, en un mot de toutes les écritures concernant les opérations de la Commission.

Le Trésorier fait rentrer les contributions et acquitte les dépenses indiquées par le Trésorier du Syndicat, sous le contrôle duquel il est placé et auquel il remet les fonds disponibles.

§ 3. — *Assemblée générale.*

Art. 22. — L'Assemblée générale, composée de tous les membres du Syndicat, aura lieu une fois par an, en automne. Elle pourra, en outre, être réunie extraordinairement toutes les fois que le Bureau le jugera nécessaire. Ses décisions sont prises à la majorité absolue des membres présents, sauf les exceptions prévues aux articles 26 et 27, Le vote, hors les cas prévus aux articles 26 et 27, pourra avoir lieu par correspondance. Les pouvoirs de l'Assemblée sont illimités. Elle examinera, notamment, les comptes de l'exercice arrêtés et présentés par le Bureau du Syndicat et les approuvera, s'il y a lieu.

§ 4. — *Responsabilité administrative.*

Art. 23. — Les membres du Bureau de la Commission de prévoyance, les assesseurs et les commissaires de tir ne contractent en raison de leurs arttibutions aucune obligation personnelle ou solidaire. Ils ne répondent que de l'exécution de leur mandat.

§ 5. — *Personnalité du Syndicat.*

Art. 24. — Le Bureau délègue ses pouvoirs au Président qui agit au nom du Syndicat et le représente dans tous les actes de la vie civile. Il peut se faire remplacer, par délégation spéciale, par un membre du Bureau ou du Syndicat.

V. — *Patrimoine du Syndicat.*

Art. 25. — Le patrimoine du Syndicat est formé au moyen :

1° de la contribution annuelle des membres du Syndicat ;

2° des dons et legs qui peuvent lui être faits ;

3° des intérêts de placement des fonds sans emploi ;

4° des subventions qui peuvent lui être accordées par l'Etat, le département, les communes, une Caisse de Crédit agricole, et toute association ou institution voulant favoriser l'objet que se propose le Syndicat.

VI. — MODIFICATIONS AUX STATUTS. — DISSOLUTION.

Art. 26. — Les présents statuts peuvent être revisés, modifiés ou complétés par l'Assemblée générale.

Pour être valable, toute modification devra être approuvée par les 2/3 des membres *présents* après avoir été, préalablement, examinée et soumise à l'assemblée par le Bureau.

Art. 27. — En cas de dissolution, qui ne pourra être prononcée que par l'assemblée générale et à la majorité des

3/4 des membres *présents*, le Bureau sera chargé de la liquidation.

Le fonds social pourra être employé à une œuvre d'intérêt agricole et, spécialement, à la création d'une caisse de secours contre la grêle, et ce, dans le rayon du Syndicat.

VII. — DÉPÔTS

Art. 28. — Conformément à l'art. 4 de la loi du 21 mars 1884, deux exemplaires des présents statuts, avec la liste des membres du Bureau et de la Commission de prévoyance seront déposés à la Mairie aussitôt après la nomination des dits membres.

Le Président

Warrants agricoles (1)

(Modèle joint à la Circulaire ministérielle du 16 août 1898)

FORMULE N° 30.

N°

JUSTICE DE PAIX D

DÉPARTEMENT d

WARRANT AGRICOLE

(Loi du 18 juillet 1898)

(1) Emprunteur.... Nom...... Prénoms.. Domicile... Qualité....	
(2) Montant des sommes à emprunter..........	
(3) Produit warranté... Nature.... Valeur.... Quantité... Situation..	
(4) Nom et adresse du propriétaire, de l'usufruitier ou de leur mandataire légal..................	
Et date à laquelle l'avis de l'emprunteur lui a été envoyé..................	
Date de la réception du consentement du propriétaire, de l'usufruitier ou de leur mandataire légal ou mention de l'absence d'opposition dans les douze jours de l'envoi de l'avis.	
Mention de l'assurance ou de la non-assurance du produit warranté........	
(5) Nom et adresse de l'assureur.............	

A ...., le ....

Le Greffier de la Justice de Paix

Date du remboursement de l'emprunt et radiation de l'inscription........	

WARRANT AGRICOLE — LOI DU 18 JUILLET 1898

N°

JUSTICE DE PAIX D

DÉPARTEMENT D

WARRANT AGRICOLE

(LOI DU 18 JUILLET 1898)

M. (1) ....

a déclaré vouloir emprunter la somme de (2)

sur (3) ....

M. (4) ....

a reçu l'avis prescrit par l'article 2 de la loi du 18 juillet 1898. Il n'a pas formé opposition.

La marchandise qui fait l'objet du présent warrant a été assurée par M. (5) ....

Timbre
de la justice de paix.

A..............., le............... 190 .

Le Greffier de la Justice de Paix,

1. Voir 1re Partie, chap. VI, page 177, et 2e Partie, chap. V, page 232.

PREMIER ENDOSSEMENT

Bon pour transfert du présent warrant à l'ordre de M. ....

demeurant à ....

sur garantie de la somme de ....

payable le ....

intérêts compris.

Le .... 190 .

WARRANT AGRICOLE — LOI DU 18 JUILLET 1898

TRANSCRIPTION DES ENDOSSEMENTS ULTÉRIEURS AU WARRANT

Désignation du warrant	Date de la transcription	Noms et domiciles des cessionnaires

Caisses locales et Caisses régionales de Crédit agricole mutuel

(Annexe à la 1re Partie, page 110 (n° 5), et page 13c(n° 5).

FORMULE N° 31.

Comptabilité d'une Caisse régionale (ou locale).
(Pour la Caisse locale, les comptes particuliers seuls diffèrent).

JOURNAL-GRAND LIVRE

Nota. — S'il y a des *Valeurs mobilières*, un *mobilier*, etc., on ouvre de nouvelles colonnes sous ces mêmes titres.

N° des comptes particuliers Déb.	Cr.	COMPTES GÉNÉRAUX au Débit de	par le Crédit de	OPÉRATIONS	SOMMES	CAISSE Recettes Débit	Paiements Crédit	COMPTES-COURANTS (Dépôts, Avances de l'État, Cptes-courants avec divers) D.	C.	EFFETS A PAYER (Bons à échéance fixe, Acceptations) D.	C.	EFFETS A RECEVOIR (Effets, Warrants) D.	C.	ESCOMPTES & INTÉRÊTS sur Dépôts, Bonis, Prêts et Emprunts D.	C.	CAPITAL (Parts) D.	C.	SOUSCRIPTEURS (Parts) D.	C.	INTÉRÊTS sur PARTS Bonis aux sociétaires D.	C.	RÉSERVES (Légale et Spéciale) D.	C.	PROFITS et PERTES (Frais généraux, Dépenses d'administr. Divers) D.	C.
				— 15 Janvier —																					
1		Souscript.	à Capital.	Caisse de X, sa souscript. à 20 parts de 50 f.	1.000 »																				
2		»	»	» » X, » » à 100 » » »	5.000 »																				
3		»	»	» » X, » » à 200 » » »	10.000 »																				
4		»	»	Divers (à détailler), 1/ souscr. à 80 » » »	4.000 »												20.000 »	20.000 »							
	1	Caisse	» Souscript.	Caisse de X, son versement du 1/4 sur 20 parts.	250 »																				
	2	»	»	» » X, » » » » 100 »	1.250 »																				
	3	»	»	» » X, » » » » 200 »	2.500 »																				
	4&s.	»	»	Divers (à détailler), 1/ vers' » » 80 »	1.000 »														5.000 »						
	1	»	» Cpt. cour.	Pierre, son versement. Dépôt vue	3.000 »																				
	2	»	»	L'État, son avance	5.000 »				8.000 »																
		»	» Eff. à pay.	Notre bon Jean, au 15 juillet	2.000 »	15…00 »					2.000 »														
		Pr. & Pert.	» Caisse	Fournitures de bureau, imprimés, etc.	50 »																			50 »	
4		Cpt. cour.	» »	Caisse de X, notre avance espèces	1.000 »			1.000 »																	
		Eff. à rec.	» »	» » X, son eff Louis de 500f au 15 avril net.	493 75		1.543 75					500 »													
		»	» Esc. & Int.	Escompte sur le dit effet, 90 jours à 5 % (1)	6 25										6 25										
		»	» Caisse	Caisse de X, warrant Félix 800f au 15 juillet net	778 80		778 80					800 »													
		»	» Esc. & Int.	Escompte sur le dit, 191 jours à 5 %	21 20										21 20										
				— 20 Janvier —																					
		Caisse	à Eff. à rec.	Réescompté (à telle Banque) eff. 500 au 15 avr. net	496 45	…96 45							500 »												
		Esc. & Int.	» »	Escompte sur le dit, 85 jours à 3 %	3 55									3 55											
		Eff. à rec.	» Caisse	Caisse de X, eff. Joseph de 1000 au 20 avril net.	987 50		987 50					1.000 »													
		»	» Esc. & Int.	Escompte sur le dit, 90 jours à 5 %	12 50										12 50										
	3	Caisse	» Cpt. cour.	Léon, son versement. Dépôt vue	200 »	…00 »			200 »																
				— 25 Janvier —																					
1		Cpt. cour.	à Caisse	Pierre, notre remboursement sur dépôt	300 »		300 »	300 »																	
Nota. — On reporte après le total du mois courant celui des mois précédents, et ce, jusqu'à la fin de l'année.				Total des opérations de Janvier	39.350 »	15…96 45	3.610 05	1.300 »	8.200 »		2.000 »	2.300 »	500 »	3 55	39 95		20.000 »	20.000 »	5.000 »	»	»	»	»	50 »	»
				» » » Février à Novembre	1.014.685 »	410…00 »	419.435 »	1.500 »	45.000 »	2.000 »	20.000 »	420.000 »	300.000 »	35 »	5.250 »		180.000 »	180.000 »	45.000 »					1.150 »	
				» » » à fin Novembre	1.054.035 »	425…96 45	423.045 05	2.800 »	53.200 »	2.000 »	22.000 »	422.300 »	300.500 »	38 55	5.289 95	»	200.000 »	200.000 »	50.000 »	»	»	»	»	1.200 »	»
				— 1er Décembre —																					
		Caisse	à Eff. à rec.	Encaissement d'effets échus	30.500 »								30.500 »												
	15	»	» Cpt. cour.	Jules, son versement. Dépôt vue	1.500 »	32…00 »			1.500 »																
		Cpt. cour.	» Caisse	Léon, son retrait pour solde	200 »			200 »																	
		Esc & Int.	» »	» Intérêts du 17 mai, 197 j. à 2 1/2 %	2 70		202 70							2 70											
				— 5 Décembre —																					
		Eff. à pay.	à »	Notre rembours' bon Louis à 6 mois, capital	500 »					500 »															
		Esc. & Int.	» »	Intérêts à 3 % sur le dit	7 50									7 50											
		Eff. à rec.	» »	Divers (à détailler). Leurs effets 25.000 net	24.687 50		25.195 »					25.000 »													
		»	» Esc. & Int.	» Escompte 90 jours à 5 %	312 50										312 50										
				— 31 Décembre —																					
		Pr. & Pert.	à Caisse	Dépenses d'administration, personnel, etc	150 »		150 »																	150 »	
					57.860 20	32…00 »	25.547 70	200 »	1.500 »	500 »	»	25.000 »	30.500 »	10 20	312 50	»	»	»	»	»	»	»	»	150 »	»
				Report fin Novembre	1.054.035 »	425…96 45	423.045 05	2.800 »	53.200 »	2.000 »	22.000 »	422.300 »	300.500 »	38 55	5.289 95	»	200.000 »	200.000 »	50.000 »	»	»	»	»	1.200 »	
					1.111.895 20	457…96 45	448.592 75	3.000 »	54.700 »	2.500 »	22.000 »	447.300 »	331.000 »	48 75	5.602 45	»	200.000 »	200.000 »	50.000 »	»	»	»	»	1.350 »	
				— 31 Décembre (arrêté des comptes au) —																					
		Cpt. cour.	à Esc. & Int.	Caisse de X, 350 j. int. sur 1.000 f. à 4 %	38 90			38 90							38 90										
		Esc & Int.	» Cpt. cour.	(A détailler) .... » » 27.700 f. à 2 1/2 %	792 50				792 50																
		»	» Rés. spéc.	L'État, ... » » 25.000 f. à 2 1/2 %	625 »																		625 »		
		»	» Int. s/ par''	Int. statutaire s/ cap. Vers' 50.000, 6 m' à 3 %	750 »																750 »				
		»	» Pr. & Pert.	» s/ eff. à payer (Bons) 19 500 f. à 4 %	390 »																				
		»	» »	Esc s/ eff. non échus, 45 j. sur 116 300 à 5 %	726 90									3.284 40											1.116 90
		»	» »	Balance du compte Esc. et Int. {Cr. 5.641 f. 35 / Déb. 3.333 f. 15}	2.308 20									2.308 20											2.308 20
		Pr. & Pert.	» Rés. légale	3/4 des bénéfices nets sur 2.075 fr. 10	1.556 35																		1.556 35		
		»	» Int. s/ par'	1/4 » » »	518 75																518 75			2.075 10	
				TOTAUX DES OPÉRATIONS DE L'ANNÉE (2)	1.119.601 80	457…96 45	448.592 75	3.038 90	55.492 50	2 500 »	22.000 »	447.300 »	331.000 »	5.641 35	5.641 35	»	200.000 »	200.000 »	50.000 »	»	1.268 75	»	2.181 35	3 425 10	3.425 10

(1) **Méthode pratique pour calculer promptement les intérêts.**
…pour une somme, un nombre de jours et à un taux quelconques. …multiplie la somme par le taux et on divise par 100. — Exemp…

…100 = 10 fr.)

En banque, l'année est comptée pour 360 jours. Le jour de l'opération ou celui de l'échéan[ce] … l'un ou l'autre — ne compte pas. — Dans les calculs, on néglige les centimes. Une somme [de …]0 fr. 60, par exemple, est comptée pour 500 fr. Du 15 janvier au 15 avril, à 5 %, sur 500 f[r.] …ntérêt sera, suivant ces principes, calculé ainsi :

…ombre { du 16 au 31 janvier .... 16 jours ‖ mois de mars .... 31 jours } Tota[l]
…jours { mois de février .... 28 ‖ du 1er au 15 avril .... 15 — } 90 jou[rs]

Or, 90 jours × 500 = 45.000. On divise par mille. Les trois derniers chiffres sont les centim[es] …
On prend le sixième qui est de 7 fr. 50 représentant les intérêts à 6 %. — A 5 %, on retranc[he] …6e ; — à 4 %, 1/3 ; — à 3 %, 1/2 ; — à 2 %, 2/3 des 7,50 et on obtient, suivant le taux, l'intérêt exa[ct].
Quand il y a des fractions d'intérêt, comme 1/4, 1/2, 3/4, on prend d'abord le 1/6e des 7,50, … …onne 1 % ou 1 fr. 25, puis le 1/4, la 1/2 ou les 3/4 de ces 1,25, que l'on ajoute au taux entier. …xemple : Int. à 4 1/2 : à 6 % = 7,50 — 1/3 = 5 fr. + 1/2 de 1,25 = 0 fr. 62 1/2 — Total, 5 fr. 62 1/2.

BALANCE

(2) BALANCE MENSUELLE — Situation au 31 Décembre —

	Opérations Débit	Crédit	Soldes Débit	Crédit
Caisse	457.696 45	448.592 75	9.103 70	»
Comptes-courants	3.038 90	55.492 50	»	52.453 60
Effets à payer	2.500 »	22.000 »	»	19.500 »
Effets à recevoir	447.300 »	331.000 »	116.300 »	»
Escomptes et Intérêts	5.641 35	5.641 35	»	»
Capital	»	200.000 »	»	200.000 »
Souscriptions de parts	200.000 »	50.000 »	150.000 »	»
Intérêts s/ Parts et Bonis	»	1.268 75	»	1.268 75
Réserves	»	2.181 35	»	2.181 35
Profits et Pertes	3.425 10	3.425 10	»	»
	1.119.601 80	1.119.601 80	275.403 70	275.403 70

BILAN

(2) BILAN DE FIN D'EXERCICE — Bilan au 31 Décembre —

Actif		Passif			
Capital restant à appeler	150.000 »	Capital			200.000 »
Espèces en Caisse	9 103 70	Comptes-courants créditeurs (a)	l'État	25.000 »	(a) 53.453 60
Comptes-courants débiteurs	1.000 »		Divers	28.453 60	
Effets en portefeuille	116.300 »	Effets à payer	Bons		19.500 »
			Acceptations		»
		Intérêts sur parts et Bonis	Parts	750 »	1.268 75
			Bonis	518 75	
		Réserves	Légale	1.556 35	2.181 35
			Spéciale	625 »	
		(a) Au crédit		53.453 60	
		Au débit		1.000 »	
	276.403 70	Chiffre net du Grand-Livre		52.453 60	276.403 70

Crédit agricole mutuel

Comptabilité des Caisses locales et régionales (*suite*).

FORMULE N° 32.

PRÊTS ET AVANCES PAR LA CAISSE. — LIVRE DES **EFFETS A RECEVOIR** — BILLE[TS] A ORDRE, TRAITES ET WARRANTS ESCOMPTÉS.

ENTRÉE (au débit d'Effets à Recevoir)										SORTIE (au crédit d'Effets à Recevoir)			
DATES des opérations	DATES de création des effets	SOUSCRIPTEURS DE BILLETS, TITULAIRES DE WARRANTS, TIREURS DE TRAITES	(1)	PAYEURS DES BILLETS, WARRANTS, TRAITES — Noms, profession, domicile	Lieu de paiement	CÉDANTS ou Endosseurs à la Société	N° d'ordre des effets	ÉCHÉANCE	SOMMES (2)	DATE	CESSIONNAIRE (ou autre mode de sortie)	COMPTES DÉBITÉS	SOMMES (2)
1900	1900							1900		1900			
		OPÉRATIONS DES CAISSES RÉGIONALES											
Janvier 15	Janvier 10	Louis, cultivateur à Albert, » à (caution)	B	Le dit	Celui inscrit sur l'effet	Caisse locale de X.	1	Avril 15	500 »	Janvier [2]0	Banque de France (Esc^te)	Caisse	500 »
» »	» 5	Félix, » à	W	Le dit	»	»	2	Mars 15	800 »	Mars [1]5	Encaissement	»	800 »
» 20	» 15	Joseph, » à	B	Le dit	»	»	3	Avril 20	1.000 »	Avril [2]0	Renouvellement	Cpt. cour Caisse de X.	1.000 »
» 25	» 20	Pierre, » à	T	Mallet, crémier, rue , à Lyon.	»	»	4	» 25	475 »	Janvier [3]1	Société Générale (Esc.)	Caisse	475 »
31	» 25	Caisse de X	B	La dite (souscripteur).	»	La dite.	5	» 30	1.000 »	Avril [3]0	Encaissement partiel Renouvellement	Caisse 500 Cpt. cour. Caisse de X 500	1.000 »
									3.775 »				3.775 »
		OPÉRATIONS DES CAISSES LOCALES											
Janvier 15	Janvier 10	Jean, cultivateur à du Syndicat de	T	Bernard, marchand de beurre, rue à Paris.	»	Jean (tireur)	1	Avril 15	200	Janvier [1]5	Caisse régionale de	Cpt. cour. La dite	200 »
» »	» 10	Syndicat de X	B	Le dit Syndicat (souscripteur).	»	Le dit.	2	» »	1.000 »	» [2]0	» (Esc.)	Caisse	1 000 »
» 25	» 20	Hervieu, cultivat^r à du Syndicat de	B	Le dit.	»	Syndicat de X.	3	» 25	600 »	Avril [2]5	Encaissement	»	600 »
» 31	» 25	Albin, » à »	B	Le dit.	»	Le dit.	4	» 30	200 »				1.800 »
											En portefeuille……………		200 »
									2.000 »				2.000 »

(1). B. Bon. — W. Warrant. — T. Traite.

(2). Ces sommes do[i]vent toujours concorder.

FORMULE N° 33.

EMPRUNTS DE LA CAISSE. — LIVRE DES **EFFETS A PAYER** — BON[S] ET BILLETS A ORDRE ÉMIS, TRAITES ACCEPTÉES.

ÉMISSION DE BONS, BILLETS A ORDRE, ACCEPTATIONS (au crédit d'Effets à Payer)										RENTRÉE DES EFFETS (au débit d'Effets à Payer)		
DATES des opérations	DATES de création des effets	BÉNÉFICIAIRES DES BONS, BILLETS A ORDRE, ACCEPTATIONS, par nous délivrés.	(1)	DERNIER ENDOSSEUR DES TRAITES (auquel, après acceptation, elles ont été rendues par nous)	Lieu de paiement du principal et des intérêts	N° d'ordre	ÉCHÉANCE	SOMMES — Billets à ordre Acceptations	SOMMES — Bons à échéance fixe	DA[TE]	COMPTE CRÉDITÉ	SOMMES
		OPÉRATIONS DES CAISSES RÉGIONALES						(2)				(2)
1900 Janvier 10	Janvier 10	Richard, propriétaire à (notre Bon)	B		Notre Caisse	1	1900 Juillet 10	»	1.000 »	1900 Ju[i]llet 10	Caisse	1.000 »
» 15	» 5	Caisse locale de X (sa disposition pour solde)	A	Banque de France de	»	2	» Mars 15	600 »	»	» Ma[r]s 15	»	600 »
» 25	» 25	» » (n/ couverture »)	BO		»	3	» Avril 20	500 »	»	» A[v]ril 20	»	500 »
» 31	» 31	Syndicat de (sa disposition s/ Cpt.cour.)	A	Banque populaire de	»	4	» Février 28	300 »	»	» Fé[v]rier 28	»	300 »
» »	» 25	L'État (notre engagement pour son avance)	A		au Trésor à Paris	5	1903 Janvier 31	1.000 »	»			
» »	» »	» » »	A		»	6	1904 » »	1.000 »	»			
» »	» »	» » »	A		»	7	1905 » 31	1.000 »	»			2.400 »
								5.400 »			A échoir…………	3.000 »
		OPÉRATIONS DES CAISSES LOCALES						(2)				(2)
1900 Janvier 10	Janvier 10	Richard, propriétaire à (notre Bon)	B		Notre Caisse	1	1900 Juillet 10	»	1.000 »	1900 Ju[i]llet 10	Caisse	1.000 »
» 15	» 5	Caisse de X (sa disposition pour solde)	A	Banque de France à	»	2	» Mars 15	600 »	»	» Ma[r]s 15	»	600 »
» 25	» 25	» (n/ couverture »)	BO		»	3	» Avril 20	500 »	»	» A[v]ril 20	»	500 »
» 31	» 31	Lambert, négociant à (notre Bon)	B		»	4	1901 Janvier 31	»	1.000 »			
» »	» 20	Syndicat de (sa disposition en Cpt.)	A	Banque populaire de	»	5	1900 Février 28	300 »	»	1900 Fé[v]rier 28	Caisse	300 »
								1.400 »	2.000 »			2.400 »
								3.400 »			A échoir…………	1.000 »
												3 400 »

(1). B. Bon. — A. Acceptation. — BO. Billet à ordre.

(2). Ces sommes doivent toujours concorder.

agricole mutuel
(n° 5).

Nota. — S'il y a
on ouvre de n

ESCOMPtes & INTÉRÊTS sur Dépôts, Bonis, Prêts et Emprunts		CAPITAL (Parts)		SOUSCRIPTEURS (Parts)		INTÉRÊTS sur PA Bonis aux sociétai	
D.	C.	D.	C.	D.	C.	D.	C.
»	»	»	20.000 »	20.000 »			
»	»	»	»	»	5.000 »		
»	»	»	»	»	»	»	»
»	6 25						
»	21 20						
3 55							
»	12 50						
3 55	39 95		20.000 »	20 000 »	5.000 »	»	»
35 »	5.250 »		180.000 »	180.000 »	45.000 »		
38 55	5.289 95	»	200.000 »	200.000 »	50.000 »	»	»
2 70							
7 50							
»	312 50						

QUATRIÈME PARTIE

PRINCIPALES MESURES
LÉGISLATIVES ET ADMINISTRATIVES

PRISES OU PROJETÉES EN FAVEUR DE L'AGRICULTURE

PENDANT L'IMPRESSION DE CE LIVRE

(Supplément aux 1re et 2me Parties)

CHAPITRE PREMIER

Crédit agricole mutuel

I. — Caisses locales

Modification à la loi du 5 novembre 1894. — La Chambre des députés a adopté, le 17 décembre 1900, la modification, à l'article 6 de cette loi, dont nous avons donné le texte page 205. Le Sénat, saisi de ce projet de loi, l'a renvoyé, le 20 du même mois, à la Commission chargée d'examiner la proposition de loi de M. Laterrade sur le crédit agricole. La question en est là.

II. — Caisses régionales. — Avances de l'Etat

1° *Augmentation de l'importance des avances de l'Etat* — Une loi du 25 décembre 1900 a modifié ainsi qu'il suit la loi du 31 mars 1899 donnée page 205 :

Article unique. — Le premier paragraphe de l'article 3 de la loi du 31 mars 1899 est et demeure modifié de la manière suivante :

Le montant des avances faites aux caisses régionales ne pourra excéder le quadruple du montant du capital versé en espèces.

On sait qu'auparavant le chiffre des avances ne pouvait excéder le montant du capital versé. Il y a donc, dans cette mesure, dont nous désirions, avec beaucoup d'autres, la réalisation, une sérieuse amélioration qui ne peut avoir que d'excellents effets pour les agriculteurs et la diffusion du crédit agricole.

2° *Placement des fonds affectés aux avances de l'État.* — A la séance de la Chambre, du 24 décembre 1900, M. le Ministre des Finances et M. le Ministre de l'Agriculture, suivant leur promesse faite le 3 du même mois à la Chambre, — qui avait adopté, du reste, un amendement dans ce sens — ont déposé un projet de loi ayant pour objet « le versement à la Caisse des dépôts et consignations des fonds affectés aux avances à consentir en faveur des Caisses régionales de crédit agricole mutuel ».

Le but de cette loi est de faire produire des intérêts aux fonds à verser par la Banque de France, en renouvellement de son privilège, afin de grossir le montant des dits fonds, et ce, dans l'intérêt de l'agriculture à laquelle ils doivent être prêtés par les Caisses locales qui les recevront des Caisses régionales.

3° *Loi budgétaire de 1901.* — Ministère de l'Agriculture. — « Chapitre 10. Avances aux Caisses régionales de crédit agricole mutuel (loi du 31 mars 1899). — Mémoire. »

III. — **Le Crédit mutuel agricole en Algérie** (1)

A la séance de la Chambre des députés du 29 décembre 1900, M. Lemire a déposé un rapport sur :

1° La proposition de M. Morinaud, et plusieurs de ses collègues, ayant pour objet de rendre applicable à l'Algérie la loi du 31 mars 1899, qui a pour but l'institution de caisses régionales de crédit agricole mutuel ; 2° le projet de loi ayant pour but l'institution de caisses régionales de crédit agricole mutuel en Algérie.

CHAPITRE II

Caisses d'assurances mutuelles

Contre la mortalité des animaux de ferme, etc.

ET SECOURS ET SUBVENTIONS AUX AGRICULTEURS.

Exercice 1900. — La Chambre des députés a voté, le 27 décembre 1900, une allocation supplémentaire de 1.200.000 francs au chapitre 41 du budgetde l'agriculture, de l'exercice 1900, pour pertes éprouvées en 1900 par les agriculteurs.

Exercice 1901. — La Chambre a adopté, le 3 décembre 1900, à propos du chapitre 44 du budget de l'agriculture de 1901, ayant le même objet que le chapitre 41 du budget de 1900, une motion de M. de Gailhard-Bancel, — acceptée, d'ailleurs, par M. le Ministre de l'Agriculture, — ainsi conçue :

Aucune société constituée en vue de prémunir ses membres contre un risque agricole ne pourra être exclue des subventions de l'Etat à cause de la forme ou du régime qu'elle aura adopté si elle est organisée conformément à la loi.

La question est de savoir quelles sont les Sociétés organisées, « conformément à la loi » ou, plutôt, quelles sont celles qui ne le sont pas. La méthode que nous proposons (pages 138, 219 et 320) répond, croyons-nous, aux exigences de la loi et est conforme à la jurisprudence suivie au Ministère de l'Agriculture.

(1) V., au sujet du Crédit agricole en Algérie, p. 53, 205 et 218.

CHAPITRE III

Assurances diverses

Assurance obligatoire. — Parmi les réformes, les améliorations — dont la plupart sont résumées, du reste, dans cette dernière partie de notre livre — ayant pour but « le relèvement et la rénovation de l'agriculture » suivant l'heureuse expression de leur auteur, M. Jean Dupuy, Ministre de l'Agriculture, réformes dont il a exposé le programme à la Chambre, le 30 novembre 1900, à l'occasion de la discussion du budget de l'agriculture, figure *l'assurance obligatoire.*

Suivant M. Dupuy, cette mesure, en facilitant le développement du crédit agricole, auquel elle servirait de base, aurait pour but, comme la diminution des frais de transport des produits agricoles, dont nous parlons plus loin, de rapprocher davantage le consommateur du producteur, favorisant ainsi les intérêts des cultivateurs.

Or, ce résultat, estime M. Dupuy, pourrait être obtenu sans demander au Trésor de trop grands sacrifices.

La Chambre a paru approuver cette amélioration, de même, du reste, que toutes celles énumérées dans le programme de M. le Ministre de l'Agriculture, et dont plusieurs sont déjà réalisées, suivant ses promesses.

On a pu voir, dans le cours de ce travail, combien nous étions partisan de ces réformes, sans aucune exception, et combien nous en souhaitions la réalisation. C'est donc avec une réelle satisfaction que nous les voyons aboutir. Espérons que l'assurance obligatoire, surtout, sera bientôt un fait accompli.

Assurance contre la grêle (Syndicats de défense). L'efficacité du tir au canon contre la grêle, dont nous avons parlé (page 160), ne fait plus aujourd'hui aucun doute. Elle vient d'être définitivement constatée, — consacrée peut-on-dire, — par le *Congrès international de tir contre la grêle* qui a eu lieu à Padoue (Italie), du 25 au 27 novembre 1900.

Le Congrès — auquel assistaient un très grand nombre de français, notamment : M. Houdaille, délégué du Ministère de l'Agriculture, qui est aujourd'hui absolument convaincu de cette efficacité, M. H. Laitière, secrétaire du Congrès, MM. Durand, Battanchon et Seltenspergér, professeurs d'agriculture, MM. Sagnier et Biétron, publicistes, MM. Blanc, Billard, Chatillon, de Chabannes, Duririllon, Guinand, Longepierre, Plissonnier, Vallier-Pallet, Vermorel, etc., viticulteurs et organisateurs de Stations de tir — le Congrès, disons-nous, à l'unamité des onze cent congressistes réunis, a voté l'ordre du jour suivant :

« Les résultats des expériences faites en 1900, confirment les résultats obtenus en 1899 et affirment l'efficacité absolue du tir au canon contre la grêle. »

Il s'agit, maintenant, de répandre chez nous cet excellent remède. Des hommes dévoués s'y sont déjà consacrés. Nous venons d'en nommer plusieurs. D'autres les imiteront. Bientôt, il faut l'espérer, on pourra, comme cela a lieu en Autriche et en Italie depuis longtemps déjà, vaincre ce terrible fléau qui fait, chaque année, de si grands ravages !

Nous avons dit ce qu'il y avait à faire pour constituer, dans ce but, les groupements nécessaires (Voir pages 160 et 354).

M. Berthelot a annoncé à la dernière séance de la *Société Nationale d'Agriculture* que M. le Ministre de la guerre venait de saisir le Comité des poudres et explosifs d'une étude à cet égard, spécialement en ce qui touche les canons et explosifs à employer. De son côté, M. le Ministre de l'Agriculture a nommé trois membres pour suivre les expériences.

Il faut donc espérer que très prochainement nos agriculteurs seront à même de *prévenir*, et à peu de frais, cette redoutable calamité !

CHAPITRE IV

Mesures diverses (1)

Admissions temporaires des blés. — (Voir *Régime des*).

ALGÉRIE. Voir *Crédit agricole* (Chap. 1er). — HYPOTHÈQUES et LÉGISLATION FORESTIÈRE

Améliorations pastorales. — Une loi du 30 décembre 1900 proroge pour dix nouvelles années, c'est-à-dire jusqu'en 1910, les effets de la loi du 6 décembre 1850 qui simplifie la procédure relative au partage, entre les habitants, des terres vaines ou vagues dans les départements des Côtes-du-Nord, du Finistère, de l'Ille-et-Vilaine, de la Loire-Inférieure et du Morbihan, formant l'ancienne province de Bretagne;

Animaux (Police sanitaire des). — *Fièvre aphteuse.* — D'après la loi du 21 juillet 1881 ce sont les départements qui

(1) Suite au Résumé de la page 49.

sont chargés d'organiser la police sanitaire et de subvenir aux dépenses qu'elle entraîne.

La mission du Ministre de l'Agriculture consiste à surveiller, à l'aide du service d'inspection — très restreint — dont il dispose, l'exécution des mesures prescrites pour prévenir la propagation des maladies contagieuses.

En ce qui touche le marché et les abattoirs de la Villette, la police sanitaire est sous la surveillance de la Préfecture de police et l'administration appartient à la Préfecture de la Seine. Le Ministère de l'Agriculture n'a qu'un droit de contrôle et d'inspection de ce côté.

Telles sont les règles générales applicables en matière de police sanitaire, règles que M. le Ministre de l'Agriculture a, du reste, rappelées à la Chambre des députés, à la séance du 30 novembre 1900, à propos de l'épidémie de fièvre aphteuse qui continue à sévir en France et dans laquelle, la Chambre l'a reconnu, d'ailleurs, il a fait tout son devoir.

A différentes reprises, le Ministre a adressé aux préfets des instructions accompagnées de formules, de documents très complets, pour assurer le bon fonctionnement du service sanitaire et obliger les détenteurs d'animaux à l'obéissance stricte aux dispositions légales.

Pour la Villette, il a indiqué et prescrit les mesures qui lui paraissaient nécessaires au sujet de l'installation matérielle et de la désinfection, notamment : pour les écuries de renvoi et les abattoirs, et le matériel des chemins de fer qui est spécialement surveillé.

La Chambre, par son approbation, a reconnu que le nécessaire avait été fait. Il continuera à l'être, sans aucun doute, mais il faut que chacun fasse son devoir et qu'on s'adresse aux endroits voulus. Qu'on ne perde donc plus son temps en démarches à Paris quand c'est en province qu'il faut s'adresser.

Ainsi, on arrivera bien plus sûrement, et plus rapidement, à enrayer ce mal terrible qui a fait, et fait encore chaque jour, malheureusement, de si grands ravages dans nos campagnes

Approvisionnements de l'armée dans les campagnes (1). A la suite d'une entente intervenue entre M. le Ministre de l'Agirculture et M. le Ministre de la Guerre, ce dernier a adressé à MM. les directeurs de l'intendance (Intérieur,

(1) Suite à notre note de la page 42.

Algérie et Tunisie), le 27 novembre 1900, la circulaire suivante :

« Messieurs, le congrès qui s'est tenu à Versailles, au mois de juin dernier, pour l'organisation commerciale de la vente du blé, a émis un certain nombre de vœux tendant à obtenir que le mode d'achat de cette denrée par l'administration militaire soit modifié de manière à faciliter aux agriculteurs l'accès des adjudications et à leur permettre de concourir directement à la fourniture des approvisionnements de l'armée.

« Ces divers vœux m'ont paru mériter d'être pris en sérieuse considération. Ils répondent d'ailleurs au désir de mon département d'établir autant que possible et sans écarter, bien entendu, l'intervention du commerce lorsqu'elle est utile ou nécessaire, des relations directes avec les producteurs dans l'intérêt commun de l'agriculture et de l'Etat.

« J'ai adopté dans cet ordre d'idées, le 8 novembre courant, les décisions suivantes :

« 1° Pour favoriser notamment la petite culture, toutes les fournitures de blé mises en adjudication dans les divers corps d'armée de l'intérieur, de l'Algérie et en Tunisie, seront fractionnées en lots de 10 quintaux métriques : au premier concours, nul ne pourra être déclaré adjudicataire de moins d'un lot ni de plus de dix ; au deuxième concours, et le cas échéant au concours de quarante-huit heures, les soumissionnaires auront la faculté de concourir pour la totalité de chaque fourniture restant à adjuger;

« 2° Au lieu d'être fixés, tantôt par région, tantôt par département ou par place, suivant les circonstances, le poids spécifique et les autres conditions de fourniture du blé seront, à l'avenir, sans exception, déterminés par place en gestion directe, d'après la qualité loyale et marchande de la zone d'approvisionnement, conformément aux prescriptions de la circulaire du 30 mars 1897. De plus, les changements que comporteraient, au cours d'une campagne agricole, par suite de la dessiccation ou de toute autre cause, les fixations primitivement arrêtées, devront être l'objet d'une attention constante et m'être signalées sans retard ;

« 3° A partir du 1er janvier 1901, un système d'adjudications échelonnées, à quantités et à dates fixes, pour les achats de blé sera expérimenté dans les 1er, 2e, 7e, 10e, 11e et 20e corps d'armée;

« 4° Les essais d'achats directs, précédemment tentés à Rennes, Epinal et Tarbes, seront repris pour le blé dans les places d'Orléans, Nevers et Toulouse ;

« 5° Les résultats de toutes les adjudications seront publiés, par les soins de mon administration centrale, aussitôt qu'ils seront connus, dans le *Journal officiel* et le *Bulletin des Com-*

munes ; des tableaux résumant ces résultats pour chaque mois de l'année seront également insérés dans ces journaux;

« 6° Les expériences de ravitaillement qui ont eu lieu, depuis 1896, dans plusieurs départements, seront généralisées autant que possible et transformées en exercices de ravitaillement.

« Je me réserve de prendre, sur ces deux derniers points, les mesures voulues.

« Des instructions spéciales sont adressées à MM. les directeurs de l'intendance des régions où devront avoir lieu les expériences visées aux alinéas 3° et 4° ci-dessus.

Veuillez, en ce qui concerne les alinéas 1° et 2°, donner des instructions pour l'application immédiate des dispositions contenues dans la présente dépêche.

Le Ministre de la Guerre.
Gal L. ANDRÉ.

Comme complément à cette excellente mesure, le *Comité permanent de la vente du blé*, par l'intermédiaire de son secrétaire, M. Paisant (1), a demandé que les soumissionnaires puissent avoir la faculté d'envoyer à temps des échantillons aux magasins militaires pour être préalablement examinés avant l'adjudication et de hâter et simplifier les formalités de paiement.

Voici, d'après *l'Agriculture Moderne* du 23 décembre 1900, quelle a été la réponse du Ministre de la guerre, avec quelques renseignements sur la marche à suivre par les intéressés.

« Par une dépêche en date du 13 décembre 1900, le ministre a informé M. Paisant que, tenant compte de ses propositions, il avait décidé que le fractionnement des adjudications et les prescriptions nouvelles sur les conditions à exiger des denrées à livrer, seraient applicables non seulement aux avoines, mais encore aux foins et aux pailles.

« De plus, le système d'adjudication sur échantillons va être adopté, pour le blé, à titre d'essai, à partir du 1er janvier 1901, dans les corps d'armée où l'on expérimente également les adjudications à dates et quantités fixes (1er, 2e, 7e, 10e, 11e et 20e corps). Les cultivateurs enverront leurs échantillons aux magasins militaires ou les apporteront eux-mêmes. Une huitaine de jours avant l'adjudication, et de préférence un jour de marché, une commission spéciale se réunira, composée d'un représentant de la municipalité, du sous intendant, d'un officier de corps, d'un représentant du commerce, et d'un *délégué nommé par les syndi-*

(1) *L'Agriculture nouvelle* du 29 décembre 1900 contient un intéressant article de M. Paisant sur cette importante question.

cats agricoles. Cette commission examinera si les échantillons sont conformes à la qualité loyale et marchande des denrées dans la zone d'approvisionnement. Le blé accepté par la commission ne pourra plus être refusé lors de la livraison pour non-conformité aux clauses des cahiers des charges, pourvu qu'il soit conforme à l'échantillon fourni par l'adjudicataire.

« Quant au paiement immédiat, tout en se montrant très-disposé à accueillir cette innovation, M. le ministre de la guerre estime qu'elle ne peut être réalisée que par un accord avec l'administration des finances. Il a saisi de la question M. le ministre des finances, par une dépêche en date du 13 décembre, et une solution favorable interviendra sans doute d'ici peu.

« Il appartient aux syndicats agricoles, en particulier, de porter à la connaissance de leurs membres les avantages nouveaux qui leur sont offerts, et de les guider lorsqu'ils voudront en profiter. M. Paisant leur recommande en particulier de faire imprimer des feuilles de soumission aux adjudications, sur papier libre, et de les distribuer à leurs membres, qui les rempliront en y ajoutant le timbre nécessaire. Les représentants de l'agriculture sont assurés du plus bienveillant concours des autorités militaires locales, et trouveront toujours dans le comité permanent de la vente du blé un porte-parole pour faire parvenir leurs demandes à l'autorité supérieure. D'ailleurs, pour plus amples renseignements, s'adresser au comité permanent, 35, rue Neuve, à Versailles. »

Assurances. — Voir Chapitre II et III ci-dessus.

Blés et farines. — V. *Approvisionnements; Bons d'importation* et *Régime des admissions temporaires*.

Boissons. — (V. Régime des).

Bons d'importation (blés et farines) (1). — En réponse à plusieurs orateurs, à la Chambre des députés le 30 novembre 1900, M. le Ministre de l'Agriculture a reconnu qu'il serait important que le Sénat voulut bien se prononcer au plus tôt sur le projet de loi concernant les bons d'importation voté par la Chambre et cela, surtout, parce que, depuis ce vote, une spéculation, très développée, a surgi, des marchés de courtiers, par centaines de mille, se sont traités sur ces bons et parce que, enfin, il fallait tirer le marché de l'état d'incertitude dans lequel ce projet l'a plongé.

La Commission sénatoriale des douanes, par l'intermédiaire de son président, a promis de mener ses travaux avec la plus grande activité et de demander, d'accord avec le Gouvernement, la prompte mise à l'ordre du jour de cette ques-

(1) Suite à nos notes des pages 42 et suivantes.

tion. Elle s'est, en effet, réunie et, après avoir adopté, par 11 voix contre 9 et 1 abstention, le dit projet, a nommé M. Viger, rapporteur.

M. Viger a déposé, à la séance du 13 décembre 1900, son rapport, dont voici les conclusions :

Considérant que le projet, voté par la Chambre, a une durée limitée, qu'il réserve ainsi l'avenir, si l'expérience révèle quelques défauts dans son fonctionnement; qu'il présente l'avantage de débarrasser le marché avant d'autoriser les importations en franchise et que, par suite, il peut rendre des services aux agriculteurs sans nuire aux intérêts industriels et commerciaux ;

Adopte le principe dudit projet.

Le 18 dudit mois de décembre, sur la demande de M. Magnin, président de la Commission des finances, le Sénat a renvoyé ce projet à ladite Commission laquelle, après avoir entendu M. Caillaux, Ministre des finances, hostile à cette mesure, et M. Viger, rapporteur, a repoussé ledit projet par 11 voix sur 12.

Espérons que le Sénat, dont il faut maintenant attendre la décision, en fera autant.

Caisses d'assurances contre la mortalité du bétail. — V. chap. II, ci-dessus.

Chambres consultatives d'agriculture (1). — M. le Ministre de l'Agriculture, à ladite séance de la Chambre du 30 novembre 1900, a dit, en outre, être prêt à s'associer à la Commission chargée de l'examen du projet ou des projets de loi relatifs aux Chambres consultatives d'agriculture pour demander leur prompte mise à l'ordre du jour.

A cette même séance, M le comte de Saint Quentin, président de ladite Commission, a fait espérer le prochain dépôt du rapport de ladite Commission et, effectivement, le 17 décembre suivant, le président de la Chambre a annoncé ce dépôt en ces termes :

J'ai reçu de M. Emile Chevallier, au nom de la Commission de l'agriculture, un rapport sur : 1° le projet de loi sur la création des chambres consultatives d'agriculture et la réorganisation du Conseil supérieur de l'agriculture ; 2° la proposition de loi de M. de Pontbriand sur l'institution des Chambres d'agriculture et sur l'organisation du Conseil supérieur de l'agriculture; 3° la proposition de loi de M. Méline sur l'institution des Chambres consultatives d'agriculture et sur l'organisation du Conseil supérieur de l'agriculture.

(1) Voir page 59.

Souhaitons que le Parlement accueille, enfin, cette amélioration, attendue avec impatience, et depuis longtemps déjà, par les agriculteurs surtout.

Crédit agricole mutuel. — Voir chapitre premier ci-dessus.

Enseignement primaire agricole. — Pour enrayer l'émigration des campagnes vers les villes, un honorable député, M. Monsservin, a dit à la séance de la Chambre du 30 novembre 1900, qu'il faudrait — notamment — développer dans les écoles primaires l'enseignement agricole.

M. le Ministre de l'Agriculture, partisan convaincu de la diffusion de cet enseignement, — il le prouve chaque jour — a répondu à M. Monsservin, ce qui est la vérité : que le dit enseignement s'est considérablement étendu chez nous; qu'il figure, du reste, dans le programme des écoles primaires et que, pour arriver plus sûrement à un bon résultat, des primes et des récompenses ont été accordées aux instituteurs et aux institutrices qui se distinguent le plus dans cette partie.

En effet, en ce qui touche cette dernière mesure, un arrêté du 16 janvier 1890 a institué ces prix, et un autre arrêté du 30 janvier 1891 a établi, pour leur distribution chaque année, un roulement par département.

Sur cette importante question, nous sommes absolument de l'avis de M. Monsservin qui a, du reste, comme M. Rivals, traité des causes de la crise agricole, et des remèdes, avec une véritable clairvoyance et une grande compétence. L'un des meilleurs moyens à employer pour arrêter ce mouvement des campagnes vers les villes est, en effet, de répandre à profusion, dans toutes nos institutions scolaires, et surtout dans les écoles primaires, l'enseignement agricole, et un enseignement complet, c'est-à-dire : *scientifique*, *économique* et *pratique*.

Ainsi, en révélant aux enfants les avantages qu'on peut réellement retirer de la terre, d'une culture intelligente et complète, à l'aide de la science et de la mécanique, notamment; de l'appui économique que nos institutions et nos lois agricoles prêtent aux travailleurs laborieux et honnêtes; de la protection que les pouvoirs publics, comme notre législation, accordent à cette branche si importante de notre activité nationale, on fera aimer davantage ce sol sacré, ce hameau si cher où l'on a vu le jour, on y ramènera ceux qui l'ont momentanément quitté, en ravivant, en entretenant, chez nos paysans, surtout, le goût de l'agriculture, cette source où ils puisent la vigueur et la force, et qui redeviendra, il n'en faut pas douter, une source de bien-être pour eux et de prospérité pour le pays

Et ces enfants instruits, pourront — les plus hardis, les plus décidés! — aller utiliser leur savoir professionnel dans nos colonies, où il y a d'inépuisables ressources et où ils sont sûrs de trouver la récompense de leurs efforts, des résultats, en un mot, qu'ils n'obtiendraient sans doute pas en suivant une autre carrière et, surtout, en restant dans les villes où les écueils sont, d'ailleurs, si nombreux!

Enseignement agricole aux soldats. — Dans le but que nous venons d'indiquer, afin de ramener à leur clocher nos jeunes soldats quand leur temps de service militaire est achevé, afin de donner à ceux qui n'ont pas encore le goût de l'agriculture qui peut — quand on n'a pas appris d'autre profession — permettre de « gagner son pain » c'est une excellente chose, certainement, d'introduire l'enseignement agricole — facultatif — dans les casernes

En fortifiant, en développant le savoir et le goût de ceux qui connaissent déjà cette partie, on les attachera, on les ramènera plus sûrement à leurs champs dont l'attrait augmentera, pour eux, en proportion du degré d'instruction qu'ils acquerront préférant cette existence saine et paisible et au milieu des leurs, surtout, aux jouissances éphémères et décevantes des villes.

Et combien d'entre eux, une fois instruits, ne prendront-ils pas l'excellente résolution de se diriger vers nos possessions coloniales où l'avenir est bien plus certain, aujourd'hui, qu'au sol natal même qui, dans nos campagnes, ne « nourrit plus son homme », ainsi que l'a répété, avec tant de vérité, tout récemment à la Chambre, un représentant de ces humbles et vaillants travailleurs des champs.

Cette heureuse idée, due à M. C. Pabst, qu'il en faut féliciter, a été mise en pratique dans quelques casernes et par des Sociétés d'agriculture. Elle a même été encouragée par des Conseils généraux, par celui de la Vendée, notamment, qui a voté les fonds nécessaires à l'installation des cours.

A tous les points de vue, on peut dire que cette innovation ne peut avoir que de bons effets.

Frais de justice (Réduction des). — S'il est une réforme qui s'impose, c'est incontestablement celle des frais de justice. Nous avons longuement traité cette question dans la première partie de ce travail (page 29 et suiv.) Ajoutons que, malgré la loi du 28 octobre 1884, les lois de 1892 et 1894 et les circulaires du Ministre de la Justice ayant trait à la réduction des frais, les frais de toutes sortes et, spécialement, ceux perçus par l'Etat, sont, dans de très nombreux cas, restés véritablement écrasants.

Aussi, est-ce avec une réelle satisfaction que nous avons vu prendre l'excellente mesure suivante qui aboutira, nous l'espérons, à une modification profonde de la procédure et des tarifs actuels :

Nous, garde des sceaux, ministre de la justice,

Considérant que les tarifs des frais et dépens en matière civile, tels qu'ils ont été établis par les décrets de 1807 et les lois ou les décrets postérieurs, ne correspondent plus ni aux exigences de la vie moderne, ni à l'idée de proportionnalité entre les ressources des plaideurs l'importance du litige et le service rendu qui devrait être la base d'une tarification de ce genre ; que, d'autre part à raison de la multiplicité des textes et de la diversité des émoluments qui varient souvent pour des actes de même nature, il est impossible au justiciable de se rendre compte avant d'entamer un procès des frais qu'il entraînera, et, après l'avoir engagé, de contrôler les états de frais qui lui sont présentés.

Avons arrêté et arrêtons ce qui suit :

Art. 1er. — Une commission est instituée au ministère de la justice à l'effet d'examiner quelles sont les modifications qui pourraient être apportées aux tarifs des frais et dépens en matière civile.

Art. 2. — Sont nommés membres de cette commission :

MM. Forichon, premier président de la cour d'appel de Paris, sénateur; Vallé, sénateur; Odillon Barrot, député ; La Borde, conseiller à la cour de cassation ; Malepeyre, directeur du personnel et du cabinet au ministère de la justice ; Ditte, conseiller d'Etat, directeur des affaires civiles et du sceau au ministère de la justice ; Aubry, juge au tribunal de la Seine ; Cortot, président de la Chambre des avoués près le tribunal de première instance de la Seine ; Allais, syndic de la Chambre des huissiers de l'arrondissement d'Épernay.

Art. 3. — La commission se réunira au ministère de la justice à Paris. Elle sera présidée par M. Forichon.

Art. 4. — M. Cormeray, chef au 1er bureau de la direction des affaires civiles et du sceau au ministère de la justice, remplira les fonctions de secrétaire de cette commission.

Fait à Paris, le 4 décembre 1900.

MONIS.

Fraudes (Répression des). — M. le Ministre de l'Agriculture a obtenu, à la séance de la Chambre des députés du 7 décembre 1900, la mise à l'ordre du jour, immédiatement après la réforme des boissons, de la loi sur « la répression des fraudes dans la vente des marchandises et des falsifications des denrées alimentaires et des produits agricoles » déjà votée par le Sénat et adoptée, à l'unanimité, par la Commission de l'Agriculture de la Chambre.

On se rappelle qu'à la séance du 30 novembre 1900, M. Jean Dupuy avait pris l'engagement de demander cette mise à l'ordre du jour ce que, malgré ses efforts unis à ceux du président de la Commission de l'agriculture, M. le Comte de Saint-Quentin, il n'avait pu, depuis un an, obtenir.

Cette loi aura pour heureux effet, croyons-nous, comme le pense le Gouvernement, de remédier, dans une certaine mesure, à la crise agricole, à la mévente des vins surtout.

Espérons qu'elle va enfin aboutir.

Hypothèques (Droits d'). — Algérie. — Un décret du 7 décembre 1900 déclare applicable à l'Algérie la loi du 27 juillet 1900 relative à la transformation, en une taxe proportionnelle, des droits perçus sur les formalités hypothécaires.

Législation forestière en Algérie. — Le Sénat est saisi d'un projet de loi, déjà voté par la Chambre, sur la législation forestière relative à l'Algérie. Le rapporteur de la Commission chargée d'examiner ce projet, M. Saint-Germain, a déposé son rapport le 18 décembre 1900.

Phylloxera. — Dégrèvement des vignobles atteints. — Comme suite à un projet de résolution voté par la Chambre des députés le 10 juillet 1900, M. le Ministre de l'Agriculture a déposé le 27 novembre suivant, au Parlement, qui l'a renvoyé à la Commission de législation fiscale, un projet de loi tendant à appliquer aux vignes détruites par le phylloxera et restées incultes, l'article 37 de la loi du 15 septembre 1807 qui autorise les demandes en remise ou modération de contribution en cas de grêle, gelées, inondations, etc., ayant entrainé la perte de tout ou partie du revenu.

Police sanitaire. — Voir *Animaux*.

Réduction des frais de transport. — V. *Transports*.

Régime des admissions temporaires des blés. — (1) M. le

(1) Suite à notre note de la page 45.

Ministre de l'Agriculture et M. Laurent, directeur général de la comptabilité publique au Ministère des Finances, ont été entendus le 10 décembre 1900 par la Commission des douanes, au sujet du projet de loi relatif *à la modification du régime des admissions temporaires des blés.*

Sur la demande du Ministre, la Commission a sursis à statuer sur ce projet jusqu'à ce que le Sénat se soit prononcé sur la proposition relative aux bons d'importation déjà votée par la Chambre.

Régime des boissons (Réforme): — Une loi du 29 décembre 1900 a réformé et réorganisé le régime des boissons.

Voici quelques extraits de cette loi :

Les droits de détail, d'entrée et de taxe unique actuellement perçus sur les vins, cidres, poirés et hydromels sont supprimés. Le droit de fabrication sur les bières est abaissé à 25 centimes par dégré hectolitre. Les vins, cidres, poirés et hydromels, restent, quelle que soit la quantité, soumis au droit général de circulation, dont le taux, décimes compris, est fixé uniformément à un franc cinquante centimes (1 fr. 50), par hectolitre pour les vins et à quatre-vingts centimes (0 fr. 80) par hectolitre pour les cidres, poirés et hydromels. Ce droit s'étend aux quantités expédiées aux débitants.

Les vendanges fraîches circulant hors de l'arrondissement de récolte et des cantons limitrophes, en quantités supérieures à 10 hectolitres, sont soumises aux mêmes formalités à la circulation que les vins et passibles du même droit, à raison de 2 hectolitres de vin par 3 hectolitres de vendange.

Le droit de consommation sur les eaux-de-vie, esprits, liqueurs, fruits à l'eau-de-vie, absinthes et autres liquides alcooliques non dénommés est fixé à deux cent-vingt francs (220 fr.) par hectolitre d'alcool pur, décimes compris.

Les propriétaires vendant exclusivement les boissons de leur cru et les autres commerçants de boissons qui ne seraient pas passibles de la patente sont, pour l'application de la licence, classés par assimilation d'après la nature de leurs opérations.

Pour les transports de vins, cidres, poirés effectués de leur pressoir ou d'un pressoir public à leurs caves et celliers, ou de l'une à l'autre de leurs caves, dans le canton de récolte et les communes limitrophes de ce canton, les récoltants sont admis à détacher eux mêmes d'un registre à souche, mis à leur disposition et contrôlé par les agents de la régie, des laissez-passer dont le coût est fixé à dix centimes (0 fr. 10); les petites quantités transportées à bras ou à dos d'homme circuleront librement.

Tout propriétaire récoltant qui désire vendre au détail les boissons provenant de sa récolte est tenu d'en faire préalablement la déclaration au bureau de la régie, d'acquitter la licence de débitant et les taxes générales et locales sur les boissons destinées à la vente, et de se soumettre à toutes les obligations des débitants.

Le surplus de la loi concerne plus spécialement les débitants, marchands en gros, brasseurs, bouilleurs et distillateurs.

D'autre part, afin qu'il ne puisse y avoir de méprise sur l'interprétation de cette réforme, qui ne modifie en rien notre régime douanier des vins étrangers, le Gouvernement a déposé le 26 dudit mois de décembre à la Chambre, qui l'a renvoyé à sa Commission des douanes, le projet de loi dont voici le texte :

Article unique. — Est maintenue au taux actuellement en vigueur la taxe de douane perçue au tarif minimum pour chaque degré ou fraction de degré de 12°1 à 15° sur les vins provenant exclusivement de la fermentation des raisins frais.

Régime des sucres. — Dans le courant de décembre 1900, M. le marquis de Vogué, président de la Société des agriculteurs de France, et le Bureau de la Société des agriculteurs de la Somme, présenté par les sénateurs et députés et par le préfet de ce département, et des délégués des Sociétés d'agriculture de l'Oise, ont été reçus par M. le Ministre de l'Agriculture auquel ils ont exprimé le vœu que la loi de 1884, sur le régime des sucres, ne soit point touchée et que les primes d'exportation ne soient supprimées qu'autant que celles perçues par les autres nations le seraient également.

Renouvelant, à ce sujet, ses déclarations antérieures, M. le Ministre a promis de s'inspirer de ces vœux pour défendre, dans la mesure de ses attributions, les intérêts des agriculteurs.

Successions. — Droits de mutation. — La loi de finances de l'exercice 1901 (art. 2 à 23) a modifié le régime fiscal des successions. Les droits seront désormais perçus suivant les sommes (de 1 à 2.000, de 2.001 à 10.000, de 10.001 à 50.000, de 50.001 à 100.000, de 100.001 à 250.000, de 250.001 à 1 million, et au-dessus d'un million), augmentant avec leur importance. Toutefois, ils ne seront plus perçus que déduction faite des dettes. Voici, en effet, les termes de la loi à ce sujet :

« Art. 2. — Les droits de mutation par décès de biens meubles ou immeubles seront liquidés sur la part nette recueillie par chaque ayant-droit. Ils sont perçus sans addition d'aucun décime, pour chacune des fractions de cette part » — suivant les tarifs faisant suite à cet article.

Transports (Frais de).— Réduction.— Enfin, dans l'excellent programme des améliorations pratiques dont M. le Ministre de l'Agriculture a entretenu la Chambre, ainsi que nous l'avons dit plus haut, figure encore, comme moyen de rapprochement entre le consommateur et le producteur, et pour arriver à supprimer le plus grand nombre possible d'intermédiaires, la diminution des frais de transports qui, pour les produits agricoles, lourds généralement, sont, a-t-il dit, véritablement exagérés.

M. Dupuy estime que la réduction des vieux tarifs, auxquels ces produits sont actuellement soumis, est utile et que, d'ailleurs, les Compagnies trouveront dans une augmentation du trafic la compensation de cette réduction. En tous cas, s'il était nécessaire de faire quelques sacrifices — M le Ministre visait, sans aucun doute, à ce sujet, la garantie d'intérêt — il a ajouté qu'il ne faudrait point hésiter, car, a-t-il dit, ce sont là des sacrifices utiles et pour le progrès général.

Il a, en outre, promis d'intervenir auprès de son collègue des Travaux publics pour que les Compagnies de chemins de fer mettent à la disposition des cultivateurs, pour le transport de leurs produits agricoles, le matériel roulant nécessaire, ainsi que plusieurs députés l'ont demandé, et avec instance, même, à la Chambre, en novembre 1900.

De son côté, nous voyons qu'en vue de contribuer aux mesures que comporte la crise viticole actuelle, M le Ministre des Travaux publics est intervenu auprès des Compagnies de chemins de fer pour obtenir des réductions sur les prix de transport.

Il a prescrit d'appliquer immédiatement un nouveau tarif (Orléans, Nord, Ceinture), très réduit, destiné à faciliter les envois de vins en détail des régions méridionales sur les contrées du Nord, à vulgariser la consommation du vin dans ces contrées, et à créer de nouveaux débouchés à la viticulture nationale.

FIN

TABLE DES MATIÈRES

Pages

CHAPITRE III. — Le Crédit agricole mutuel.
(Caisses locales et Caisses régionales).

Historique. — Considérations et renseignements généraux.

SECTION PREMIÈRE. — *Caisses locales de crédit agricole mutuel à responsabilité illimitée.*

DEUXIÈME PARTIE — LÉGISLATION

Lois. — Décrets. — Arrêtés. — Circulaires.
Instructions et Décisions ministérielles, Jurisprudence.

CHAPITRE PREMIER. — Syndicats professionnels agricoles

CHAPITRE II. — Crédit agricole.

Caisses locales et Caisses régionales de Crédit agricole mutuel

Imp. L. LAMBERT, 11, rue Molière.

www.ingramcontent.com/pod-product-compliance
Ingram Content Group UK Ltd.
Pitfield, Milton Keynes, MK11 3LW, UK
UKHW012006240726
13965UKWH00001B/182

9 782013 262477